SÉISMES et RISQUES SISMIQUES

Approche sismotectonique

SÉISMES et RISQUES SISMIQUE

Approche sismotectonique

Hervé Philip
Professeur à l'université Montpellier II

Jean-Claude Bousquet
Maître de conférences à l'université Montpellier II

Frédéric Masson
Professeur à l'université Louis Pasteur Strasbourg I

DUNOD

Illustration de couverture : © Serge Lallemand
La rupture de surface de séisme de Chichi de 1999 à Taïwan coupe le lit d'une rivière. Le soulèvement de 8 mètres du compartiment de droite est à l'origine de la cascade et de la rupture du tablier du pont. (Région du Shyr Kang)

ISBN 978-2-10-049581-8

Nous dédions cet ouvrage à Montessus de Ballore inventeur de la « sismologie tectonique ».

Avant-propos

« Seismotectonics is not defined in any recent glossary, but it could be considered as that subfield of active tectonics concentrating on the seismicity, both instrumental and historical and dealing also with geological and other geophysical data sets » The Geology of Earthquakes. R. S. Yeats, K. Sieh, C. R. Allen. 1996, Oxford University Press.

Les catastrophes naturelles font hélas régulièrement les gros titres de l'actualité. Les bilans sur le long terme indiquent toutefois que les séismes n'occupent pas toujours le premier rang et peuvent être dépassés par les inondations, les cyclones et même les sécheresses. Mais dans l'histoire de l'humanité, les hommes ont été particulièrement sensibles aux séismes, le sol, repère stable et immuable, se mettant soudainement à bouger sans qu'on en décèle la cause. Aussi, les tremblements de terre ont pris une place importante dans de nombreuses mythologies et religions. Ils occupent encore une place à part parmi les risques majeurs. Si les inondations se produisent près des cours d'eaux et les éruptions sur les volcans et sont donc relativement prévisibles, la localisation des séismes et leur prévision restent encore un domaine plein d'incertitudes. Les débuts de leur étude scientifique remonte à la seconde moitié du XIXe siècle et les connaissances sur ce phénomène naturel ont énormément progressé depuis. Cet ouvrage d'enseignement présente l'ensemble des méthodes actuelles de l'étude des tremblements de terre et du risque sismique, présenté par un géophysicien (F. Masson) et deux géologues (H. Philip et J.-C. Bousquet). Ces derniers ont une expérience de l'étude de séismes (El Asnam, 1980 ; Irpinia, 1980 ; Spitak, 1988 ; Erzincan, 1992 ; Chili, 1995 ; Izmit 1999) et de régions sismiques (Algérie, Arménie, Chili, Espagne, Grèce, Italie, Maroc, Mongolie, Pérou, Turquie, Venezuela). Ils ont participé aussi aux études de sismotectonique en France.

Ce domaine des sciences de la Terre est resté pendant très longtemps l'apanage des sismologues. De façon prémonitoire, de Montessus de Ballore écrit en 1907 :

Comme on le verra, la séismologie tend de plus en plus à s'aider de l'appareil mathématique ; mais ce n'est certes pas ainsi qu'elle découvrira la nature essentielle et la cause des tremblements de terre, tant, du moins, qu'elle s'affranchira de la géologie. La sismologie continuera son développement sur des bases mathématiques et physiques, et apportera en particulier d'énormes connaissances sur la structure du globe. Dans le domaine du risque sismique, l'étendue des réseaux sismologiques mondiaux et nationaux permettra la localisation des zones à risque. S'aidant d'archives, certains sismologues chercheront à localiser les séismes de notre passé historique. Ces deux approches, sismicité instrumentale et sismicité historique perdurent bien évidemment, étant absolument nécessaires à la connaissance de la sismicité actuelle et proche.

Pendant que la sismologie occupe seule ce champ d'études, quelques géologues, notamment en Californie, montreront qu'un retour à des études géologiques est nécessaire et apporte des données complémentaires. Mais de manière générale, les tremblements de terre sont pour les géologues l'objet d'observations occasionnelles. Un changement majeur a lieu avec l'apparition des nouveaux concepts groupés sous le nom de « Tectonique des plaques ». La géologie, science du passé de la Terre, devient également science du présent. La séparation entre géologues, géophysiciens et géochimistes s'efface et des collaborations s'instaurent au sein des sciences de la Terre. Pour l'étude des séismes et du risque sismique, des sismologues et des géologues commencent alors à travailler de concert. Un autre pas est franchi avec le recours de plus en plus fréquent à des tranchées placées au travers de failles actives, pour caractériser la fréquence des séismes qu'elles déclenchent. Ce genre d'étude géologique commencé en Californie sur des failles sismiques a été également mis en œuvre dans des régions de sismicité plus modérée. L'apport essentiel a été alors de montrer que la récurrence de l'activité des failles excédait largement le temps documenté par la sismicité instrumentale et la sismicité historique. Dès lors, il était de plus en plus justifié de développer d'autres méthodes en complément de la sismologie. Ainsi est née une nouvelle discipline des sciences de la Terre : la *sismotectonique*. Elle a pour objectif de chercher à mieux connaître les causes et les effets des séismes, de préciser leur récurrence et leur localisation future.

Cet ouvrage présente donc les méthodes de la sismotectonique et ses implications dans le domaine du risque sismique. Il est destiné en priorité aux étudiants des sciences de la Terre et de l'environnement. Mais il permettra aux architectes et aux géotechniciens du génie parasismique de mieux connaître sur quelles bases géologues et sismologues établissent les niveaux de l'aléa sismique. Enfin, il peut intéresser toute personne désirant connaître l'état des connaissances sur ce risque naturel.

Dans une première partie, les causes des séismes sont présentées sous leurs aspects sismologiques et géologiques. On décrit tout particulièrement leurs effets permanents directs (ruptures de surfaces, modifications topographiques) et indirects (glissements de terrain, éboulements, liquéfaction, tsunamis).

Une deuxième partie est consacrée aux différentes méthodes d'études qui concourent à l'heure actuelle à mieux connaître la sismicité et ses conséquences. Elles se complètent chacune d'entre elles portant sur des périodes de temps différentes, depuis les données sismologiques actuelles (*sismicité instrumentale*) ou d'un passé récent (*sismicité historique*), jusqu'à des informations sur les effets de séismes bien antérieurs. À la *néotectonique* (étude des déformations de terrains pléistocènes), sont venues s'ajouter des disciplines nouvelles : l'*archéosismologie* qui examine les constructions anciennes pour y déceler les effets de séismes anciens et les prémices de la construction parasismique et la *paléosismologie* qui recherche les preuves géologiques de séismes, en particulier par l'exécution de tranchées. La collaboration entre sismologues et géologues pour réaliser des *synthèses sismotectoniques* avec toutes les données ainsi recueillies s'effectue aussi lors des interventions sur le terrain après un séisme.

Enfin une troisième partie est dévolue aux utilisations de la sismotectonique dans le domaine du risque sismique. Les notions d'aléa, de vulnérabilité, de risque, de prévision, de prédiction et de prévention sont précisées. Pour la prévision comme pour la prévention, le zonage sismotectonique est nécessaire à différentes échelles. À celle d'une commune, le microzonage fait appel aussi à d'autres données, en particulier géotechnique et sismologique. Dans le chapitre de la prévention, les principes de la construction parasismique sont rappelés, ainsi que toutes les mesures qui peuvent permettre d'atténuer les conséquences tragiques des tremblements de terre.

Remerciements

Nous tenons à remercier ceux qui au gré de notre parcours ont partagé notre passion de la géologie et de la sismotectonique ou qui ont contribué de près ou de loin à cet ouvrage en mettant notamment à notre disposition leur documentation.

A. Cisternas, A. Avagyan, A. Karakhanian, S. Rebaî, L. et C. Dorbath, L. Rivera, H. Haessler, J.L. Mercier, P.Y. Péchoux, M. Mattauer, P. Combes, S. Dominguez, D. Hatzfeld, J.F. Ritz, D. Carbon, F. Audemard, G. Lanzafame, C. Montenat, J. Raffy, B. Dumas, R. Lhénaff, P. Guéremy, B. Grellet,Y. Lagabrielle J. Malavielle, S. Lallemand, R. Bayer, G. Barruol, A. Levret, A. Delplanque, M. Peyret, J. Méclie, H.J. Gôtze.

Table des matières

PARTIE 1

LES SÉISMES – CAUSES ET EFFETS

Au cours de l'histoire, bien des explications ont été données à ce phénomène naturel. À l'heure actuelle, les causes en sont bien connues (chapitre 1). Régulièrement relayé par les médias lors de séismes catastrophiques, le recours au *deus ex machina*, la tectonique des plaques, est maintenant assimilé par le grand public. Une autre manifestation de cette mobilité de la surface de la Terre, l'activité volcanique, est aussi accompagnée de secousses sismiques. D'autres causes d'origine humaine interviennent parfois, mais, heureusement, engendrent rarement une forte sismicité.

Dans cet ouvrage, il ne sera question que des séismes d'origine tectonique et l'on se penche tout d'abord (chapitre 2) sur les phénomènes qui déclenchent le départ d'ondes sismiques. La profondeur à laquelle ils se produisent oblige surtout à une approche indirecte des mécanismes en jeu. Sismologie, mécanique des roches et géologie participent à les caractériser.

Outre les destructions qu'ils occasionnent, les tremblements de terre, comme leur nom l'indique, sont connus pour les mouvements du sol, dus aux déplacements d'ondes sismiques. L'étude de celles-ci est une science physique à part entière, objet de nombreux traités. Il ne sera question en conséquence ici (chapitre 3) que de ces aspects généraux, avec surtout celui de la mesure des séismes, capital pour comparer les niveaux d'activité sismique et de danger qui en découlent. Enfin (chapitre 4), on examine toutes les manifestations de surface (autres que le passage des ondes sismiques) qui accompagnent les séismes. Certaines permettent aux géologues de replacer le phénomène sismotectonique par rapport aux structures géologiques locales et de voir comment il intervient dans l'évolution de la topographie terrestre. Elles peuvent contribuer avec d'autres effets mieux connus, comme les glissements de terrain ou les tsunamis, aux conséquences catastrophiques des séismes.

Chapitre 1

Les causes des séismes

1.1 HISTORIQUE

> « *Ils marchèrent vers Lisbonne ;... À peine ont-ils mis le pied dans la ville... qu'ils sentent la Terre trembler sous leurs pas ; la mer s'élève en bouillonnant dans le port, et brise les vaisseaux qui sont à l'ancre. Des tourbillons de flammes et de cendres couvrent les rues et les places publiques ; les maisons s'écroulent, les toits sont renversés sur les fondements et les fondements se dispersent ; trente mille habitants de tout âge et de tout sexe sont écrasés sous des ruines.* » « *Quelle peut être la raison suffisante de ce phénomène ?* disait Pangloss. » Candide, Voltaire, 1759.

L'homme a depuis longtemps cherché à comprendre la cause des tremblements de terre. De nombreux auteurs et ouvrages (voir en particulier Guidoboni et Poirier, 2004) ont analysé l'évolution des idées sur ce phénomène, tantôt expliqué par le surnaturel ou au contraire attribué à l'action d'éléments, comme l'eau, l'air ou le feu. L'approche véritablement scientifique est relativement récente et remonte au « siècle des lumières », très fortement marqué par le grand séisme de Lisbonne en 1755. Déclenché en mer au sud-ouest du Portugal, accompagné d'un tsunami et d'un incendie qui détruisit la ville, c'est l'un des plus grands tremblements de terre historiques. On le cite comme l'événement qui change profondément les mentalités, les causes divines étant alors fortement remises en question, en particulier par Voltaire. Dès cette époque, deux précurseurs, John Winthrop et John Mitchell, se tournent vers des observations quantitatives sur les séismes. De même, un peu plus tard, Mary Graham rédige un rapport sur le séisme de Valparaiso, au Chili (1822). Elle décrit en détail le soulèvement de la côte et d'autres effets de la secousse et note l'ensemble de répliques ressenties. Mais, on peut considérer Robert Mallet comme le premier sismologue scientifique : en 1846, il prépare des expériences à partir d'explosions pour comprendre la propagation des ondes. Puis, en 1857, il fait des observations directes sur le terrain à la suite du séisme de Naples, en Italie (cf. *figure 3.10*). À la fin du XIXe siècle, la mise au point d'appareils d'enregistrement permet l'essor de la sismologie instrumentale, alors que dans le même temps les causes géologiques des séismes sont de plus en plus affirmées.

Déjà perçue par quelques grands précurseurs de la géologie comme Charles Lyell et d'Edgar Suess, la liaison entre séisme et faille sera bien établie en Californie, par G. K. Gilbert (1884) à la suite du séisme d'Owens Valley (1872), puis lors de celui de San Francisco (1906). Dès lors l'étude des tremblements de terre, de leurs causes et de leurs effets, commence vraiment. Il faut souligner à ce sujet l'importance de Fernand Bernard de Montessus de Ballore, reconnue d'ailleurs par deux sismologues (Madariaga et G. Perrier, 1991), qui mentionnent la justesse de ces vues sur la sismogenèse, alors qu'il n'est pas cité par les ouvrages français sur l'histoire de la géologie. Il peut être tenu comme le premier « sismotectonicien », puisqu'il écrit plusieurs ouvrages remarquables sur les tremblements de terre en utilisant données et observations sismologiques et géologiques. Ne parle-t-il pas d'ailleurs de « séismologie tectonique » !

Dès son époque, trois catégories de causes, qui correspondent toujours à celles que l'on distingue actuellement, sont assignées aux séismes. Les plus nombreux ont une origine tectonique (§ 1.2), alors que d'autres accompagnent les phénomènes volcaniques (§ 1.3) et beaucoup plus rarement la chute de météorites. De plus, l'homme par certaines de ses activités peut déclencher une certaine sismicité ou aggraver la sismicité naturelle (§ 1.4).

1.2 CAUSES TECTONIQUES

De Montessus de Ballore avait abordé le problème de la répartition mondiale de la sismicité, aussi bien sur les continents que dans les océans. Pour la comprendre, il faudra attendre la « révolution » dans les sciences de la Terre, que constitue à partir des années 1960-1970 l'émergence des concepts de la « tectonique des plaques ». Grâce au développement des connaissances en géophysique terrestre et marine, la mobilité de la surface de notre planète, déjà en partie formulée par Wegener, est alors démontrée. Elle s'exprime par des déplacements de plaques, dont les limites en surface sont définies par la distribution des séismes majeurs (§ 1.2.1). Cette mobilité entraîne une accumulation de forces ou contraintes, qui font agir de façon saccadée des fractures ou failles (§ 1.2.2). Elles affectent la partie supérieure des plaques, rigide et cassante. D'autres causes sont à l'origine de séismes qui sont bien plus profonds et provoqués par le phénomène d'enfoncement de plaques ou subduction (§ 1.2.3).

1.2.1 Caractéristiques générales des plaques et sismicité

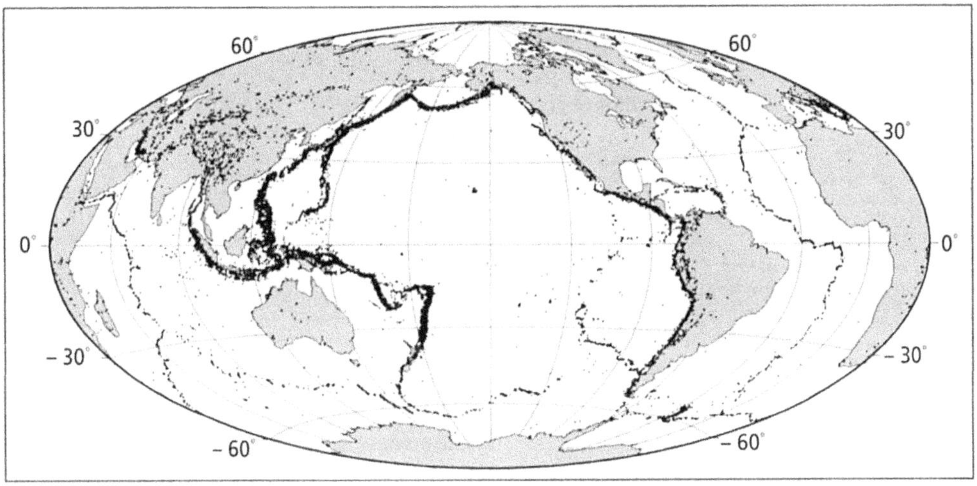

Figure 1.1 Carte des séismes dans le monde.
(années 1967-2000, magnitudes ⩾ 5 ; document Dominguez, 2006).

De nombreux ouvrages d'enseignement (voir en particulier « Éléments de Géologie » de C. Pomerol *et al.*, 2002, et « Géodynamique » de L. Jolivet et H.-C. Nataf, 1998) traitent abondamment les concepts et conséquences de la tectonique des plaques. Aussi, il ne sera question ici que de quelques-uns de ses aspects qui ont leur importance pour comprendre les mécanismes tectoniques généraux qui dirigent la sismicité. On peut se reporter aussi aux ouvrages de géophysique (par exemple : Dubois et Diament « Géophysique » et Larroque et Virieux « Physique de la Terre solide et des planètes ») pour trouver des compléments sur ces problèmes.

À la surface du globe, on distingue croûte océanique et croûte continentale d'après leurs caractéristiques géologiques et sismologiques. Elles sont séparées du manteau par une discontinuité de vitesse des ondes sismiques, dite de Mohorovicic, communément appelée le « Moho ». Avec la partie la plus externe du manteau, elles forment la lithosphère (*figure 1.2*). Cette dernière est rigide et repose sur l'asthénosphère, manteau supérieur qui se déforme de manière ductile, permettant ainsi le déplacement des plaques lithosphériques. Au sein du manteau supérieur, la limite entre lithosphère et asthénosphère dépend de la température, si bien que l'épaisseur de la lithosphère est variable (*figure 1.2*).

a) Limites de plaques et sismicité inter-plaque

Leurs limites sont repérées grâce à la répartition mondiale des séismes majeurs (*figure 1.1*) et à quelques traits de la topographie terrestre, comme les dorsales et les fosses océaniques. Toutefois, des séismes de magnitude toute aussi forte participent à la sismicité intra-plaque de secteurs des continents éloignés de toutes limites (voir, par exemple, *figure 11.4* le cas de l'Eurasie).

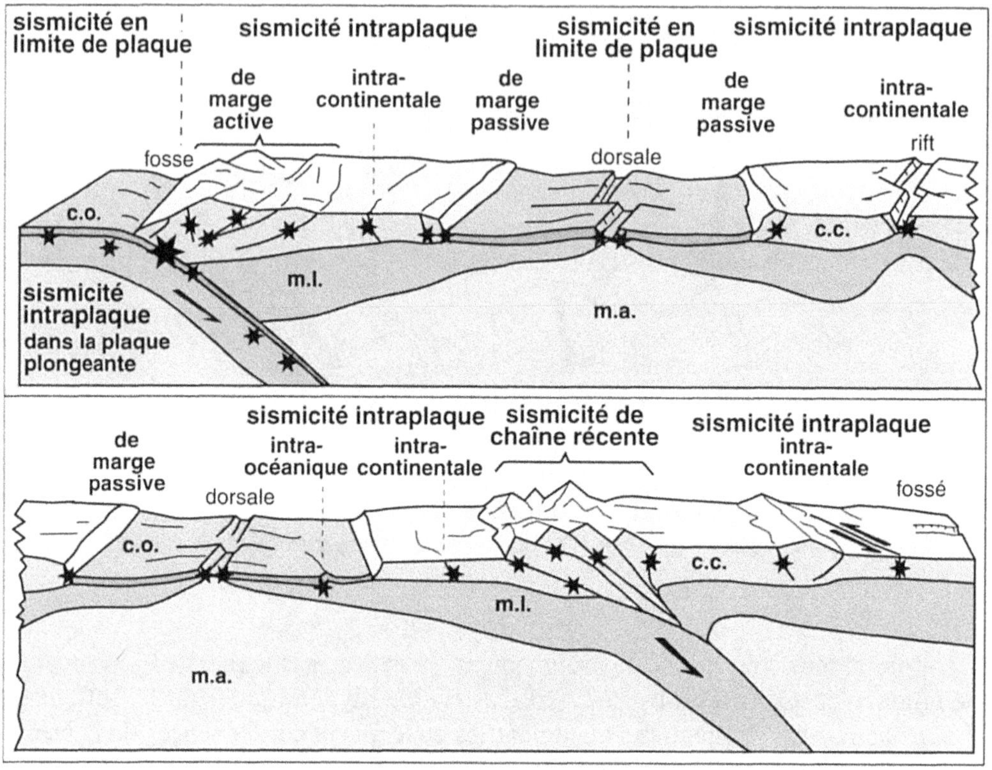

Figure 1.2 Différentes limites entre les plaques et situation de la sismicité.
(c.o. : croûte océanique. c.c. : croûte continentale. m.l. : manteau lithosphérique. m.a. : manteau asthènosphérique. étoiles : séismes).

La dynamique des plaques peut être ramenée à trois types principaux : elles peuvent s'écarter, glisser horizontalement l'une par rapport à l'autre ou converger, avec des vitesses moyennes annuelles de l'ordre de quelques centimètres à quelques décimètres par an (*figure 1.3*).

Dans le premier cas, la répartition des séismes dessine des lignes étroites en correspondance des dorsales océaniques. Au jeu des failles en extension, s'ajoute celui des failles transformantes, qui séparent des segments de dorsale. Cette sismicité, généralement sous-marine, intéresse également l'Islande, placée sur la limite entre la plaque nord-américaine et la plaque eurasiatique, et l'Île de Pâques, où la plaque de Nazca s'écarte de la plaque Pacifique.

Dans le second cas, les deux plaques glissent horizontalement l'une par rapport à l'autre, comme dans l'exemple très connu de la Californie, où la faille de San Andreas est la limite entre les plaques nord-américaine et pacifique (*figure 1.6 A*). D'autres grandes failles de plusieurs centaines de kilomètres jouent un rôle similaire, comme l'Alpine fault, en Nouvelle-Zélande ou la faille du Levant en Méditerranée orientale (voir *figure 9.20*).

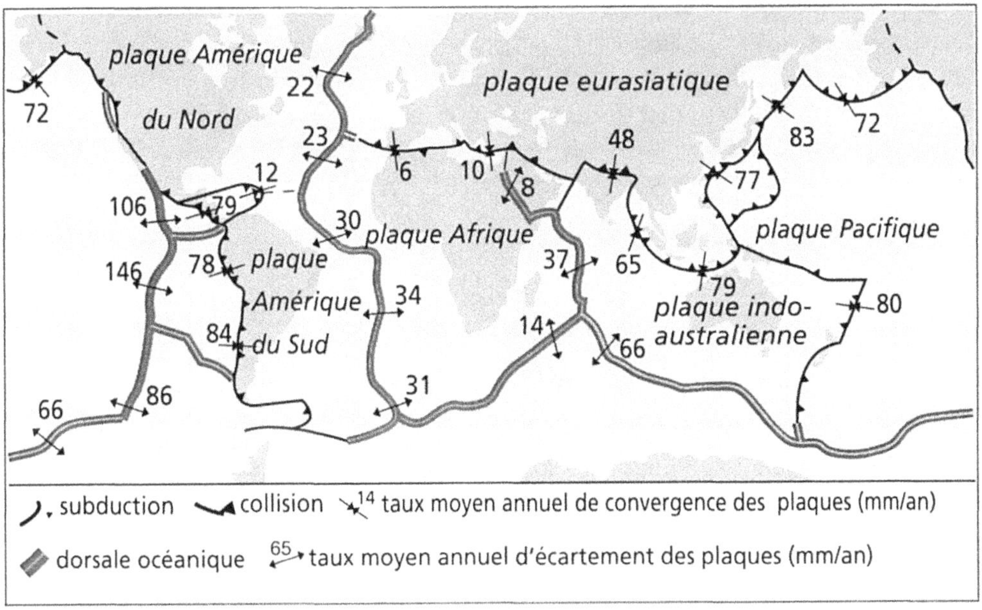

Figure 1.3 Principales plaques et leurs vitesses moyennes de déplacement relatif. (Calculées d'après le modèle NUVEL-1, De Mets *et al.*, 1990, dessin simplifié.) (D'après Jolivet et Nataf, 1998.)

Enfin, quand deux plaques voisines convergent, plusieurs situations sont distinguées. La plus connue est celle de la *subduction océanique* : une plaque portant une croûte océanique s'enfonce alors obliquement sous une autre plaque, en provoquant une très importante sismicité (fréquence et magnitude). Elle comporte des séismes dont les foyers ou hypocentres sont superficiels (0-60), intermédiaires et profonds (jusqu'à 670 kilomètres) répartis suivant un « plan » (*figure 1.4*), appelé de Benioff ou de Wadati-Benioff, suivant les noms des deux sismologues qui les détectèrent et les définirent en premier. En surface, la répartition des épicentres couvre une surface dont la largeur dépend de la pente variable du plan de subduction. La limite de plaques est donc placée au niveau de la fosse océanique, qui correspond au point de courbure de la plaque subduite. Les subductions océaniques se réalisent sous des arcs insulaires ou sous des continents qui, dans les deux cas, portent des volcans.

À la suite de subduction faisant peu à peu disparaître de la lithosphère avec croûte océanique, des continents ou des blocs continentaux d'arcs insulaires entrent en *collision*. La convergence peut se poursuivre par une *subduction continentale* (*figure 1.5*, stades B et C). D'après les profils sismiques, l'évolution géologique de chaînes de montagnes et leur modélisation, une *subduction seulement mantellique* existe aussi. La subduction continentale entraîne un délaminage de la croûte continentale par rapport au manteau lithosphérique, qui continue seul à s'enfoncer (*figure 1.5*, stades D et E). Les déformations majeures qui suivent (chevauchements de panneaux de croûte continentale) entraînent son épaississement et la création de chaînes de montagnes.

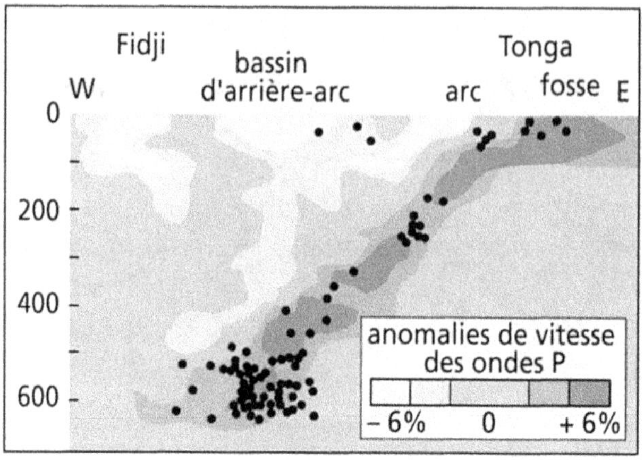

Figure 1.4 Sismicité de subduction océanique et visualisation de la plaque subduite par tomographie sismique.
(Voir méthode, § 8.1.2.a) ; cas des Tonga. (D'après Pomerol *et al.*, 2005.)

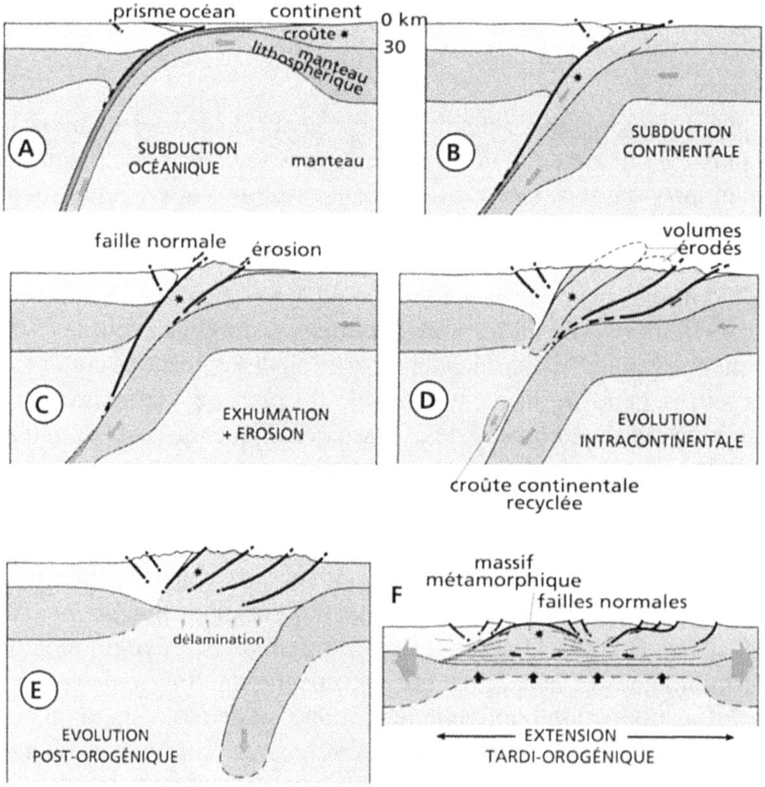

Figure 1.5 Différents stades de convergence de plaque et de l'évolution d'une chaîne de montagne. (D'après Malavieille 2005.)

Au front de la chaîne, le chevauchement le plus récent est considéré comme limite de plaque, quand il est très actif : c'est le cas de celui des Siwalik (*Main Frontal Thrust*), pour la chaîne de l'Himalaya, dans le contexte de la subduction continentale de la plaque indienne avec la plaque eurasienne (voir *figure 11.4*). Mais des situations moins claires existent : la sismicité est diffuse et possède un niveau de magnitude inférieur à celui qui est pris en général en considération pour placer une limite de plaque (voir chapitre 9, le cas de l'arc de Gibraltar). De plus, la sismicité est surtout superficielle à l'intérieur de ces chaînes récentes et, seulement dans quelques cas, des séismes intermédiaires (cas de l'Hindou-Kouch) et même profonds y ont été enregistrés, comme dans certains secteurs de la chaîne alpine (cf. dans les Carpates : Vrancea 1977, 100 km, figure 3.11, et en Andalousie : séisme de Grenade, 1954, 640 kilomètres). Quand la tomographie sismique (voir chapitre 7) révèle dans le manteau des panneaux inclinés plus froids, ces séismes peuvent s'interpréter selon la logique de l'évolution d'une chaîne, avec subductions.

Dans les chaînes de montagnes récentes, aux stades de leur formation (cas de l'Himalaya) comme au stade ultime de leur évolution (*figure 1.5* stade F), la dynamique engendrée par les failles est complexe, une extension par des failles normales pouvant y être présente.

b) Sismicité intra-plaque

En dehors des limites de plaques (dorsales, failles transformantes et subductions) et des chaînes de montagnes récentes, d'importantes déformations et une sismicité loin d'être négligeable existent, puisque des magnitudes égales ou supérieures à 7 sont parfois atteintes. Elles se produisent dans différents contextes tectoniques :

- dans la plaque qui la surmonte, la subduction océanique provoque une sismicité importante. Elle est présente aussi bien dans les arcs insulaires (Japon, Indonésie, etc.) qu'en bordure des continents (Alaska et Cordillères nord et sud-américaines), dans ce que l'on appelle une *marge active* (*figures 1.2* et *1.8*) ;
- les marges continentales *passives* ont une sismicité généralement modérée, de même que les océans, en dehors des dorsales et des failles transformantes ;
- la convergence des plaques est aussi responsable de déformations des plaques à plus ou moins grande distance de leur zone majeure d'affrontement. La collision de l'Inde avec la plaque eurasiatique n'est pas seulement responsable de la formation de l'Himalaya, mais de la sismicité de l'Inde et également de la sismicité d'une grande partie de la plaque eurasiatique. La convergence engendre à des distances de plusieurs centaines de kilomètres des séismes de magnitude 8 et plus, comme en Mongolie et en Chine (*figure 11.4*). D'autres séismes majeurs existent au sein des continents, comme en Australie, en Amérique du Nord et en Afrique (Guinée). Ils indiquent la réactivation de discontinuités géologiques très anciennes (plusieurs centaines de millions d'années et plus) ;
- dans le continent africain, la sismicité des rifts et le volcanisme qui les accompagnent indiquent qu'il est au premier stade de la séparation en plusieurs plaques : à l'ouest, une plaque Afrique et, à l'est, une plaque Somalie ;

– enfin, la sismicité de certaines régions de haute latitude, éloignées de toute limite de plaque, (Scandinavie ; Est du Canada et Nord-Est des États-Unis, *figure 11.5*) est liée au réajustement isostasique qui a suivi le départ des glaces de la dernière glaciation du Pléistocène. Les contraintes qui en résulteraient se combineraient avec les contraintes tectoniques générales intra-continentales, pour provoquer des séismes pouvant atteindre des magnitudes supérieures à 7.

Pour définir au mieux l'aléa sismique, on examinera plus en détail, au chapitre 11, les caractéristiques sismiques dans ces différents contextes géodynamiques, en limite ou non de plaques.

1.2.2 Caractéristiques générales des failles et sismicité

Dans la partie supérieure des plaques, rigide et cassante, les failles correspondent à des fractures avec déplacement, alors qu'en profondeur (au-delà de 10 à 15 kilomètres), les conditions de température et de pression conduisent à une déformation plastique (voir § 2.1.1). Par contre, en surface, les failles fonctionnent surtout de façon brusque et irrégulière, ce qui occasionne des séismes superficiels. Les mécanismes qui déclenchent cette sismicité sont traités en détail au chapitre 2. On donne ici les caractéristiques très générales des failles, beaucoup d'autres étant développées au cours de cet ouvrage.

a) Observations de terrain

Grâce aux observations de surface, on constate que les failles sont de toutes dimensions, de quelques mètres jusqu'à plusieurs centaines de kilomètres, ce qui fait que l'on considère qu'elles ont des caractéristiques fractales. D'autre part, suivant l'échelle à laquelle on se place, le tracé de la faille gagne ou perd en complexité (*figure 1.6*). En général, seules les plus importantes (échelle plurikilométrique) génèrent une sismicité notable. Quand on ne possède pas de preuves historiques de leur fonctionnement, des études de terrain de géologie et de géomorphologie (§ 5.3, 5.4 et 6.1) ou de géophysique (géodésie, microsismicité) sont toutefois nécessaires pour savoir si ce sont des failles potentiellement actives.

Les roches traversées et déplacées par des failles sont en contact suivant une surface plus ou moins régulière appelée « plan de faille ». À la suite des jeux successifs de la faille, les roches sont déformées de part et d'autre de ce dernier (voir § 2.1.1, *figure 2.2*). Il est parfois matérialisé par un « miroir de faille » (photo 5.5), surface lisse qui porte généralement des structures et des microstructures qui permettent de savoir comment la faille a fonctionné ; le déplacement et le frottement des deux blocs en contact engendrent des stries ou des cannelures qui indiquent la direction du déplacement ; différentes observations de détail (arrêt de l'élément striateur, disposition de cristallisations associées…) permettent de connaître le sens de ce dernier.

La faille peut aussi correspondre à une « zone de broyage ou de déformation », plus ou moins large, dont l'importance est mise en rapport avec sa longueur et ses déplacements cumulés (photo 5.3). Ces roches broyées ont des caractéristiques différentes suivant la profondeur où elles ont été déformées (voir *figure 2.2*).

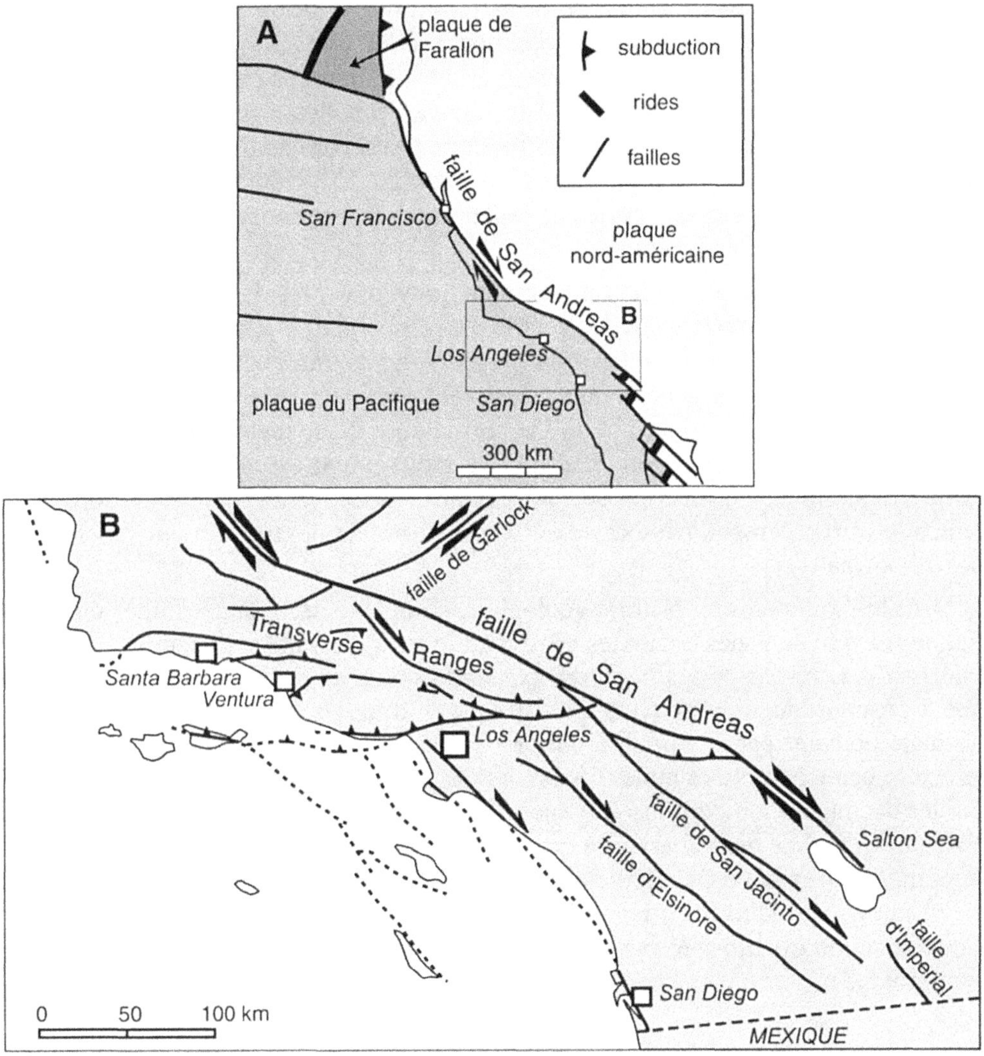

Figure 1.6 Représentation des failles à différentes échelles, d'après le cas de la faille de San Andreas.
A : Faille transformante à l'échelle de la tectonique des plaques.
B : À l'échelle régionale, près de Los Angeles.

b) Les types de failles

On distingue différentes catégories de failles d'après leur géométrie et les types de déplacements qu'elles engendrent (*figure 1.7*). D'une manière très générale, cette diversité est liée aux contraintes (ou forces) que subit la lithosphère et qui résultent principalement des mouvements des plaques. En distension, le jeu des failles normales produit une extension, alors qu'en compression, celui des failles inverses provoque un raccourcissement. On trouve donc les premières dans les contextes géodynamiques d'écartement des plaques, comme les dorsales où elles limitent les rifts et, à l'échelle plus locale des déformations intraplaques, en bordure des grabens ou fossés d'effondrement. Quant aux secondes, elles sont surtout courantes dans les contextes de convergence qui conduisent à la formation des chaînes de montagnes. Toutefois, comme cela est constaté à différentes échelles, ces failles sont souvent associées, en fonction de différentes situations (voir, par exemple, le cas des failles observées, lors du séisme d'El Asnam, figure 4.3). De même, les décrochements sont associés à ces deux catégories de failles suivant des modalités géométriques ou les caractéristiques des contraintes.

L'inclinaison des plans de faille est en moyenne plus faible pour les failles inverses, dont certaines peuvent même être très plates (chevauchements). Par contre, les failles « décrochantes » ou décrochements, qui engendrent des déplacements horizontaux, ont généralement des plans verticaux. Mais il existe des failles intermédiaires (*figure 1.7*) entre faille normale et décrochement, tout aussi bien qu'entre faille inverse et décrochement. Le mouvement est alors décomposé et la faille sera nommée en fonction de l'importance respective de ce dernier, horizontalement et verticalement, par exemple : « faille normale-dextre » ou « décrochement dextre-normal ».

Dans les continents à l'histoire géologique complexe, les grandes failles ont fonctionné souvent dans des contextes géodynamiques successifs et différents. Car il est plus facile de réutiliser des fractures existantes que d'en créer de nouvelles, si bien que l'on constate bien souvent des situations d'inversion tectonique, une faille normale pouvant par exemple rejouer en faille inverse. Les océans possèdent une structure beaucoup plus simple. En dehors des dorsales et des failles transformantes qui les découpent, on constate en général que la sismicité y est très faible ou même absente. Quand de petits bassins à croûte océanique sont entourés de continents, ils se comportent comme des éléments rigides, et les déformations (et la sismicité qui en résulte) se produisent à leur périphérie, sur leurs marges passives ou actives. Cette situation est illustrée par la mer Noire, la mer Caspienne et en Méditerranée (voir § 9.3.3).

1.2.3 Subduction océanique et sismicité

C'est le processus responsable du déclenchement des plus grands séismes, qui libèrent 85 à 90 % de l'énergie totale relâchée par la sismicité mondiale, dont la plus grande partie sur le seul pourtour de l'océan Pacifique. Au sujet des phénomènes de subduction, on peut se reporter à deux ouvrages : *La subduction océanique* (Lallemand, 1999) et *Convergence lithosphérique* (Lallemand *et al.*, 2005).

À la différence de la sismicité superficielle liée aux failles, les séismes de subduction ont plusieurs origines (*figure 1.8 A*). Ils sont déclenchés le long du contact incliné entre les plaques ou plan de Bénioff. Les séismes majeurs proviennent d'une « zone sismogène », située à la partie la plus superficielle de ce plan, dont la limite inférieure est placée, suivant les subductions, entre vingt et soixante-dix kilomètres de profondeur (*figure 1.8 B*). Le contact entre les plaques est assimilé à un plan de faille, dont le fonctionnement de type chevauchant est bloqué avant qu'un glisse-

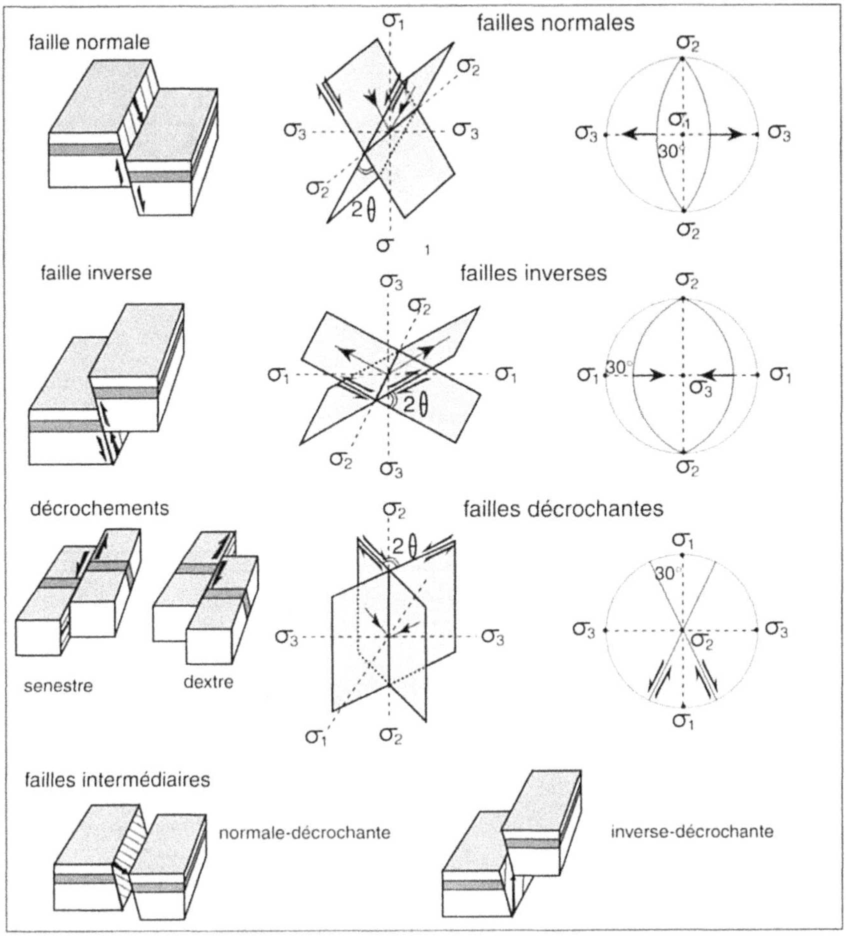

Figure 1.7 Différents types de failles.
Au milieu, rapports entre les trois principaux types de faille et les directions des contraintes principales (cf. § 2.1.1), suivant le modèle d'Anderson (1951).
À droite, projection stéréographique correspondante.

ment intervienne brusquement. Les limites supérieures et inférieures de la zone sismogène verrouillée sont liées aux températures (entre 150 et 350°) et aux fluides, qui entraînent par ailleurs des modifications des roches (passage diagenèse-métamorphisme). Vers le bas, on passe à une zone de transition puis à une zone de glissement asismique, au-delà de 450 km. Suivant la pente de la subduction, le couplage entre les deux plaques sera plus ou moins important et la sismicité résultante aussi (voir chapitre 11).

D'autres séismes sont liés à la déformation cassante de la plaque plongeante, qui lui permet l'acquisition de sa flexure pour plonger sous une autre plaque (*figure 1.8*). Comme pour la formation de certains plis, ils sont en extension en surface et en compression en profondeur.

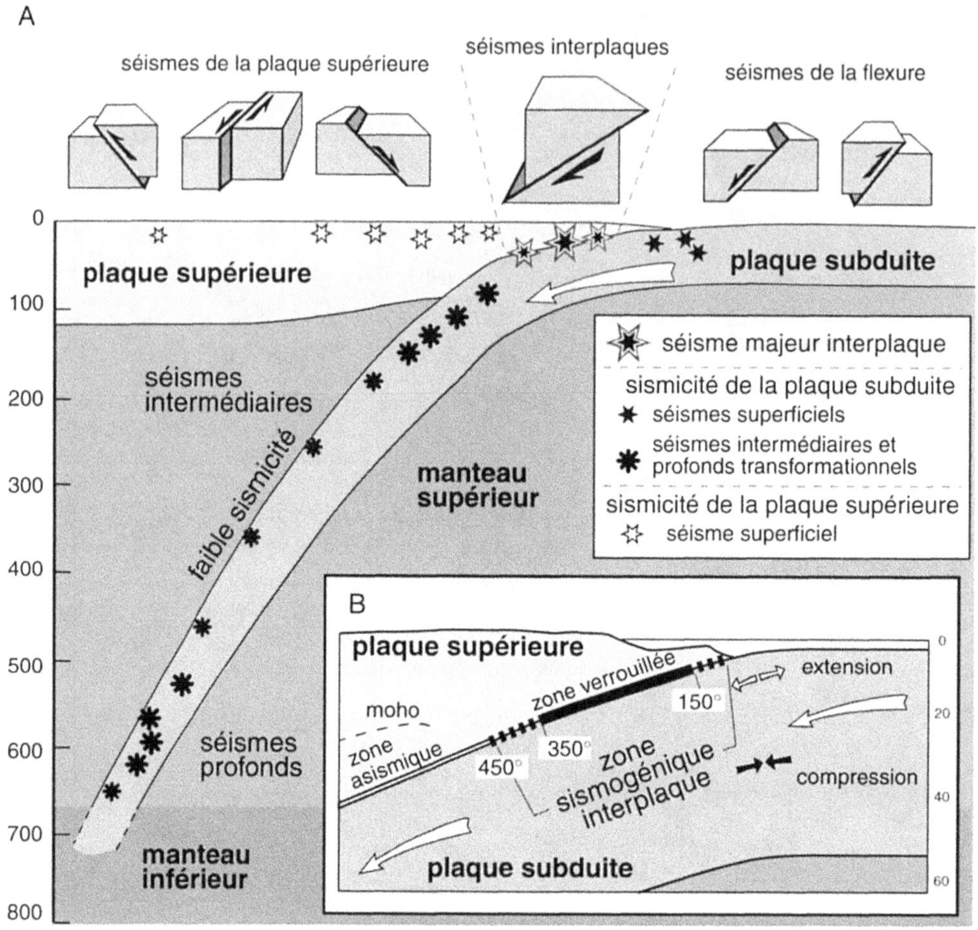

Figure 1.8 Sismicité associée à la subduction.

A : Caractéristiques générales.

B : Sismicité inter-plaque de subduction.

(Dessin simplifié et modifié, d'après Lallemand *et al.*, 2005.)

On pense que les séismes au-delà de 60 kilomètres de profondeur ont une tout autre origine. La sismicité dans la lithosphère plongeante décroît jusqu'à 300 kilomètres de profondeur, avant de reprendre une plus grande importance entre 500 et 670 kilomètres. On pense que des modifications minéralogiques (changement de phase) des minéraux du manteau provoquent une fracturation particulière (fracturation transformationnelle), à cause de changements de volume, les nouveaux minéraux étant plus denses.

1.3 CAUSES VOLCANIQUES

L'activité volcanique a de multiples aspects (voir dans la collection « Géosciences », Dunod, l'ouvrage *Volcanologie* de J.-M. Bardintzeff), qui sont en relation en grande partie avec la viscosité du magma. De ce fait, la sismicité engendrée possède de même des caractéristiques multiples.

Les volcans au dynamisme le plus explosif peuvent provoquer des secousses du sol qui font le tour de la Terre, comme lors de l'éveil cataclysmique du Krakatoa en 1883. La montée du magma visqueux dans la chambre magmatique est révélée par une augmentation de la fréquence de la sismicité. Elle est accompagnée par une inflation du volcan et des déformations du sol en surface. Appelé « bradyséisme », c'est-à-dire littéralement « séisme paresseux », ce phénomène est particulièrement remarquable à Pouzzoles (Champs Phlégréens, Italie).

Des volcans au magma beaucoup moins visqueux, comme l'Etna, sont le siège de séismes qui n'atteignent que très rarement la magnitude 5. Les volcanologues et les sismologues qui travaillent de concert à la surveillance de ce volcan distinguent des séismes volcano-tectoniques et des séismes purement volcaniques. Les premiers sont les plus profonds (jusqu'à 40 kilomètres) et correspondent à l'ouverture de fractures avec injection de magma, sous le volcan. Les seconds plus superficiels, et parfois au sein de l'édifice volcanique lui-même, sont directement liés aux éruptions. Ils correspondent à des ébranlements provoqués par la montée du magma dans la cheminée du volcan et parfois par des injections latérales dans ses flancs. De magnitude heureusement très faible, ces séismes nombreux (plusieurs centaines au moins en quelques heures) et rapprochés (une à deux minutes) constituent les « tremors ». Ils précèdent de peu l'arrivée en surface du magma et sont donc très utiles, pour la surveillance des volcans.

1.4 CAUSES HUMAINES

Certaines activités humaines peuvent être à l'origine de séismes, appelés en conséquence « séismes anthropiques ». De fait, cette appellation couvre toute une gamme de tremblements de terre aux causes bien différentes.

En premier lieu, on peut distinguer ceux qui sont provoqués par des explosions : les tirs d'explosifs dans les carrières, tout comme les tirs de mine engendrent des vibrations qui se propagent dans le sol. Ils sont enregistrés par les réseaux sismologiques régionaux, mais leur magnitude reste faible. Plus importantes, les explosions occasionnées par des essais nucléaires déclenchent également des secousses du sol qui se propagent à très grande distance, l'énergie d'une bombe nucléaire d'une mégatonne correspondant à un séisme de magnitude un peu supérieure à 7. Du temps de la « guerre froide », on installa des réseaux sismologiques ayant pour premier objectif de détecter les essais nucléaires.

Les effondrements et « coups de toit » qui se produisent dans les mines et exploitations souterraines de minerais, de substances combustibles (lignite, charbon) ou de matériaux pour la construction (calcaire, gypse) sont à rapprocher de cette première catégorie de séismes anthropiques, que l'on peut qualifier d'artificiels.

En second lieu, l'homme peut modifier les conditions dans lesquelles se déclenche un tremblement de terre : il s'agit donc alors de séismes induits. Comme cela a été constaté au Chili (mine à ciel ouvert de Chuquicamata, profonde de plus de 700 m) et en Afrique du Sud (mines de diamant), l'exploitation minière peut être accompagnée de séismes notables (jusqu'à la magnitude 5). De même, après la construction de barrage et une fois la mise en eau terminée du lac de retenue, on a enregistré parfois une sismicité inhabituelle. Ce fut d'abord remarqué en 1936, après le remplissage de la retenue du barrage Hoover et la naissance du Lac Mead (entre Arizona et Nevada), suivie d'une sismicité plus fréquente. D'autres cas similaires ont été notés dans différents pays, avec des séismes pouvant atteindre des magnitudes notoires (de 5 à 6.5).

L'exploitation de champs de gaz et de pétrole est également accompagnée par une sismicité induite. En France, dans la région de Lacq, on a ainsi enregistré, à partir de 1969, des séismes fréquents avec des magnitudes entre 2 et 4.3. Par contre, en Ouzbékistan, le gisement de gaz de Gazli a été affecté par trois séismes de magnitude 7, dans une région où aucune faille active n'est connue. De même des injections de fluides changent les caractéristiques de la sismicité, comme cela a été constaté, après l'injection d'eaux polluées près de Denver (Colorado), et prouvé par les expériences réalisées par le Geological Survey des États-Unis sur le champ pétrolier de Rangely (Colorado).

Deux causes semblent expliquer cette sismicité induite. La surcharge que représente le poids de l'eau dans les lacs de retenue serait suffisante pour faire jouer légèrement des fractures préexistantes accompagnées de microséismes (jusqu'à la magnitude 3). Pour les séismes plus conséquents, la surcharge aurait un rôle de déclenchement, en augmentant localement la contrainte majeure verticale, ce qui est favorable au jeu des failles normales (cf. *figure 1.7*). Dans le cas d'un secteur avec des failles inverses, l'effet serait contraire. Ceci explique qu'après la création de certains très grands lacs de barrage, la sismicité n'a pas changé et que dans la plupart des cas recensés, les mécanismes au foyer indiquent des jeux en faille normale. Une seconde cause, bien étayée par les expériences de Rangely, est la réduction de la valeur de la contrainte de cisaillement, due à l'augmentation de la pression de pore par des liquides injectés, favorisant la production des séismes.

Quelles que soient les raisons de cette sismicité induite, les champs de gaz ou de pétrole, ainsi que les grands barrages, immédiatement après leur mise en eau, sont surveillés par des réseaux sismologiques installés à leur proximité. Sismologues, mécaniciens des roches et géologues collaborent pour surveiller et comprendre l'évolution de cette sismicité induite. Ces séismes de faible profondeur (entre 0 et 10 km), quand ils atteignent des magnitudes égales ou supérieures à 5, peuvent représenter un danger. Dans le cas des barrages, ce dernier peut être indirect quand la secousse provoque des glissements ou des éboulements atteignant un lac de retenue.

Chapitre 2

Le phénomène sismotectonique

Dans cet ouvrage, on ne prendra en compte que les séismes ayant une origine tectonique et principalement ceux qui sont superficiels. Les autres, intermédiaires et profonds liés aux phénomènes de subduction, ont en général moins d'impact en surface (voir *figure 3.11*). D'autre part en sismotectonique, l'essentiel des recherches et des connaissances porte sur le comportement des failles et dans une moindre mesure sur la zone sismogénique inter-plaque en subduction.

Différentes disciplines des sciences de la terre concourent à préciser comment fonctionnent les failles. À l'expérience des géologues en ce domaine, s'ajoutent les études en laboratoire de mécanique des roches. Sur des échantillons de roche, on établit comment les roches se fracturent en fonction de leur nature et des contraintes auxquelles on les soumet. De manière indirecte, géodésiens et sismologues contribuent à cerner le phénomène sismotectonique : les premiers par les mesures des déformations qui précèdent, accompagnent et suivent le jeu des failles, les seconds à partir des enregistrements des ondes déclenchées par ce dernier.

Cette pluridisciplinarité des approches fait que certains termes sont employés avec des significations différentes selon leur utilisation par un géologue, un mécanicien des roches et un sismologue. C'est le cas pour ce qui est l'essence même du fait sismique, à savoir l'initiation du fonctionnement brutal d'une faille, son déroulement et son arrêt. Les sismologues parlent à ce sujet de « rupture sismique », suivie d'un processus de glissement brusque sur une faille préexistante, alors que pour les géologues et les mécaniciens des roches, le terme de rupture est à réserver au phénomène de fracturation initial ou bien à la poursuite de celui-ci par de nouvelles ruptures (néoruptures). Au niveau des foyers ou hypocentres des séismes, on utilise le terme de « nucléation » pour désigner l'initiation de la rupture sismique. Ces processus tectoniques déclenchent le départ d'ondes sismiques qui correspondent à une déformation élastique du milieu, c'est pourquoi on peut considérer l'ensemble comme un « phénomène sismotectonique ».

Dans ce chapitre, on devra bien prendre en compte ces différences de sens. On y examine tout d'abord la mécanique de la rupture sismique (§ 2.1), en précisant les conditions rhéologiques dans lesquelles se déclenche, dans la croûte, un séisme (§ 2.1.1), puis les périodes qui le précèdent et le suivent, ou cycle sismique (§ 2.1.2). On passe à l'analyse détaillée du phénomène lui-même (§ 2.1.3), pour terminer par l'examen de certains arrêts temporaires et brefs dans son déroulement, dus aux « barrières et aspérités » (§ 2.1.4). Les enregistrements sismologiques révèlent aussi un autre aspect de la complexité de la rupture sismique, grâce aux séismes précurseurs, aux répliques et aux crises sismiques, qui sont localisés sur la faille, à sa proximité ou sur plusieurs de ses segments (§ 2.2). On connaît également des successions temporelles et spatiales de séismes, démontrant des interactions entre failles (§ 2.3). Pour expliquer ces différentes situations, on se tourne vers des modèles basés sur les modifications des états de contraintes entraînés par un premier séisme (§ 2.4).

2.1 LA MÉCANIQUE DE LA RUPTURE SISMIQUE

2.1.1 Rhéologie et séismes

a) Comportement de la lithosphère (ductile-fragile)

Les séismes superficiels ne se produisent que dans la zone cassante de la croûte et il est donc indispensable de préciser ici dans quelles conditions générales rhéologiques.

On appelle rhéologie la science qui étudie la déformation et le fluage des matériaux solides. Au premier regard, cette définition apparaît étrange car si un solide est solide, comment peut-il fluer ? En fait, la façon dont un solide réagit à une contrainte (cf. § B suivant) dépend de l'ampleur de la contrainte et de la durée pendant laquelle elle est appliquée. Si la contrainte appliquée ne dépasse pas la limite élastique, alors le comportement du matériau est élastique : il subit une déformation qui disparaît lorsque la contrainte est supprimée. Si la contrainte appliquée dépasse la limite élastique, alors on peut assister à deux processus : soit la déformation devient cassante, soit elle devient ductile. La déformation cassante est un processus abrupt, instantané, qui se produit lors des séismes, accompagné de la libération d'énergie élastique sous forme d'ondes sismiques. Ce processus domine dans la croûte supérieure (*figure 2.1*). La déformation ductile est un processus lent pendant lequel un solide est déformé progressivement. Le caractère cassant ou ductile d'un matériau dépend de sa nature mais aussi et surtout de ses conditions de pression et de température. En surface, les roches auront un comportement cassant. Au contraire, à pression et température élevées, elles auront un comportement ductile. La profondeur de la transition dépend de plusieurs paramètres dont la composition des roches et le gradient géothermique (variation de la température avec la profondeur). Elle est donc différente entre la lithosphère océanique et la lithosphère continentale. La lithosphère océanique est de plus en plus résistante jusqu'à trente à quarante kilomètres de profondeur avant de devenir progressivement ductile, et le Moho ne joue aucun rôle.

La rhéologie de la lithosphère continentale est plus compliquée. Elle présente deux pics de résistance, le premier dans la croûte supérieure, vers quinze à vingt kilomètres de profondeur et le second juste sous le Moho (*figure 2.1*). Dans la croûte inférieure, du fait de la température, les minéraux deviennent progressivement ductiles jusqu'au Moho. Ces zones ductiles jouent un rôle primordial dans la formation des chaînes de montagne, car elles permettent des déplacements importants entre la croûte inférieure et la croûte supérieure, d'une part, et le manteau, d'autre part.

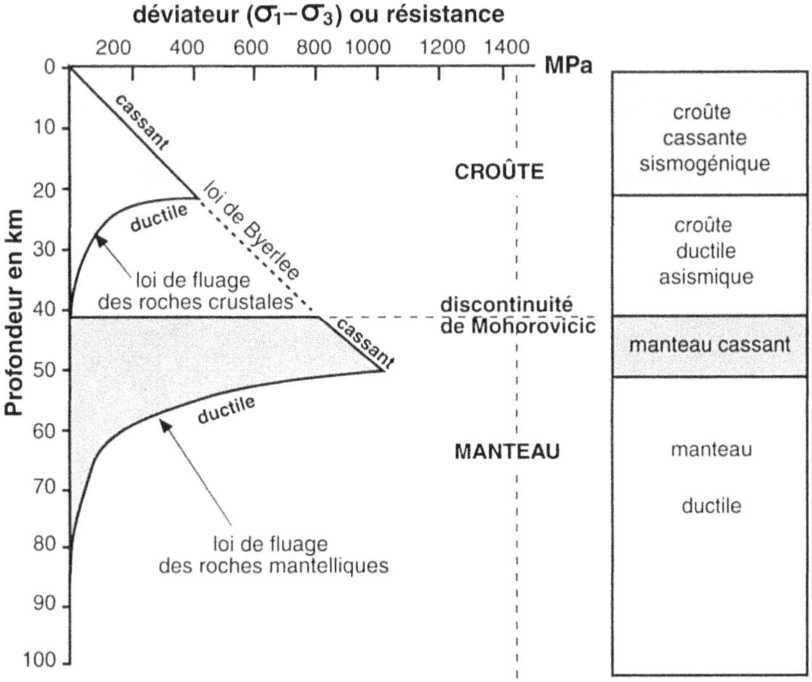

Figure 2.1 Rhéologie de la lithosphère continentale

La loi de Byerlee est construite à partir de données expérimentales sur le comportement cassant des roches. Elle relie la pression de confinement à la résistance au cisaillement sur des plans de faille préexistants. (Modifié d'après Jolivet et Nataf, 1998.)

Une façon d'accéder aux conditions qui règnent dans la croûte est de faire appel à l'expérimentation mécanique sur des échantillons de roche en faisant varier les conditions de température et de pression de confinement. Les modèles rhéologiques (loi de Byerlee et lois de fluage) issus de ces expérimentations montrent qu'une croûte de composition quartzo-feldspathique comporte une partie profonde caractérisée par un comportement ductile surmonté par une partie caractérisée par un comportement élastique (*figure 2.2*). La profondeur de la transition entre ces deux parties (entre dix et vingt-trois kilomètres) est conditionnée en particulier par l'isotherme de 300° correspondant au seuil de plasticité du quartz qui fixerait ainsi la limite inférieure de la partie sismogénique de la croûte.

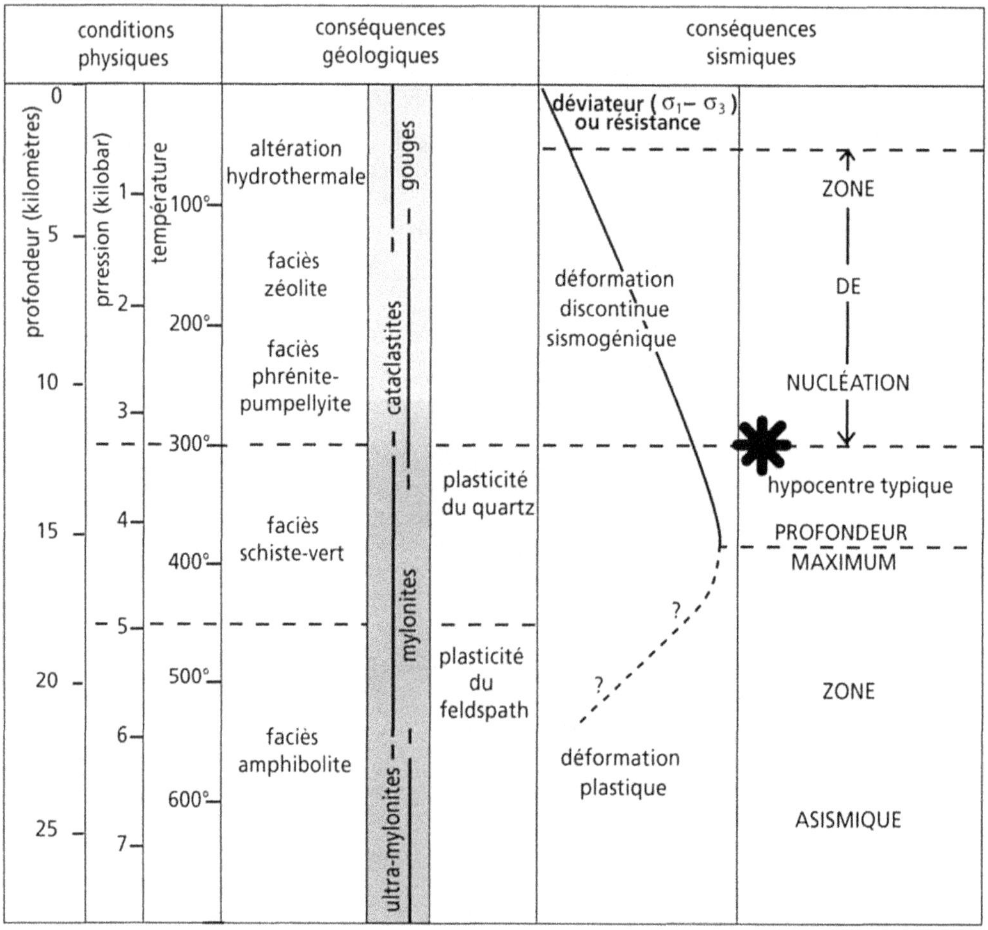

Figure 2.2 Sismogenèse et conditions géologiques et dans la croûte continentale. En fonction de la température et de la pression, on a porté faciès du métamorphisme, types de roches déformées le long des failles (en grisé au centre) et domaine de déformation des minéraux les plus communs de la croûte continentale. (D'après des données de Sibson, 1983 et de Sholz, 2002.)

L'augmentation de la résistance à la déformation et de la chute de contrainte avec la profondeur implique que seules les ruptures sismiques initiées dans la partie la plus profonde de la couche fragile sont susceptibles de produire les forts tremblements de terre en cassant la totalité de la croûte supérieure (Sibson, 1983). C'est ce qui est observé dans la plupart des séquences de séismes, où l'hypocentre du séisme principal se localise à la base de la zone sismogénique. L'observation de zones de cisaillement ductile à l'affleurement dans des zones correspondant à de la croûte inférieure exhumée montre que les failles ductiles ont généralement des pendages faibles. Le raccordement entre la partie fragile et ductile d'une faille correspond donc très vraisemblablement pour une faille inverse ou une faille normale à un aplatissement de la zone de faille en profondeur, ce que semblent confirmer des pendages très faibles de plan nodaux de mécanismes au foyer de séismes crustaux profonds aussi bien dans des contextes compressifs comme les Transverse Ranges en Californie, que dans des contextes extensifs comme le graben du golfe de Corinthe en Grèce.

De façon générale, on remarque que la profondeur des hypocentres, aussi bien dans les lithosphères continentales qu'océaniques, est fonction de l'âge de ces lithosphères, les séismes étant plus profonds dans le cas des lithosphères les plus âgées (et donc les plus froides), soulignant ainsi le rôle essentiel que joue la température sur la profondeur de la zone cassante. Il a été montré clairement qu'il y avait une étroite corrélation entre la répartition des foyers en profondeur et le gradient géothermique, dans l'Ouest des États-Unis. Cela est confirmé, par exemple, sur une coupe à l'échelle crustale des hypocentres, effectuée parallèlement à la faille de San Jacinto (*figure 2.3*) : la profondeur maximale des foyers de séismes varie le long de la faille. Située à vingt kilomètres au nord-ouest, elle remonte jusqu'à cinq kilomètres au droit de Salton sea où le gradient géothermique élevé est associé à un amincissement crustal important. On remarquera également sur cette coupe, en dehors de la Salton sea, la quasi-absence de séisme dans les deux premiers kilomètres, ce qui est à mettre en relation avec l'état des roches en surface ; il ne permet généralement pas d'accumuler suffisamment d'énergie élastique pour produire des séismes importants à ces profondeurs.

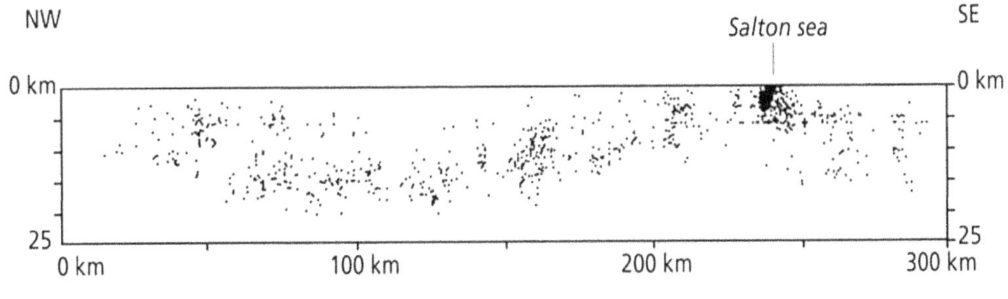

Figure 2.3 Profondeur de séismes sur une coupe parallèle à la faille de San Jacinto de 1981 à 1992 (M > 2.5), segment sud de la faille de San Andreas. (D'après Peterson et Wesnousky, 1994, © Seismological Society of America.)

Dans certains cas, les variations de profondeur des hypocentres traduisent le changement de la nature des roches dans l'environnement immédiat de la zone de faille.

b) Comportement mécanique de la croûte supérieure

Dans la croûte supérieure, les roches réagissent aux contraintes suivant des modalités qui entraînent des déformations réversibles (domaine de l'élasticité) ou permanentes (domaine de type fragile). Dans ce paragraphe, on donne les définitions nécessaires pour aborder les problèmes posés par le phénomène de la rupture sismique. On se reportera, pour plus d'informations, aux ouvrages de Mercier et Vergely (1992) et de Sholz (2002).

A. Force, contrainte et déformation

De manière générale, lorsqu'une force est appliquée à un matériau, il se déforme : les particules du matériau sont déplacées de leur position initiale. Si la force n'excède pas une valeur critique, les particules du matériau retournent à leur position initiale quand la force est supprimée. Le déplacement est réversible et il n'y a pas de déformation permanente. Ce comportement est dit élastique. Considérons l'exemple simple d'un cylindre de longueur h, de section A, qui subit une force F ce qui l'allonge de Δh (*figure 2.4*). Les expériences montrent que la déformation élastique Δh est proportionnelle à la force appliquée F et à la longueur initiale du cylindre h, et inversement proportionnelle à la section du cylindre A. On peut écrire $\Delta h \propto Fh/A$ ou encore $\Delta h/h \propto F/A$. Quand A tend vers 0, la valeur limite de la force par unité de surface (F/A) est appelée la contrainte σ. Quand h tend vers 0, la valeur limite de $\Delta h/h$ est appelée la déformation ε (allongement par unité de longueur). Cette relation linéaire entre la contrainte et la déformation est caractéristique d'un comportement élastique (loi de Hooke). L'unité de la contrainte est le Pascal, la même que l'unité de la pression. La déformation est sans dimension. On peut généraliser ces notions de contrainte et de déformation en trois dimensions, en introduisant le tenseur des contraintes et le tenseur des déformations.

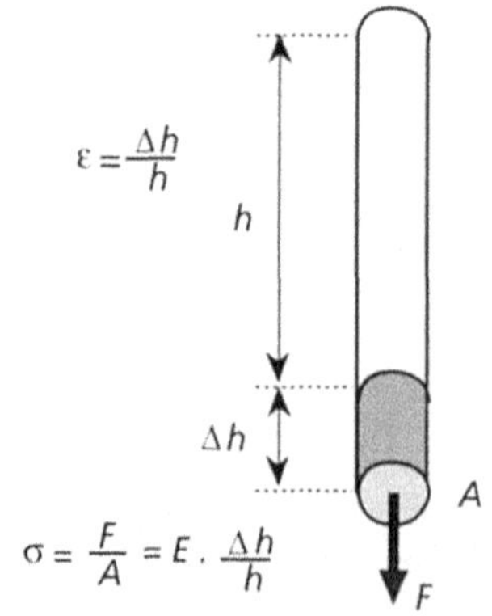

Figure 2.4 Notion de déformation (ε) et de contrainte (σ) à partir de l'élongation d'un cylindre. E est le module de Young.

Notons tout de suite que si la propagation des ondes sismiques est un processus élastique, certains processus reliés aux séismes ne sont pas élastiques. Au niveau de la source, il n'y a pas réversibilité des déformations. Et la rupture sismique est clairement un processus non élastique. En fait, au-dessus d'une certaine valeur de la contrainte, la loi de Hooke ne s'applique plus. Dans un premier temps, il y a disparition de la proportionnalité entre contrainte et déformation même si l'on est toujours dans le domaine de l'élasticité (réversibilité des déformations). Ensuite, on quitte le domaine élastique pour entrer dans le domaine de la plasticité où les déformations deviennent irréversibles. Dans ce domaine, un petit incrément de contrainte peut générer une grande déformation, allant même jusqu'à la rupture (*figure 2.5*).

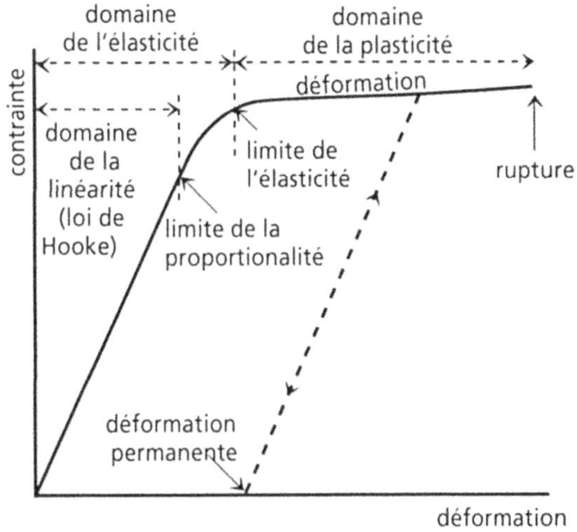

Figure 2.5 Les domaines de l'élasticité et de la plasticité.

B. Contrainte normale, contrainte tangentielle et cercle de Mohr

La contrainte est une force par unité de volume. Quand une force est appliquée à un corps, la contrainte est le rapport entre la force appliquée et l'aire sur laquelle elle est appliquée. Si la force est normale (perpendiculaire) à la surface, alors la contrainte est dite normale. Si la force est tangentielle à la surface, alors la contrainte est dite cisaillante. En général, la force n'est ni entièrement normale, ni entièrement tangentielle, et la contrainte se divise en une composante normale et une composante tangentielle (*figure 2.6 A*).

Considérons un petit parallélépipède subissant une force F, dans un repère orthonormé x, y et z. La composante de F qui agit dans la direction de l'axe x est appelée F_x. La force est pleinement décrite par ses composantes F_x, F_y et F_z. Une petite surface perpendiculaire à l'axe x est dénommée A_x. La force F_x produit sur la surface A_x une contrainte normale σ_{xx} telle que $\sigma_{xx} = \lim_{A_x \to 0} \left(\frac{F_x}{A_x}\right)$.

Les forces F_y et F_z produisent sur la surface A_x des contraintes tangentielles σ_{yx} et σ_{zx} telles que $\sigma_{yx} = \lim\limits_{A_x \to 0} \left(\frac{F_y}{A_x}\right)$ et $\sigma_{zx} = \lim\limits_{A_x \to 0} \left(\frac{F_z}{A_x}\right)$. De la même façon, les composantes de la force F qui agissent sur les surfaces A_y et A_z définissent les contraintes normales σ_{yy} et σ_{zz} et les contraintes tangentielles σ_{xy}, σ_{zy}, σ_{xz} et σ_{yz}. Si le parallélépipède est en équilibre statique (il ne bouge pas), alors les contraintes sur les faces opposées doivent s'équilibrer. Si tel n'était pas le cas, on observerait des rotations. D'où les relations $\sigma_{xy} = \sigma_{yx}$, $\sigma_{xz} = \sigma_{zx}$ et $\sigma_{yz} = \sigma_{zy}$. Les neuf composantes de la contrainte définissent complètement l'état de contrainte du corps qui peut être synthétisé par le tenseur des contraintes ci-dessous :

$$\begin{pmatrix} \sigma_{xx} & \sigma_{xy} & \sigma_{xz} \\ \sigma_{yx} & \sigma_{yy} & \sigma_{yz} \\ \sigma_{zx} & \sigma_{zy} & \sigma_{zz} \end{pmatrix}$$

La matrice σ étant symétrique, elle possède trois valeurs propres réelles et il existe un repère où elle est diagonale. Les trois éléments de cette diagonale sont les contraintes principales. Elles sont associées à trois directions principales de la contrainte. Ces directions principales de la contrainte correspondent aux vecteurs propres de la matrice σ. Les contraintes principales correspondent aux valeurs propres correspondantes. La contrainte principale maximale se note σ_1, la contrainte principale minimale σ_3 et la contrainte principale intermédiaire σ_2.

Le concept de contrainte maximale est fondamental en tectonique et dans la description des mécanismes aux foyers des séismes.

Le cercle de Mohr (*figure 2.6 A*) établit les relations des contraintes normales σ_n et des contraintes cisaillantes τ avec les contraintes principales. Il situe de façon simple les conditions de rupture sur une faille. Ainsi tout point placé sur le cercle, ayant pour ordonnées τ et σ_n, correspond à la contrainte qui s'exerce sur un plan de faille faisant un angle θ avec la contrainte principale σ_1. Les valeurs de τ et σ_n sont les suivantes :

$\tau = (\sigma_1 - \sigma_3)\ /2 \sin 2\alpha$

$\sigma_n = (\sigma_1 + \sigma_3)/2 + (\sigma_1 - \sigma_3)\ /2 \cos 2\alpha$.

L'enveloppe de Mohr se définit à partir des cercles qui satisfont aux critères de rupture des matériaux ($\tau = C + \mu\ \sigma_n$). On considère pour simplifier qu'il s'agit d'une droite Δ (*figure 2.6 B*) faisant un angle Φ (angle de friction interne) avec l'axe des abscisses. Son intersection avec l'axe des ordonnées correspond à la cohésion du matériau (C). Sur la figure 2.6 B, on a représenté deux cas qui correspondent respectivement à la néo-rupture (ΔR) et au glissement sur fracture préexistante (ΔG), ce qui alors nécessite une contrainte différentielle ($\sigma_1 - \sigma_3$) moins élevée.

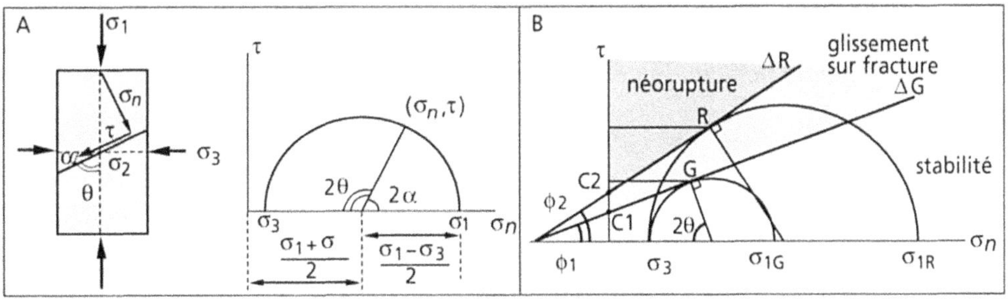

Figure 2.6 Cercle de Mohr.

A : Contrainte normale, contrainte cisaillante et cercle de Mohr, pour une fracture préexistante.

B : Utilisation du cercle de Mohr pour localiser les domaines de glissement sur une faille préexistante et de néoropture (G et R = valeurs de la contrainte critique pour le glissement et la néorupture).

2.1.2 Le cycle sismique

a) Le modèle du rebond élastique

À l'échelle humaine, celle de quelques centaines d'années, les séismes se produisent sur des failles préexistantes sur lesquelles se sont déjà produits d'autres séismes. On a initialement appelé cycle sismique la répétition au cours du temps de l'ensemble séisme + déformation intersismique.

Le modèle du rebond élastique

La première description du cycle sismique a été effectuée par Reid en 1910, à la suite du séisme qui a détruit San Francisco en mai 1906. Reid compara des mesures géodésiques de triangulation effectuées autour de San Francisco avant et après le séisme. Il observa un déplacement relatif des deux côtés de la faille de l'ordre de 5 mètres. En comparant entre eux des relevés géodésiques effectués avant 1906 il mit aussi en évidence des déformations lentes autour de la faille avant le séisme, localisées dans une bande étroite autour de la faille. À partir de ces observations, il proposa le modèle du rebond élastique (*figure 2.7*).

Dans ce modèle, entre deux séismes, des points situés de part et d'autre de la faille se déplacent dans des directions opposées tandis que sur la faille, bloquée, il n'y a pas de mouvement. Il y a donc un lent processus d'accumulation de contraintes dans la période inter-sismique. Lorsque les déformations de part et d'autre de la faille sont telles qu'un seuil de résistance est atteint, il se produit un séisme qui relâche brutalement les contraintes accumulées. Le terme « rebond élastique » est une façon imagée d'exprimer le fait que lors d'un séisme la partie fragile de la croûte fait un bond pour rattraper le retard accumulé pendant la période inter-sismique.

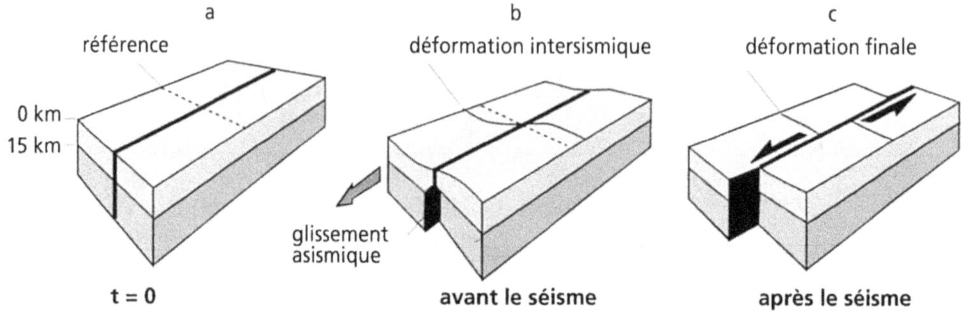

Figure 2.7 Le modèle du rebond élastique selon Reid (1910).

Aujourd'hui on considère que le cycle sismique comporte trois, voire quatre périodes. Outre la période très brève du séisme et celle très longue de la charge inter-sismique, on distingue la période post-sismique et la période pré-sismique, cette dernière étant la plus discutée. La période post-sismique se déroule juste après le séisme (quelques jours à quelques mois, quelques années pour les très gros séismes). Dans un premier temps, elle est caractérisée par les répliques (séismes de magnitude inférieure au séisme principal, localisés au voisinage de la zone de rupture sismique du séisme principal), ensuite par des glissements asismiques transitoires. La période pré-sismique est parfois caractérisée par des séismes précurseurs. Si le séisme principal et les répliques sont enregistrés par les stations sismologiques, les déformations post- et inter-sismiques ne peuvent être mesurées que par la géodésie, science qui étudie la forme de la Terre. Les méthodes géodésiques traditionnelles et spatiales utilisées pour l'étude des séismes sont présentées de façon détaillée au chapitre 7.

b) Le cycle sismique d'après l'exemple du séisme d'Izmit

La notion de cycle sismique peut être parfaitement illustrée en prenant comme exemple le séisme d'Izmit, en Turquie, du 17 août 1999 (Mw 7.5). L'intérêt de ce séisme récent, très bien étudié, est que la zone qui l'entoure, à l'est de la mer de Marmara, avait été préalablement l'objet d'études géodésiques denses. C'est donc un cas intéressant de séisme, où l'on a à la fois l'enregistrement des déformations inter-, co- et post-sismiques.

A. Déformation co-sismique

La figure 2.8 représente le déplacement co-sismique enregistré en de nombreux sites autour de la faille. La figure 2.9 montre le déplacement co-sismique imagé par InSAR.

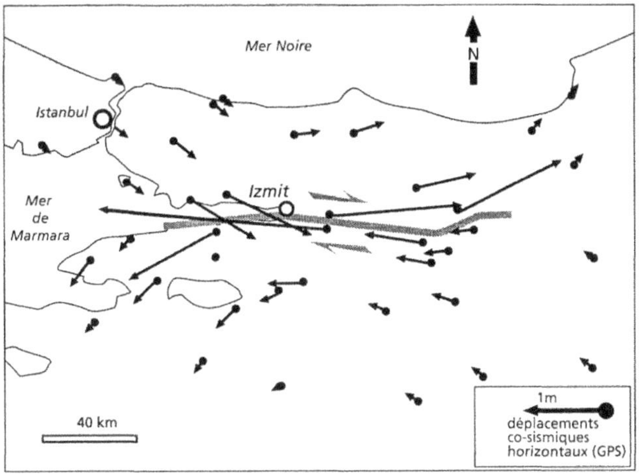

Figure 2.8 Déplacement co-sismique du séisme d'Izmit (Carte GPS). (D'après Delouis *et al.* 2002, © Seismological Society of America.)

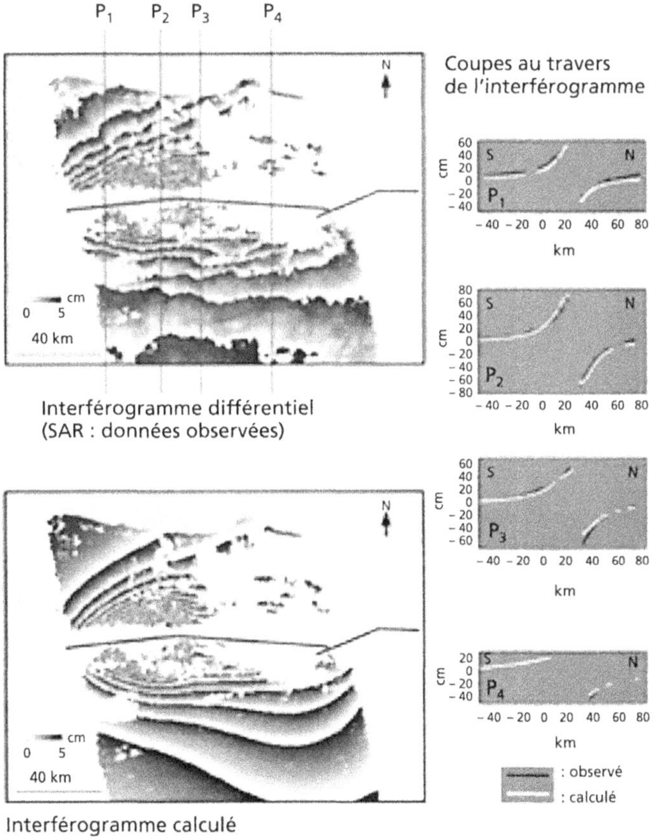

Figure 2.9 Déplacements co-sismiques mesurés par InSAR et modélisés lors du séisme de Izmit.

Les profils NS indiquent le déplacement entre le sol et le satellite. (D'après Delouis *et al.* 2002, © Seismological Society of America.)

On observe que le déplacement change de direction au passage de la faille, indiquant que le séisme correspond principalement à un mouvement décrochant-dextre. Le mouvement parallèle à la faille décroît rapidement lorsqu'on s'éloigne de celle-ci. L'expression analytique du déplacement statique dû au glissement sur une faille est compliquée. Mais si l'on fait l'hypothèse d'une faille verticale purement décrochante, orientée dans la direction x, allant de la surface à une profondeur W (profondeur de blocage) et infinie dans la direction x, alors le déplacement u à une distance y de la faille est parallèle à la faille et vaut :

$u(y) = \pm D/2 - (D/\pi) \tan^{-1} (y/W)$, où D est le glissement sur la faille.

W est au maximum égal à l'épaisseur de la zone fragile de la croûte, entre douze et vingt kilomètres de profondeur selon les régions. Le signe ± est précisé par le caractère dextre ou sénestre de la faille. On considère dans ce modèle un glissement constant sur la faille. Le mouvement de part et d'autre de la faille est $D/2$. À une distance égale à W, la profondeur de la zone bloquée, le mouvement vaut $D/4$. Loin de la faille y/W – > 0 et le mouvement disparaît. La façon dont le mouvement décroît lorsqu'on s'éloigne de la faille permet de déterminer la profondeur de la faille, comme le montre la figure 2.10 A.

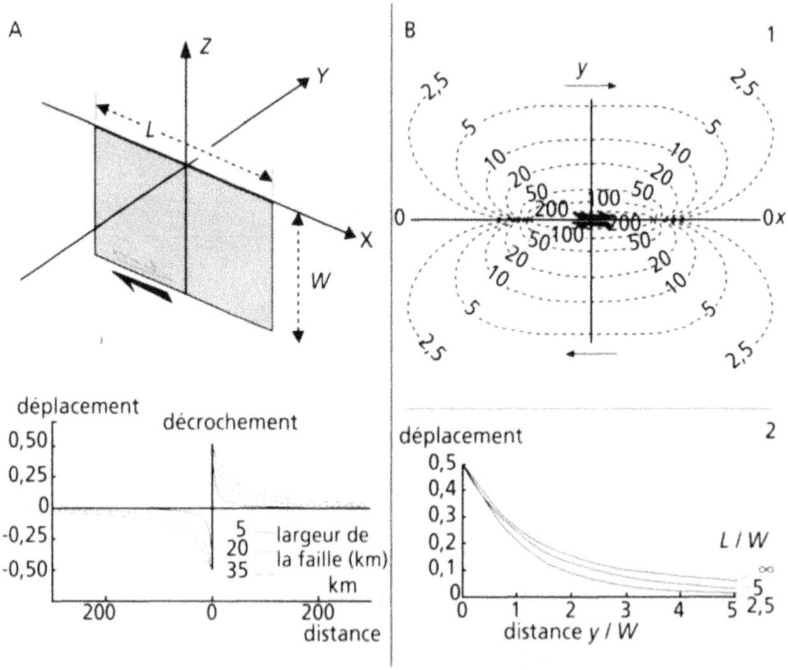

Figure 2.10 Mouvement cosismique d'une faille décrochante.

A : En haut, géométrie d'une faille décrochante verticale, d'extension horizontale L, verticale W ; en bas, déplacement co-sismique en fonction de la distance à la faille pour différentes profondeurs (L infini).

B : En haut, style de déplacement pour L fini.

(D'après Stein et Wysession, 2003, Blackwell Publishing.)

Comme la faille n'est pas infinie, le mouvement décroît très vite dès que l'on dépasse les extrémités de la faille (*figure 2.10 B*) et on observe des mouvements qui ne sont plus strictement parallèles à la faille. C'est ce que l'on observe sur le champ GPS du séisme d'Izmit ainsi que sur l'image InSAR (*figure 2.9*). Dans ce cas, la décroissance du déplacement lorsqu'on s'éloigne de la faille est reliée au rapport L/W où L est la longueur de la faille. On peut fortement compliquer le problème en ne considérant plus un glissement constant sur la faille mais un glissement variable en fonction de la profondeur. Dans ce cas, le modèle n'est plus unique et on peut relativement bien ajuster les données géodésiques avec différents modèles.

B. Déformation inter-sismique

Si l'on néglige le mouvement post-sismique, alors le mouvement inter-sismique doit être le complémentaire du mouvement co-sismique pour arriver à un mouvement total égal à $D/2$ ou $-D/2$ en tout point de part et d'autre de la faille (*figure 2.11*). En effet, dans le schéma simple du cycle sismique, tous les points de l'espace de part et d'autre de la faille, au final, se déplacent de façon identique. On peut donc écrire :

$$u'(y) = (D/\pi)\tan^{-1}(y/W)$$

où u' est le déplacement inter-sismique. Les points près de la faille ne bougent quasiment pas pendant la période inter-sismique tandis que les points loin de la faille se déplacent de $D/2$. Quant à la forme de la courbe du déplacement inter-sismique, elle est liée à W la profondeur de blocage.

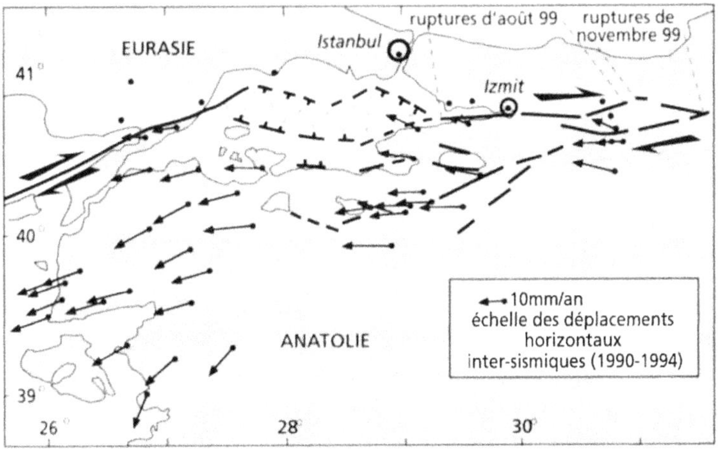

Figure 2.11 Déplacement inter-sismique GPS, le long de la terminaison ouest de la faille Nord-Anatolienne entre 1990 et 1994.

On remarquera à l'est d'Izmit que, suivant un tracé N-S, les déplacements augmentent vers le sud, depuis la faille qui reste bloquée. En champ lointain, les déplacements correspondent aux valeurs long-terme du déplacement du bloc anatolien par rapport à l'Eurasie. (D'après Straub et Khale, 1995. Modifié avec la permission de l'American Geophysical Union.)

Des mesures géodésiques autour des failles pendant la période inter-sismique permettent donc de déterminer la profondeur de blocage. Celle-ci est l'un des trois paramètres fondamentaux de la détermination du moment sismique qui, comme nous le verrons, est directement lié à la magnitude du séisme. Des profils géodésiques à travers les failles en période inter-sismique peuvent donc apporter une information pour caractériser le futur séisme sur cette faille. On peut théoriquement (*figure 2.12*) préciser la magnitude attendue pour un séisme se déroulant à l'instant *t*, si on connaît le temps nous séparant du dernier séisme. On peut aussi, en faisant une hypothèse sur la magnitude, estimer si on est potentiellement proche d'un séisme. Cette démarche n'est valable que si la faille produit à intervalle constant des séismes identiques. Or ceci n'est pas exact : on peut observer des séismes de dimensions différentes sur une même faille et des intervalles de récurrence variables. La première approche est donc plus exacte.

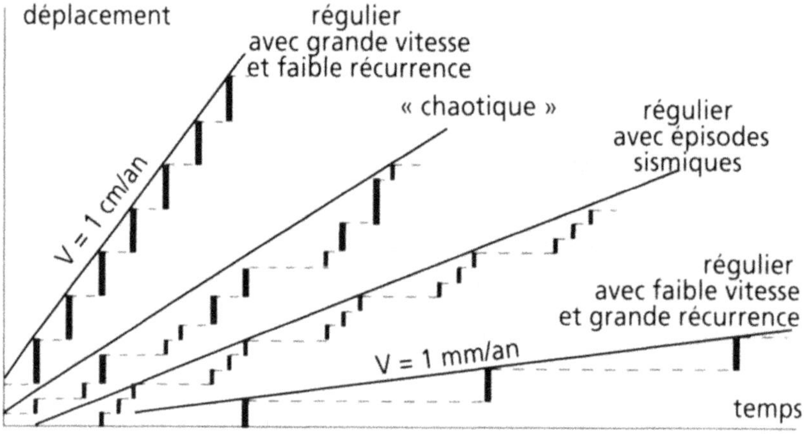

Figure 2.12 Différents modèles de cycle sismique.

C. Déformation post-sismique

Lors du séisme d'Izmit, il a aussi été observé de nombreuses répliques et aussi du glissement asismique sur la faille ou, du moins, des déplacements enregistrés par GPS interprétés comme tels. Ces déplacements sont souvent localisés soit très près de la surface, soit sous la zone bloquée, dans la région de la croûte où la déformation est ductile. Ces déplacements post-sismiques sont quasi systématiquement observés dans tous les gros séismes. L'étude des déformations post-sismiques permet d'obtenir des informations sur la rhéologie de la croûte inférieure et du manteau. Ceci nous éloigne de la sismotectonique et ne sera pas traité dans cet ouvrage.

c) Le cycle sismique en subduction

Ce qui a été décrit ci-dessus pour la faille décrochante nord-anatolienne est vrai aussi sur d'autres types de failles. On peut utiliser la même approche pour les chevauchements dans les zones de subduction (*figures 2.13* et *2.14*). En mesurant les déformations inter-sismiques dans la zone où la plaque subduite passe sous l'autre plaque, on peut estimer les propriétés de la zone de contact entre les deux plaques, la dimension de la zone bloquée, et obtenir des informations sur la dimension du prochain séisme. Dans ce cas, la composante verticale du déplacement est très importante. Or, la précision de la mesure du déplacement vertical avec le GPS est souvent inférieure à celle du mouvement horizontal.

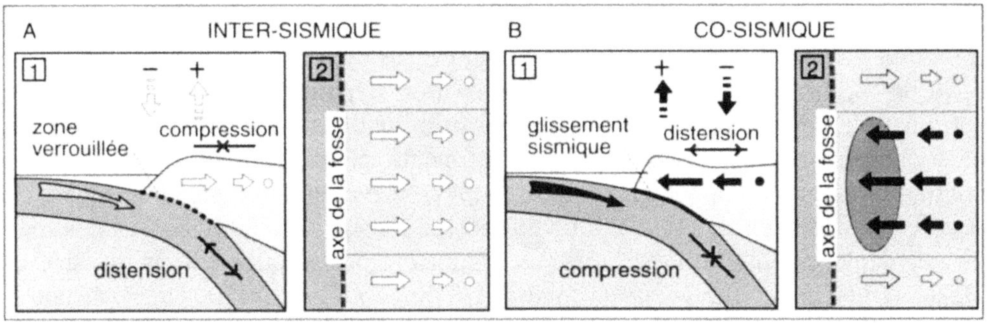

Figure 2.13 Cycle sismique et mouvements verticaux et horizontaux dans une zone de subduction (1 en coupe ; 2 en plan).

A : Période inter-sismique. La zone de contact entre les deux lithosphères convergentes est bloquée. La lithosphère océanique plongeante entraîne la plaque supérieure, ce qui se traduit par des déplacements horizontaux qui décroissent vers l'intérieur de celle-ci et donc par de la compression.

B : Période co-sismique. Lorsque le seuil de rupture sismique est atteint, le glissement se produit. Les mouvements horizontaux s'inversent et se traduisent par de la distension dans la plaque supérieure. Les mouvements verticaux s'inversent de la même façon.

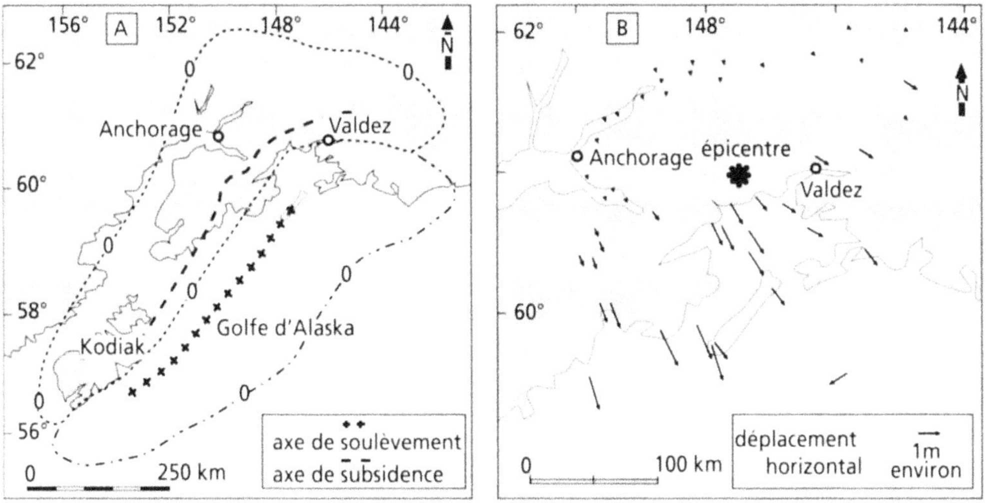

Figure 2.14 Mouvements verticaux (A) et horizontaux (B) liés au séisme de subduction de l'Alaska de 1964. (Dessins simplifiés, d'après Plafker, 1969.)

2.1.3 La rupture sismique

Mais que se passe-t-il lors d'un séisme, sur la faille ? Comment se déroule la rupture (au sens sismologique du terme). Le séisme peut être vu comme un processus frictionnel sur un plan de faille préexistant : il n'y a rupture que si la contrainte tectonique cisaillante sur le plan de faille dépasse la résistance due à la friction. Alors les deux compartiments de part et d'autre de la faille commencent à glisser. Il est généralement proposé en suivant le modèle simple de Byerlee que les forces de friction empêchent le glissement sur la faille jusqu'à ce que la contrainte de cisaillement dépasse un seuil dit de friction statique égal à 60 % de la pression lithostatique (pression exercée par la colonne de roche au-dessus du point considéré). Une fois la zone de rupture initiée, la friction (dite friction dynamique) diminue fortement, entraînant la propagation de la rupture. Sans diminution entre la friction statique et la friction dynamique, les deux compartiments glisseraient de façon lente et continue, ce que l'on appelle en anglais le *creep*. Ce comportement asismique a été observé pour la première fois le long du secteur central de la faille de San Andreas, où des déplacements millimétriques se produisent périodiquement en l'espace de plusieurs heures, et atteignent un total de 28 mm/an. On a par la suite constaté le même phénomène sur d'autres grandes failles (faille Nord-Anatolienne, faille de Chishang à Taïwan et faille Philippine, par exemple).

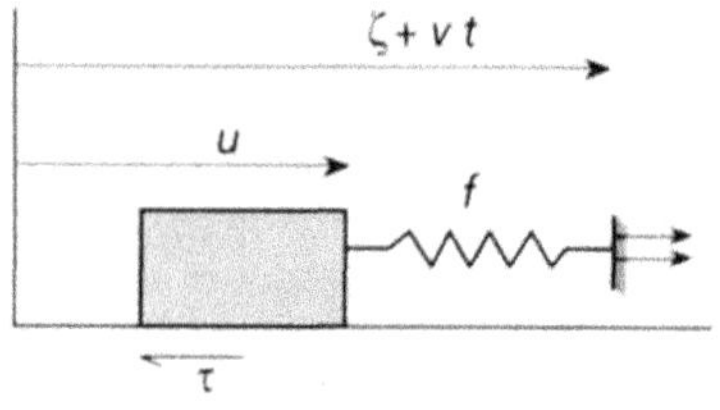

Figure 2.15 Modèle du patin et du ressort.

Pour mieux comprendre ce processus frictionnel, nous allons regarder ce qui se passe lorsque l'on tire une masse m considérée comme un patin avec un ressort de raideur k sur un plan qui présente une certaine friction (*figure 2.15*). On tire sur le ressort avec une vitesse v. Alors la masse subit une force f proportionnelle à la raideur du ressort k et à son extension :

$$f = k\,(\zeta + vt - u)$$

où u est la position du patin et ζ l'extension du ressort lorsque le glissement commence à l'instant $t = 0$. Ce déplacement est opposé à la force de friction $\tau = -\mu\sigma$ où σ est la contrainte normale et μ le coefficient de friction. La seconde loi de Newton implique :

$$m\,\frac{d^2u}{dt^2} = f - \tau = k(\zeta + vt - u) = \mu\sigma.$$

Si on se place au moment où le patin commence à glisser, en $t = 0$, alors :

$0 = k\xi \ + \mu_s\sigma$

où μ_s est la friction statique. Si on considère qu'au moment où le patin se met à glisser la friction diminue et devient μ_d la friction dynamique et que v est assez petite pour être négligée, alors,

$$m\frac{d^2u}{dt^2} = k(\zeta - u) = \mu_d\sigma.$$

D'où $$m\frac{d^2u}{dt^2} = -ku + (\mu_d - \mu_s)\,\sigma = -ku + \Delta\mu\sigma.$$

C'est l'équation du mouvement $u(t)$ du patin au moment du glissement. Si on prend les conditions initiales $u(0) = 0$ et $\left(\frac{du(t)}{dt}\right)_{t=0} = 0$ alors on obtient pour le déplacement, la vitesse et l'accélération du patin :

$$u(t) = \frac{\Delta\mu\sigma}{k}(1 - \cos\omega t)$$

$$\frac{du(t)}{dt} = \frac{\Delta\mu\sigma}{\sqrt{km}}\sin\omega t$$

$$\frac{du^2(t)}{dt^2} = \frac{\Delta\mu\sigma}{m}\cos\omega t$$

avec $\omega = \sqrt{k/m}$.

Le patin commence à glisser lorsque la force du ressort excède la friction. Durant le glissement, la force du ressort diminue car l'allongement du ressort diminue, jusqu'à devenir plus petite que la friction. Alors le patin décélère jusqu'à s'arrêter. Si on assimile cela à un séisme alors on peut définir la durée du séisme comme la durée du glissement $\frac{du(t_D)}{dt} = 0 \Rightarrow t_D = \frac{\pi}{\omega} = \pi\sqrt{m/k}$, le glissement total est $\Delta u = \Delta u(t_D) = 2\Delta\mu\sigma/k$ et la diminution de la force (équivalente à la chute de contrainte dans les séismes) est $\Delta f = 2\Delta\mu\sigma$. La durée de glissement dépend de la raideur du ressort, le glissement total et la diminution de la force du contraste entre la friction dynamique et la friction statique. La vitesse v n'intervient pas. En fait v va gouverner la récurrence entre les événements. En termes de séisme, cela signifie que la vitesse de déplacement de part et d'autre de la faille gouverne l'intervalle entre les séismes mais pas le glissement ni la chute de contrainte qui sont gouvernés par les propriétés frictionnelles et la contrainte normale.

Pour les séismes, c'est en fait plus compliqué car la friction ne prend pas seulement deux valeurs (μ_s la friction statique et μ_d la friction dynamique). Les études expérimentales sur des échantillons de roche pré-coupées ou des matériaux granulaires ont abouti aux lois de frottement modernes dépendantes de la vitesse de glissement et de variables d'état ou loi RSF, *Rate-and-State dependent Friction*. La loi de Dieterich-Ruina (*figure 2.16*) est une version relativement simple de ces lois RSF. Elle lie le coefficient de friction μ à la vitesse de glissement V et à une variable d'état θ (assimilable au temps moyen de vie des contacts) par l'intermédiaire de coefficients a et b :

$$\mu = \mu_0 + b\theta + a\ \ln(v/v^*)$$

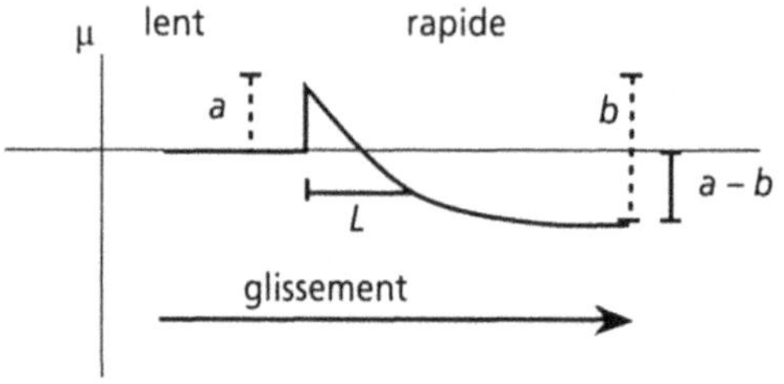

Figure 2.16 Évolution de la friction dans un modèle RSF.
(D'après Scholz, 2002.)

Au stade initial du glissement, la friction augmente soudainement de a avant de décroître progressivement de b pour atteindre la valeur $a - b$ à la fin du glissement. Si $a - b$ est négatif, la friction dynamique est plus faible que la friction statique et il y a instabilité. Dans ce cas, des phases de glissement très rapide suivent de longues phases sans glissement. C'est le cycle sismique tel qu'on l'entend habituellement et le modèle dit de *stick-slip* (arrêt-glissement). Inversement, si $a - b$ est positif, alors il y a glissement stable.

Les études de laboratoire montrent que pour un granite, le signe de $a - b$ change vers 300 °C, indiquant une limite thermique pour la nucléation des séismes. Cette température correspond à la transition cassant-ductile du quartz. Ce changement de signe sera observé dans la halite à 25 °C et une pression d'environ 70 MPa. Ces deux observations nous indiquent que des failles dans le granite ne pourront pas être sismogènes au-dessus de 300 °C. Celles dans le sel seront asismiques quasiment tout le temps. Il faut noter aussi que les failles ne peuvent pas être assimilées à des structures purement frictionnelles car les matériaux des zones des failles sont faiblement consolidés (cataclasites ou zones de gouge). À faible pression et faible température, ceci tend à rendre $a - b$ positif. C'est pourquoi les failles peuvent avoir des zones stables en surface dues à la présence de matériaux non consolidés.

L'ensemble du glissement sur la faille peut être résumé par la figure qui montre la part des glissements inter-, co- et post-sismiques dans le glissement total de la faille (*figure 2.17*). Dans ce modèle l'espace est séparé entre une zone stable ($a - b > 0$) et une zone instable ($a - b < 0$). Durant la période inter-sismique, la faille est chargée par du glissement stable en profondeur. Au moment du séisme, il y a une phase de nucléation qui se produit dans la zone instable et qui provoque le glissement co-sismique. La partie supérieure de la zone instable, juste sous la zone stable, subit aussi du glissement co-sismique complété, dans les mois et les années qui suivent le séisme, par du glissement post-sismique.

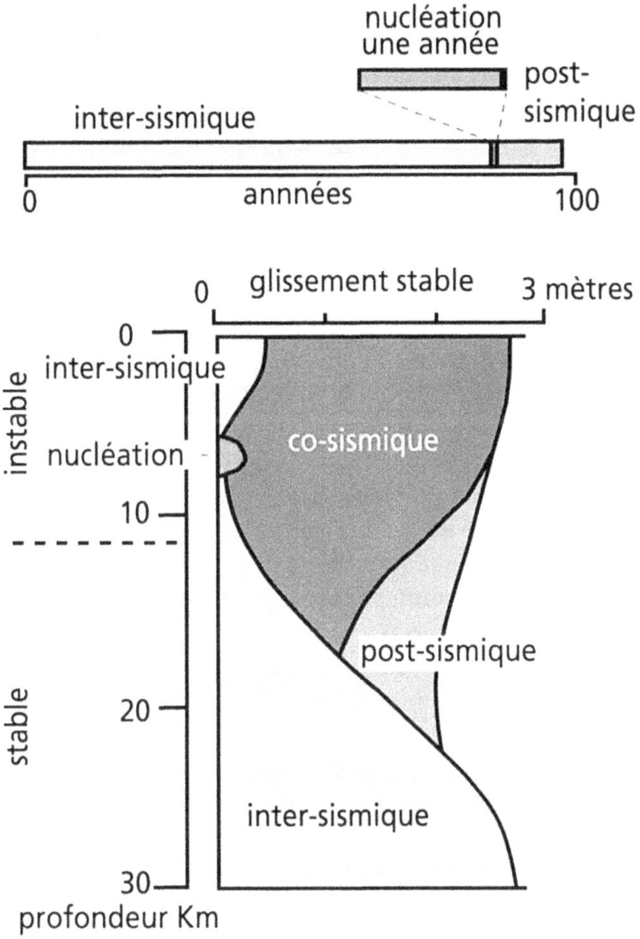

Figure 2.17 Glissement en fonction de la profondeur pour le cycle sismique d'un décrochement, avec une transition entre glissement stable et instable à onze kilomètres de profondeur.

(D'après Tse et Rice 1997. Reproduit avec la permission de l'American Geophysical Union, *in* Sholz 2002.)

2.1.4 Barrières – Aspérités

Une fois la rupture initiée, les points voisins de la rupture se cassent à leur tour créant un front de rupture qui se propage à une vitesse appelée « vitesse de rupture », de l'ordre de 2 à 3 km/s. Elle est en général proche de la vitesse des ondes de cisaillement *S*. La rupture pourrait alors se propager sur toute la longueur de la faille sans s'arrêter. En fait ceci se produit rarement et la propagation se limite souvent à une partie de la faille. Les mécanismes qui mettent fin à la propagation sont encore mal compris. Ils résultent probablement de la présence d'hétérogénéités mécaniques et/ou de discontinuités géométriques les longs de la faille. Inversement, la rupture peut aussi « sauter » d'une faille à une autre (cf. *figures 2.22* et *2.23*).

De plus, l'observation des ondes sismiques générées par les séismes permet de reconstituer l'histoire de la rupture (voir chapitre 7, les méthodes géodésiques). Cette observation montre que les séismes sont des processus très complexes et que la rupture n'est pas un processus homogène sur l'ensemble de la faille.

Deux modèles ont été proposés pour expliquer la complexité de la rupture sismique. Le modèle d'aspérité et le modèle de barrière.

Dans le modèle de barrières, la faille contient des frictions très variables : la rupture s'initie et se propage dans les zones de faible résistance entre les barrières de forte résistance.

Le modèle, dit d'aspérités, envisage que la variabilité du glissement soit liée à une distribution hétérogène des contraintes autour de la faille. Ce modèle tient compte du fait qu'un séisme n'est pas un événement isolé, mais l'un des épisodes de l'activité d'une faille.

L'ensemble des séismes se déroulant sur la faille conduit à un état de contrainte très hétérogène, avec des zones de fortes concentrations de contraintes, dites aspérités, et d'autres de faibles concentrations. Le glissement a donc alors lieu préférentiellement dans les aspérités. La réalité est probablement entre les deux. Lors de la rupture, le glissement sera maximum sur les aspérités (forte contrainte) et minimum ou nul sur les barrières (forte friction).

Enfin, à l'extrémité de la faille, la rupture peut affecter des roches non fracturées jusque-là et agrandir la faille. On parle alors de néo-rupture. Cependant ce processus est long car chaque séisme ne peut que très légèrement faire progresser la faille du fait de la résistance des matériaux à la fracturation. Quelques rares exemples montrent, lors d'un événement sismique marquant, que la faille associée au séisme s'est propagée latéralement en rompant pour la première fois des formations géologiques en surface (parfois vieilles de plusieurs millions d'années). C'est le cas à l'extrémité SW de la faille qui a été activée lors du séisme d'El Asnam le 10 octobre 1980 dans le nord de l'Algérie. Toutefois il semblerait qu'il s'agisse là plutôt d'une faille ancienne cachetée et réactivée pour la première fois lors du séisme de 1980, et marquant ainsi un agrandissement de la faille active à son extrémité. Un événement sismique en néo-rupture ne peut être qu'exceptionnel à l'image du séisme de 1912 dans le sud de l'Islande dont la rupture en décrochement dextre affecte des basaltes préalablement non fracturés. De façon très générale, les failles actives y compris les plus grandes comme la faille de San Andreas, la faille Nord-Anatolienne en Turquie, ou celle de l'Altyn Tagh au Tibet correspondent à la réactivation de discontinuités majeures de la lithosphère, héritées d'épisodes tectoniques parfois très anciens.

2.2 RELATIONS SPATIO-TEMPORELLES ENTRE SÉISMES

Les données de sismologie aussi bien historique qu'instrumentale indiquent que ces relations sont complexes ; en fonction du facteur temps (de quelques secondes à des centaines ou milliers d'années), des séismes se suivent ou sont associés, sur la même faille ou sur des failles voisines et cela à des distances également très variables. On présente tout d'abord les situations classiques où des séismes précèdent et suivent un séisme majeur (§ 2.2.1). On passe ensuite à l'examen des relations spatio-temporelles entre séismes majeurs (§ 2.2.2), aussi bien sur la même faille (§ 2.2.1.*a)*) que sur des failles voisines ou distantes (§ 2.2.1.*b)*). À l'heure actuelle, on présente des modèles qui font appel à des modifications des états de contrainte induits par un premier événement (§ 2.2.1.*c)*).

2.2.1 Séismes précurseurs et répliques

Les séismes ne se produisent pas comme des événements isolés, ils font généralement partie d'une séquence plus ou moins longue qui peut comprendre, outre le séisme principal, des séismes précurseurs et des répliques (*figure 2.18.*①) ou des répliques uniquement (*figure 2.18.*②). Dans d'autres cas encore (*figure 2.18.*③) la séquence ne comprend pas de séisme qui se distingue des autres par une magnitude plus forte. On parle dans ce cas d'essaim de séismes. Un bel exemple d'évènements comportant précurseurs et répliques est donné par la séquence du séisme d'Aqaba de 1995 (*figure 2.19*).

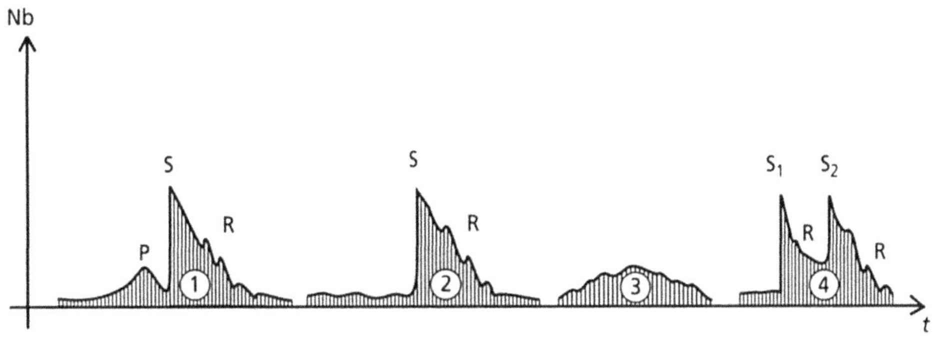

Figure 2.18 Différentes séquences sismiques.
En abscisse le temps et en ordonnées le nombre de séismes). P : Précurseur ; S : séisme principal ; R : répliques). 1 : avec précurseur ; 2 : sans précurseur ; 3 : essaim sans séisme majeur ; 4 : séisme composé dans le cas d'un doublet S_1 et S_2.

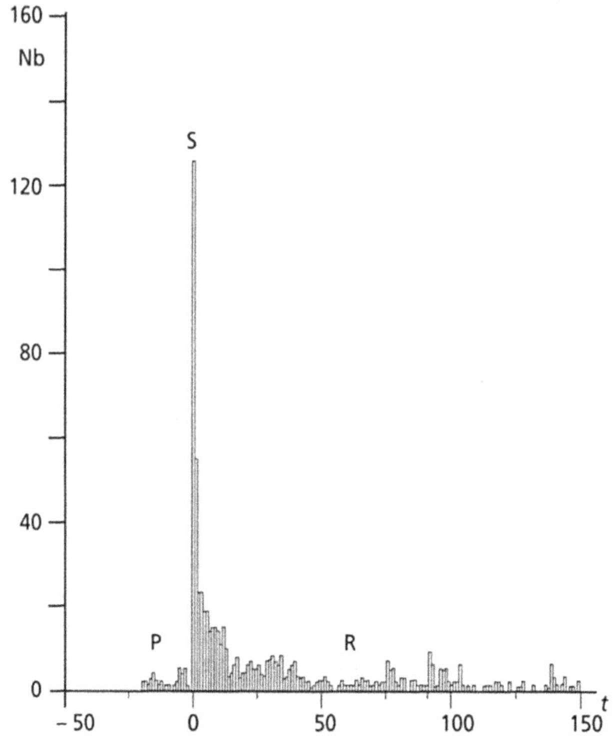

Figure 2.19 Séquence du séisme de magnitude 7.5 du golfe d'Aqaba de 1995. (P : précurseur ; S : séisme majeur ; R : répliques).

(Modifié d'après Gharib *et al.*, 1997.)

a) Les précurseurs (foreshocks)

Les précurseurs correspondent à des séismes généralement de taille plus réduite que le séisme principal, qui le précèdent souvent de quelques minutes ou de quelques heures seulement. Les précurseurs sont localisés près de l'hypocentre du futur séisme principal dans une zone plus réduite que celle des répliques. Leur localisation indiquerait qu'ils doivent jouer un rôle dans l'initiation de la rupture sismique du séisme principal. Ainsi, les précurseurs du séisme d'Izu-Oshima-Kinkai (M 7) de 1978 au Japon se situent à l'une des extrémités de la future rupture, alors que les répliques se concentrent sur l'autre extrémité. Pour une séquence de séismes entre 1963 et 1978, associés à la subduction pacifique (région d'Oxaca au Mexique), l'activité sismique avait repris dix mois avant que ne se produise le séisme majeur (M 7.7) de 1978 et après une période de quiescence de plus de cinq ans. L'étude d'un grand nombre de séismes, en particulier au Japon, a permis à Mogi (1985) de définir quelques caractéristiques générales des séquences de séismes précurseurs :

- la durée des séquences de précurseurs varie de quelques minutes à quelques mois ;
- il ne semble pas avoir de corrélation précurseurs-magnitude du séisme principal ;
- il n'y a pas de courbe de fréquence de précurseurs typique comme c'est le cas pour les répliques (voir paragraphe suivant).

Toutefois, on peut distinguer deux catégories de séquences : certaines se déroulent avec un accroissement progressif de la fréquence avant le séisme principal, alors que d'autres sont caractérisées par une croissance rapide de la fréquence suivie par une décroissance très marquée juste avant le séisme principal.

L'identification de ces séismes combinée avec l'étude d'autres phénomènes précurseurs peut être prise en compte dans la prévision à court terme des séismes. En Chine, le séisme de Haicheng de 1975 a pu ainsi être prédit quelques heures avant qu'il ne survienne (voir § 10.3).

b) Les répliques (aftershocks)

La présence de répliques après un séisme est une règle quasi générale. Les séquences de répliques présentent une décroissance hyperbolique du nombre de séismes (loi d'Omori). La durée de la séquence est très variable, elle dépend en particulier de la magnitude du séisme principal. D'autre part, il semble que les séquences de réplique soient plus longues dans le cas de séismes intraplaques que dans le cas de séismes se produisant aux limites de plaques avec un facteur 4. Scholz (2002) explique ces particularités par la différence avec un même facteur de la valeur de la chute de contrainte entre séismes intraplaques et séismes aux limites de plaque. Ce même auteur estime à seulement 5 % du moment sismique du séisme principal la somme des moments sismiques des répliques. Généralement les répliques se localisent dans l'environnement immédiat de la rupture du séisme principal, là où l'on doit s'attendre à avoir le maximum de concentration de contrainte produite par la rupture, ce qui montre que les répliques correspondent à un phénomène de relaxation de contrainte. Plusieurs exemples, comme le séisme de Loma Prieta de 1989 (fiche 3, page 298) ou celui de Morgan Hill de 1984, montrent une concentration de répliques à la périphérie de la zone de rupture du séisme principal, ce qui peut permettre, dans la mesure où la position des hypocentres est très bien localisée, d'évaluer la surface de la rupture d'un séisme important. Quelques cas expliquent que des répliques peuvent se produire à distance du séisme principal. Elles sont généralement localisées sur un segment de faille voisine. Ce cas a été observé lors de la séquence du séisme de Landers de 1992 dans le sud de la Californie (*figure 2.25*).

2.2.2 Relations spatio-temporelles et interactions entre séismes

Les précurseurs et les répliques démontrent clairement que les séismes ne sont pas des phénomènes qui se produisent de façon indépendante. On connaît en outre de nombreux cas historiques ou récents de séquences de deux ou plusieurs séismes majeurs qui se produisent dans des laps de temps très variables pouvant aller de quelques heures à quelques années. Parmi ces différents cas, les séismes peuvent se produisent soit sur la même faille, soit sur des failles plus ou moins éloignées l'une de l'autre et qui peuvent présenter des cinématiques différentes. Quand ces séismes sont suffisamment proches dans l'espace et dans le temps on parle souvent de doublets ou de multiplets (*earthquake clusters*).

a) *Séismes se produisant sur une même faille ou sur des segments de la même faille*

A. Séismes composés

Lors du même événement, des ruptures successives se produisent sur plusieurs segments de la même faille et parfois sur des failles voisines. La propagation de la rupture sur les différents segments, qu'ils aient ou non la même cinématique, qu'ils soient ou non connectés se produit dans un laps de temps très court de l'ordre de la seconde ou de dizaines de secondes (*figure 2.20*). Dans ce cas, pour expliquer les sauts d'un segment à l'autre, on peut invoquer les variations rapides de l'état de contraintes qui se produisent près du front de rupture lors de sa propagation. On fait appel alors à un effet dynamique plutôt qu'à un changement de la contrainte de Coulomb que l'on évoque pour expliquer le déclenchement à distance de séismes sur des échelles de temps plus grandes.

Pour un même épisode tectonique, des failles d'orientations différentes et donc de cinématiques variées peuvent cohabiter dans des secteurs très proches. Cette situation peut s'exprimer aussi lors d'un même séisme, en particulier pour ceux de forte magnitude (M > 7) qui présentent généralement des ruptures segmentées correspondant en profondeur à des segments de failles pouvant présenter des orientations et des pendages très différents. Les types de déplacement observés sur chacun des segments, qu'ils soient connectés ou non, ont une cohérence cinématique, en accord avec le champ de contraintes actuel. Cela a été constaté par exemple lors des séismes d'El Asnam, 1980 (*figure 9.8*) et de Spitak, 1988 (*figure 4.5*).

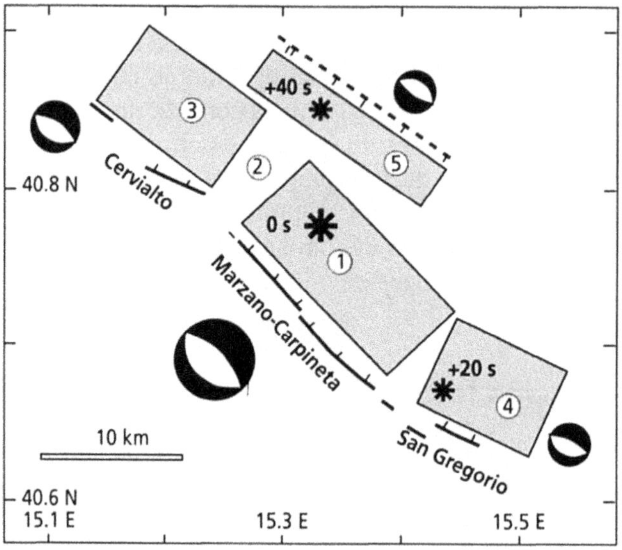

Figure 2.20 Le séisme composé d'Irpinia (1980) et ses mécanismes au foyer.
Les chiffres (1, 3, 4 et 5) indiquent l'ordre des ruptures en moins d'une minute et (2) un temps d'arrêt. Les rectangles correspondent schématiquement à la surface des ruptures. La dernière rupture (5) est déclenchée sur une faille associée, antithétique de la faille normale majeure. (D'après Bernard et Zollo, 1989. Modifié avec la permission de l'American Geophysical Union.)

B. Séismes se produisant dans laps de temps de quelques heures, jours, semaines ou mois

C'est le cas des séismes de Tennant Creek (Northern Territory, Australie) où trois séismes de magnitude voisine (Mw 6.3, 6.4, 6.7) se sont produits sur la même faille inverse produisant au total une rupture de surface de trente-cinq kilomètres de long avec des rejets verticaux atteignant deux mètres. Ces trois séismes se produisirent le 22 janvier 1988, entre midi et minuit.

Fréquemment, c'est pendant une période de l'ordre des semaines ou des mois, que se succèdent plusieurs séismes de même importance sur une même faille ou ses segments. Ce fut le cas des deux séismes du Frioul (Italie) (magnitudes 6.1 et 6.4) qui dévastèrent en mai et en septembre 1976, les environs d'Udine au pied des Alpes italiennes. On peut citer aussi la crise sismique de Bellice (Sicile), où des séismes de magnitudes comprises entre 4,6 et 5,4 détruisirent peu à peu plusieurs villages, entre les 14 et 25 janvier 1968. Des crises sismiques touchent assez souvent l'Apennin dans un contexte de tectonique extensive, comme celle qui affecta la région d'Assise en 1997-1998 (*figure 2.21*). On peut aussi signaler le cas des séismes de Corinthe (fiche 2 page 296) et celui historique des séismes qui se suivirent en 1783, dans le Sud de la Calabre.

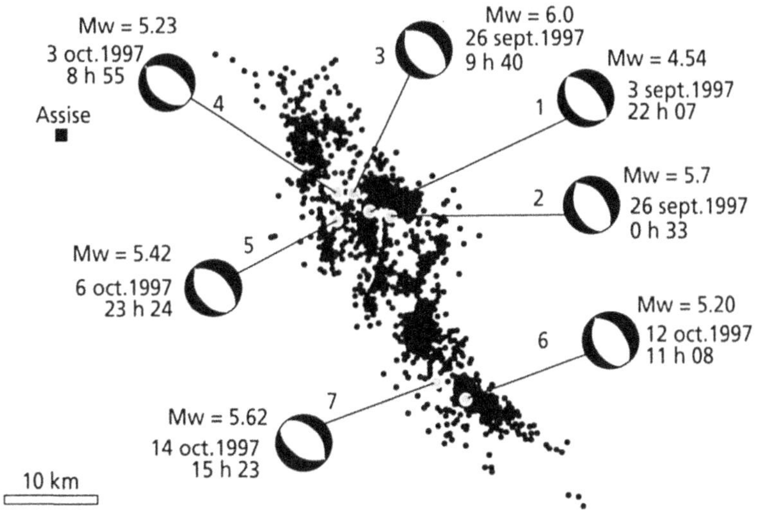

Figure 2.21 Exemple de crise sismique : les séismes d'Umbria-Marche de 1997.
(Modifié d'après Hernandez *et al.*, 2004.)

C. Séquences de séismes séparés par des laps de temps de quelques années à quelques dizaines d'années. Migration des séismes au cours du temps

L'échelle de temps est ici différente de celle précédemment envisagée. On constate en effet que des migrations de la rupture sismique se chiffrent aussi en années, en siècles. Pour les failles les plus importantes et les plus actives, on constate qu'elles ne jouent pas simultanément sur toute leur longueur. Ainsi, pour la faille de San

Andreas, de près de mille kilomètres, les plus gros séismes (M ⩾ 8) correspondent à des fonctionnements de segments de plusieurs centaines de kilomètres. La faille Nord Anatolienne (*figure 2.22*), semble constituer un cas exceptionnel, dans la mesure où, en quelques dizaines d'années cette faille a rompu sur une distance de plus de 1 000 kilomètres. Entre Erzincan et Istanbul, les séismes majeurs se succèdent d'est en ouest, de 1939 à 1957. Puis, après le séisme de 1966 à l'est d'Erzincan, les ruptures sismiques sur la faille ont repris en 1967 leur progression vers l'Ouest au point où elles s'étaient arrêtées précédemment. Depuis, celle-ci s'est poursuivie par les séismes d'Izmit et de Duzce en août et novembre 1999, qui constituent en outre un bon exemple de doublet.

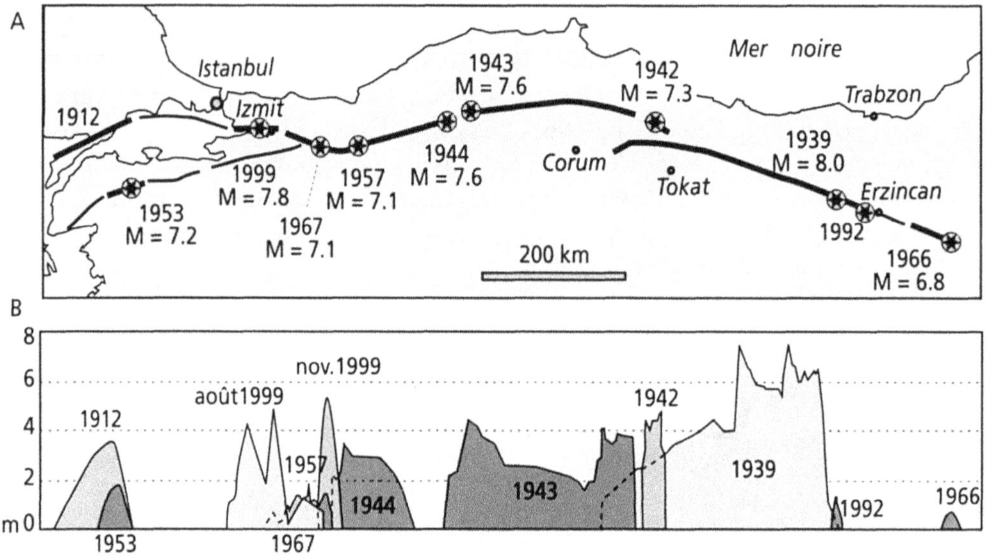

Figure 2.22 Les séismes majeurs sur la faille Nord-Anatolienne (Turquie).

A : Distribution entre 1912 et 1999.

B : Représentation des déplacements horizontaux associés, mesurés sur les ruptures. de surface (cf. § 4.1), (même échelle des longueurs).

(D'après Barka, 1996 © Seismological Society of America.)

Des migrations de séismes ont été observées dans d'autres contextes géodynamiques, notamment dans celui de subduction : au Japon, entre 1931 et 1938, quatre séismes de magnitudes comprises entre 7,5 et 8,3 se sont succédé, du nord vers le sud, le long de la fosse du Japon avec des intervalles de deux à trois ans (Mogi, 1969).

L'identification d'une migration de l'activité sismique le long d'une structure majeure (faille transformante, zone de subduction, faille intra-continentale), peut permettre de prévoir le lieu du prochain séisme (cf. § 11).

b) Séismes proches dans le temps se produisant sur des failles voisines

Il s'agit de séismes qui se produisent sur plusieurs failles voisines, qui peuvent ne pas avoir la même orientation et la même cinématique. Un bon exemple de ce cas nous est fourni par les séismes de Tseterleg et de Bolnaï en Mongolie occidentale (*figure 2.23*).

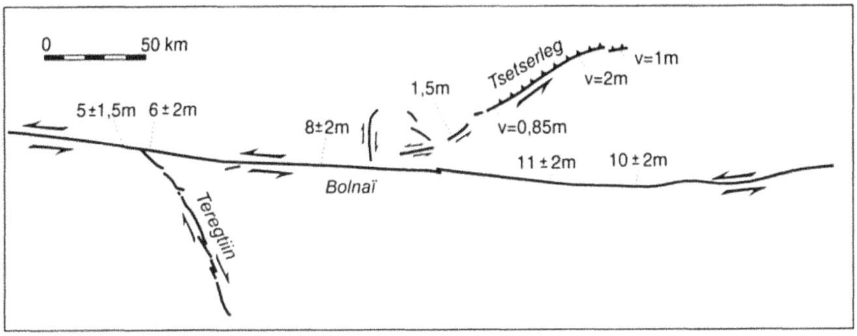

Figure 2.23 Exemple de séismes associés : Tsetserleg (9 juillet 1905) et Bolnaï (23 juillet 1905). Cinématique et quantification des mouvements de failles d'après les ruptures de surface. V : déplacement vertical. (D'après Khilko *et al.*, 1985.)

Ces deux séismes avec des magnitudes supérieures à 8 se sont produits respectivement le 9 et le 23 juillet 1905 et leurs mouvements correspondants bien connus, grâce aux ruptures en surface qui les accompagnèrent (voir § 4.1). Celui de Tsetserleg est associé à une rupture NE-SW de 130 kilomètres de long correspondant à un décrochement sénestre-inverse ; celle associée au séisme de Bolnaï, de 375 kilomètres de long, est segmentée : elle présente un segment principal E-W en décrochement sénestre pur et des segments de taille plus réduite (segment de Teregtiin, NW-SE dextre-inverse et de Düngen N-S dextre).

De même, au cœur des États-Unis, sans que les ruptures se soient manifestées en surface, les séquences sismiques de 1811 et 1812 de New Madrid (*figure 2.24*) présenteraient des caractéristiques similaires, avec des jeux sur des failles inverses et décrochantes voisines.

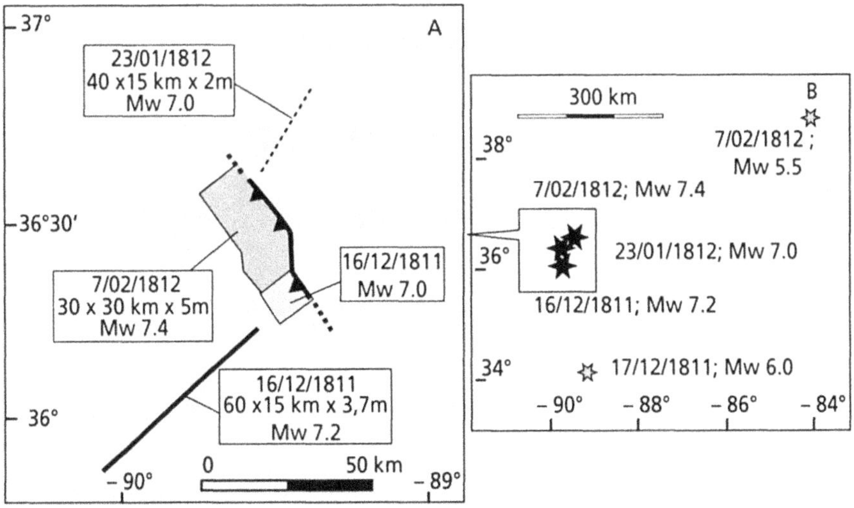

Figure 2.24 Les séquences de New-Madrid (États-Unis) de 1811 et 1812. (Modifié, d'après Hough, 2004.)

Tous ces exemples de différents cas de « crise sismique » posent clairement le problème du ou des modèles mécaniques qui pourraient expliquer les relations spatio-temporelles entre séismes. Les études du séisme de Landers de 1992, dans le Sud de la Californie, et la séquence de séismes qui l'a précédé et succédé ont marqué une étape importante pour comprendre ces relations. Notamment, un modèle mécanique a été proposé qui fait intervenir des variations de la contrainte de Coulomb, induites par un premier événement.

La séquence de Landers. Elle est constituée par une série exceptionnelle de séismes, correspondant entre 1986 et 1999 à un taux de sismicité particulièrement élevé dans cette région. Cette séquence (*figure 2.25*) de cinq séismes a débuté avec

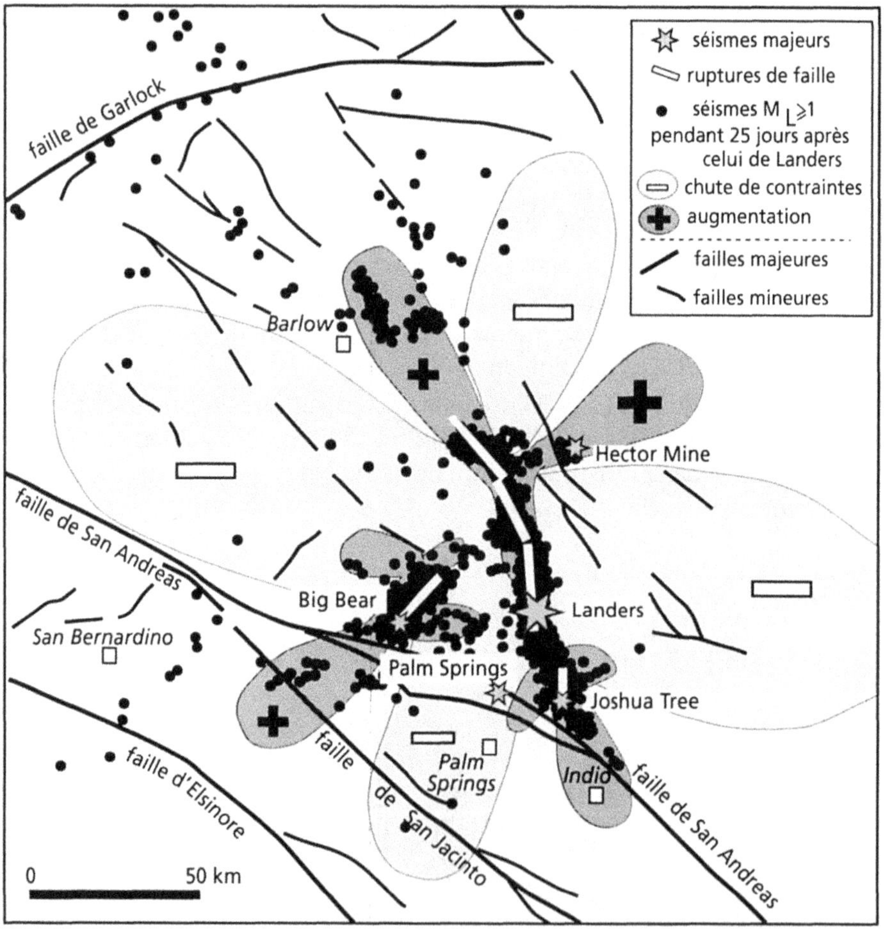

Figure 2.25 La séquence sismique de Landers de 1992 et sa modélisation.

On a figuré les séismes de Palm Springs et d'Hector Mine qui l'ont précédée et suivie On notera la très forte concentration des répliques qui ont suivi le séisme de Landers ; trois heures après ce dernier, le séisme de Big Bear et ses propres répliques se produisent dans les zones où la contrainte de Coulomb a augmenté (+ 0,2 bar environ).

(Dessin simplifié, et modifié d'après Stein R.S., King G.C.P. et J. Lin, change in failure stress on the Southern San Andreas fault system cause by the 1992 magnitude 7.4 Landers earthquake. Science, 258, 1328-1332, 1992. With permission from AAAS.

celui de Palm Spring le 8 juillet 1986 (M 6) sur un segment sud de la faille de San Andreas. Six ans plus tard, une série de trois séismes se produit à l'est de la faille de San Andreas entre avril et juin 1992 : les séismes de Joshua Tree du 23 avril 1992, M 6.,1, de Landers du 28 juin 1992, M 7.3, et de Big Bear M 6.4 le même jour. Un nouveau séisme majeur affecte la même région, le 16 octobre 1999 (Hector Mine, M 7.1). Les séismes de Joshua Tree et de Landers correspondent à des ruptures localisées sur la même faille d'orientation proche de nord-sud, la rupture du second prolongeant celle du premier. Par contre, la rupture du séisme de Big Bear s'est produite seulement trois heures et vingt-six minutes plus tard sur un système de faille situé plus de quarante kilomètres à l'Ouest, avec une orientation et une cinématique différente (décrochement sénestre) des deux premières (décrochement dextre). Il est à noter que le séisme de Landers a été suivi par une séquence de répliques, non seulement localisée dans son environnement proche, mais notamment sur un segment de faille de même orientation mais situé plus de cinquante kilomètres au nord. Quant au séisme d'Hector Mine, sept années plus tard, il s'est produit sur une faille parallèle à celle de la rupture de Landers et située trente kilomètres plus à l'est de celle-ci. Sa rupture, qui se suit sur quarante-cinq kilomètres environ, correspond, comme c'est le cas pour Landers, à un déplacement dextre.

c) Modélisation

De nombreuses études ont été réalisées, en particulier à partir des exemples de Landers et de la série de séismes sur la faille nord anatolienne, pour essayer notamment de comprendre les mécanismes qui intervenaient dans le déclenchement d'une nouvelle rupture sismique que ce soit sur une même faille ou sur une faille située à distance de celle qui a produit le premier événement (ce qu'on appelle en anglais les *triggered earthquakes*).

Le modèle auquel on arrive à l'heure actuelle fait intervenir le changement de contrainte qui est provoqué par un premier séisme (*figure 2.26*). Compte tenu du comportement élastique (court terme) de la lithosphère, on doit supposer qu'un changement de l'état de contrainte se produit instantanément sur les failles situées dans l'environnement d'un séisme important.

Le changement concerne la contrainte de rupture de Coulomb : il est défini par

$$\Delta\sigma_c = \Delta\tau_s - \mu\,(\Delta\sigma_n - \Delta p)$$

où $\Delta\tau_s$ est le changement de la contrainte cisaillante sur le plan de faille, $\Delta\sigma_n$ celui de la contrainte normale, Δp celui de la pression de pore et μ est le coefficient de friction sur la faille (voisin de 0,7 pour la plupart des roches et de 0,1 pour des failles dites faibles comme la faille de San Andreas). Les changements induits sont de l'ordre de 0,01 à 0,1MPa, c'est-à-dire jusqu'à cent fois plus faibles que la chute de contrainte qui se produit lors d'un séisme (maximum de 10 MPa). Ce changement va se superposer au chargement séculaire. S'il y a augmentation de σ_c, la conséquence sera un avancement du déclenchement du prochain séisme (*figure 2.27*). Dans le cas où ce changement serait soustractif, il peut induire un retard voire la suppression d'un séisme et donc dans tous les cas entraîner une modi-

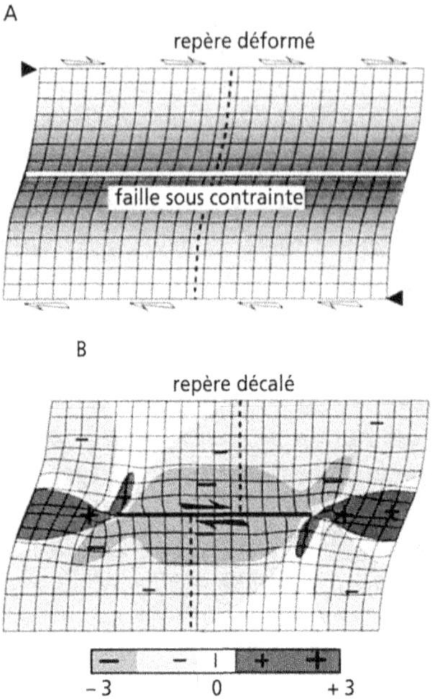

Figure 2.26 Modélisation de la déformation et des contraintes avant (A) et après un séisme (B).

A : Faille sous contrainte : le maillage est déformé et les contraintes sont les plus fortes près de la faille.

B : En noir segment de la faille qui a glissé. Après un séisme, les contraintes de Coulomb ont chuté près de la faille, où le maillage a repris sa forme initiale. Par contre, les fortes contraintes sont concentrées aux extrémités de la faille.

(Dessin simplifié d'après Stein 2003.)

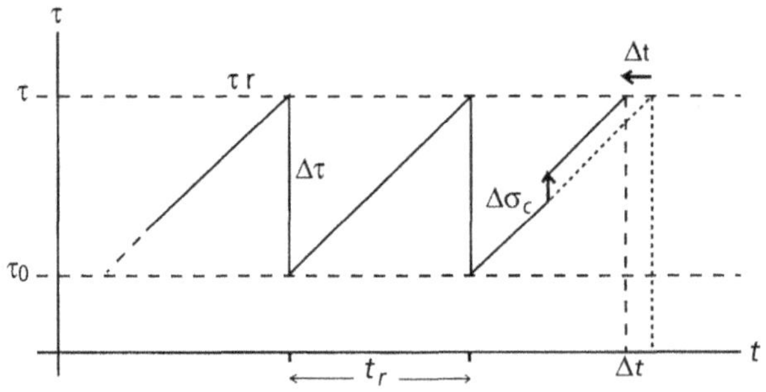

Figure 2.27 Changement de la contrainte de Coulomb et son implication dans le cycle sismique.

σ = taux de chargement séculaire de la contrainte statique ; τ_0 = contrainte cisaillante statique ; τ_r = contrainte cisaillante de rupture ;
$\Delta\sigma_c$ = changement de la contrainte de rupture de Coulomb ; $\Delta\tau$ (= $\tau_r - \tau_0$) = chute de contrainte statique ; t_r = temps de récurrence ; Δt = avance horaire du déclenchement du séisme.

fication du cycle sismique en raccourcissant ou en allongeant la période de retour des séismes.

On peut écrire : $\sigma = \Delta\tau / t_r$ (1)

$\Delta t = \Delta\sigma_c / \sigma$ (2)

de (1) et (2) on déduit : $\Delta t = \Delta\sigma_c / \Delta\tau \, . \, t_r$

On voit donc que la probabilité pour qu'un séisme se produise sur un segment de faille peut varier après qu'un premier séisme sur une faille voisine se soit produit. Les calculs réalisés avec la séquence de séismes de Landers, (King *et al.* 1994) montrent, malgré de faibles variations de la contrainte de Coulomb : qu'il y a une bonne corrélation entre les zones où les variations de la contrainte de Coulomb sont additives (+) et la répartition des répliques et, d'autre part, qu'une diminution très nette de l'activité sismique se situe dans les secteurs où elle est soustractive (–) que la même corrélation peut être établie entre les zones où les variations de la contrainte de Coulomb sont additives et la localisation des ruptures des séismes de Big Bear et d'Hector Mine qui se sont produits par la suite (*figure 2.25*).

D'autres exemples montrent également que les variations co-sismiques de contrainte peuvent accélérer ou diminuer le taux de déplacement asismique sur des portions de faille. Ainsi le séisme de Borrego Mountain en 1968 (M 6.8) aurait provoqué du glissement asismique sur les failles de Superstition Hills, Impérial Valley et San Andreas.

Le transfert de contraintes associé à la relaxation visco-élastique post-sismique a été également évoqué pour expliquer des déclenchements de séismes à de grandes distances (plusieurs centaines de kilomètres) et sur des périodes de plusieurs dizaines d'années.

Plusieurs exemples de séquences de séismes font donc apparaître que des variations très faibles de la contrainte de Coulomb sont susceptibles de modifier à distance, et avec des délais très différents, l'état de contrainte sur une faille et de déclencher ainsi un séisme. Cela ne pourra se produire que si l'état de contrainte sur la faille est proche des conditions de rupture. Les conséquences de ces interactions entre séismes sont importantes en termes d'aléa puisqu'un séisme peut modifier la probabilité d'occurrence d'un futur séisme sur un autre segment de faille et même sur une autre faille. Ainsi les séismes de magnitude modérée qui se sont produits avant le séisme de Landers auraient avancé la date du séisme de un à trois siècles (King *et al.*, 1994).

Chapitre 3

Les ondes sismiques et la mesure des séismes

Lorsqu'un séisme se produit, des ondes élastiques se propagent à travers la Terre. On les appelle les ondes sismiques. C'est à partir du moment où l'on a été capable d'enregistrer ces ondes, à la fin du XIXe siècle, que la sismologie moderne a pris son essor. Le recours aux ondes sismiques est indispensable pour caractériser la structure interne de la Terre, au départ avec des modèles unidimensionnels (la vitesse des ondes sismiques en fonction de la profondeur), maintenant tridimensionnels (avec les méthodes de tomographie sismique). Ces ondes sont aussi abondamment utilisées par l'industrie pétrolière pour avoir une « image » du sous-sol, rechercher le pétrole et caractériser les réservoirs pétroliers en cours d'exploitation. Enfin, elles permettent de caractériser les séismes à distance, localisation et magnitude, ce qui est du premier intérêt dans le cadre de cet ouvrage.

La physique qui régit la propagation des ondes sismiques s'appuie sur la théorie de l'élasticité qui ne sera pas traitée dans cet ouvrage. Nous décrirons dans ce chapitre les différents types d'ondes et leur lecture sur les sismogrammes (§ 3.1), puis nous examinerons comment on mesure les séismes en termes de magnitude et d'intensité (§ 3.2). Pour de plus amples développements, on peut se reporter aux ouvrages d'Aki et Richard (1981) et de Shearer (1999).

3.1 LES TYPES D'ONDES ET LES SISMOGRAMMES

3.1.1 Les ondes de volume

Les ondes de volume P et S sont appelées ainsi car elles se propagent à travers l'ensemble du volume de la Terre. Il existe deux grands types d'ondes de volume : les ondes P et les ondes S.

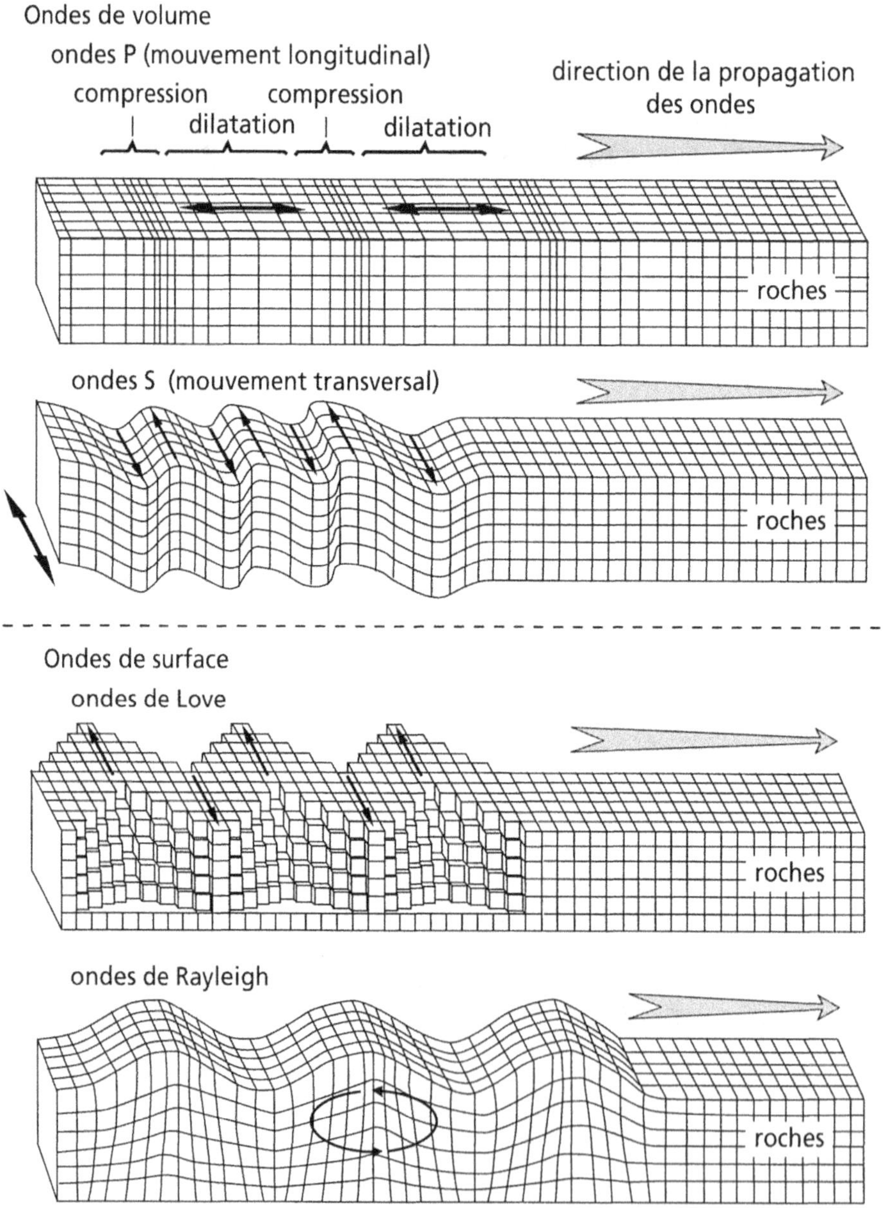

Figure 3.1 Différents types d'ondes. (D'après Bolt, 1978.)

a) Ondes P

Les ondes P génèrent alternativement des compressions et des dilatations du matériel mais pas de rotation (*figure 3.1*). Elles sont l'équivalent dans les solides des ondes sonores dans l'air. Ces ondes arrivent toujours les premières.

La vitesse des ondes P dans différentes roches est présentée dans le tableau 3.1. Elle est de quelques centaines de mètres par seconde dans la sub-surface (le « sol »), de quelques kilomètres par secondes dans la croûte et monte jusqu'à 10 km/s dans le manteau inférieur et le noyau interne.

TABLEAU 3-1 VITESSE DES ONDES P DANS QUELQUES ROCHES.

Roches	Vitesse km/s
Sable sec	0,2 – 1,0
Sable saturé en eau	1,5 – 2,0
Argile	1,5 – 2,5
Grès	2,0 – 6,0
Calcaire	2,0 – 6,0
Roches ignées	5,5 – 8,5
Granite	5,5 – 6,0
Gabbro	6,5 – 7,0

b) Ondes S

Les ondes S génèrent des cisaillements dans le matériau qu'elles traversent mais pas de variation de volume (*figure 3.1*). Leur vitesse est toujours inférieure à v_p. Elles arrivent donc en second. Comme $\mu = 0$ dans les liquides, les ondes S ne se propagent pas dans les liquides, et notamment dans le noyau externe de la Terre ou dans les océans. La vitesse des ondes P est environ égale à 1,7 fois la vitesse des ondes S (tableau 3-1). On peut définir deux ondes S, l'une comme dans la démonstration ci-dessus, dans le plan vertical contenant le rai sismique, l'autre dans le plan horizontal perpendiculaire. La première sera appelée l'onde Sv car polarisée dans le plan vertical, l'autre l'onde Sh car polarisée dans le plan horizontal.

c) Principes de propagation des ondes de volume à l'intérieur de la Terre

Les règles de propagation sont similaires à celles de la lumière : elles sont réfléchies et transmises aux différentes interfaces caractérisées par des variations de vitesse sismique et de densité. Elles obéissent à la loi de la réflexion et à la loi de Snell-Descartes pour la transmission. Pour les décrire nous devons introduire la notion de rayon sismique : un rayon sismique représente le chemin de l'onde sismique entre deux points (par exemple la source et le sismomètre). Il est en tout point perpendiculaire au front d'onde. Le front d'onde se définit comme la limite entre la zone ébranlée et la zone non ébranlée. Il est de plus en plus étendu au cours du temps.

La loi de la réflexion dit qu'une onde arrivant sur une interface se réfléchit avec un angle de réflexion identique à l'angle d'incidence. La loi de Snell-Descartes dit qu'une onde arrivant sur une interface avec un angle d'incidence i se transmet avec un angle de transmission t tel que $\frac{\sin i}{v_1} = \frac{\sin t}{v_2}$, v_1 et v_2 étant les vitesses de part et d'autre de l'interface (*figure 3.2*). Ceci conduit directement à la notion d'incidence critique. Si i est tel que $\sin i = \frac{v_1}{v_2}$, alors $i = i_c$, l'angle d'incidence critique, et une onde conique est générée à l'interface. Si $i > i_c$ il n'y a plus d'onde transmise et toute l'énergie est réfléchie. Il n'y a d'incidence critique que si $v_1 < v_2$. Enfin tout ceci n'est vrai qu'à la condition que l'interface soit suffisamment grande et plane relativement à la longueur d'onde du signal. Sinon, on observe des processus de diffraction. Dans le cas d'un point diffractant, on peut considérer le point diffractant comme une source secondaire générant un nouveau front d'onde.

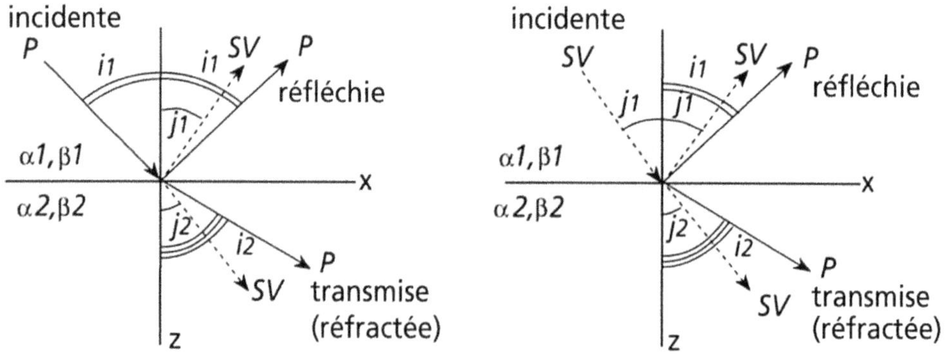

Figure 3.2 Réfraction et réflexion d'ondes P et S.

3.1.2 Les ondes de surface

Les ondes de surface sont des ondes sismiques qui se propagent le long de la surface de la Terre. Elles ne pénètrent pas profondément à l'intérieur de la Terre. Il y a deux grands types d'ondes de surfaces, les ondes de Rayleigh (LR) et les ondes de Love (LQ) qui, comme les ondes de volume, se distinguent par le mouvement des particules qu'elles génèrent (*figure 3.1*).

a) *Rayleigh*

Elle est générée au niveau de la surface libre d'un demi-espace élastique infini. Les particules se déplacent dans le plan vertical. Le mouvement correspond à une combinaison d'onde P et SV. La particule décrie ce que l'on appelle un mouvement elliptique rétrograde (inverse des aiguilles d'une montre) avec le grand axe de l'ellipse vertical et le petit axe dans la direction de propagation. La vitesse de l'onde de Rayleigh est environ égale à 0,9 fois la vitesse de l'onde S. L'amplitude du déplacement décroît exponentiellement avec la profondeur. Pour une onde de Rayleigh de longueur d'onde λ, la profondeur de pénétration est typiquement de $0{,}4\lambda$.

b) Love

L'existence de l'onde de Love résulte de la présence d'une couche au-dessus d'un demi-espace élastique infini et du « piégeage » d'ondes SH dans cette couche. Ce piégeage ne peut avoir lieu que dans la mesure où la vitesse de l'onde S dans la couche superficielle β_1 est inférieure à celle dans le demi-espace infini sous-jacent β_2. La vitesse des ondes de Love est comprise entre β_1 et β_2.

c) Dispersion

La théorie montre que la vitesse des ondes de Love varie avec la fréquence. Les ondes de courte longueur d'onde ont une vitesse proche de β_1 alors que celles de grande longueur d'onde ont une vitesse proche de β_2. Cette propriété est très intéressante pour étudier la structure verticale de la Terre. En théorie les ondes de Rayleigh ne sont pas dispersives. Mais du fait de l'hétérogénéité verticale de la Terre, elles le sont aussi. Les ondes de Rayleigh avec de grandes longueurs d'ondes pénètrent plus profondément à l'intérieur de la Terre et ont donc une vitesse plus rapide que celles de courte longueur d'onde car la vitesse des ondes S à l'intérieur de la Terre croit généralement avec la profondeur. C'est cette dispersion qui explique l'allure très particulière des ondes de surface sur les sismogrammes. Ils ne forment pas des impulsions, comme les ondes de volume, mais des trains d'ondes. Plus la station est loin de la source, plus le train d'onde est long.

d) Amplitude

L'amplitude des ondes de surface décroît moins vite que celle des ondes de volume car la surface du front d'onde d'une onde de surface s'exprime en fonction de x (c'est un cylindre) tandis que celle d'une onde de volume en fonction de x^2 (c'est une sphère), où x est la distance séparant le point considéré de la source. Si l'on considère l'énergie de l'onde constante et devant se distribuer sur le front d'onde, comme l'amplitude est proportionnelle à la racine carrée de l'énergie, alors l'amplitude décroît en $1/x$ pour les ondes de surface et en $1/x^2$ pour les ondes de volume. C'est pourquoi sur les sismogrammes, les ondes de volume ont une amplitude bien plus faible que les ondes de surface.

3.1.3 Lire un sismogramme

On retrouve dans les sismographes les différents types d'ondes décrites ci-dessus : ondes de volume (P et S), ondes de surface (Rayleigh et Love). Mais le sismogramme est compliqué par la complexité de la structure interne de la Terre. En effet sur chaque interface, les ondes se réfléchissent et se transmettent. De plus elles peuvent subir des conversions (ondes P transformées en SV, SV converties en P). Ceci rend la lecture d'un sismogramme complexe.

a) Téléséisme

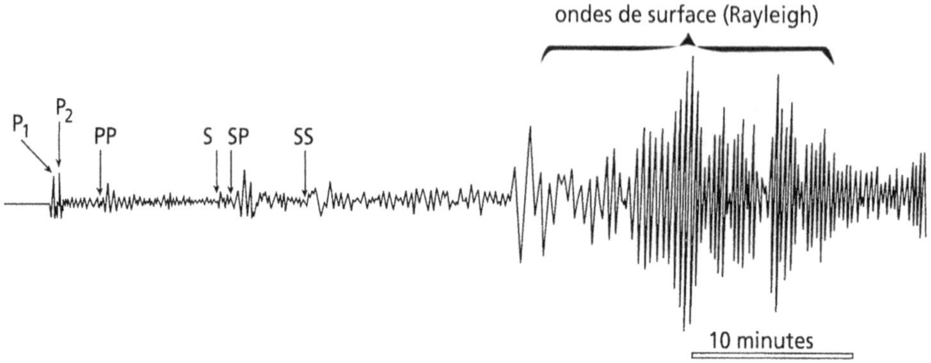

Figure 3.3 Séisme du Mexique du 19 septembre1985 (Ms = 8).
Enregistré à Strasbourg sur un instrument large – bande sensible à la composante verticale du mouvement du sol (Muller et Rouland, document Institut de Physique du Globe de Strasbourg).

On appelle « téléséisme » un séisme enregistré à grande distance (distance épicentrale $\Delta > 15°$, ~1 500 km) (*figure 3.3*). Du fait du nombre d'ondes observées dans un sismogramme, du fait de sa richesse, il a fallu créer une nomenclature des noms des ondes. Celle-ci est simple. On prend des majuscules pour indiquer les ondes qui traversent une partie de la Terre, une minuscule pour une onde qui se réfléchit :

P : onde P qui se propage dans le manteau

S : onde S qui se propage dans le manteau

K : onde P qui se propage dans le noyau externe. K est l'initiale de Kern, noyau en allemand.

I : onde P qui se propage dans le noyau interne. I est l'initiale de Inner, interne en anglais.

J : onde S qui se propage dans le noyau interne

c : réflexion sur la limite manteau inférieur – noyau externe

i : réflexion sur la limite noyau externe – noyau interne

p : onde P réfléchie la surface de la Terre

s : onde S réfléchie à la surface de la Terre.

Il reste à combiner ces différentes lettres pour « raconter » le chemin de l'onde. Par exemple une onde P qui se transmet dans le manteau, puis le noyau externe, puis le noyau interne, puis remonte dans le noyau externe et le manteau s'appellera une PKIKP. Si au lieu de se transmettre dans le noyau interne, elle se réfléchit sur l'interface noyau interne-noyau externe, c'est une PKiKP (*figure 3.4*).

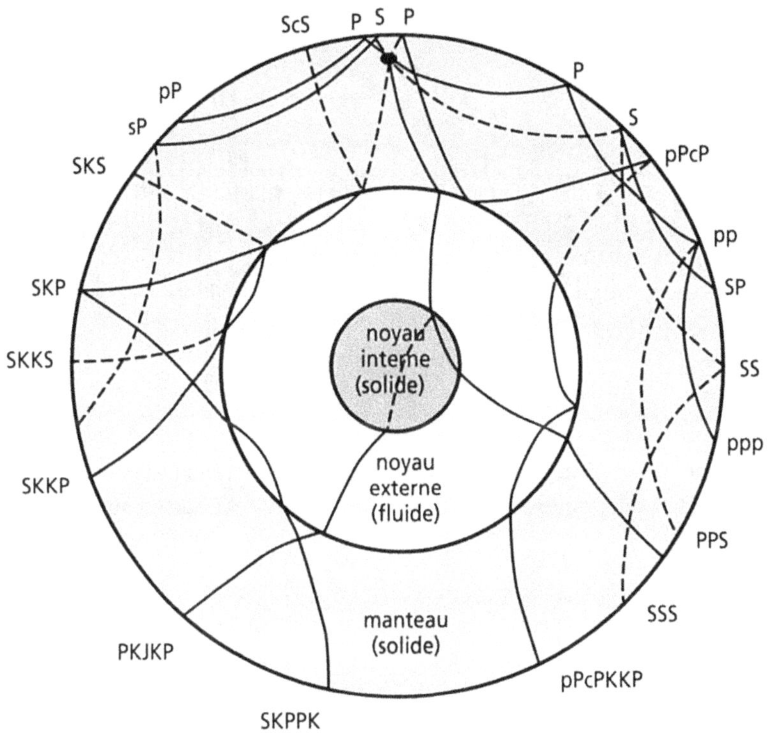

Figure 3.4 Propagations dans le globe des ondes S et P et de leurs ondes de réflexion.

b) Séisme local

Les séismes locaux sont ceux enregistrés par des sismographes à petite distance (quelques kilomètres à quelques centaines de kilomètres) (*figure 3.5*). On observe sur ces sismographes des ondes spécifiques à la croûte. On appelle quelquefois P_g l'onde P qui se propage dans la croûte, PMP l'onde réfléchie sur le Moho, P_n l'onde conique réfractée de façon critique au Moho. On peut de la même façon décrire les ondes S et les combinaisons P-S résultantes des conversions d'ondes (*figure 3.6*).

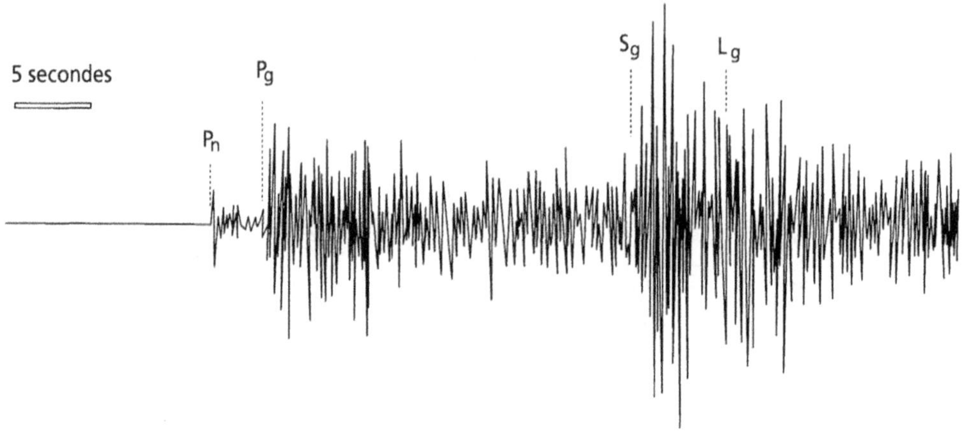

Figure 3.5 Séisme de Haute-Savoie du 11 juin 1988 (Ml = 3.8).
Enregistré au sud des Vosges par un sismomètre courte – période (document INSU–Réseau National de Surveillance Sismique, M. Granet, Institut de Physique du Globe de Strasbourg).

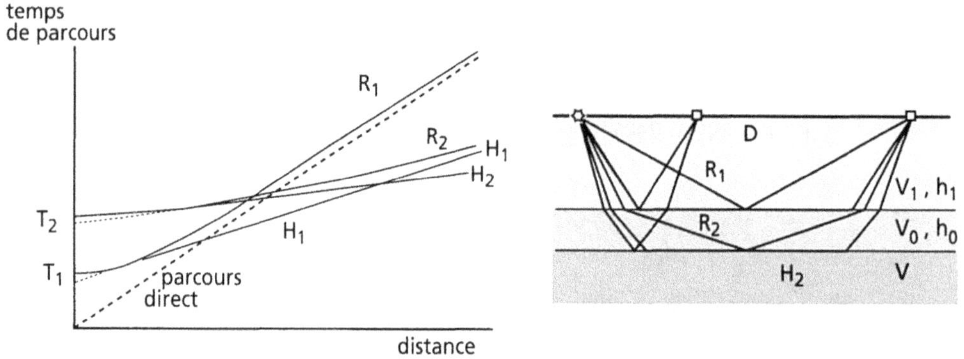

Figure 3.6 Schéma de propagation des ondes sismiques dans un milieu à deux couches sur un espace homogène, la vitesse allant croissante avec la profondeur.
Sont enregistrées en surface des ondes réfléchies (R_1 et R_2) et des ondes coniques (H1 et H2). L'étude de ces ondes permet de déterminer les différentes vitesses et la profondeur des interfaces.

3.2 LA MESURE DES SÉISMES : MAGNITUDE ET INTENSITÉ

« Douze sur l'échelle de Mercalli ! s'exclama le Professeur Héliotrope, les yeux fixés sur l'appareil enregistreur. » (Séisme Côte d'Azur. René Leucart, 1987)

Comme cette citation l'illustre en mélangeant intensité et mesure, une assez grande confusion règne parfois quand il s'agit de caractériser l'importance d'un séisme.

Un peu d'histoire

C'est à partir de la première moitié du XIXe siècle que, pour comparer les tremblements de terre, on a commencé à établir des échelles d'intensité avec des degrés basés sur l'observation de leurs effets. Beaucoup plus tard, alors que depuis longtemps la sismologie instrumentale se développe, le sismologue Richter (1900-1985) propose une mesure de l'importance des séismes à partir des enregistrements sismiques et publie la définition de la magnitude en 1935. L'idée était de créer une échelle quantitative pour comparer objectivement la taille des séismes. Il a défini une magnitude basée sur le logarithme de l'amplitude maximale de la première arrivée de l'onde P mesurée sur un sismomètre 12 Hz Wood-Anderson.

Ces deux modes différents de caractériser un séisme sont toujours utilisés, avec des modifications et des perfectionnements, tant pour l'intensité que la magnitude. L'intensité caractérise les effets du séisme. Elle est plus qualitative.

3.2.1 Magnitude

Toutes les échelles de magnitude définies depuis Richter (nous verrons ci-dessous qu'elles sont nombreuses) sont logarithmiques et basées sur des mesures d'amplitude des ondes sismiques. Elles sont toutes de la forme :

$$M = \log_{10}\left(\frac{A}{T}\right) + q(\Delta, h) + a$$

où M est la magnitude, A l'amplitude maximale de l'onde (en micron), T la période de l'onde (en s), q une fonction de correction liée à la distance épicentrale Δ et à la profondeur de l'hypocentre h et a une constante empirique reliée au sismomètre et aux effets de sites sous le sismomètre.

La première échelle de magnitude, introduite par Richter en 1935 pour les séismes de Californie, est appelée magnitude locale M_L. La figure 3.7 montre comment est déterminée M_L à partir d'une part de l'amplitude maximale du signal et d'autre part de la distance épicentrale déterminée par l'écart de temps d'arrivée entre l'onde P et l'onde S. La magnitude locale s'applique pour un réseau sismologique local et les séismes se produisant sous ou proche de ce réseau.

Avec le temps, les échelles de magnitude se sont multipliées. Pour les études globales, on a développé deux magnitudes principales : la magnitude des ondes de surface M_s et celle des ondes de volume m_b. Pour des séismes de profondeur inférieure à 50 km et de distance épicentrale supérieure à 20°, il a été défini une magnitude des ondes de surface :

$$M_s = \log_{10}\left(\frac{A}{T}\right)_{\max} + 1{,}66\log_{10}\Delta + 3{,}3$$

où A est l'amplitude maximale de la composante horizontale en microns de l'onde de Rayleigh. T est la période de ces ondes de surface (autour de 18-22 s), Δ la

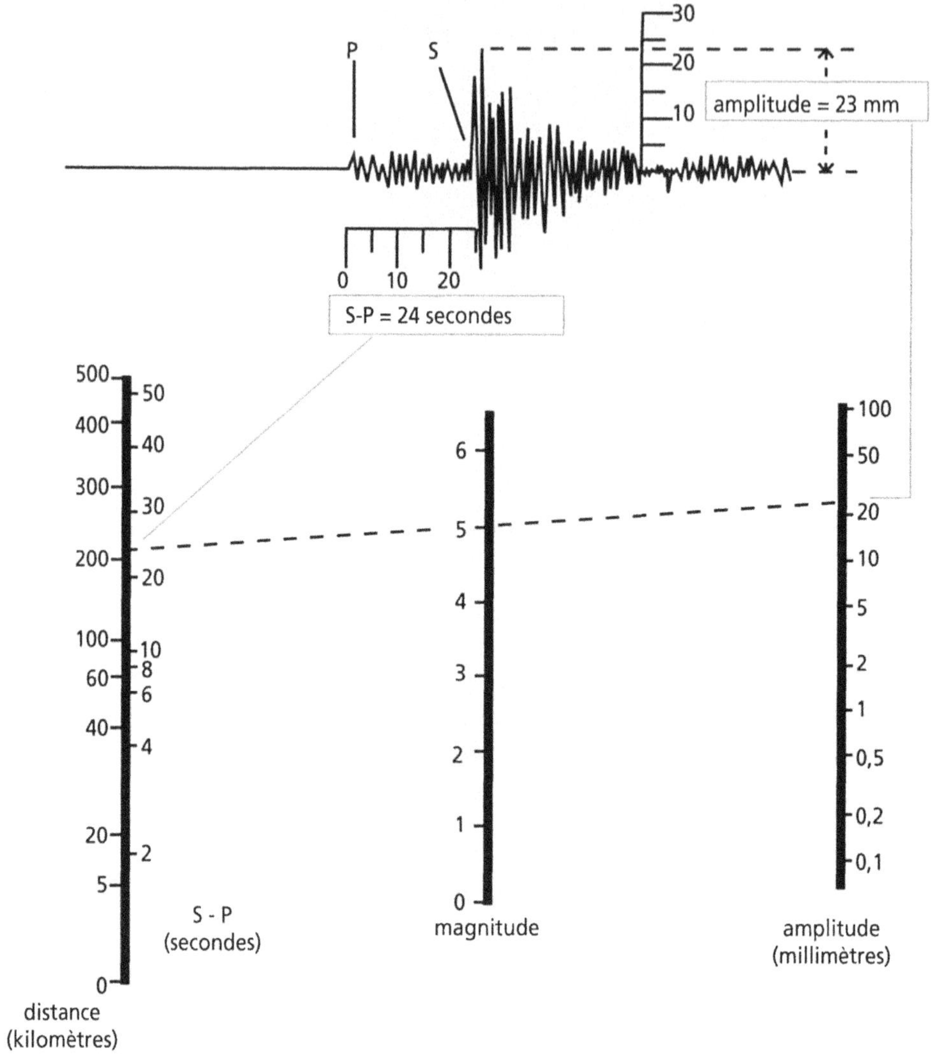

Figure 3.7 Détermination de M_L à partir de l'amplitude maximale des ondes S et la distance épicentrale déterminée par l'écart de temps d'arrivée entre l'onde P et l'onde S. (D'après Bolt, 1978.)

distance épicentrale. Si la distance épicentrale est inférieure à 20° ou la profondeur supérieure à 50 km, il faut ajouter des termes correctifs à M_s. La valeur maximale de la correction liée à la profondeur est 0.4 pour tous les séismes de profondeur supérieure à 90 km, celle de distance est comprise entre 0.1 et 0.6. Du fait de ces caractères légèrement empiriques, une différence de magnitude d'un quart de point entre deux estimations différentes pour un séisme donné n'est pas étonnante (cf. tableau 10.3).

Comme l'amplitude des ondes de volume n'est pas sensible à la profondeur des séismes, il a été proposé par Gutenberg en 1945 de déterminer une magnitude à partir de l'amplitude des ondes de volume. Ceci est particulièrement pertinent pour les séismes les plus profonds, qui ne génèrent pas d'importantes ondes de surface. On prend alors l'amplitude maximale A du déplacement du sol associé à l'onde P ayant une période 1-5 s.

$$m_b = \log_{10}\left(\frac{A}{T}\right) + 0{,}01\Delta + 5{,}9$$

Les valeurs estimées de M_s et m_b ne correspondent pas toujours parfaitement. Pour un séisme donné les deux échelles de magnitude ne vont pas donner la même magnitude. Car les deux échelles n'utilisent pas le même signal pour évaluer les magnitudes. Néanmoins, à partir des séismes où l'on peut calculer à la fois M_s et m_b, il a été possible d'établir une relation entre M_s et m_b :

$$m_b = 0{,}56M_s + 2{,}9$$

Les deux échelles coïncident pour une magnitude 6,5. Pour les petits séismes, m_b est plus grand que M_s, pour les grands séismes c'est l'inverse. Et globalement, les deux échelles sous-estiment la magnitude des plus gros séismes dont l'ampleur n'est révélée que par M_w, la magnitude du moment sismique.

3.2.2 Moment sismique et magnitude du moment

Le moment sismique M_0 d'un séisme est défini par :

$$M_0 = \mu F s$$

où μ est la rigidité, F la surface de la faille qui a glissé et s le déplacement moyen sur la faille. On peut l'estimer soit à partir de sismogrammes (avec l'amplitude du spectre des ondes de surface de basse fréquence : < 0,005 Hz) ou en estimant directement μ, F et s à partir notamment d'observations de terrain. Le moment sismique peut remplacer la magnitude comme mesure de la taille d'un séisme. Néanmoins, la magnitude continue à être utilisée comme une façon pratique de classifier les tremblements de terre. En particulier, il existe des très grands fichiers des données historiques où les séismes sont classés par leur magnitude.

Le moment sismique a la dimension d'une force multipliée par une distance, qui est aussi la dimension de l'énergie. Ceci permet de calculer l'énergie d'un séisme en fonction de M_0. L'idée originale de Gutenberg et Richter était de classer les séismes par leur énergie, plus précisément par le logarithme de l'énergie. En conséquence (Kanamori et Anderson, 1975), il a été proposé d'utiliser le moment sismique pour définir la magnitude du moment (ou magnitude de Kanamori) M_w :

$$M_w = \frac{2}{3}\log_{10} M_0 - 6{,}0 \text{ si } M_0 \text{ est en N.m.}$$

Étant une mesure intrinsèque de la taille d'un séisme, M_0 est une estimation de la magnitude plus précise que M_s ou m_b. Elle est particulièrement bien adaptée pour les très gros séismes où les magnitudes des ondes de surface et des ondes de volume saturent, si bien qu'ils sont alors sous-évalués.

3.2.3 Magnitude et énergie

Nous avons vu précédemment que la magnitude d'un séisme est reliée au logarithme de l'amplitude des ondes sismiques. Comme l'énergie est proportionnelle au carré de l'amplitude, elle est aussi liée de façon logarithmique à la magnitude. Des relations empiriques ont été proposées, qui relient l'énergie libérée par un séisme à la magnitude :

$$\log_{10} E = 4{,}4 + 1{,}5M_s \quad \text{ou} \quad \log_{10} E = -1{,}2 + 2{,}4m_b \text{ avec E en joules.}$$

Le caractère logarithmique des formules signifie que l'énergie libérée par un séisme croît très vite avec la magnitude. La première formule indique que si la magnitude augmente de 1, cette énergie augmente de 32. Un séisme de magnitude 7 va libérer environ 1 000 fois plus d'énergie qu'un séisme de magnitude 5. Si bien qu'en dépit de leur faible nombre, ce sont les séismes de forte magnitude (supérieure à 7) qui relâchent la majorité de l'énergie sismique. En moyenne l'énergie totale libérée par tous les séismes en une année est estimée à $4{,}7.10^{17}$ J.

TABLEAU 3.2 NOMBRE DE SÉISMES EN MOYENNE PAR AN ET ÉNERGIE LIBÉRÉE.

Magnitude	Nombre de séismes par an	Énergie libérée par an
⩾ 8	0-1	$0\text{-}600 . 10^{15}$ J
7-7,9	18	$200 . 10^{15}$ J
6-6,9	120	$43 . 10^{15}$ J
5-5,9	800	$12 . 10^{15}$ J
4-4,9	6 200	$3 . 10^{15}$ J
3-3,9	49 000	$1 . 10^{15}$ J
2-2,9	350 000	$0{,}2 . 10^{15}$ J
1-1,9	3 000 000	$0{,}1 . 10^{15}$ J

L'énergie sismique est libérée chaque année pour 80 % dans les zones de subduction, là où se produisent les plus forts séismes. Un peu moins de 20 % de l'énergie provient des séismes des zones de collision, principalement l'arc Alpin des Pyrénées à l'Himalaya. Enfin 1 % de l'énergie est libérée par les très nombreux séismes superficiels mais de faible magnitude des dorsales océaniques.

3.2.4 Relation fréquence-magnitude

Environ dix mille séismes avec une magnitude supérieure à 4 se produisent chaque année. Ce nombre est évidemment variable et augmente lorsque la densité des réseaux sismologiques augmente. Mais c'est un ordre de grandeur. Ce nombre décroît avec la magnitude. Environ vingt séismes de magnitude supérieure à 7 et un séisme de magnitude supérieure à 8 se produisent chaque année. En fait, le nombre de séismes N dépassant une magnitude M_s sur une région par unité de temps suit la relation de Gutenberg-Richter (*figure 3.8*) :

$$\log N = a - bM_s.$$

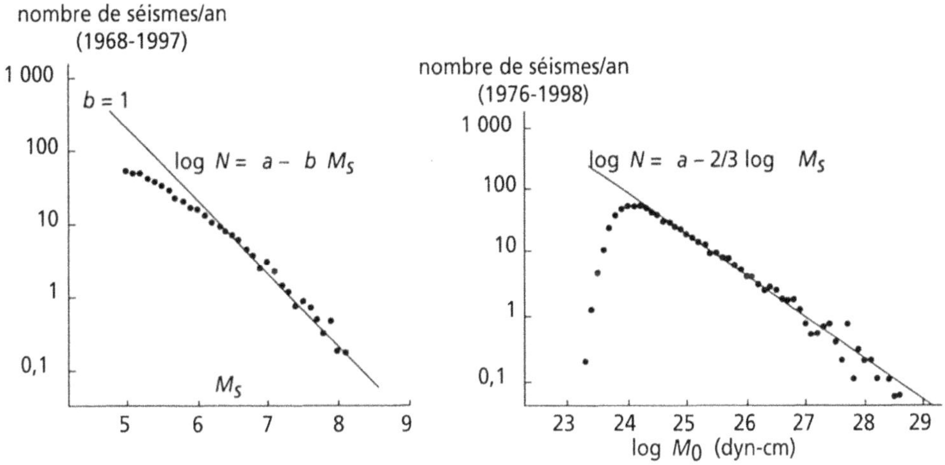

Figure 3.8 Relations magnitudes (M_s et M_0) et nombre de séismes.

La valeur de a varie entre 8 et 9 suivant les régions. b vaut approximativement 1. Une valeur de b inférieure à 1 signifie que les gros séismes sont surreprésentés. Inversement une valeur de b supérieure à 1 indique une surreprésentation des petits séismes. Si $b = 1$ pour une région, alors a représente la magnitude d'un séisme se reproduisant une fois par an.

On observe des petites valeurs de b dans les rifts intracontinentaux tandis que les grandes valeurs de b sont caractéristiques des dorsales océaniques. Les volcans ont souvent des valeurs de b de l'ordre de 2,5, ce qui signifie qu'on y observe de très nombreux séismes mais de faible magnitude. Des expériences de laboratoire montrent que de faibles contraintes conduisent à des valeurs de b élevées, et inversement pour les fortes contraintes. Ces observations de laboratoire sont confirmées sur le terrain.

3.2.5 Intensité

Les échelles d'intensité évaluent l'importance d'un séisme en fonction des réactions des personnes et des animaux, des mouvements d'objets de la vie ordinaire (lustres, pendules, livres, vaisselle, meubles), des dommages plus ou moins importants subis par les constructions et de quelques effets géologiques et géomorphologiques (apparition ou tarissement de sources, ouvertures de fentes, crevasses, éboulements, etc. ; voir chapitre 4) (tableau 3.3). Il est à souligner que l'on ne prend pas en compte le nombre de victimes (morts, blessés), qui est seulement un paramètre pour classer les séismes dits destructeurs. À partir des données macrosismiques précédentes, on fixe des degrés d'intensité, numérotés avec des chiffres romains. En examinant la répartition des effets du tremblement de terre et leur niveau en fonction des degrés de l'échelle choisie, on dresse des cartes avec des courbes d'égale intensité appelées « isoséistes ». Au centre de la courbe d'intensité maximale (en abrégé Io) se trouve l'épicentre macrosismique. Il peut être situé différemment de celui qui est calculé à partir des enregistrements sismiques, à cause en particulier des effets locaux d'amplification des mouvements sismiques (cf. § 11.4). En France, le Bureau central sismologique français (BCSF) est en charge de la caractérisation macrosismique des séismes. Après un séisme, il réalise des enquêtes sur la façon dont le séisme est ressenti. Il est d'ailleurs maintenant possible de remplir de telles enquêtes sur Internet lorsqu'on a ressenti un séisme.

L'intensité sera maximale près de l'épicentre du séisme et décroîtra au fur et à mesure qu'on s'en éloigne (*figure 3.9*). Cependant cette décroissance n'est pas régulière. On peut même observer des sites éloignés de l'épicentre qui ont une intensité supérieure à des sites plus proches de l'épicentre. Ceci résulte des effets de sites. Typiquement, sur des sédiments peu consolidés le sol tremblera toujours plus que sur des roches très dures.

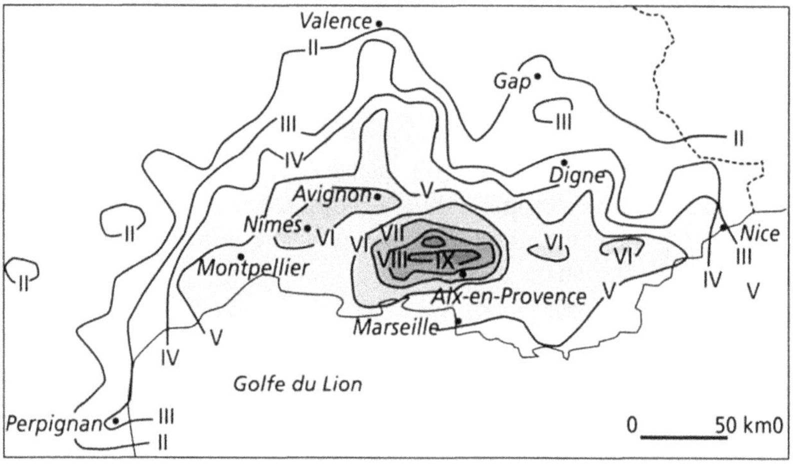

Figure 3.9 Carte des intensités du séisme de Lambesc (1909). (D'après Rothé, 1942.)

Les échelles d'intensité : historique

D'après de Montessus de Ballore (1907), « Dès le tremblement de terre des Pouilles du 30 juillet 1627, les Italiens avaient eu l'idée de porter sur des cartes des signes divers pour y représenter l'intensité de l'ébranlement en différents lieux. Les isoséistes étaient implicitement trouvées… ». Il faudra attendre toutefois le tremblement de terre de 1828 des provinces rhénanes, pour que la plus ancienne échelle d'intensité (6 degrés) soit établie par Egen. Ensuite, en 1857, R. Mallet de la Royal Society de Londres cartographie les effets d'un tremblement de terre en Italie méridionale (figure 3.10).

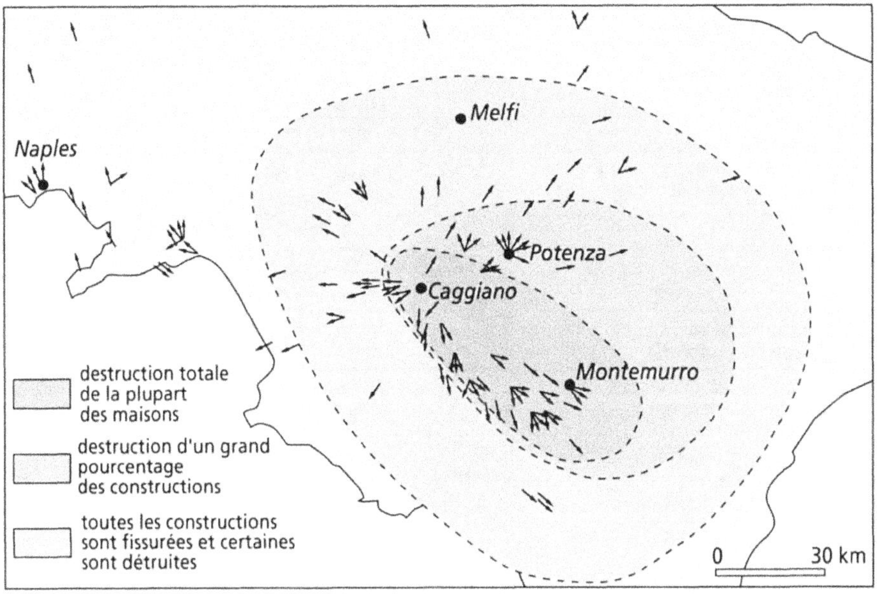

Figure 3.10 Carte des intensités du séisme de Naples (1857) et directions de la chute de constructions selon Mallet (1862), modifié.

En améliorant des échelles qu'ils avaient élaborées séparément, De Rossi et Forel proposent en 1883 une échelle à dix degrés. À la suite du séisme de Ligurie de 1887, Taramelli et Mercalli s'aperçoivent que cette échelle n'est pas satisfaisante et, en 1897, Mercalli propose une échelle à douze degrés. Des modifications, parfois modestes, vont être constamment apportées aux échelles d'intensité. Déjà, de Montessus de Ballore (1907) compare quinze échelles d'intensité proposées entre 1828 (Egen) et 1903 (Cancani). Par la suite, il en est de même : l'échelle MCS (Mercalli-Cancani-Sieberg) de 1917, sera améliorée en 1942, 1956, 1965. Sa dernière version est encore utilisée en Italie. Mondialement connue, l'échelle dite « Mercalli modifiée » a bénéficié quant à elle de mises au point par des sismologues californiens, dont Richter en 1956. En Europe, pour s'adapter à d'autres caractéristiques aussi bien sismiques que constructives, on a surtout recours à l'échelle MSK (Medvedev-Sponheuer – Karnik) de 1964, modifiée en 1976 et 1978.

Les deux échelles de Mercalli et MSK comptent douze degrés, dont les définitions sont résumées sur le tableau 3.2. Pour de plus amples descriptions, on se reportera au site du BSCF.

Une nouvelle échelle dite EMS (*European Macroseismic Scale*, édition française Levret 2001) devrait progressivement remplacer l'échelle MSK. Sa première version, éditée en 1992, a été mise à jour en 1998. Elle est particulièrement basée sur les dommages au bâti suivant les types de constructions.

TABLEAU 3.3 LES GRANDS TRAITS DES DOUZE DEGRÉS D'INTENSITÉ DES ÉCHELLES DE MERCALLI ET MSK.

I	Secousse non perceptible.	**VII**	Frayeur générale. Dommages aux constructions. Éboulements de talus. Tarissement des sources.
II	Secousse ressentie par quelques personnes aux étages supérieurs des habitations.	**VIII**	Frayeur et panique. Destruction de certains batiments. Glissements de terrain et petites crevasses dans le sol.
III	Secousse faible ressentie de façon partielle.	**IX**	Panique générale. Dommages à toutes les habitations. Chutes de pierre Glissements de terrain-liquéfaction.
IV	Secousse faible largement ressentie.	**X**	Destruction générale des habitations. Larges crevasses du sol et éboulements.
V	Réveil des dormeurs. Large balancement des objets suspendus.	**XI**	Dommages aux constructions. Larges crevasses du sol et nombreux glissements de terrain.
VI	Frayeur des personnes et des animaux. Fissures aux habitations.	**XII**	Modification profonde du paysage : la topographie est bouleversée. Toutes les constructions endommagées ou détruites.

3.2.6 Relation magnitude-intensité

Dès les débuts de la sismologie instrumentale, quelques personnes vont tenter de mettre en corrélation certaines caractéristiques physiques des séismes et les échelles d'intensité. Mais l'intensité est pour partie une évaluation subjective du mouvement du sol, puisqu'elle est faite pour ces premiers degrés d'après les réactions des habitants de la zone du séisme. De plus elle dépend de la profondeur du séisme : deux séismes de même magnitude (*figure 3.11*) peuvent avoir des intensités différentes, une plus

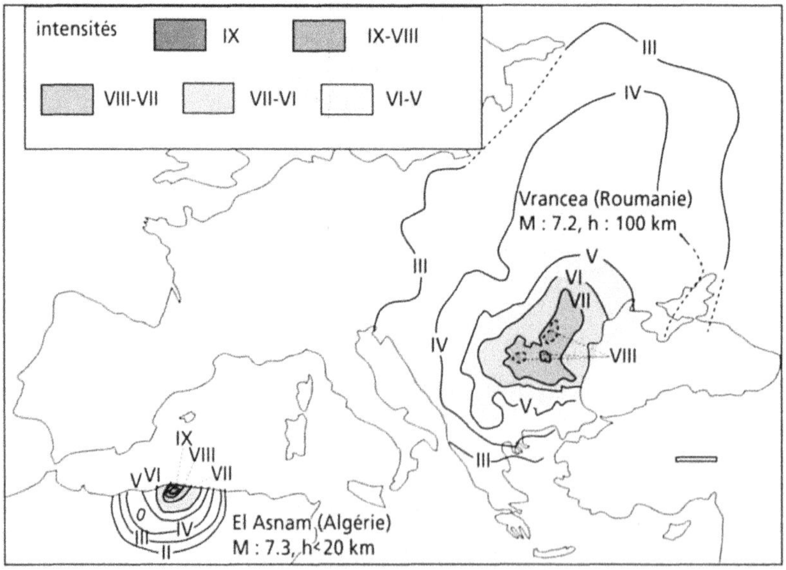

Figure 3.11 Comparaison des intensités de deux séismes de même magnitude et de profondeur différente.

grande profondeur ayant les mêmes conséquences d'atténuation que la distance à l'épicentre Par contre, le séisme sera ressenti sur une bien plus grande surface.

Des tables de corrélation intensité-magnitude sont toutefois utilisées lorsque l'on doit évaluer l'aléa sismique (cf. § 11.3.2), en tenant compte à la fois des données de sismologie historique et instrumentale.

Chapitre 4

Les effets des séismes

« *In its relation to man, an earthquake is a cause. In its relation to the earth, it is chiefly an incidental effect of an incidental effect.* » G. K. Gilbert, 1912, cité in « *The Geology of Earthquakes* ».

Dans le domaine des tremblements de terre, comme G. K. Gilbert le soulignait, causes et effets seront perçus différemment suivant les personnes, ce qui se comprend assez bien, chaque effet pouvant à son tour devenir une cause. Si l'on prend comme cause première, le phénomène sismotectonique (jeux de failles ou subduction), on doit considérer les ondes sismiques elles-même comme un effet qui a son tour déclenche d'autres effets. Plutôt que de détailler ces conséquences en cascade, le tableau 4.1 montre les relations entre causes et effets. On distinguera ici les manifestations qui sont en surface les expressions directes des phénomènes sismotectonique (§ 4.1) et celles plus indirectes qui en résultent et sont dues pour l'essentiel aux ondes sismiques (§ 4.2). Ensemble, elles sont groupées habituellement sous le terme d'effets macrosismiques.

Tableau 4.1 LES EFFETS DIRECTS ET INDIRECTS DES SÉISMES.
On remarquera que chaque effet peut devenir à son tour la cause d'un autre effet et qu'un effet (cas des tsunamis) peut avoir différentes causes.

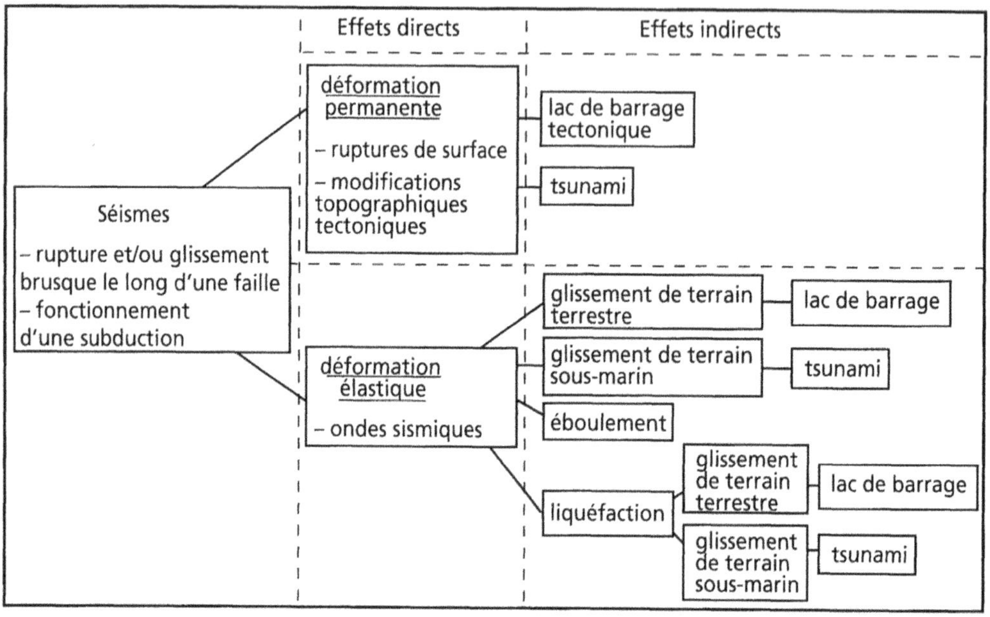

4.1 LES EFFETS DIRECTS

> *« Il s'ensuivit que dans presque toute la longueur de la chaîne, les terrains qui étaient appuyés contre le granit des monts Caulone, Ésope, Sagra et Aspromonte, glissèrent sur le noyau solide dont la pente est rapide, et descendirent un peu plus bas. Il s'établit alors une fente de plusieurs pieds de large sur une longueur de neuf à dix milles, entre le sol solide et le terrain sablonneux. »*
> Déodat de Dolomieu, 1784, à propos du séisme de 1783 en Calabre.

On entend par effets directs les manifestations en surface associées au fonctionnement d'une faille. Il s'agit donc de déformations permanentes co-sismiques (*coseismic surface displacements*) qui modifient la surface topographique. Les plus évidentes correspondent aux « ruptures de surface tectoniques », expression du jeu de failles. Des mouvements verticaux (soulèvements ou et des affaissements) et horizontaux les accompagnent, que seule la géodésie mettra en évidence.

Les premières observations de ruptures de surface

Dès le XVIIIe siècle, on avait constaté que de grands séismes étaient accompagnés de bouleversements topographiques importants. On peut citer par exemple les observations faites par Déodat de Dolomieu, à la suite du tremblement de terre de 1783, en Calabre (Yeats *et al.*, 1997). Par la suite, les effets spectaculaires du séisme de 1819, au Nord-Ouest de l'Inde, marquent les esprits : sur une longueur de quatre-vingts kilomètres, un escarpement très linéaire est nommé le « Mur d'Allah » par la population locale. De plusieurs mètres de haut (jusqu'à 6 ou 9 mètres), il barre un cours d'eau, ce qui fait naître un lac de plus de trente kilomètres de diamètre. En Californie lors du séisme d'Owens Valley (1872), le jeu des failles est étudié par G. K. Gilbert. Plus tard, les effets de surface du séisme de San Francisco (1906) seront remarquablement décrits dans le détail par Lawson. Très tôt, à la fin du XIXe et au début du XXe siècle, on réalise aussi des mesures géodésiques de triangulation et de nivellement à la suite de forts séismes. En 1899, Oldham met en évidence des changements topographiques et pense qu'ils sont en relation avec des mouvements d'origine tectonique, associés au grand séisme de l'Assam de 1897, dans le piémont oriental de l'Himalaya. Citons aussi Reid qui, à la suite du tremblement de terre de San Francisco de 1906, compare des mesures de triangulation de la fin du XIXe siècle avec celles qui sont postérieures au séisme. Ses observations sont à l'origine de sa théorie du rebond élastique.

On sait maintenant que les séismes au sein de la croûte continentale sont le plus souvent accompagnés par une rupture visible en surface, lorsqu'ils sont suffisamment superficiels (en général 10-15 kilomètres) et que leur magnitude atteint 6 à 6.5. Les données recueillies montrent que la longueur de la rupture en surface et les déplacements verticaux ou horizontaux qui la caractérisent sont en gros proportionnels à la magnitude (*figure 4.1*). Les études des ruptures de surface réalisées après un séisme majeur fournissent de nombreuses informations qui vont compléter celles obtenues indépendamment par des approches géophysiques, comme la sismologie ou la géodésie. Dans ce dessein, des géologues interviennent après des séismes majeurs, en général aussitôt après le séisme (cf. chapitre 9). Elles ont une grande variété et doivent être analysées dans le détail (§ 4.1.1). Quant aux modifications topographiques générales, leur nature et leur ampleur sont mesurées par des campagnes de géodésie, réalisées aussi à la suite du séisme (§ 4.1.2).

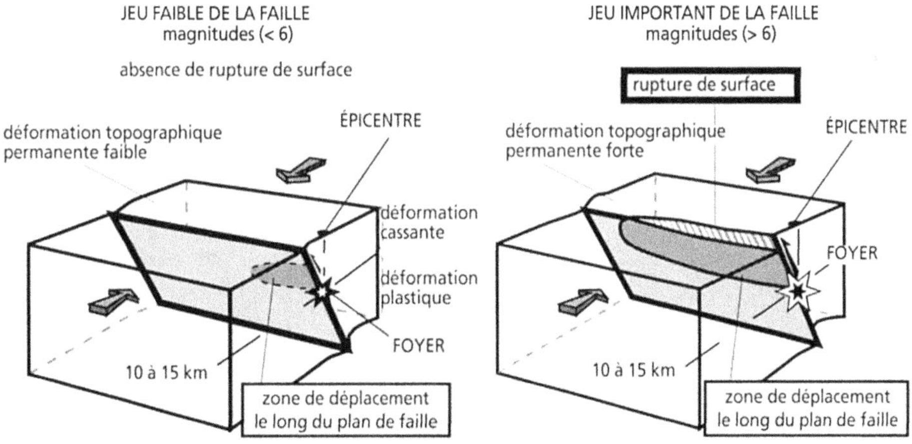

Figure 4.1 Déformations co-sismiques et fonctionnement de la faille sismique suivant la magnitude.

4.1.1 Les ruptures tectoniques de surface

> *« Ce n'est pas une simple vue de l'esprit que la distinction entre les fissures et les crevasses, effet superficiel et secondaire de propagation dans un milieu suffisamment meuble, et les failles ou les fractures profondes avec déplacement vertical, et qui sont intimement liées à la cause même du tremblement de terre. »* De Montessus de Ballore, La Science séismologique, p. 411, 1907.

Bien qu'il soit apparu depuis longtemps, une relation forte entre les séismes les plus violents et certains « désordres » ou « ruptures » de surface (*ground failure*), leur complexité a été à l'origine de bien des confusions. Certaines, à mettre sur le compte des effets des ondes sismiques, sont indirectement liées au séisme : c'est le cas de celles qui accompagnent les glissements de terrain et les effondrements associés à des phénomènes de liquéfaction (niches d'arrachement, « failles », fentes, fissures, bourrelets ; voir § 4.2). Une fois écartées ces dernières, la signification des autres ruptures reste souvent un problème délicat, car elles peuvent prendre des formes très diverses, qui vont dépendre de plusieurs facteurs, comme on le constatera plus loin. Comme il s'agit de déformations, liées plus ou moins directement au jeu de la faille responsable du séisme, il est nécessaire qu'elles soient examinées par des géologues spécialisés en tectonique. Leur complexité (*figure 4.2*) nécessite des relevés de détail, à effectuer rapidement après le séisme, avant qu'elles ne soient abîmées ou effacées, car elles affectent souvent des sols et des formations meubles. Elles sont préservées par contre dans les zones désertiques pendant de longues années, comme cela a été le cas de celles qui sont associées au séisme de Bolnaï de 1905 ou du Gobi-Altaï de 1957 en Mongolie (voir photo 5.8, prise en 1990).

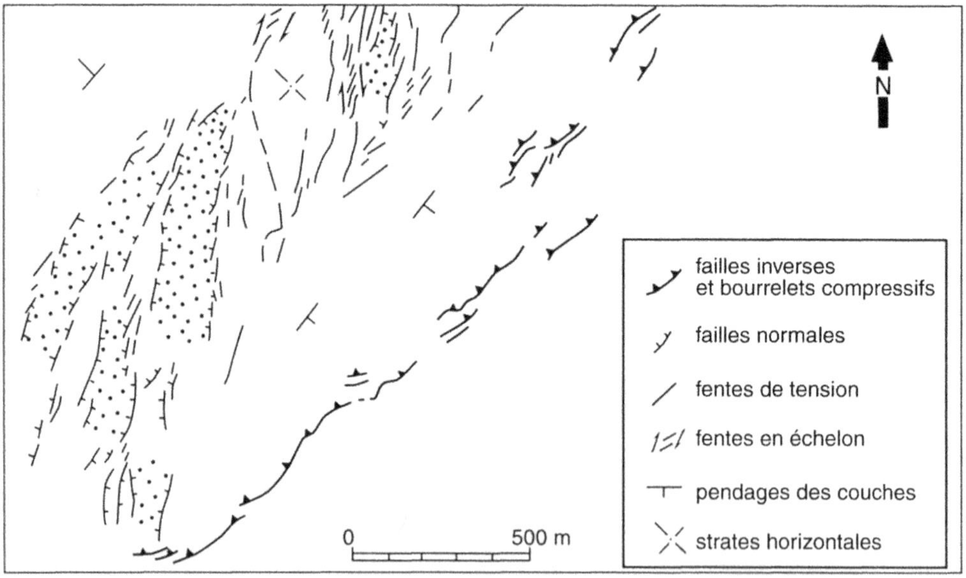

Figure 4.2 Exemple de cartographie détaillée d'une partie des ruptures de surface du séisme d'El Asnam. (Cartographie générale, d'après Philip et Meghraoui, 1983.)

Leurs caractéristiques générales dépendent, prioritairement, de la cinématique et de la géométrie de la faille majeure, le jeu des failles inverses et des failles normales s'exprimant avec des déplacements verticaux, aux conséquences bien différentes des déplacements horizontaux induits par les décrochements. Dans le détail (§ 4.1.1.*b)*) des formes que revêtent les ruptures tectoniques de surface, on constate aussi une assez grande variété qui dépend principalement des caractéristiques des matériaux présents en surface et sub-surface (cohérence, épaisseur,...). L'analyse détaillée des ruptures de surface tectoniques aux différentes échelles permet de caractériser la cinématique des différents segments de la faille et de quantifier les déplacements verticaux et horizontaux qui sont associés à l'événement sismique (§ 4.1.1.*c)*).

a) Caractéristiques générales des ruptures tectoniques suivant les types de failles

La segmentation des ruptures est très fréquente et elle est accompagnée ou non de changements de la nature des déformations tectoniques de surface. Parfois, comme dans le cas du séisme de l'Irpinia de 1980, toutes les ruptures tectoniques sont de même nature (*figure 4.4*). À l'inverse, lors du séisme de Spitak (*figure 4.5*), trois secteurs différents se côtoyaient : la faille sismique inverse-décrochante était encadrée par un décrochement, au sud-est, et une faille inverse sous un anticlinal, au nord-ouest. Les décrochements montrent également (*figure 4.6*) des ruptures appartenant aux autres types de failles, dans des zones en relais compressifs ou distensifs.

Comme le séisme d'El Asnam (voir fiche en annexe) l'a amplement illustré, dans des cas où les ruptures appartiennent à tous les types de failles, il est nécessaire de replacer les ruptures observées dans leur contexte géologique, afin de bien séparer ce qui est directement significatif et utile à la sismotectonique, de ce qui est accessoire (*figure 4.3* et photos 4.1, 4.2, 4.3, 4.4).

A. Faille normale

Les traces cartographiques des ruptures en faille normale (photo 4.5) sont en général beaucoup plus irrégulières et segmentées que celles observées dans le cas d'un décrochement (voir plus loin). Elles sont très souvent associées à de nombreuses fentes de tension et à des failles normales secondaires, de dimension métrique à décamétrique, disposées de part et d'autre de la rupture principale (cf. § 4.1.1.*b)*).

Les segments observés en surface peuvent revêtir des significations différentes suivant leur longueur. Lorsqu'ils ont des longueurs d'échelle kilométrique à plurikilométrique, ils reflètent généralement une segmentation profonde de la faille. Le plus souvent dans ce cas, la segmentation de la rupture se superpose à celle des escarpements de faille, soulignant ainsi la continuité à long terme de l'activité de la faille (séisme Irpinia de 1980, *figure 4.4*). Dans d'autre cas, la segmentation est à mettre en rapport avec des hétérogénéités dans les formations géologiques de sub-surface que rencontre la rupture lorsqu'elle se propage vers la surface. Les segments sont alors généralement de dimension plus réduite que dans le premier cas (échelle métrique à hectométrique ; cf. § 4.1.1.*b)*).

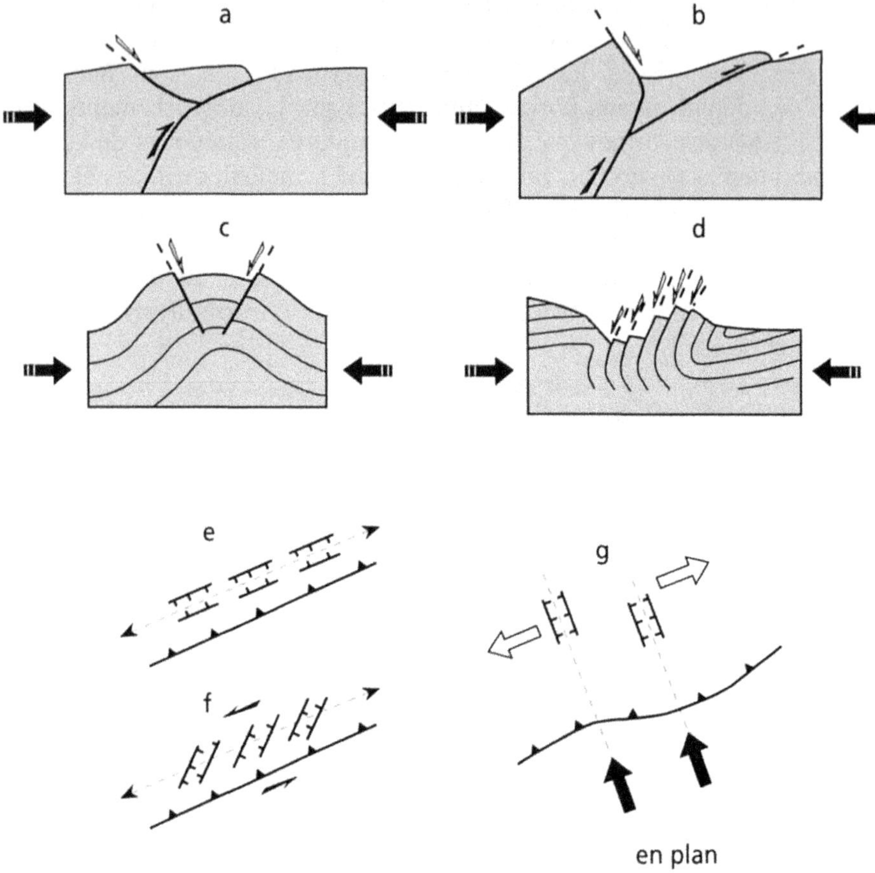

Figure 4.3 Ruptures de surface en faille normale dans un contexte général en compression, en grande partie d'après l'exemple du séisme d'El Asnam, 1980.

(a) Faille normale due à une diminution du pendage de la faille inverse en surface, entraînant un effondrement dans le compartiment chevauchant, cas constaté lors du séisme de Spitak ; (b) Changement de pendage en surface (cf. § 4.1.1.*c)*) ; (c) Failles normales à l'extrados d'un pli, prouvant sa réactivation lors du séisme ; (d) Ripage banc sur banc ; en plan : (e) Failles normales en extrados d'un pli ; (f) Idem « en échelon » avec composante senestre de la faille inverse ; (g) Failles normales associées, la contrainte horizontale maximum (σ_1 ou σ_2) garde la même direction.

(D'après Philip et Meghraoui, 1983. Modifié avec la permission de l'American Geophysical Union.)

B. Faille inverse

À l'échelle cartographique la trace en surface d'une rupture en faille inverse présente souvent une grande complexité qui s'exprime par une segmentation très importante à mettre en rapport, comme pour les ruptures en faille normale, aux hétérogénéités de surface. C'est aussi le cas lorsque la rupture se propage vers la surface

4.1

4.2

4.3

Photos 4.1, 4.2, 4.3 Ruptures de surface du séisme d'El Asnam, 1980, localisation sur figure 4.2.

4.1 : Cheurffa : faille majeure inverse avec flexuration du compartiment chevauchant (cf. *figure 4.9 c*) ;
4.2 : Sidi Djilali, faille normale associée déjà activée en 1954 (cf. *figure 4.3 g*) ;
4.3 : Sara-el-Marouff : faille normale d'extrados du pli (cf. *figure 4.3 f*).

4.4

4.5

4.6

4.7

Photos 4.4, 4.5, 4.6, 4.7 Ruptures de surface.

4.4 : Faille inverse d'El Asnam redressée en faille normale en surface (*figure 4.3* **b**) à Kef-el-Mes, localisation figure 4.2 ;

4.5 : Rupture de surface de faille normale (désert d'Atacama, Chili) ;

4.6 : Ruptures de surface décrochantes en plis et fentes dans le gazon (*figure 4.10*) (séisme de Spitak, 1988) ;

4.7 : Miroir de faille et stries sur la rupture de surface de la faille majeure du séisme d'El Asnam.

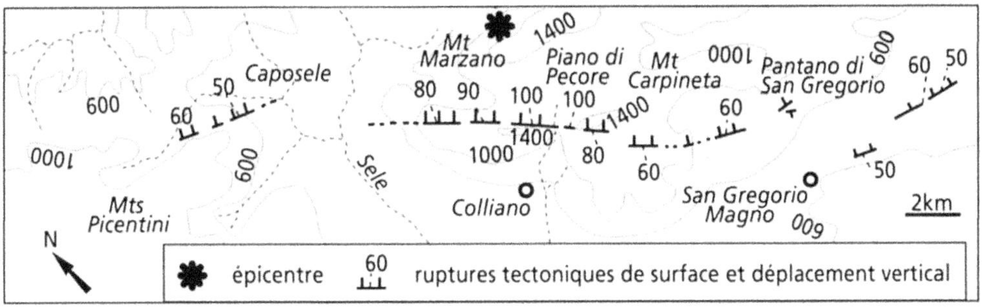

Figure 4.4 Segmentation des ruptures de surface tectoniques en faille normale associées au séisme de l'Irpinia de 1980. Déplacements verticaux en centimètres.

(Redessiné et simplifié, d'après Pantosti et Valensise, 1993.)

dans des formations géologiques peu consolidées, les ruptures sont très discontinues et elles peuvent se répartir sur des largeurs de plusieurs centaines de mètres traduisant une diffusion superficielle de la déformation. Cette complexité est encore accentuée si la faille comporte une composante horizontale importante, ce qui se traduit également par des segments disposés en échelon. Dans le cas fréquent où les ruptures ont un faible pendage en surface et sont localisées dans des formations géologiques peu cohésives, leur trace cartographique est souvent lobée et très sinueuse (séisme d'El Asnam (1980), de Chichi (1999) par exemple).

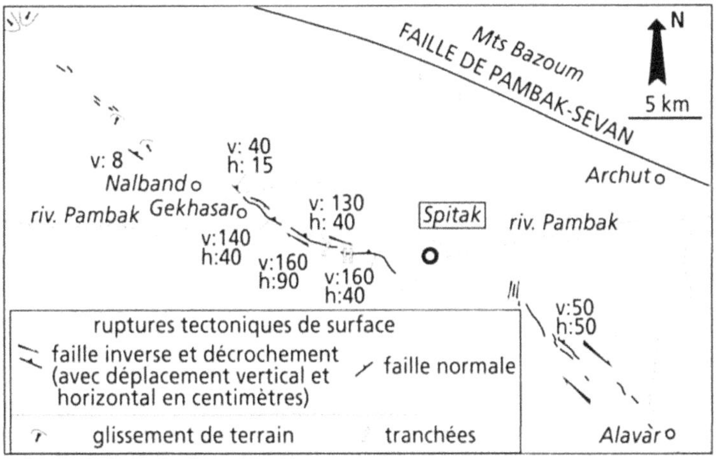

Figure 4.5 Segmentation des ruptures de surface tectoniques associées au séisme de Spitak de 1988. Déplacements verticaux (v) et horizontaux (h) en centimètres.

(D'après Philip *et al.*, 1992.)

Quelques rares exemples bien documentés montrent que, dans certaines régions, l'activation d'une faille inverse s'accompagne de celle d'un pli. Dans le cas du séisme d'El Asnam (Algérie) de 1980, le fonctionnement co-sismique de l'anticlinal, situé dans le compartiment chevauchant, est attesté par de nombreuses ruptures secondaires, en particulier des ripages banc sur banc dans les flancs et des grabens d'extrados sur la crête de l'anticlinal (*figure 4.3 d* et *c, e, f* et *figure 9.8*).

Mais il arrive que la faille localisée dans le cœur d'un anticlinal n'atteigne pas la surface (« faille aveugle » ou *blind thrust*). C'est le cas des failles ayant généré les séismes de Coalinga de 1983 (*figure 4.14*) ou de Northridge en 1994 en Californie, où aucune rupture de surface n'a été observée. La relation entre le fonctionnement de la faille et celle du pli est attestée par la localisation des répliques suivant un plan sous un anticlinal et par des mesures géodésiques montrant une élévation co-sismique du même pli. Le séisme de Racha Dzava de 1991 en Géorgie est à ranger dans cette catégorie. Malgré une magnitude de 7.1 aucune rupture n'a été observée en surface. Les données sismologiques montrent que la faille activée correspond au chevauchement frontal du Grand Caucase et il semblerait donc que la rupture se soit propagée en suivant un niveau de décollement plat pour s'amortir dans les plis du bassin d'avant-chaîne (Fuenzalida *et al.* 1997). Le séisme de Spitak (Arménie) de 1988 correspond à une situation mixte puisqu'une partie seulement de la rupture est arrivée jusqu'en surface, l'autre étant masquée sous des plis (*figures 4.5* et *5.16*). Ces exemples montrent que les séismes associés à une faille cachée peuvent atteindre des magnitudes élevées d'où le problème de leur identification dans la démarche de l'évaluation de l'aléa sismique associé à ce type de faille.

C. Décrochement

Du fait qu'ils correspondent à des failles dont le pendage est proche de la verticale, les décrochements ont une trace cartographique généralement très rectiligne. Toutefois, dans le détail, on constate que les ruptures se disposent en échelon, comme on l'observe lors de la déformation de l'argile posée au-dessus de deux plaques coulissant horizontalement dans une boîte de cisaillement. À la suite des observations réalisées lors du séisme de Dasht-e-Bayaz, Tchalenko (1970) a réalisé des expérimentations similaires. Elles montrent comment la disposition des ruptures de surface peut évoluer et se compliquer, notamment en fonction de la valeur du déplacement horizontal sur la faille principale.

La segmentation des ruptures en décrochement est une règle quasi générale ; chaque segment étant séparé du suivant par une zone de relais, qui correspond soit à une zone caractérisée par de la compression, soit à une zone caractérisée par de l'extension. La taille des zones de relais est très variable, de quelques mètres à plusieurs kilomètres et, suivant les cas, elles correspondent à des dépressions topographiques associées à des failles normales (*figure 4.6 A* et *C*), ou à des zones de relief bordées par des plis et/ou des failles inverses (*figure 4.6 B*). Les zones de relais jouent un rôle majeur dans les phénomènes de propagation de la rupture (voir § 2.1.4) et, à ce propos, il est intéressant de constater que, dans certains cas de décrochement, la rupture sismique se termine sur un graben (séisme d'Impérial Valley de 1979) ou sur des chevauchements (séisme de Mogod de 1967 en Mongolie).

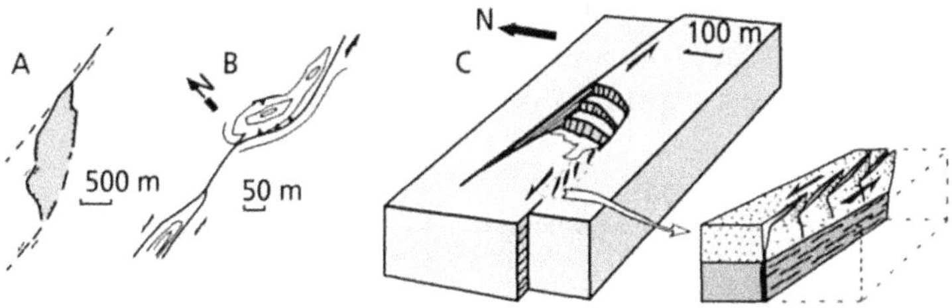

Figure 4.6 Ruptures de surface tectoniques et types de relais en décrochement. Séismes de : A : Bogd (1957) ; B : Bolnaï (1905) ; C : Tsetserleg (1905) (échelle verticale exagérée) ; détail : fentes en échelon, correspondant à un jeu en décrochement, dans des terrains non cohésifs.

b) Analyse morpho-structurale de détail des ruptures

A. Failles normales

La rupture principale est le plus souvent associée à des failles antithétiques et à des fentes de tension (*figure 4.7 A*). Dans le cas de déplacements relativement faibles (quelques décimètres) dans des formations non cohésives (alluvions récentes par exemple), la trace de la faille sera seulement marquée par une légère flexure, qui masque l'escarpement dans le substratum sous jacent plus compétent (*figure 4.7 B*).

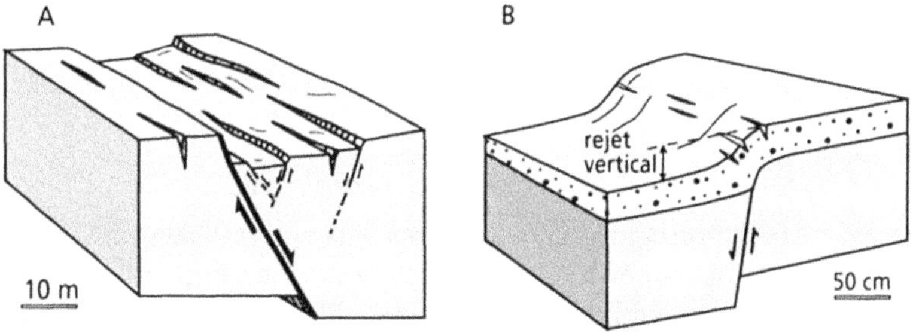

Figure 4.7 Caractéristiques des ruptures de surface de faille normale.

L'aspect de détail des ruptures en faille normale dépend en premier lieu de la cohésion des terrains qu'elles traversent en sub-surface dans les deux compartiments.

Formations superficielles ou roches non-cohésives

On constate que la rupture ne suit pas le plan de la faille préexistante jusqu'en surface. Elle devient verticale dans les sédiments peu consolidés du compartiment affaissé pour s'exprimer en surface par une fente de tension qui délimite un coin de sédiment collé sur la partie inactive de la faille. Cette géométrie, décrite (en particulier par G. K. Gilbert, dans les Basin and Range, en 1890) dans la plupart des ruptures en faille normale, s'explique par une diminution progressive vers le haut de la contrainte principale verticale (lithostatique) qui s'annule en surface. La contrainte horizontale minimale qui devient négative s'exprime alors par de la traction (*figure 4.8*).

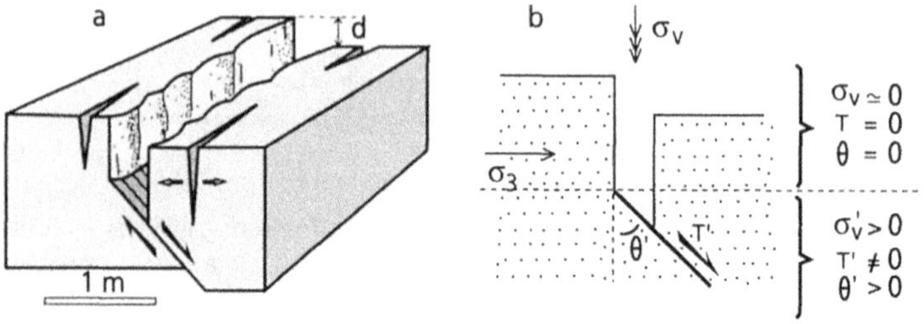

Figure 4.8 Aspect d'une faille normale en surface.
d correspond au déplacement vertical.

(D'après Philip et Meghraoui, 1983 reproduit avec la permission de l'American Geophysical Union.)

Le piégeage des colluvions issues de la dégradation de l'escarpement par l'érosion sera favorisé par la présence de fentes ou de grabens en pied d'escarpement. En paléosismologie (voir § 6.1) la datation des colluvions piégées dans ces structures (*filled wedges*) permet de post-dater de très peu le séisme.

En l'absence de charge lithostatique près de la surface du sol, l'émergence de la faille sismique peut s'accompagner aussi d'un changement de pente du plan de faille qui dépasse la verticale ; ainsi la faille normale du séisme de Thessalonique en 1978 apparaissait localement inverse en surface (Mercier *et al.*, 1983). De même, lors du séisme d'El Asnam en 1980, (*figure 4.3b* ; Philip et Meghraoui, 1983), la disposition en faille normale observée dans les secteurs septentrionaux, fournit une autre illustration de cette situation, en contexte de compression (photo 4.4).

Roches cohérentes jusqu'à la surface topographique.

La morphologie des ruptures de surface prend des aspects bien plus simples quand les roches ou les terrains superficiels traversés sont cohérents. C'est souvent le cas dans certaines régions méditerranéennes, comme les Apennins ou la Grèce continentale, où les failles normales actives sont situées dans un environnement géologique dominé par la présence d'épaisses formations carbonatées. Dans ce contexte, les ruptures s'expriment différemment, en particulier à cause des éboulis de pente généralement très consolidés par un ciment carbonaté qui donne à ces formations un comportement mécanique proche de celui du substratum calcaire. Généralement, la rupture est facilement repérable dans le paysage : un liseré clair dans le versant correspond au miroir de faille. Ces escarpements (appelés « escarpements sous versant de Richter », cf. § 5.4.1) sont généralement préservés pendant plusieurs milliers d'années. Ils correspondent quelquefois à plusieurs événements, la dernière rupture est alors marquée par un liseré encore plus clair et donc moins altéré à la base de l'escarpement. Sur cette partie du miroir, on pourra constater un développement moins important des lichens comme cela a été observé sur la trace de surface de la faille du séisme de Locride (Grèce) de 1894.

B. Failles inverses

L'expression morphologique des ruptures de surface en faille inverse est très différente de celles en faille normale car le compartiment chevauchant est mis en surplomb et donc en déséquilibre gravitaire. La morphologie des ruptures va dépendre essentiellement de la valeur du pendage de la faille en surface, de la cohésion et de l'épaisseur des formations géologiques en surface de part et d'autre de l'escarpement. Les ruptures associées au séisme de Spitak (Arménie) fournissent de nombreux exemples, qui illustrent cette variabilité morphologique des escarpements en faille inverse (*figure 4.9*) : lorsque les roches du substratum sont très cohésives (ici des roches volcaniques) et le pendage de la faille proche de la verticale, des stries mécaniques sont alors visibles sur le miroir de faille (*figure 4.9 a*). Une fracturation, parallèle à la faille, favorisera l'éboulement du compartiment supérieur si celui-ci présente léger surplomb (*figure 4.9 b*). Quand le substratum est recouvert par des formations superficielles plus ou moins épaisses (ici des colluvions périglaciaires surmontées d'une pelouse d'altitude), les structures correspondent à des plis ou rides de compression (*pressure ridges*) associés à la rupture, dont le plan devient sub-horizontal lorsqu'il atteint la surface (*figure 4.9 c* à *f*). On considère que ce changement brutal de pendage est à l'origine de l'effondrement gravitaire du compartiment supérieur, associé à de petites failles normales parallèles à la faille principale (*figure 4.9 d*).

Des cas très similaires de rides de compression ont été observés à la suite de séismes en faille inverse comme celui de Meckering (Australie) en 1968 ou d'El Asnam (Algérie) en 1980.

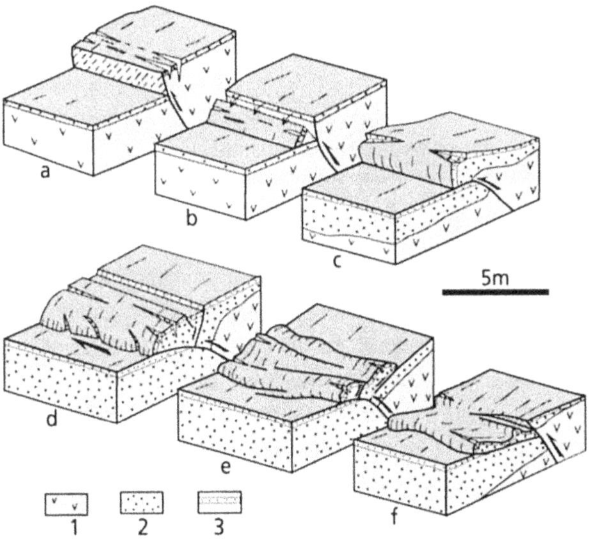

Figure 4.9 Différences morphologiques et structurales de détail de ruptures de surface en faille inverse.

1 : Roches volcaniques ; 2 : Formations superficielles ; 3 : Sol moderne et pelouse ; description dans le texte. (D'après Philip *et al.*, 1992.)

C. Les décrochements

Les ruptures de surface associées aux failles décrochantes présentent le plus souvent une disposition en échelon (*figure 4.10*) qui indique très clairement le sens de mouvement horizontal sur la faille principale. À cette échelle aussi, on trouve des similitudes avec les déformations obtenues expérimentalement en laboratoire, avec des boîtes à cisaillement (voir *supra*). Les structures qui dominent correspondent à des fentes de tensions plus ou moins longues et espacées, qui alternent avec des rides compressives (*figure 4.10 a*) ou plus rarement avec des failles inverses. Les tranchées de paléosismologie montrent que la disposition générale en échelon de ces structures n'est que très superficielle, souvent limitée à l'épaisseur des formations superficielles (*figure 4.10 b*).

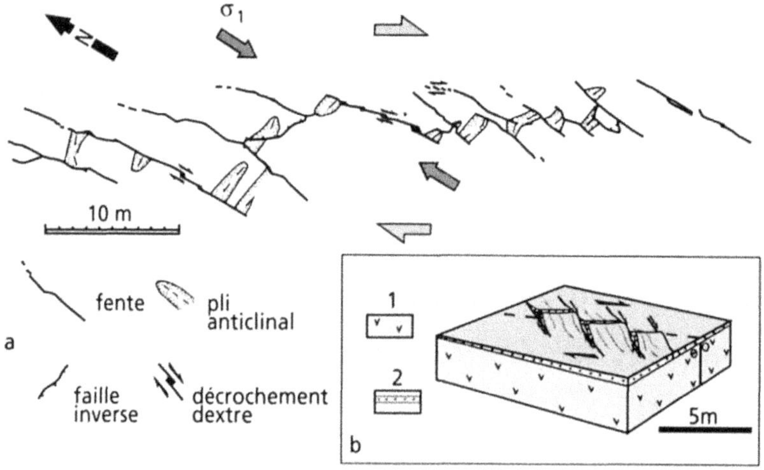

Figure 4.10 Détails de ruptures de surface en décrochement associées au séisme de Spitak. a : Cartographie ; b : Plis et fentes en échelon dus à une faille décrochante dans le cas d'un sol peu épais (2) reposant sur un substratum cohésif (1) (voir photo 4.6). (D'après Philip *et al.*, 1992.)

Lorsque les déplacements sont importants (plusieurs mètres) les zones de rupture présentent une alternance de fentes de tension et de bourrelets compressifs (photo 4.6), dont l'organisation varie en fonction de la structure et de la cohésion des formations superficielles. Ce peut être des plis dans une pelouse ou des monticules (*mole track*) de structure plus ou moins chaotique dans d'autres cas. Des telles structures de grandes dimensions (pluri-métriques) sont encore clairement identifiables, cent ans après, le long de la zone de rupture associée au grand séisme de Bolnaï de 1905 (M 8.2), en Mongolie occidentale.

c) Ruptures et quantification des déformations co-sismiques

L'observation directe des ruptures et des marqueurs déplacés par le mouvement de la faille permet souvent de définir rapidement le type de faille et de quantifier les composantes du déplacement (*figure 4.11*). Les marqueurs à prendre en compte devront être linéaires et de préférence perpendiculaires à la direction de la faille. Ils sont de nature très différente : dans les régions très humanisées, ce seront par exemple un sentier, un mur, des sillons de labour, des rangées d'arbres alors que dans des régions désertiques ce seront des drainages, des interfluves ou des rebords de terrasses.

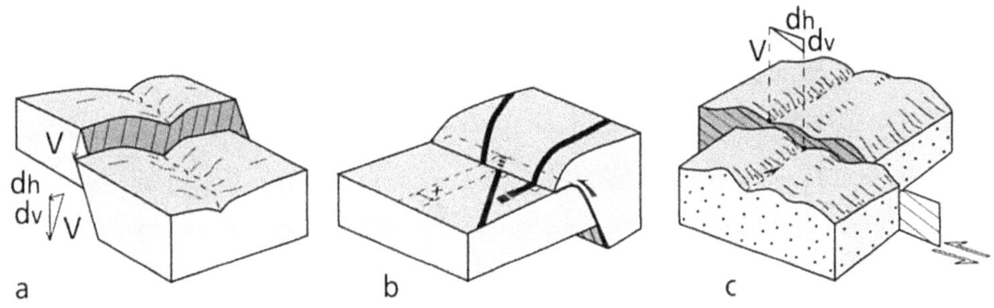

Figure 4.11 Mesure du vecteur déplacement (V) et de ses composantes horizontale (dh) et verticale (dv).

a : Faille normale ; b : Faille inverse avec bourrelet compressif, avec un faux décalage horizontal (X) pour un repère oblique à la direction de la faille ; c : Décrochement d'après le cas du séisme du Gobi-Altaï, 1957 (dh = 4 mètres et dv = 1,2 mètre).

Pour les failles normales, les observations et la mesure des déplacements sur les structures secondaires associées à la rupture principale sont importantes pour déterminer le véritable déplacement co-sismique sur la faille principale (*figure 4.7 a*). La mesure des composantes verticale et horizontale du déplacement dans le cas de ruptures en faille inverse est délicate : si l'on utilise des repaires linéaires traversant la zone de faille, il faudra veiller à ne choisir que ceux qui sont perpendiculaires à la trace de la faille, car avec des repaires obliques une composante horizontale apparaît, même s'il s'agit d'une faille inverse pure (*figure 4.11 b*). Quelquefois, lorsque le rejet vertical de la faille est suffisamment important, le miroir est mis à jour et porte des stries mécaniques, qui permettent de mesurer directement la direction du vecteur glissement sur la faille (photo 4.7).

En répétant systématiquement les mesures, on observe souvent des variations de l'amplitude des composantes du déplacement. Dans certains cas, ces variations sont en rapport avec une segmentation de la faille, qui se traduit aussi dans le relief (*figure 4.12*).

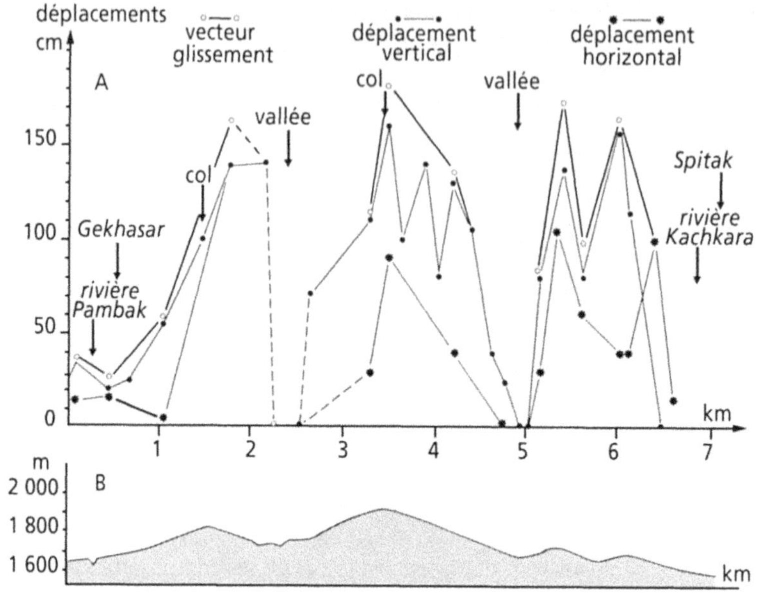

Figure 4.12 Variations du vecteur déplacement et de ses composantes verticale et horizontale, sur le segment central de la faille associée au séisme de Spitak, Arménie, 1988 (A) et rapport avec la topographie le long du même segment (B). (D'après Philip *et al.*, 1992.)

4.1.2 Les modifications topographiques révélées par la géodésie

Grâce à la géodésie (voir § 7.4.1, les méthodes géodésiques) par les mesures de déplacement à la suite d'un séisme, on obtient des paramètres de la déformation cosismique indépendants et complémentaires de ceux qui proviennent des études géologiques de terrain.

a) Les mouvements verticaux

Des mesures de positionnement géodésique ont été réalisées par les méthodes classiques, avant et après des séismes en faille inverse, comme ce fut le cas pour celui de San Fernando de 1971, dans le Sud de la Californie et celui d'El Asnam (*figure 4.13*). Les comparaisons entre ces relevés mettent en évidence des mouvements verticaux de plusieurs mètres du compartiment chevauchant, qui s'atténuent en s'éloignant de la faille, et une zone de subsidence plus étroite, située le long de la zone de rupture dans le compartiment chevauché. Pour le séisme d'El Asnam, on constate que les changements d'élévation sont compatibles avec les observations géologiques, notamment avec la localisation de la zone de soulèvement maximum au niveau de l'anticlinal actif situé dans le compartiment chevauchant.

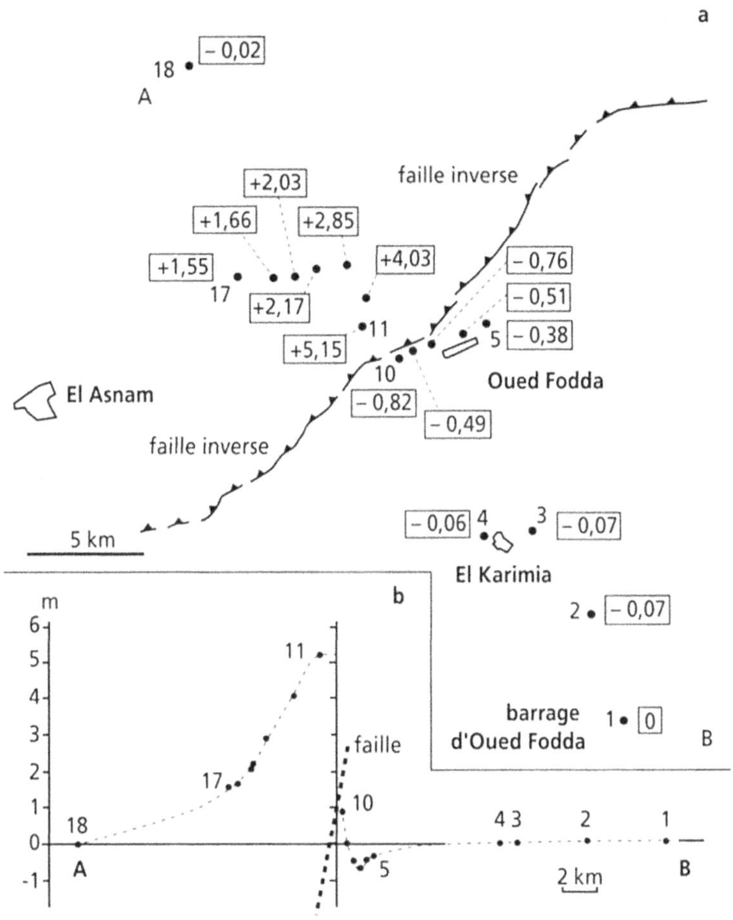

Figure 4.13 Comparaison de mesures de nivellement réalisées à la suite du séisme d'El Asnam.

(D'après Ruegg *et al.*, 1982 © Seismological Society of America.)

Dans le cas de failles inverses, le mouvement dans le compartiment chevauchant est nettement supérieur à celui d'affaissement dans le compartiment chevauché, alors que, pour des failles normales, en toute logique, les mouvements du compartiment abaissé sont beaucoup plus importants que ceux qui sont en surrection. Le séisme de Borah Peak (Idaho, 1983, Ms 7.3) fournit un bon exemple de mouvement co-sismique en faille normale (*figure 10.5*).

L'utilisation de la géodésie est particulièrement utile dans le cas de séismes associés à des ruptures qui n'atteignent pas la surface. Lors du séisme de Coalinga (Mw 6.5) de 1983, qui s'est produit sur une faille inverse cachée (*blind thrust*) sous un anticlinal, celui-ci s'est surélevé de plusieurs dizaines de centimètres (*figure 4.14*). Le profil des déplacements co-sismiques, très comparable (à l'échelle près) à celui obtenu pour le séisme d'El Asnam (*figure 4.13*), signe de façon incontestable un fonctionnement profond en faille inverse. Comme à El Asnam (*figure 4.3 c* et *e*), on remarque sur la crête de l'anticlinal la présence d'une dépression topographique correspondant à un graben : elle est marquée légèrement dans le profil de nivellement, apportant ainsi une preuve supplémentaire du fonctionnement co-sismique de l'anticlinal.

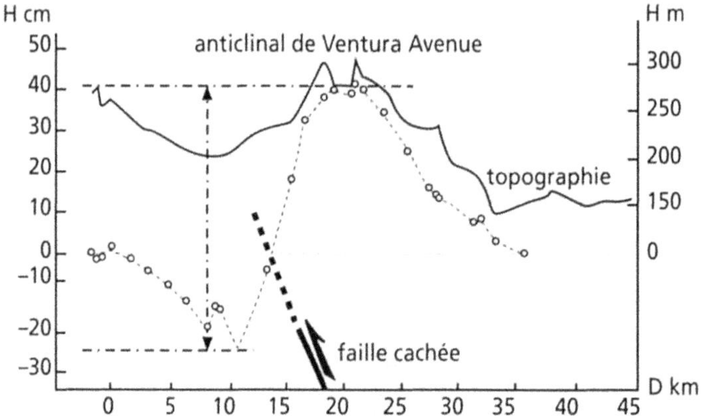

Figure 4.14 Comparaison de mesures de nivellement réalisées à la suite du séisme de Coalinga de 1983 en Californie. (D'après Stein 1983.)

b) Les déplacements horizontaux

Bien avant que la communauté scientifique ne dispose des technologies spatiales (GPS, SAR, voir § 7.4.1), la géodésie classique a été utilisée pour mesurer les déplacements horizontaux associés à des ruptures sismiques. On peut citer comme exemple (*figure 4.15 A*) des réitérations des mesures aux points du réseau de triangulation, réalisées par Witten (1956) après le séisme d'Imperial Valley, en Californie du Sud sur un segment de la faille de San Andreas (1940 ; M 7.1). Les déplacements mesurés entre 1939 et 1941 correspondent aux mouvements co-sismiques, mais englobent vraisemblablement pour partie des déplacements post-sismiques. On constate que les déplacements sont, d'une part, en accord avec les déplacements dextres observés sur le terrain le long de la rupture, et d'autre part qu'ils sont maxima près de la rupture, et qu'ils décroissent lorsqu'on s'en éloigne, conformément au modèle du « rebond élastique » proposé par Reid, en 1910.

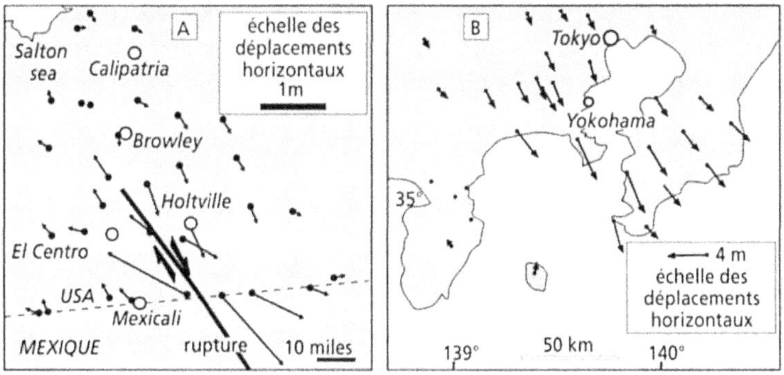

Figure 4.15 Déplacements horizontaux co-sismiques associés.
(A) : Au séisme d'Imperial Valley de 1940 (Ms 7,1) sur une branche sud de la faille de San Andreas.
(D'après Witten, 1956. Modifié avec la permission de l'American Geophysical Union.)
(B) : Au séisme de subduction de Kanto de 1923. (D'après Muto, 1932.)

L'utilisation des méthodes GPS permet également de mettre en évidence des déplacements co-sismiques (cf. *figure 2.8*).

c) Les déplacements associés aux zones de subduction

À l'occasion de forts séismes de subduction comme celui du Chili de 1960 (Mw : 9,5) ou de l'Alaska de 1964 (Mw : 9,2) des élévations et des affaissements co-sismiques du sol ont été observés avec des amplitudes atteignant plusieurs mètres sur des zones très étendues (*figure 2.14*). Ces observations, facilitées par la proximité du référentiel que constitue le niveau de la mer proche, sont confirmées par la suite par les mesures de nivellement. La distribution de ces mouvements positifs et négatifs suggère la présence d'un plissement de grande longueur d'onde d'échelle lithosphérique (*figure 2.13*). Les mouvements positifs le long des côtes se traduisent suivant les cas par des encoches marines, des plates formes d'abrasion, des niveaux de plage ou encore des récifs coralliens soulevés. De même, les mouvements verticaux négatifs peuvent se traduire par la submersion de dépôts d'origine continentale ou même parfois de forêts côtières. La présence de plusieurs niveaux indicateurs de mouvements verticaux traduit la répétitivité du phénomène. Ainsi au cours des six derniers milliers d'années, six niveaux de terrasses marines ont été identifiés sur le site du séisme de 1964 en Alaska. Toutefois l'interprétation de ces marqueurs déplacés en terme tectonique doit s'affranchir des autres causes, notamment celles qui correspondent aux variations eustatiques du niveau de la mer (voir § 5.4.3).

Des observations géodésiques comparables ont été réalisées (*figure 4.15 B*), à la suite du séisme de Kanto (1923, M 8.3), qui a dévasté les villes de Tokyo et de Yokohama. Les déplacements horizontaux mesurés sont maxima dans les zones proches de la côte où ils peuvent dépasser quatre mètres, pour décroître progressivement vers l'intérieur des terres jusqu'à s'annuler à une centaine de kilomètres des côtes. Ces mouvements horizontaux ont été accompagnés de soulèvements de la côte atteignant plus de deux mètres à l'ouest de la baie de Tokyo. Les déplacements co-sismiques vers la fosse de subduction sont cohérents avec une rupture sur le plan de subduction associée au séisme (cf. § 2.1.2.*c*)).

4.2 EFFETS INDIRECTS

On a placé ici les effets des séismes que l'on ne peut ranger avec ceux qui relèvent directement de la tectonique (§ 4.1). Parfois appelés aussi effets secondaires, ils n'en sont pas moins parfois spectaculaires et lourds de conséquences : leur localisation est nécessaire en prévision du risque sismique (§ 12.4.4).

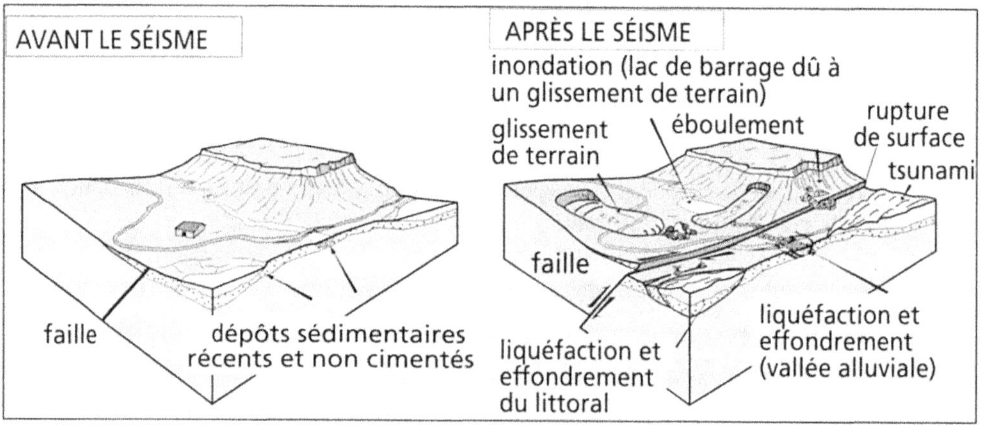

Figure 4.16 Rupture de surface et principaux effets indirects.

Les effets indirects consistent (*figure 4.16*) tout d'abord en mouvements de terrain (4.2.1) ou déplacements gravitaires, affectant les sols et les roches argileuses, mais aussi les roches cohérentes. La perte de cohésion de terrains gorgés d'eau ou *liquéfaction* a des effets géomorphologiques (4.2.2), auxquels s'ajoutent des conséquences sur la stabilité du bâti. Mis en mouvement par les déplacements des fonds sous-marins, les tsunamis constituent un très grave danger pour les littoraux (4.2.3). Plusieurs de ces effets se combinent parfois ou bien déclenchent à leur tour d'autres effets, eux-mêmes néfastes (4.2.4).

4.2.1 Les mouvements de terrain

Ces instabilités existent en dehors de toute activité sismique. Celles qui sont induites par le passage des ondes sismiques peuvent être de toutes tailles et de différents types et l'on se reportera aux ouvrages spécialisés pour leurs différentes caractéristiques. On se contentera ici de mentionner à leur sujet quelques cas où elles ont accompagné des séismes récents ou ont été rapportées à des paléoséismes.

a) Glissements de terrain

Ils sont courants dans les régions montagneuses où les pentes, la lithologie favorable (argiles, marnes, *flysch*) et des précipitations abondantes permettent ces mouvements gravitaires. Mais, les glissements de terrain sont aussi très communs dans les zones épicentrales des séismes, aussi bien à Terre (photos 4.8 et 4.9) qu'en mer[1]. Outre les conditions topographiques et géologiques locales, leur nombre et leur importance est fonction de la magnitude du séisme. Il en est de même pour la surface (*figure 4.17 A*) sur laquelle ils peuvent se produire : jusqu'à plus de 100 000 km^2 pour des séismes de magnitude supérieure à 8 (Keefer, 1984).

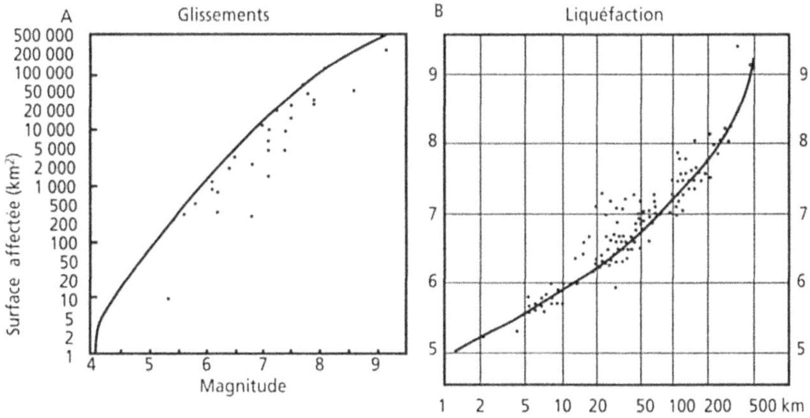

Figure 4.17 Titre

A. Glissements : rapport surface affectée en km^2-magnitude (D'après Keefer 1984.)
B. Liquéfaction : rapport magnitude-distance à l'épicentre (D'après Ambraseys, 1988). Pour les deux phénomènes, les points représentent des cas constatés.

Leur déclenchement se produit au passage des ondes sismiques, par les sollicitations verticales et horizontales (accélérations) qu'elles produisent et qui réactivent des glissements anciens ou en créent de nouveaux. Mais aussi, comme pour les glissements de terrain ordinaires, le facteur climatique joue un rôle. En saison sèche ou en raison d'un déficit pluviométrique de la période précédant le séisme, leur occurrence sera minimisée.

1. Ils peuvent alors, selon leur taille, déclencher des tsunamis (cf. § 4.2-4).

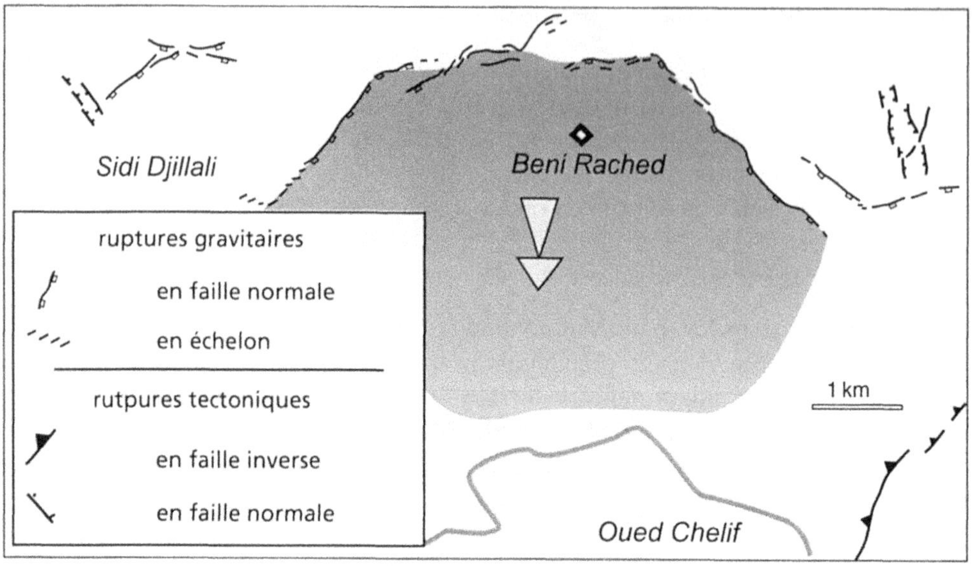

Figure 4.18 Glissement de Beni Rached (séisme d'El Asnam, 1980).

(Dessin modifié, d'après Philip et Meghraoui, 1983 modifié avec la permission de l'American Geophysical Union.)

En 1980, le séisme d'El Asnam de magnitude Ms 7.2 a frappé une région dont la lithologie dominante (marnes du Messinien) est très favorable aux glissements. Celui de Beni Rached (*figure 4.18* et photo 4.8 ; localisation sur la *figure 1,* fiche 1), le plus grand d'entre eux d'une surface d'environ 18 km^2 se présentait avec une disposition typique en arc de cercle de la niche d'arrachement, lieu d'effondrement de sa partie supérieure, alors que sa base montrait des évidences de compression. Il s'agissait de la réactivation d'un glissement déjà mentionné en 1954, lors du séisme d'Orléansville (ancien nom d'El Asnam).

Des glissements de forte taille à proximité de failles actives ont été signalés et rapportés à de paléoséismes, comme en Mongolie (Philip et Ritz, 1999), un glissement de 50 km^2, situé en contrebas d'un massif montagneux, limité par une faille qui provoqua en 1957 un séisme de magnitude 8.3.

De même, la topographie précise des fonds sous-marins des marges des zones hautement sismiques (Japon, Amérique du Sud, Nouvelle-Zélande) a révélé l'existence de très grands glissements sous-marins.

b) Éboulements et écroulements rocheux

Après un séisme, les corniches des régions montagneuses portent de nombreuses « cicatrices » qui montrent qu'elles ont été purgées des blocs qui s'y trouvaient en équilibre précaire (photo 4.10). Délimitées par une fracturation préalable, les roches cohérentes et de certaines formations superficielles (éboulis anciens cimentés) ont chuté (*rock fall*) donnant naissance à des éboulements ou écroulements rocheux.

4.8

4.10

4.11

4.9

Photos 4.8, 4.9, 4.10 et 4.11.

4.8 : Niche d'arrachement du glissement de Beni Rached (voir *figure 4.18*) ; **4.9** : Détail d'un glissement lors du séisme de Racha Dzava. (M 7.1, Géorgie, 1991) ; **4.10** : Éboulements lors du séisme de Racha Dzava (M 7.1, Géorgie, 1991) ; **4.11** : « Volcans de sable » (craterlets) dus à la liquéfaction dans les alluvions de l'oued Cheliff (séisme d'El Asnam, 1980).

Comme les glissements de terrain, les volumes mis en jeu sont variables, mais leur rapidité de déplacement les rend beaucoup plus dangereux. Les blocs isolés de forte taille (plusieurs m^3 ou dizaines de m^3) dévalent les pentes et sur leur passage détruisent végétation ou habitations. Des pans entiers de parois rocheuses se détachent et les écroulements rocheux atteignent alors des volumes qui peuvent être considérables : ainsi en 1946, près de Sierre en Suisse, un séisme de magnitude 6 a été accompagné d'un éboulement de cinq millions de m^3.

Dans le domaine méditerranéen, l'importance de ces mouvements de terrain a été constatée lors de séismes récents dans des régions montagneuses où calcaires et dolomies de l'ère secondaire forment de grandes corniches. Après les séismes du Frioul (mai et septembre 1976, magnitudes 6.1 et 6.4), plus de mille éboulements et écroulements rocheux furent dénombrés, dont l'un provoqua de gros dégâts dans le village de Braulins, aux maisons dévastées par des blocs de plusieurs mètres cubes. En 1970, au Pérou, un séisme de forte magnitude (Mw 7.9 ; 66 000 victimes) déclencha le départ d'une avalanche de roches et de glace sur le flanc du Nevado Huascaran qui, après avoir dévalé onze kilomètres, détruisit la ville de Yungay.

4.2.2 Liquéfaction

Ce phénomène accompagne très fréquemment les séismes et peut avoir de lourdes conséquences dans les destructions du bâti. Sous l'effet des secousses sismiques, certaines formations géologiques superficielles[1] (en général terrasses alluviales et remblaiements récents de plaines alluviales ou/et maritimes, contenant une nappe phréatique), perdent leur cohésion et se « liquéfient ». Les observations et les tests de laboratoire indiquent qu'il s'agit de sables, grossiers à fins, saturés en eau. Sur le terrain, après un séisme, des craterlets ou « volcans » de sable (photo 4.11) sont les manifestations visibles les plus nettes de ce phénomène : de l'eau et du sable de la couche liquéfiée sont éjectés à la surface, à cause du poids des niveaux sus-jacents qu'ils traversent par des fentes et fissures. Les alignements de ces « volcans » de sable n'ont en général aucune signification tectonique, à la différence des ruptures de surface. Les perturbations induites au sein même des formations superficielles constituent par contre des figures sédimentaires particulières (sismites), recherchées comme indices de paléosismicité (cf. § 6.3).

L'étendue de la zone de liquéfaction peut être très importante. Elle dépend de la magnitude du séisme (*figure 4.17B*). Ainsi, les phénomènes de liquéfaction ont été observés jusqu'à plus de 250 kilomètres de l'épicentre, lors des séismes de New Madrid aux États-Unis en 1811-1812 (magnitude estimée à 8 ; cf. *figure 2.24*), et à plus de 400 kilomètres, pour le séisme de 1960 du Chili (Mw 9.5).

La liquéfaction retient aussi tout particulièrement l'attention lors des études de microzonage (cf. § 12.4), ce phénomène entraînant l'instabilité du « sol » et, de ce fait, des constructions.

1. Elles sont appelées sols par les géotechniciens, alors que seule leur partie supérieure modifiée par la pédogenèse mérite cette appellation.

4.2.3 Tsunamis et seiches

Les tsunamis sont des mouvements oscillatoires de l'eau qui se déplacent à la surface des mers et des océans jusqu'à plusieurs milliers de kilomètres de leur source. À la place de ce terme japonais qui signifie « vague dans le port », on utilise souvent improprement « raz-de-marée », qui désigne plus précisément des ondes liées aux marées. On réserve le terme de « seiche » aux mouvements oscillatoires dus au passage des ondes sismiques, quand ils affectent des étendues d'eau douce (lacs, étangs, rivières, lacs de barrage). Dès le séisme de Lisbonne, en 1755, on remarqua des mouvements de l'eau des lochs d'Écosse, et dans les pièces d'eau et les ports d'Angleterre. Mais le terme de seiche fut créé, après des observations similaires, lors du séisme d'Assam de 1950.

Déclenchement des tsunamis

Ils sont provoqués par des modifications de la topographie sous-marine, qui peuvent avoir différentes origines. Le plus fréquemment, elles sont tectoniques, mais des glissements de terrain sous-marins ou côtiers, en liaison ou non avec un séisme, peuvent aussi donner lieu à des tsunamis. Il en est de même pour de très fortes explosions volcaniques, comme ce fut le cas en 1883 lors de celle du Krakatau, volcan situé dans le détroit de la Sonde entre Java et Sumatra. Dans le même secteur, lors d'un séisme de magnitude Mw de 9.1, un tsunami récent (26 décembre 2004) a été déclenché par la subduction sous les Îles Andaman et Sumatra d'une partie du plancher océanique de l'océan Indien (voir fiche 4, page 300). Ce tsunami fit de très nombreuses victimes en Indonésie, en Thaïlande, en Inde, au Sri Lanka et toucha également les côtes africaines (*figure 4.19 A*). Tout autour de l'océan Pacifique, c'est également le fonctionnement des zones de subduction qui est à l'origine des tsunamis (*figure 4.19 B*).

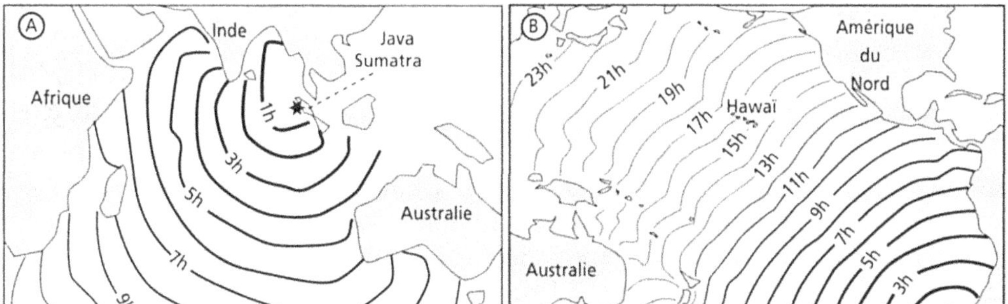

Figure 4.19 Propagations de tsunamis liés à des séismes de subduction.
A : Séisme de Sumatra-Andaman de 2004, Mw 9.1.
B : Séisme du Chili de 1960, Mw 9.5.

Une modification de la topographie sous-marine a également lieu lorsqu'une faille est active en mer, avec un jeu vertical elle peut avoir les mêmes conséquences. Ainsi la ville de Lisbonne a été en partie détruite en 1755 par un tsunami de vingt à trente mètres de haut, lors d'un séisme de très forte magnitude (de l'ordre de 9), sans doute placé à cent kilomètres au sud-ouest de cette ville.

Quelle qu'en soit la cause, les mouvements brusques et importants des fonds marins, vers le haut ou vers le bas, entraînent des déplacements de la colonne d'eau qui les surmontent et de sa surface. Sur place, il y a retour rapide à l'équilibre, mais des ondes vont rayonner à partir de ce secteur. Leur mouvement oscillant affectant toute la colonne d'eau, leur vitesse de propagation va dépendre de la hauteur H de celle-ci : elle est de 200 mètres/seconde (soit 720 km/h) pour H = 4 kilomètres et passe à 45 mètres/seconde (162 km/h) pour H = 200 mètres. Au large leur amplitude est très faible (0,1 à 1 mètre), alors qu'elle va augmenter sur le plateau continental et en abordant les littoraux. Lors des tsunamis, les vagues atteignent des hauteurs importantes à proximité des côtes, parfois de plusieurs dizaines de mètres. Outre les paramètres propres au tsunami, de nombreux facteurs interviennent alors, comme la géométrie de la côte et la nature et la pente du littoral, qui influent sur la largeur de la zone inondée. En déferlant sur les rivages habités, les vagues font alors de nombreuses victimes et des dégâts considérables.

Comme pour les séismes, on peut se référer à une intensité basée sur les observations des témoins du tsunami et de ces effets ou à une magnitude pour caractériser l'importance d'un tsunami. Dans les deux cas, plusieurs échelles ont été proposées. Des formules mettent en relation la magnitude (Mw) de séismes de subduction et celle du tsunami (Mt) envisageable (Chili, 1960 : Mw = 9.5, Mt = 9.4 ; Alaska, 1964 : Mw = 9.2 et Mt = 9.1. Aussi, à l'inverse, les informations sur un tsunami (enregistrements ou mêmes documents historiques) permettent de remonter aux caractéristiques à la source d'un séisme. C'est ainsi que l'on a cherché à situer le séisme de Lisbonne de 1755.

4.2.4 Combinaisons d'effets induits et conséquences

Comme cela vient d'être illustré pour les tsunamis (cas des glissements sous-marins), un effet indirect d'un séisme peut à son tour devenir cause et provoquer un autre effet.

Lors du séisme de Messine en 1908 (*figure 4.20*), les rivages du détroit se sont effondrés et ont disparu en mer, sur plusieurs kilomètres de longueur et jusqu'à 100 mètres de largeur. La liquéfaction et l'impact du tsunami sur la bande côtière basse peuvent avoir eu là des effets conjugués. Il a sans doute été de même pour le séisme de Sumatra-Andaman de 2004, où, malgré le soulèvement cosismique responsable de quelques modifications positives du littoral, on a pu constater de forts reculs du trait de côte : à la liquéfaction, s'est ajouté l'impact des vagues du tsunami et leur pouvoir érosif, augmenté près de l'épicentre du séisme par tous les matériaux mis à Terre par les secousses. La liquéfaction peut donc souvent être tenue pour responsable du déclenchement de glissements. La perte de cohésion

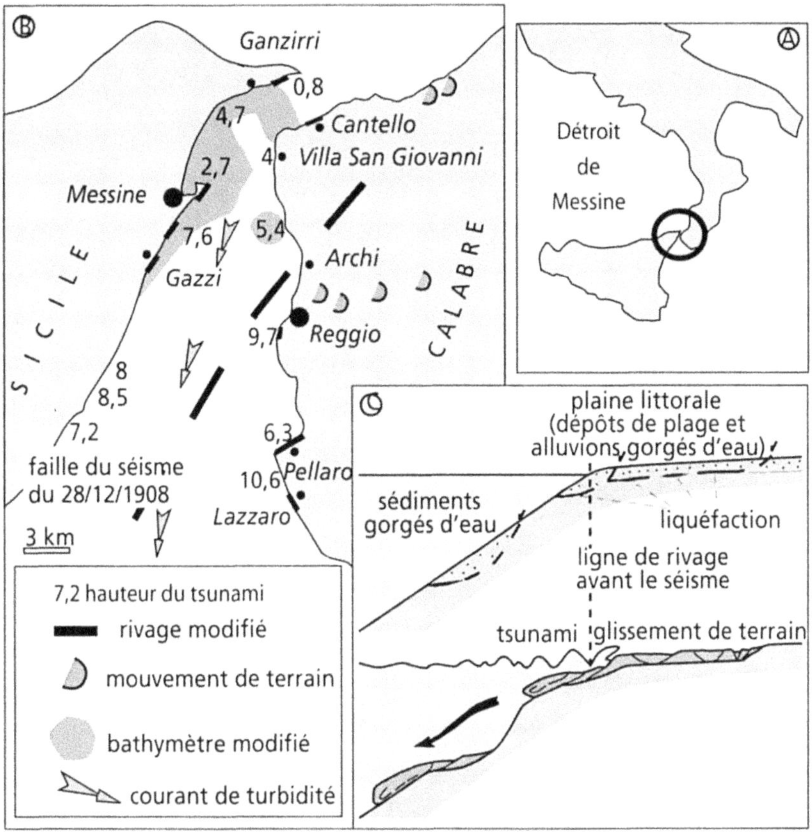

Figure 4.20 Tsunami, liquéfaction et glissement associés, lors du séisme de Messine de 1908.

(Dessins modifiés, d'après Sauret et Bousquet, 1985.)

permet ceux-ci même sur des pentes inférieures à 1/100, comme ce fut le cas du glissement avec *lateral spread* du séisme majeur d'Alaska de 1964.

Accompagnés ou non par la liquéfaction, des glissements terrestres peuvent barrer des vallées et provoquer de larges inondations et l'apparition de lacs. Ainsi, lors du « tremblement de terre des Calabres » de 1784, plus de deux cents lacs de barrage prirent naissance, qu'on s'efforça de vidanger, à cause de la multiplication des moustiques vecteurs de la malaria.

Des écroulements rocheux peuvent avoir les mêmes conséquences. Après un séisme de magnitude 7.4 en 1911, la vallée du Murghrab, au Tadjikistan, a été obstruée par un barrage de 650 mètres de haut. Il a donné naissance à un lac qui s'étend sur soixante kilomètres et qui a submergé un village. Lorsque ces lacs sont situés dans des vallées en amont de zones habitées, comme c'est le cas dans cet exemple, ils peuvent les menacer en se vidant brusquement. Une surveillance et des interventions sont alors nécessaires.

PARTIE 2

LES MÉTHODES D'ÉTUDE DES SÉISMES

Depuis les débuts de l'étude scientifique des séismes, les sciences de la Terre ont connu un développement considérable. Aussi bien en géologie qu'en géophysique et en géochimie, des méthodes d'étude nouvelles ont été mises au point et, à l'heure actuelle, pratiquement toutes participent directement ou indirectement à mieux connaître la sismicité et ses conséquences. Par exemple en sismologie, directement, quand cette science se focalise sur la sismicité, mais aussi indirectement quand des profils sismiques sont nécessaires pour localiser une faille active ou en préciser les caractéristiques géométriques. De même en géologie, les « néotectoniciens » ont besoin, pour étudier et dater les déformations des terrains pléistocènes, du concours de bien d'autres spécialistes des sciences de la Terre. Souvent même, il convient de dépasser ce domaine de recherche comme en sismicité historique, où historiens et archéologues apportent leurs contributions à la connaissance des séismes du passé.

Dans cette deuxième partie de l'ouvrage, on présente les disciplines qui sont mises en œuvre au plus près de l'étude des séismes, en fonction des apports que chacune d'elle va fournir. Elles sont donc abordées de façon très générale ; la plupart d'entre elles étant l'objet de traités et d'ouvrages particuliers. On commence par celles qui y participent avec le plus de recul dans le temps. Grâce à la *néotectonique* (chapitre 5), on repère les structures tectoniques (failles, plis) qui provoquent les déformations de terrains pléistocènes. Nécessaire pour mieux comprendre la géodynamique actuelle, cette branche de la tectonique participe de ce fait grandement au repérage des failles qui peuvent se révéler sismiques, et de façon importante aux synthèses sismotectoniques.

Ensuite, plusieurs disciplines ont été groupées dans le chapitre 6 car, parfois, elles se complètent et se recoupent en travaillant sur des temps plus proches que ceux de la néotectonique pour y retrouver les effets directs ou indirects de séismes anciens. Il s'agit tout d'abord des études de *paléosismologie* (§ 6.1) qui ont pris depuis quelques décennies un grand essor, car elles permettent de caractériser chronologiquement et quantitativement l'activité des failles. La *sismologie historique* (§ 6.2) renseigne sur la sismicité d'un passé plus ou moins long selon les pays. À ces investigations basées sur l'étude historique de documents divers, s'ajoutent désormais celles de l'*archéosismologie* (§ 6.3), qui examinent les effets des séismes anciens sur le bâti.

Quant à l'étude des séismes actuels, elle est maintenant menée conjointement par la *sismologie instrumentale* (§ 7) et certaines méthodes de *géodésie* (§ 7.2). La sismologie instrumentale, discipline centrale et longtemps prépondérante dans l'étude des tremblements de terre, est ici examinée surtout pour les moyens (appareils, réseaux) qu'elle utilise pour localiser et caractériser l'activité sismique. Quant à la géodésie, qui a pris un grand essor avec ses développements récents grâce aux satellites, elle permet de localiser et de quantifier des modifications topographiques pré et post-sismiques, et contribue ainsi à modéliser les déformations engendrées.

D'*autres méthodes géophysiques* apportent leur contribution (§ 8.1), ainsi que certaines *méthodes géochimiques* (§ 8.2), qui permettent de suivre, le long des failles, les variations d'émission de gaz, comme le radon.

La pluridisciplinarité est donc de mise et elle est particulièrement active lors des études réalisées à la suite d'un séisme majeur. Ces *interventions post-séismes* (annexe 1) sont menées par des sismologues, mais aussi par des géologues, des géophysiciens (géodésie) ; leur collaboration permettant de bien comprendre les aspects sismotectoniques de l'événement (localisation et fonctionnement de la faille active, effets directs et indirects provoqués, etc.). Des géotechniciens examinent le comportement des sols, face aux secousses sismiques, et d'autres spécialistes (architectes, ingénieurs en bâti parasismique), celui des constructions.

Les résultats de toutes ces méthodes peuvent être enfin confrontés au sein de *synthèses sismotectoniques* (chapitre 9). Elles participeront à mieux définir la prévision et la prévision du risque sismique (partie 3 de cet ouvrage).

Chapitre 5

Néotectonique

5.1 DÉFINITION – OBJETS D'ÉTUDE ET OBJECTIFS

En Europe, le terme de néotectonique a été employé pour caractériser les déformations ainsi que des mouvements de grande ampleur que géologues et géomorphologues observent grâce aux terrains pléistocènes. À présent, par suite du recours aux observations géologiques et géomorphologiques en sismotectonique, d'autres termes comme « tectonique récente » et « tectonique active » couvrent en partie le même champ d'observations. « Tectonique récente » est utilisée, soit pour parler des derniers 10 000 ans, soit dans un sens plus large et peut alors dépasser le cadre du Pléistocène. Quant à « tectonique active », selon Keller et Pinter (2002, p. 2), elle correspond « *aux processus tectoniques qui déforment la croûte terrestre à une échelle de temps significative pour la société humaine* », suivant en cela la définition exprimée dans un ouvrage plus ancien (Wallace edit., 1986). Mais, bien que fortement orienté sur les relations avec les séismes, ces deux ouvrages traitent aussi de phénomènes tectoniques pléistocènes. Aussi, il paraît préférable de continuer à employer le terme de néotectonique ; la nécessité de singulariser cette partie de la tectonique tenant aussi bien à ses applications qu'à ses méthodes, avec un rôle important de la géomorphologie.

Depuis l'avènement de la tectonique des plaques, des géologues recueillent des données pour comprendre, avec un recul nécessaire, la géodynamique actuelle. Ils les utilisent aussi lors de synthèses sismotectoniques générales et régionales. À cette dernière échelle, la néotectonique, avec la paléosismologie, sert à repérer les failles actives et les failles capables (cf. § 12.3.1). Pour atteindre ces objectifs, on fait appel à plusieurs disciplines des sciences de la Terre, le plus souvent dans le cadre de temps géologiques assez courts. Pour établir les quantifications nécessaires en sismotectonique, on doit s'appuyer sur des datations fiables et connaître les limites et les modes de mise en œuvre des méthodes utilisées. On évoque rapidement celles qui sont les plus communément employées en néotectonique et en paléosismologie (§ 5.2). Les observations directes des géologues (§ 5.3) sur les structures (failles et plis) sont complétées, quand cela est possible, avec des mesures microtectoniques. Elles caractérisent les mouvements sur les failles et les champs de contraintes qui les ont fait fonctionner. Des observations indirectes (§ 5.4) relèvent en premier lieu de la géomorphologie avec surtout l'examen des formes de relief associées aux failles. L'examen des réseaux hydrographiques et leur développement par rapport aux structures permettent aussi de détecter des déformations néotectoniques. Une autre approche indirecte est fournie par l'étude des littoraux. À ces observations mises en œuvre sur le terrain, s'ajoutent des méthodes de traitement des documents satellitaires et des données topographiques avec les modèles numériques de terrain ou MNT (§ 5.5).

5.2 MÉTHODES DE DATATION DU PLÉISTOCÈNE ET DE L'HOLOCÈNE

La chronologie des terrains de cette période pose des problèmes particuliers car ils se présentent souvent de façon discontinue ou bien en successions partielles. Seuls les forages en mer et dans le remplissage de lacs et de fossés d'effondrement permettent l'accès à des séquences continues. Avant le recours à des méthodes de datation géochimiques ou géophysiques, du fait des variations climatiques qui caractérisent le Pléistocène, on s'est appuyé surtout sur les changements faunistiques et floristiques, provoqués par l'alternance de périodes froides (ou « glaciaires ») et de périodes au climat plus tempéré (ou « interglaciaires »). Mais les méthodes de la géochimie isotopique ont révélé, à partir de carottes de sédiments marins, la complexité bien plus grande des variations climatiques (voir § 5.4).

Il faut noter que Quaternaire et Pléistocène ne sont plus synonymes, d'après la dernière charte stratigraphique internationale. Si l'on suit cette dernière, le Quaternaire commence à près de 2,6 millions d'années et correspond au Pliocène supérieur (ou Gelasien), au Pléistocène (1,8 million d'années à 11 500 ans) et à l'Holocène. Dans ce traité, il est tenu compte de ce changement, en particulier pour le recours aux travaux de néotectonique antérieurs.

En plus de méthodes traditionnelles (paléontologie, paléobotanique et palynologie, paléomagnétisme, recours aux objets et vestiges archéologiques), on élabore le plus souvent des méthodes qui permettent d'obtenir directement des âges absolus, nécessaires en néotectonique et en paléosismologie. Elles sont abordées en détail dans le traité *Géologie de la préhistoire* (cinquième partie : Méthodes de datation ; 2002), ainsi que dans l'ouvrage *La datation en laboratoire*, 1998. Il ne sera mentionné ici que certaines d'entre elles, les plus employées ou les plus récentes (tableau 5.1).

5.2.1 Les méthodes potassium-argon et argon-argon

La désintégration des radionucléides fournit des chronomètres permettant de dater les minéraux des roches, certains fossiles et parfois même des événements géologiques, comme le jeu d'une faille (voir § « Datation des calcites sur les miroirs de faille »). L'isotope du potassium ^{40}K se désintègre en donnant l'isotope de l'argon ^{40}Ar. Pour les périodes Pliocène et Pléistocène, les limites de la méthode tiennent aux faibles quantités d'argon radiogénique qu'il faut doser. Elle se pratique sur des minéraux de roches volcaniques. Dans la méthode argon-argon, on transforme une partie du potassium en argon ^{39}Ar, isotope artificiel.

TABLEAU 5.1 MÉTHODES GÉOCHRONOLOGIQUES EN NÉOTECTONIQUE.

matériaux / techniques	roches volcaniques	dunes	loess	sédiments continentaux et marins	calcite	coquilles	tourbes	bois	poteries, foyers, fours
dendro-chronologie								*	
radio carbone					*	*	*	*	*
thermo-luminescence	*	*	*	*	*	*			*
cosmonucléides				*	*				
luminescence optiquement simulée (OSL)		*	*	*					
résonance électronique de Spin(ESR)	*	*				*			
déséquilibres radioactifs	*			*	*	*			
K-Ar et Ar-Ar	*								

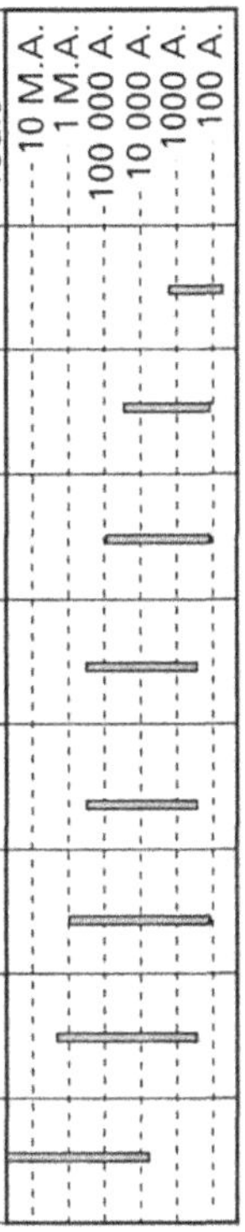

5.2.2 Les méthodes des déséquilibres radioactifs

Par désintégration, l'uranium 235 et 238 et le thorium 232 donnent naissance à des familles d'éléments qui ne possèdent pas les mêmes propriétés : ils sont solubles ou non, ou bien gazeux et, suivant les milieux, ils n'auront pas les mêmes comportements. De ce fait, il ne suffira pas ici de doser les proportions « d'éléments - père » et « d'éléments -fils », puisque certains disparaissent, alors que d'autres se retrouvent en « excès ». Suivant les processus de sédimentation, d'érosion et ceux d'origine biologique, il y aura donc soit des déséquilibres radioactifs, soit des retours à l'équilibre. Il est donc nécessaire de bien connaître le comportement des éléments dans les domaines marins et continentaux. Ces méthodes assez délicates permettent actuellement de couvrir les 500 000 dernières années. Elles apportent des précisions sur les variations climatiques du Pléistocène, mais elles sont précieuses aussi en paléosismologie (§ 6.4) et pour la datation des jeux de faille (§ suivant).

5.2.3 Datations des calcites sur les miroirs de faille

Les calcites sont datées par la méthode du déséquilibre $^{230}Th/^{234}U/^{238}U$. Le thorium n'étant pas soluble, seuls des isotopes de l'uranium (^{238} U et ^{234} U) sont transportés et précipitent avec le carbonate de calcium. Ils se désintègrent, le premier en ^{234}U, et le second en ^{230}Th. Les échantillons de calcite sont pris sur les ciments des miroirs et brèches de faille, ainsi que sur le remplissage des fractures (fentes) qui leur sont associées. On obtient par cette méthode des renseignements sur l'activité des failles jusqu'à 600 000 ans. Au sein d'une région, elle permet ainsi de voir si celle-ci est synchrone ou diachrone et d'en tirer des renseignements sur leur cinématique. Lors de l'échantillonnage, il faut bien situer les prélèvements par rapport au fonctionnement des failles.

5.2.4 La datation par résonance paramagnétique électronique (RPE) ou résonance de spin électronique (ESR)

En dehors des substances paramagnétiques, les atomes, les ions ou les molécules ont des électrons de spin opposé qui sont associés par paire et possèdent de ce fait une neutralité magnétique. Sous l'effet de la radioactivité naturelle, des électrons non appariés peuvent s'accumuler dans les défauts des minéraux. La méthode consiste à mesurer la dose de radiation totale absorbée par un échantillon. On obtient son âge, si l'on connaît la dose naturelle qu'il absorbe par an, considérée comme constante. Mesurée par spectrométrie gamma, elle dépend du rayonnement cosmique et des éléments radioactifs compris dans l'échantillon. Son champ d'application va de plusieurs millions d'années (émail dentaire et quartz) à quelques centaines de milliers d'années (carbonates marins). Elle a été mise en œuvre sur des carbonates en milieu karstique (spéléothèmes et planchers stalagmitiques) et sur des travertins. En milieu marin, les datations se font sur les coraux, car les coquilles incorporent fréquemment de l'uranium. Pour le quartz, certains événements peuvent le débarrasser de ses électrons piégés : au cours du transport sédimentaire, les pièges des grains de quartz se vident partiellement sous l'effet de la lumière solaire. À cette intensité magnétique résiduelle, s'ajoutent les électrons qui résultent de la radioactivité naturelle du site de dépôt. On a eu recours à cette méthode pour dater des systèmes de terrasses alluviales. Enfin, la méthode de résonance paramagnétique électronique a été appliquée aux quartz des zones de broyage des failles (gouge), pour dater les jeux de ces dernières.

5.2.5 La thermoluminescence (TL) et la luminescence stimulée optiquement (OSL)

La luminescence correspond à un stockage d'énergie sous forme d'électrons piégés dans les défauts des réseaux cristallins d'un minéral. Cette énergie est restituée sous forme de photons (TL) lorsque le minéral est chauffé en laboratoire ou dans la nature, par une coulée volcanique. Il en est de même lorsque le minéral est soumis à une impulsion lumineuse brève et puissante dans le visible ou l'infrarouge (OSL). Utilisée en archéologie, la TL a été étendue à la datation de coulées de laves, de carbonates et de sédiments éoliens. À partir de 1980, l'OSL a été appliqué aux dépôts sédimentaires dont les minéraux (quartz et feldspaths) ont été exposés au rayonnement solaire au cours de leur transport aérien ou aquatique. Ils perdent alors une partie ou la totalité de l'énergie accumulée. Lorsque les minéraux se déposent et sont enfouis dans les sédiments, ils recommencent à accumuler de l'énergie sous l'effet de la radioactivité naturelle et du rayonnement cosmique. La mesure de la quantité d'énergie emmagasinée fournie une estimation du temps écoulé depuis l'enfouissement, si la radioactivité est restée constante. La méthode de l'OSL permet de dater des sédiments depuis quelques centaines d'années jusqu'à 200 000 à 400 000 ans.

5.2.6 Les cosmonucléides (hors ^{14}C) : ^{10}Be, ^{36}Cl, ^{26}Al, ^{3}He

Les méthodes de datation par les isotopes radiogéniques permettent de mesurer le temps d'exposition d'une roche (d'un minéral) aux rayonnements cosmiques (particules alpha et protons). Ces méthodes s'appliquent notamment pour dater les surfaces topographiques de formations superficielles (moraines, cônes alluviaux, terrasses,...) et les escarpements de failles actives du fait de la pénétration superficielle du rayonnement cosmique (2 m environ). Le cosmonucléide le plus utilisé en paléosismologie est de loin le Be^{10}. Les atomes de silicium et d'oxygène pour cette dernière méthode constituent les cibles du rayonnement. La méthode demande de nombreuses corrections qui doivent tenir compte notamment des variations de l'intensité du rayonnement cosmique (latitude, altitude) et du taux d'érosion. La période de temps explorée se situe pour le ^{10}Be entre10^4 et 10^6 années et s'applique surtout en tectonique active pour des calculs de vitesse de déplacement long terme de failles.

5.2.7 La méthode de datation par le ^{14}C

Depuis sa mise au point à partir de 1950, cette méthode est utilisée en archéologie comme en géologie. En paléosismologie, c'est en fonction de ses premières limitations chronologiques (– 35 000 ans) que l'on a fixé une des conditions de la définition des failles actives (§ 11.3.1.*a)*). Dans les formations étudiées, elle nécessite la présence de matière organique ou de carbonates (bois, pollen, charbon, os, graines, paléosol, coquilles). La méthode est basée sur la désintégration du ^{14}C (demi-vie de 5 730 ans), isotope qui est produit dans la haute atmosphère par interaction des rayons cosmiques et de l'oxygène. Cette méthode permet maintenant de déterminer des âges en remontant jusqu'à 50 000 ans et exceptionnellement jusqu'à 75 000 ans.

La précision de ses datations a été mise en question : on a constaté par rapport à d'autres méthodes de datation une dérive des âges ^{14}C. Le problème tient au fait que la production de ^{14}C n'est pas constante et varie en fonction de l'intensité du rayonnement cosmique et de l'intensité du champ magnétique terrestre. Il faut faire appel à une autre technique de datation, pour calibrer la méthode du ^{14}C et calculer alors un âge en calendrier solaire (« avant ou après J.-C. »). Cela a été réalisé avec la dendrochronologie jusqu'à – 11 400 ans, puis avec le recours à des sédiments varvés jusqu'à – 45 000 ans.

5.2.8 La dendrochronologie et la lichenométrie

La dendrochronologie s'appuie sur l'observation des cernes de croissance annuelle des arbres, dont la largeur est fonction des variations climatiques. Les mesures se font sur des arbres actuels, mais aussi sur des arbres morts (bois d'œuvre ou arbres « fossiles »). On multiplie les mesures pour une région et un type d'arbre afin de construire des séquences dendrochronologiques. Relativement précise, cette méthode se limite à une période de quelques siècles à quelques milliers d'années. On y fait parfois recours en paléosismicité : dans les régions boisées, les modifications topographiques induites par les ruptures sismiques peuvent avoir des conséquences sur la végétation : un séisme peut provoquer le basculement du tronc des arbres et parfois leur cassure. Après le séisme, la repousse des arbres reprendra la verticale. On date également des arbres morts quand les racines des arbres sont coupées par une rupture de surface ou quand un séisme entraîne une invasion d'eau douce (lac de barrage) ou marine (tsunami ou affaissement du littoral) entraînant leur mort, puis leur enfouissement sous des dépôts ultérieurs. Quant aux lichens, qui se développent sous des climats tempérés ou froids et sur certains substrats, on examine leur développement sur des roches cohérentes pour évaluer depuis combien de temps ces roches sont à l'air libre (galets de terrasses alluviales par exemple). Si elles appartiennent à des escarpements consécutifs à un séisme, on peut dater ce dernier.

5.3 OBSERVATIONS GÉOLOGIQUES : MÉTHODOLOGIE ET EXEMPLES

Les observations s'effectuent en premier lieu dans tous les types de dépôts aussi bien marins que continentaux, ce qui nécessite quelques connaissances dans le domaine de la géologie du Pléistocène. Il convient de connaître les processus de sédimentation de ces terrains. En effet, certains dépôts présentent une pente originelle due à leurs conditions de mise en place. Un pendage de 25 à 30 degrés est normal dans un éboulis de pente alors qu'il indique une forte déformation des dépôts d'un glacis d'accumulation, d'un cône de déjection ou d'une terrasse fluviale, inclinés normalement de quelques degrés. De même dans les formations marines, des pentes originelles existent, parfois importantes comme celles des « foreset » des dispositifs deltaïques. Les pendages à contre-pente de la direction d'alimentation des dépôts fournissent aussi la preuve de basculements, flexures ou plissements (*figure 5.1*).

Les dépôts pléistocènes ne sont pas toujours des formations superficielles de faible épaisseur. Ainsi, les dépôts marins du Pléistocène ancien de l'avant-fosse de l'Apennin peuvent atteindre 1 500 mètres d'épaisseur. Avec des terrains bien datés d'épaisseur connue, on peut déterminer un taux de subsidence. Dans certains cas, comme celui d'un fossé tectonique, cette évaluation donne une indication sur le taux d'activité d'une faille.

Lorsque la région étudiée comporte des terrains du Néogène, on y complète les observations avec deux objectifs. Le premier est de pouvoir étendre le champ d'investigation. Des failles ou des plis affectant des terrains pliocènes (voir par exemple le pli d'El Asnam ; *figure 9.8*) seront très souvent des déformations pléistocènes.

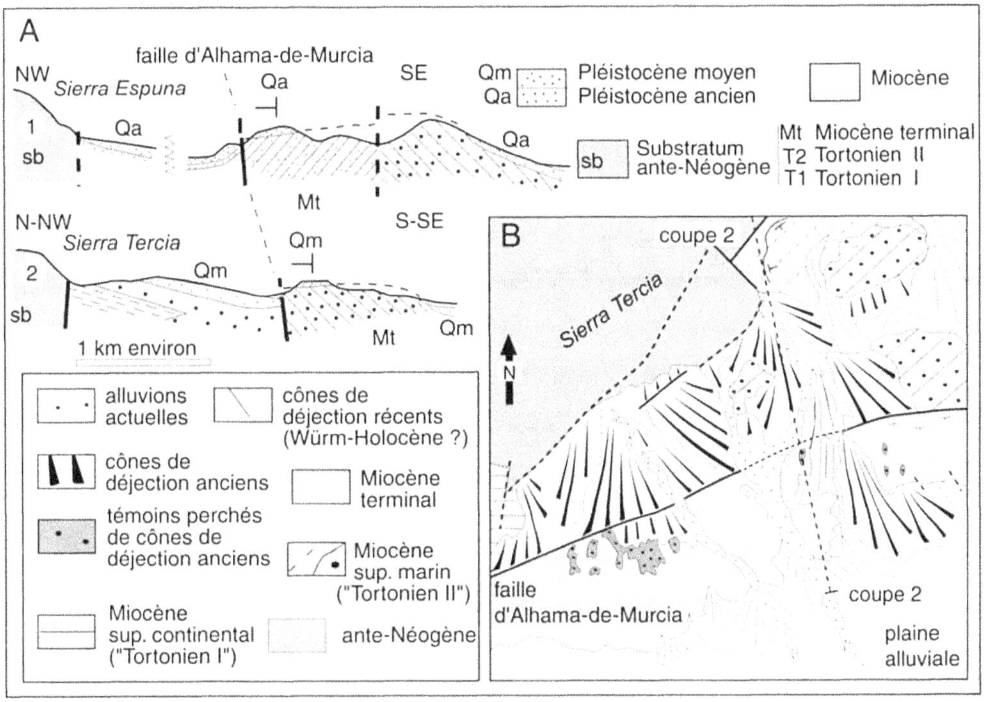

Figure 5.1 Déformations en compression de terrains pléistocènes au voisinage de la faille d'Alhama-de-Murcia (décrochement senestre-inverse, localisation sur figure 5.3).

Dans le compartiment soulevé, des témoins de ces dépôts de cônes de déjection présentent des pendages à contre-pente de la provenance de leur alimentation à partir des Sierras Tercia (coupe 1) et Espuna (coupe 2).

(Observations de J.-C. Bousquet et C. Montenat.)

Plus délicate sera l'utilisation des terrains miocènes, leur tectonique étant aussi bien fini-miocène ou pliocène que pléistocène. Le néotectonicien devra rechercher des discordances significatives et s'appuyer sur une bonne connaissance des événements tectoniques récents antérieurs. Celle-ci lui permettra en second lieu de situer les épisodes néotectoniques par rapport aux épisodes plus anciens. Parfois, ils se produisent en continuité avec ces derniers ou en diffèrent. On constate alors souvent des inversions tectoniques, comme dans le cas d'El Asnam, où une faille normale limitant un bassin néogène fonctionne ensuite au Pléistocène en faille inverse. Suivant les régions et les contextes géodynamiques, on devra donc sortir du cadre de cette période.

5.3.1 Observations tectoniques

À toutes les échelles, les déformations les plus fréquentes rencontrées en néotectonique relèvent de la tectonique cassante. Cela comporte bien évidemment, dans tous les contextes structuraux (chaînes récentes et anciennes, bassins sédimentaires, avant-pays, etc.), tous les types de failles : faille normale (*figure 5.2* et photos 5.1 et 5.2), faille inverse (*figure 5.3* et photo 5.4) et décrochement (*figures 5.1* et 5.6 ; photo 5.5).

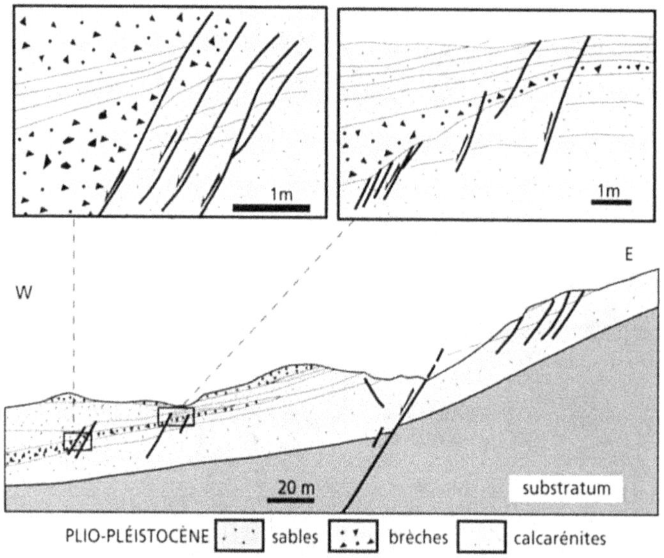

Figure 5.2 Failles normales au sein des formations plio-pléistocènes de la rive calabraise du détroit de Messine (Italie).

À proximité d'une grande faille, la disposition de petites failles et des discordances internes indiquent une tectonique synsédimentaire.

(D'après Chabellard, 1984.)

Flexures et plis sont également visibles, certaines fois de taille kilométrique, comme ceux de Californie (*figure 5.15*) et aussi du Maghreb et du Levant espagnol (*figure 5.3*). Ces dernières structures sont associées très souvent à des failles inverses, comme à El Asnam (*figure 10.8*). Certaines d'entre elles n'atteignent pas la surface et la présence de ces « failles aveugles » (*blind thrust*) est décelée que par des forages (*figure 8.1*) ou des profils géophysiques ou bien lors de séismes (*figure 4.14*). Des plis accompagnent aussi les décrochements, comme en Californie et dans le Levant espagnol (*figures 5.3* et *5.4*).

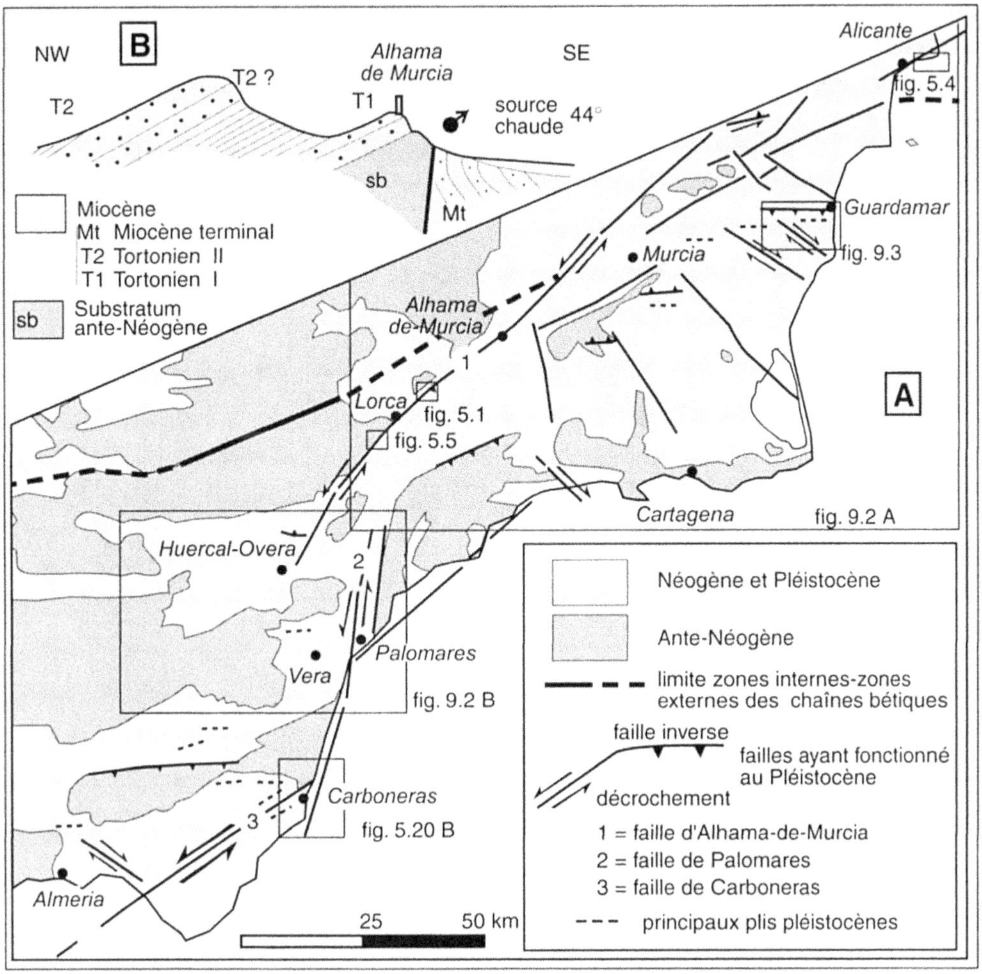

Figure 5.3 Néotectonique du Levant espagnol.

A : Carte des grandes failles et des plis majeurs.

B : Coupe de la faille d'Alhama-de-Murcia, à la cité éponyme. (D'après Bousquet, 1979.)

On se reportera aux traités de tectonique et de géologie structurale pour tous les développements sur les caractéristiques géométriques de ces différents types de structures tectoniques (voir en particulier *Tectonique* de Mercier et Vergely, collection Géosciences, Dunod 1992).

En néotectonique, les déformations observées ont été générées en surface ou à très faible profondeur. Celles d'une certaine importance se développent en modifiant la topographie. Elles sont souvent accompagnées de dépôts syntectoniques qui en permettent le suivi chronologique, les reliefs créés étant attaqués par l'érosion. Les discordances internes attestent de la simultanéité de la tectonique et de la sédimentation. La nature même de celle-ci et les volumes de matériaux enlevés par l'érosion et conservés dans les secteurs en subsidence renseignent aussi sur les caractéristiques de la néotectonique et son importance. Ce « message sédimentaire » n'est toutefois pas simple, des facteurs climatiques (et même anthropiques, pour les derniers millénaires) s'ajoutant aux facteurs lithologiques et structuraux. En général des bilans sont réalisés à l'échelle globale de chaînes et de bassins versants. Ils permettent des comparaisons entre les rythmes d'érosion et de surrection.

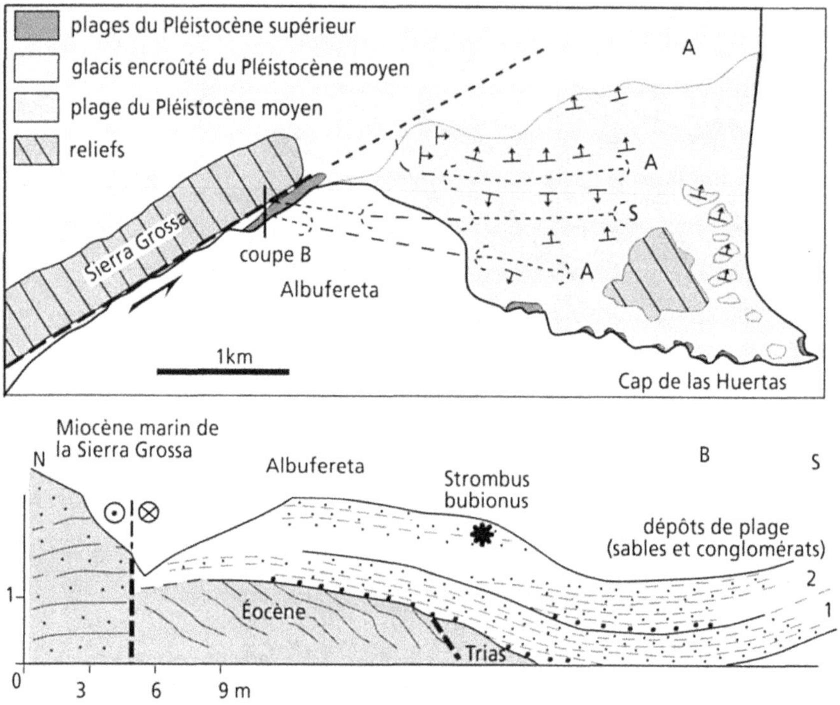

Figure 5.4 Plis affectant des terrains du Pléistocène moyen et supérieur, à proximité d'un décrochement senestre, prolongement au niveau d'Alicante de l'accident d'Alhama-de-Murcia (Levant espagnol, voir localisation figure 5.3).

A : Carte. B : coupe ; S : Synclinal ; A : anticlinal ; 1 : plage inférieure du « Tyrrhénien » (stade 5.5 ?) ; 2 : plage supérieure du « Tyrrhénien » à strombes datés de 80 000 ans (stade 5.1 ?).

(Dessins modifiés d'après Dumas, 1977.)

Des déformations synsédimentaires de petite taille existent aussi dans les terrains pléistocènes au voisinage des failles et sont utilisées en paléosismologie.

En ce qui concerne les failles, les caractéristiques de zones déformées à leur contact sont parfois significatives de leur fonctionnement près de la surface topographique. À profondeur faible et à température basse (cf. *figure 2.2*), la cataclase de certaines roches métamorphiques (schistes, micaschistes, gneiss) ou magmatiques (granite) produit des « gouge zone » argileuses, qui sont facilement érodées et repérables. On les observe souvent le long de décrochements (faille de San Andreas, faille de Bocono au Venezuela et failles de moindre importance d'Alhama-de-Murcia et de Carboneras, Levant espagnol, *figure 5.5*), mais elles ne sont pas propres seulement à ce type de failles.

Enfin, il convient de souligner qu'au cours du Pléistocène (comme au cours de périodes plus longues comme celles du Néogène), des inversions tectoniques peuvent se produire, indiquant un changement du système de contraintes, qui dans certains cas peut signifier une modification géodynamique majeure.

Par rapport aux autres domaines de la tectonique, on rencontre en néotectonique des structures en général assez simples. Mais les difficultés de réaliser des observations néotectoniques satisfaisantes et sûres abondent.

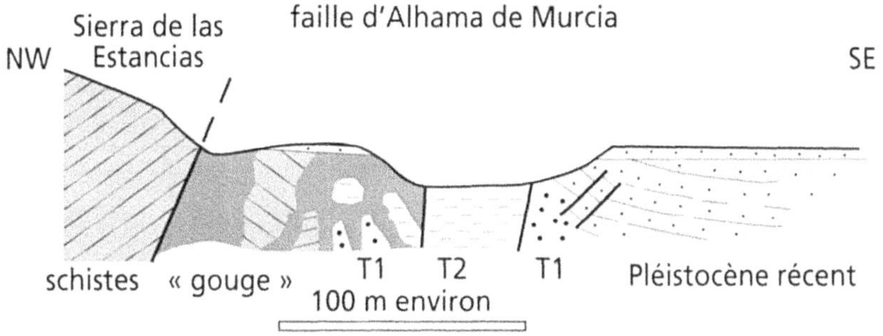

Figure 5.5 « Gouge » avec déformation pléistocène, le long de la faille d'Alhama-de-Murcia. On notera la largeur de la zone de faille, avec déformation de terrains miocènes (T1 et T2) et inclusion dans les argiles qui résultent du broyage des schistes. De petites failles inverses dans les terrains continentaux du Pléistocène récent (Würm ?) témoignent des mouvements les plus jeunes (voir photos 5. 3 et 5.4). (Observations de J.-C. Bousquet et C. Montenat.)

- En premier lieu, bien plus que lors des études structurales classiques, le géologue rencontre des conditions d'affleurement difficiles. Les formations pléistocènes peuvent être rares ou mal placées par rapport aux structures. Parfois, elles se sont accumulées et, en l'absence d'érosion, des coupes naturelles n'y sont pas présentes. Ce dernier cas justifiera souvent le recours aux tranchées (cf. § 6.2).
- En second lieu, les observations néotectoniques sont tributaires des problèmes de datation. Fréquemment, on devra se satisfaire d'une chronologie relative, faute d'éléments de datation précis.
- Enfin, et cela n'est pas le moindre problème, les déformations observées se sont produites en surface et il faut s'assurer quelles sont bien tectoniques. Il est nécessaire d'écarter failles et plis d'origine gravitaire, que l'on peut rattacher à des glissements de terrain ou bien à la géométrie du fonctionnement d'une faille (cas de la faille normale gravitaire au-dessus de la faille inverse du séisme de Spitak, cf. *figure 4.3 a*). Des régions ayant subi les effets des périodes froides pléistocènes, il convient aussi de se méfier de certaines déformations : fentes, petites failles, petits plis qui peuvent résulter des alternances de gel et dégel. De même, l'avancée des glaciers provoque dans les moraines frontales des déformations appelées « glacio-tectoniques ». Au-dessus de cavités dans des roches susceptibles d'être dissoutes (carbonates, gypse, sel), les effondrements engendrent aussi des failles.

En néotectonique, on examine aussi certains traits du volcanisme et l'on est confronté aux déformations affectant des terrains volcaniques ou volcano-sédimentaires. Nakamura (1977) a préconisé l'utilisation des alignements de volcans comme indicateur de direction de contrainte tectonique. Cela semble pertinent pour les petits volcans qui seront placés sur des fractures de direction *grosso modo* orientée suivant la contrainte horizontale maximum (voir § 9.3.3). Par contre, l'utilisation des orientations des filons au sein même des édifices volcaniques est sujette à caution.

Au total, lors d'études de néotectonique, il est nécessaire de multiplier les observations, leur concordance étant un argument de poids pour attribuer aux déformations une origine tectonique. Il faut les étudier dans leur cadre géologique et chercher à les situer aussi précisément que possible par rapport aux structures d'échelle régionale, en les plaçant chronologiquement dans une évolution structurale.

5.3.2 Observations microtectoniques

En néotectonique, comme les déformations les plus courantes appartiennent au domaine cassant, on effectuera surtout des observations et des mesures de microtectonique sur des plans et miroirs de faille de toute dimension. On recherche, en effet, surtout au sein des terrains pléistocènes, des plans de faille de taille décimétrique à métrique, portant une ou plusieurs générations de stries. On observe parfois des fentes de tension. Il arrive que des déformations notables intéressent les formations conglomératiques, particulièrement à proximité d'une faille : certains galets sont striés par des éléments de la matrice et même quelquefois cisaillés et tronçonnés. Ceux qui sont calcaires sont « impressionnés » : ils portent des cupules de dissolution ou même des stries et des stylolithes, qui naissent par le mécanisme de pression-dissolution des carbonates.

On se servira de ces observations microtectoniques, pour établir quel est le type de fonctionnement d'une faille (§ 5.3.2.*a*)), ainsi que le champ de contraintes sous lequel elle a été mobilisée (§ 5.3.2.*b*)).

a) Détermination de la cinématique de failles

Dans l'analyse néotectonique et sismotectonique, on est souvent confronté sur le terrain au problème important de la détermination de la cinématique d'une faille et ceci quelle que soit sa dimension. On peut ainsi vérifier si cette cinématique est cohérente ou non avec l'orientation du champ de contrainte déterminé par ailleurs à l'échelle régionale. Cette démarche peut s'appliquer à des épisodes tectoniques plus ou moins anciens du Pléistocène, comme à la tectonique actuelle. Pour cette dernière, l'observation de marqueurs morphologiques déplacés par des jeux répétés sur les failles de grande dimension renseigne sur les valeurs des composantes horizontales et verticales de leurs mouvements. On peut également réaliser des observations directes sur le plan de faille lorsque celui-ci est visible à l'affleurement (voir § 4.1). La présence de stries mécaniques et de critères de sens de mouvement sur celui-ci (voir *in* Mercier et Vergely, 1992) permet de déterminer le mouvement relatif des deux compartiments de la faille quelle que soit sa dimension. D'autre part, la présence de plusieurs stries d'orientation et de sens différents qui se recoupent sur un

5.1

5.2

5.3

5.4

Photos 5.1, 5.2, 5.3 et 5.4 Exemples de néotectonique.

5.1 : Faille normale du fossé de Kasserine (Tunisie) entre grès du Miocène et terrasse alluviale (Pléistocène récent : Würm ?). **5.2** : Faille normale dans des dépôts marins du Pléistocène moyen du détroit de Messine. **5.3** et **5.4** : « gouge » de la faille d'Alhama-de-Murcia et petites failles inverses à proximité dans des dépôts continentaux du Pléistocène supérieur (voir *figure 5.5*).

même plan de faille permet, d'établir une chronologie relative des épisodes successifs qui ont mobilisé la faille et qui correspondent à des états de contrainte différents. En multipliant les observations sur des failles affectant des terrains d'âges différents, on peut envisager de dater les épisodes tectoniques qui ont affecté la région.

b) Détermination du tenseur des contraintes

Outre cette analyse qualitative des microstructures, on peut utiliser des méthodes qui permettent de calculer un tenseur des contraintes à partir de l'inversion d'un ensemble de stries portées par les miroirs de faille ou les faces de galets et qui peuvent appartenir à un ou plusieurs épisodes tectoniques.

A. Les mesures

Elles sont réalisées :

- sur les plans de faille visibles le long des ruptures de surface d'un séisme de forte magnitude. Dans ce cas, on est sûr que ces stries sont synchrones et qu'elles correspondent à un tenseur de contrainte unique. À la suite de séismes comme ceux de Thessalonique (1978) (cf. *figure 9.6*), d'El Asnam (1980) et de Spitak (1988), on a pu montrer la cohérence entre les tenseurs calculés à partir des stries et les mécanismes au foyer des séismes principaux et des répliques ;
- dans des terrains pléistocènes : la déformation est alors généralement monophasée et l'on y récolte le plus souvent peu de stries. Cet inconvénient est compensé par le fait que les failles mineures correspondent à une première déformation : l'interprétation en termes de contraintes est donc réalisable de façon très simple (*figure 1.7*) en suivant le modèle d'Anderson (1951) ;
- dans des terrains néogènes ou plus anciens, où il est fréquent d'avoir une déformation polyphasée. La partie supérieure de la croûte continentale est parcourue par des fractures à toutes les échelles, héritage d'épisodes tectoniques successifs. Soumis à nouveau à un champ de contrainte, le milieu rocheux va se déformer préférentiellement par glissement sur les discontinuités préexistantes (diaclases, failles). Un tri est donc nécessaire, soit en établissant une chronologie relative par les observations réalisées sur les plans de faille, soit en utilisant les méthodes numériques automatiques.

B. Les méthodes de calcul

Plusieurs méthodes de calcul (voir détail *in* Mercier et Vergely, 1992) du tenseur des contraintes par inversion des données des mesures de stries ont vu le jour au cours des années soixante-dix-quatre-vingt. Elles sont toutes basées sur les mêmes principes et les mêmes hypothèses de départ :

- déformation **faible** : déplacements petits (centimétriques à décimétriques, en général) ;
- milieu relativement **isotrope** ;
- plans de faille **indépendants** (pas de bloc guidé) ;
- strie assimilée à la **contrainte tangentielle**.

Toutes les méthodes sont basées sur le même principe (Principe de Bott, 1959) : l'orientation d'une strie dépend de celle des axes principaux des contraintes (elle est décrite par les angles d'Euler. Elle est fonction aussi de leurs grandeurs relatives que l'on décrit par le rapport : $\mathbf{R} = \sigma_2 - \sigma_3 / \sigma_1 - \sigma_3$ avec $\mathbf{0} \leqslant R \leqslant 1$; *figure 5.6*).

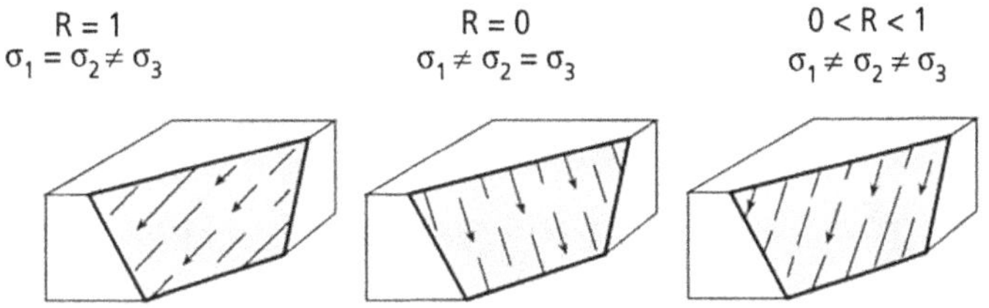

Figure 5.6 Importance du rapport R sur l'orientation des stries pour un même plan de faille.

De ce fait (*figure 5.7*), on peut distinguer trois régimes de contraintes en fonction de l'orientation des axes principaux du tenseur de contraintes σ_1, σ_2 et σ_3. Lorsque l'axe de la contrainte verticale est σ_3, le régime est compressif, lorsque c'est σ_2, le régime est décrochant et enfin lorsque c'est σ_1, il est extensif. Ces régimes de contraintes sont limités par quatre cas où l'ellipsoïde des contraintes est de révolution :

1. lorsque l'axe de révolution est σ_3 et qu'il est vertical le régime de contraintes correspond à de la compression radiale (R = 1) ;

2. lorsque l'axe de révolution est σ_1 et qu'il est horizontal le régime de contraintes correspond à de la compression uni-axiale (R = 0) ;

3. lorsque l'axe de révolution est σ_3 et qu'il est horizontal le régime de contraintes correspond à de l'extension uni-axiale (R = 1) ; et

4. lorsque l'axe de révolution est σ1 et qu'il est vertical, le régime de contraintes correspond à de l'extension radiale (R = 0).

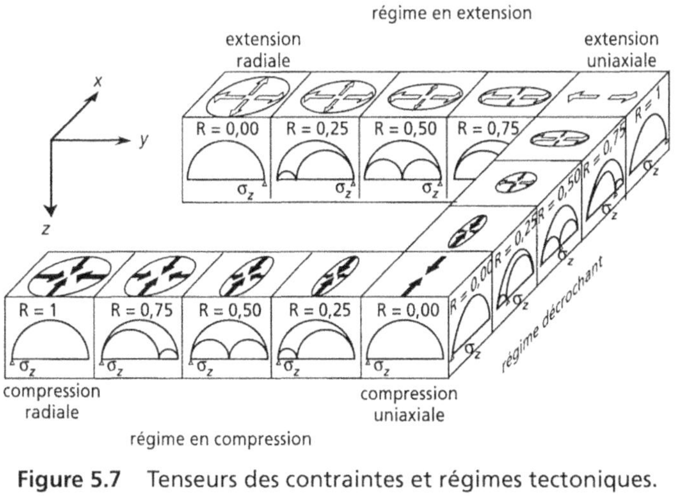

Figure 5.7 Tenseurs des contraintes et régimes tectoniques.

(D'après Ritz 1991.)

À chaque cas correspondent des associations de microfailles caractérisées par leur orientation et leur cinématique. Des méthodes numériques informatisées permettent de traiter l'ensemble d'une population de failles et d'effectuer un tri dans le cas où la déformation est polyphasée. Par exemple dans la « méthode faille » (Etchecopar *et al.*, 1981), on cherche un tenseur **T0** tiré au hasard ou imposé en cherchant à minimiser l'angle que fait chaque strie mesurée (**Si**) avec la strie théorique (τi) correspondant au tenseur **T0** :

- pour un cas monophasé, on cherche **T0** tel que pour 100 % des stries Σ τi – **Si** tend vers 0 ;
- pour un cas polyphasé, on cherche **T0** tel que pour *n*% des stries Σ τi – **Si** tend vers 0.

Sachant que la position d'une strie dépend de quatre paramètres, d'après le principe de Bott, (ψ , θ, φ et **R**), quatre stries seulement sont donc nécessaires pour définir un tenseur. Dans les cas géologiques traités, on mesure souvent entre quinze et cent stries, ce qui a pour conséquence de surdéterminer la solution du problème.

À partir d'une population de microfailles, on détermine donc le tenseur de contrainte représentatif d'un épisode tectonique (*figure 5.8*).

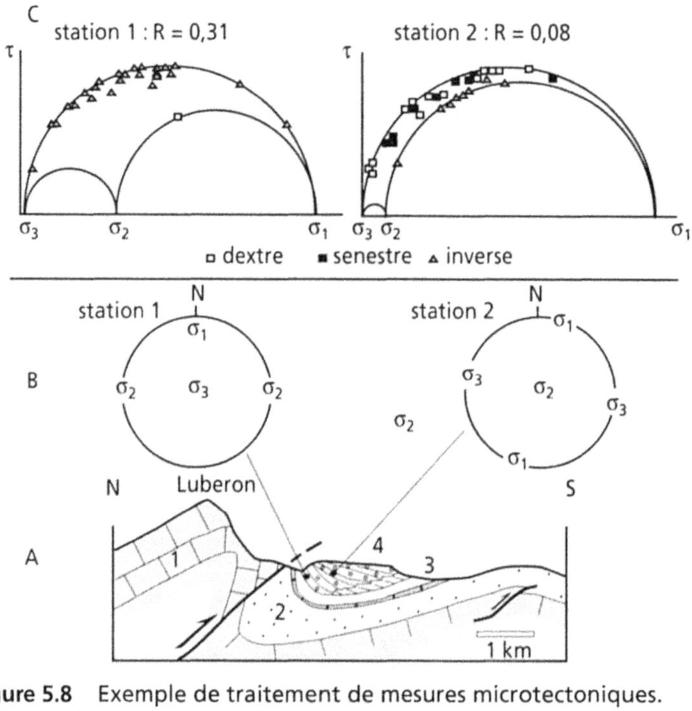

Figure 5.8 Exemple de traitement de mesures microtectoniques.
Elles mettent en évidence une variation de l'état de contrainte en fonction de la distance à une faille majeure.

(D'après Combes 1984, simplifié.)

A : Coupe (1 : calcaires mésozoïques ; 2 : grès et sables miocènes ; 3 : molasses et marnes tortoniennes ; 4 : brèches du Tortonien-Messinien).

B : Tenseur moyen des contraintes ;

C : Représentation sur cercle de Mohr des microfailles.

En multipliant les sites de mesure dans d'autres secteurs, on reconstitue, grâce aux tenseurs de contraintes pour un même épisode tectonique, le champ de contrainte régional correspondant. Les tenseurs calculés à partir de mesures réalisées dans des formations géologiques récentes (pliocènes à pléistocènes) pourront être comparés avec les tenseurs obtenus pour la période actuelle avec les mesures de contrainte *in situ* ou les mécanismes au foyer des séismes (méthode Rivera et Cisternas, 1990, § 7.3.4). Dans le cas où les résultats sont cohérents ensemble, ils contribuent à préciser la disposition du champ de contrainte actuel (cf. § 9.3).

5.4 OBSERVATIONS INDIRECTES

Les études géomorphologiques complètent les observations directes des néotectoniciens, mais elles sont aussi dans certaines régions ou dans certaines situations le seul moyen d'apporter des preuves d'une mobilité tectonique. Depuis l'apparition de la tectonique des plaques, l'intérêt des géologues pour la géodynamique actuelle et récente et pour la sismotectonique les a conduits à effectuer eux-mêmes des observations géomorphologiques à finalité tectonique, construisant ainsi une « géomorphologie tectonique ». Il convient donc d'aborder ce champ des sciences de la Terre avec une bonne connaissance des concepts de la géomorphologie.

Les géomorphologues néotectoniciens fondent leurs observations sur les déformations de différents repères. Ils mettent en évidence des gauchissements, des ondulations ou des décalages de surfaces d'aplanissement, de tabliers d'éboulis, de glacis, de terrasses alluviales ou de niveaux marins. Ils examinent tout particulièrement la morphologie des reliefs associés aux failles et la disposition des réseaux hydrographiques par rapport aux structures tectoniques. Dans cet ensemble, le domaine le plus impliqué en sismotectonique concerne les failles. Un paragraphe (§ 5.4.1) est donc consacré aux reliefs qui leur sont associés. À leur voisinage, comme à celui des plis, la disposition des formations alluviales est également d'un grand intérêt. En précisant la position et l'évolution des réseaux hydrographiques par rapport aux reliefs et aux structures tectoniques, il est possible aussi dans certains cas de déceler l'activité pléistocène de ces dernières (§ 5.4.2). Quant à l'utilisation des lignes de rivage et des terrasses marines en néotectonique, c'est un domaine commun aux géologues et aux géomorphologues qui justifie aussi un paragraphe particulier (§ 5.4.3).

5.4.1 Les formes de relief associées aux failles

« *The distinction of fault scarps from fault-line scarps is in many cases no means easy ; and in doubfull cases all available evidence must be carefully considered.* » (Cotton, 1960).

Trouver la juste voie dans l'analyse des jeux de faille reste un exercice délicat, mais indispensable. Il n'y a pas de recette-miracle et toute attitude automatique, ainsi que toute généralisation – par la télédétection – sont suspectes. Seule une minutieuse enquête de terrain permet d'éviter les emballements irraisonnés, les plus dangereux restant néanmoins ceux qui consistent à ignorer l'érosion différentielle. » (J.-J. Dufaure et J.-Y. Péchoux, 1984).

L'activité tectonique d'une faille crée des formes topographiques. Dès qu'un relief prend naissance, il est attaqué et modifié par l'érosion. Les formes primitives seront donc plus ou moins rapidement modifiées : elles sont conservées, disparaissent ou bien, par un nouveau jeu de la faille, sont renouvelées. Suivant le type de mouvement de la faille, le temps de récurrence de son activité tectonique, le climat et la lithologie, la topographie proche de la faille variera grandement. De plus, les failles mettent très souvent en contact des roches, qui ne sont pas érodées avec la même vitesse : on parle alors *d'érosion différentielle*. Celle-ci peut se produire pendant la période de temps où la faille est active, mais aussi bien après, alors qu'elle a cessé toute activité depuis plusieurs millions d'années ou même depuis des dizaines de millions d'années.

Ainsi, il existe une grande variété de formes de relief associées aux failles. En suivant la terminologie générale des ouvrages classiques de géomorphologie (Cotton, 1960, Archambault *et al.* 1974, Coque, 1977), les abrupts localisés le long des failles, ou à leur proximité, sont à classer en trois catégories :

- *les escarpements de faille*, qui résultent directement de l'activité tectonique des failles et qui sont ensuite plus ou moins modifiés par l'érosion ;
- *les escarpements de ligne de faille,* qui n'existent que grâce à l'érosion différentielle ;
- *les escarpements composites*, ayant des traits communs aux deux précédentes catégories. Le relief est alors pour partie un escarpement de faille. En général, ce dernier domine un escarpement de ligne de faille.

Les confusions sont possibles entre ces différents types d'escarpement, qui peuvent se présenter de façon assez similaire dans les régions de faible tectonique active. L'analyse géomorphologique de ces reliefs associés aux failles n'est donc pas simple, comme le soulignent les citations de Cotton et de Dufaure et Péchoux. Elle n'est pas traitée pourtant dans les ouvrages récents de « géomorphologie tectonique » (Delcaillau, 2004 ; Burbank et Anderson, 2006), tournés, il est vrai, vers les problèmes que posent les régions de forte tectonique actuelle.

a) Les escarpements de faille (fault scarps)

Dans la naissance de ces formes de relief, le rôle de la tectonique est primordial : elle crée l'escarpement qui est ensuite plus ou moins modifié par l'érosion. Ils sont appelés aussi « escarpements de faille originels » ou « escarpements tectoniques ». Pour ces types d'escarpement, les reliefs associés aux failles normales et aux failles inverses sont décrits séparément de ceux qui sont associés aux décrochements, les coulissages horizontaux de ces derniers n'ayant pas les mêmes conséquences sur le relief.

A. Failles normales et failles inverses

La terminologie est la même pour ces deux types de faille, mais les failles inverses ayant en général des pendages plus faibles que les failles normales, les escarpements qui les accompagnent seront plus sinueux. Ces failles délimitent en général des bassins sédimentaires, qui accueillent les dépôts corrélatifs de l'érosion du compartiment soulevé.

Les bloc-diagrammes A et B (*figure 5.9*) schématisent les relations entre faille inverse et faille normale avec la topographie, après un fonctionnement de la faille suffisant pour avoir produit une rupture de surface, autrement dit après un tremblement de terre de forte magnitude (au moins > 5 à 5,5). L'escarpement « primitif » correspond donc à la rupture de surface. Au niveau des vallées majeures transversales, qui recoupent l'escarpement, la rupture de surface affecte le remblaiement alluvial et disparaîtra rapidement si la rivière est « efficace » (cf. § 6.1.2). Dans les régions de montagne ayant porté des glaciers, des moraines sont également tranchées par le jeu de la faille. Dans les vallées de moindre importance, le profil du *thalweg* sera moins vite régularisé et un *knick point* progressera vers l'amont, alors qu'une partie de la vallée restera perchée au-dessus de l'escarpement ayant reculé (disposition en *wine-glass*).

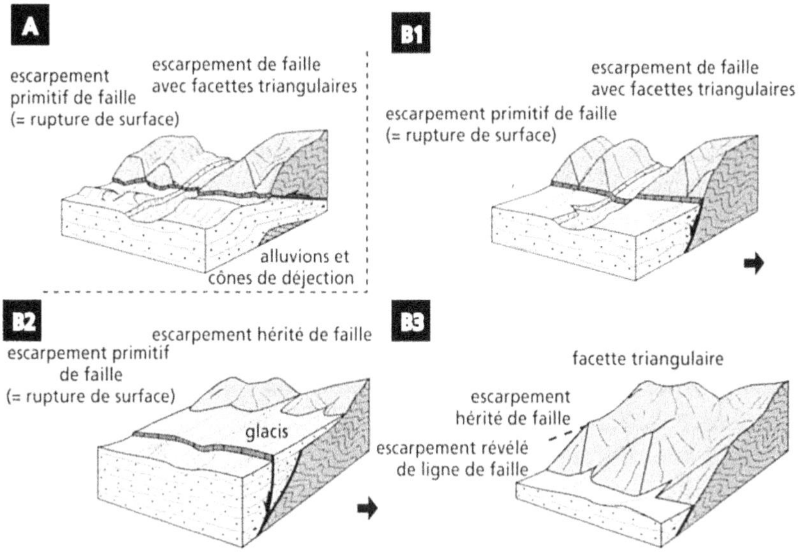

Figure 5.9 Escarpements et failles.

A : Faille inverse. B : Évolution du relief auprès d'une faille normale. B1 : faille normale active limitant un bassin sédimentaire, dont les dépôts sont les produits de l'érosion du relief de faille. B2 : Recul de l'escarpement de faille et rejeu de la faille (voir § « Escarpement en avant de l'escarpement majeur »). B3 : Après érosion des dépôts du bassin sédimentaire, création d'un escarpement composite (voir § 5.4.1.*c*)).

Morphologie des escarpements de faille

La répétition des jeux de la faille crée peu à peu le relief de l'escarpement de faille, malgré l'érosion qui l'attaque, alors qu'au niveau de vallées transversales, cette dernière l'emporte sur la création tectonique du relief. Si ces vallées sont proches, l'escarpement de faille est découpé en facettes triangulaires ou trapézoïdales. Les escarpements de faille en roches calcaires (comme dans l'Apennin méridional et en Grèce) sont beaucoup plus massifs, l'érosion linéaire étant contrariée par l'infiltration des eaux.

La morphologie de détail de l'escarpement de faille n'est pas simple. En règle générale, il a une pente inférieure à celle de l'escarpement primitif : elle est souvent d'autant plus faible que l'on s'élève, l'érosion ayant eu plus le temps d'agir en haut du versant qu'à sa base, où il est épisodiquement complété par un escarpement primitif.

• Influence des conditions morpho-climatiques sur l'évolution de l'escarpement. Comme tout relief, la morphologie de l'escarpement de faille va dépendre des conditions morpho-climatiques auxquelles il a été soumis et de la lithologie des roches qui le composent.

Dans le domaine méditerranéen, de nombreux escarpements de faille en roches carbonatées ont été érodés très efficacement par la gélifraction, pendant les périodes froides pléistocènes. Les versants ont été « régularisés » : un versant en roche nue d'une pente de 30 à 35° (ou « versant de Richter ») est prolongé vers le bas par un tablier d'éboulis (*figure 5.10 A*). La régularisation de l'escarpement peut ne pas être totale : il est alors dominé par une corniche (photo 5.5), à ne pas confondre avec les ressauts qui peuvent avoir une origine lithologique. C'était la morphologie, apparemment anodine, d'un versant couvert de forêt du massif du Monte Marzano, avant le séisme de l'Irpinia (23/11/1980), alors que dans le même secteur le soulèvement récent de l'Apennin méridional (Pliocène et Pléistocène inférieur marins parfois à plus de 1 000 mètres) a exacerbé l'érosion différentielle qui a dégagé des escarpements de ligne de faille spectaculaires. Aussi, l'intérêt des géomorphologues et des néotectoniciens se porte sur les escarpements (*figure 5.10 B* ; photo 5.6) qui accidentent le versant régularisé. Appelés « escarpements sous versant de Richter » (en italien *nastri di faglia* et en anglais *fault ribbon*) ils sont la preuve d'un jeu de la faille postérieur à la régularisation du versant, elle-même datée par l'âge des éboulis. Le plus souvent ces derniers appartiennent à la dernière époque froide du Pléistocène (Würm).

Fréquemment décrites dans le domaine méditerranéen, ces situations existent aussi dans d'autres contextes lithologiques et climatiques : à Spitak, la rupture de surface du séisme de 1988 s'est produite à la base d'un escarpement de faille partiellement régularisé dans des roches volcaniques. Dans un cadre montagneux favorable à la gélifraction, cette disposition a été réalisée en environ 10 000 ans, d'après les études de paléosismicité (*figure 6.5* ; périodes de récurrence des séismes entre 7 000 et 11 000 ans).

Mais, tous les escarpements sous versant de Richter ne sont pas obligatoirement d'origine tectonique : avec des éboulis pléistocènes médiocrement cimentés, l'érosion peut dégager partiellement un escarpement (*figure 5.10 C*) et quand des roches argileuses constituent le compartiment effondré, leur glissement provoque l'affaissement des éboulis par rapport à la faille et leur plissement en base du versant (*figure 5.10 D*).

• Influence de la répétition des mouvements de la faille sur l'évolution de l'escarpement. De plus, la morphologie de l'escarpement de faille est fonction de la fréquence des jeux de la faille. Pendant une période de moindre activité ou-et d'érosion plus efficace, l'escarpement peut reculer et ne plus se situer à l'aplomb du trait de faille : il s'agit alors d'un « escarpement de faille hérité ». Des dépôts

5.5 : Escarpement de faille incomplètement régularisé par un versant de Richter (Malte). Le miroir de faille apparaît localement par érosion (voir *figure 5.10 c*).

5.6 : Escarpement sous versant de Richter (liseré blanc) dans la région épicentrale du séisme de l'Irpinia (1980).

5.7 : Décalage horizontal (environ 5 mètres) des talwegs provoqué par le séisme de Fort Tejon (1857), le long de la faille de San Andreas, dans la Carrizo plain, au sud de San Francisco ;

5.8 : Décalage horizontal de 6 mètres des talwegs et des interfluves (séisme du Gobi Altaï, 1957, M 8.3).

Photos 5.5, 5.6, 5.7, 5.8

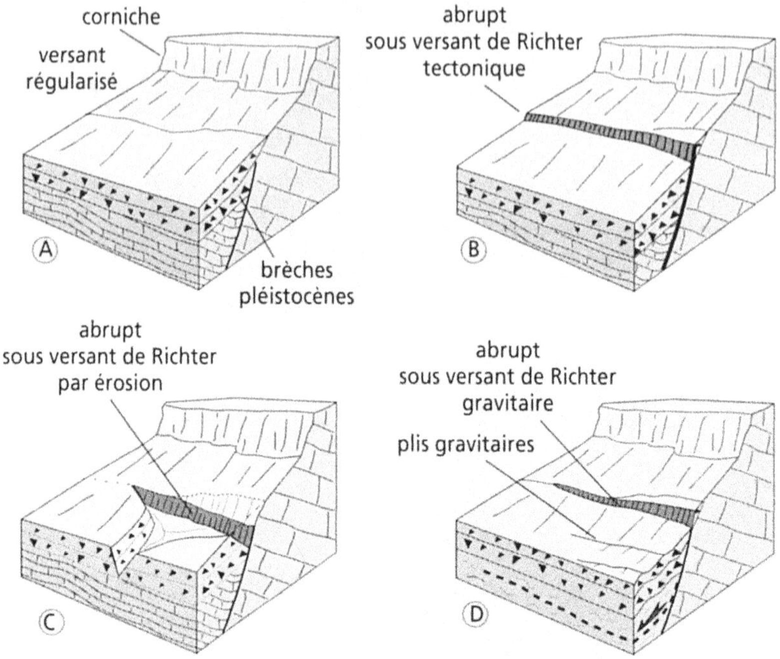

Figure 5.10 Versants régularisés et abrupts sous « versant de Richter ».
A : Avant un nouveau jeu de la faille.
B : Après un séisme.
C : Après érosion, dégagement partiel d'un abrupt, cf. photo 5.5.
D : Dégagement partiel d'un abrupt et plissement des éboulis, dû à un glissement, cas observé (Lippman, 1984) dans la région épicentrale du séisme de l'Irpinia (1980).

s'effectuent alors souvent à cheval sur la faille en même temps qu'une érosion du compartiment soulevé. La hauteur de l'escarpement est diminuée d'autant et l'escarpement de faille est donc à la fois hérité et « atténué ». Si la tectonique l'emporte à nouveau sur l'érosion (activité tectonique plus soutenue ou/et érosion moins vive), on peut obtenir à la longue un escarpement de faille où des paliers (anciens pédiments) séparent des secteurs de pente plus forte.

Enfin, il convient de souligner que la morphologie des escarpements de faille ne dépend pas seulement des modalités de l'érosion qu'ils subissent. Les secousses sismiques déclenchent des éboulements et des glissements de terrain qui peuvent affecter des masses imposantes de roches appartenant à des escarpements de faille.

Escarpement en avant de l'escarpement majeur

Le piémont montagneux où s'accumulent les produits de l'érosion de l'escarpement est parfois lui-même accidenté par un escarpement de faille. Trois hypothèses peuvent alors être avancées.

- Soit, comme décrit précédemment, il s'agit du jeu de la faille majeure : l'activité de la faille (donc la récurrence des séismes majeurs) est faible, l'érosion ayant eu le temps de faire très fortement reculer (plusieurs dizaines ou centaines de mètres) l'escarpement, qui est alors un escarpement de faille hérité.

- Soit il s'agit d'une faille associée à la faille majeure ou bien d'une faille remplaçant cette dernière.
- Soit encore (*figure 5.8 B2*), à proximité de la surface, la rupture se propage verticalement en l'absence de pression de confinement et s'effectue alors en avant du trait de faille en surface (voir § 4.1.1.*b*)).

Quelle que soit l'hypothèse retenue, ces escarpements affectent les formations les plus jeunes du remblaiement du bassin qui sont détritiques (alluvions, colluvions, cônes de déjection) ou lacustres. L'âge de ces dernières fournit seulement la limite inférieure à l'âge du ou des événements sismiques qui les ont créés. Aussi, une attention particulière a été portée à l'érosion de ces escarpements pour essayer d'évaluer leur âge. Dans cet ouvrage, cet aspect de la géomorphologie des escarpements de faille est traité en paléosismologie (§ 6.2.1).

B. Décrochements

Les formes topographiques liées aux décrochements ont été amplement décrites et illustrées, en particulier le long de la faille de San Andreas (*figure 5.11*). On peut se reporter pour cette dernière à de nombreuses publications de Wallace (en particulier celle de 1990, illustrée de très nombreuses photos).

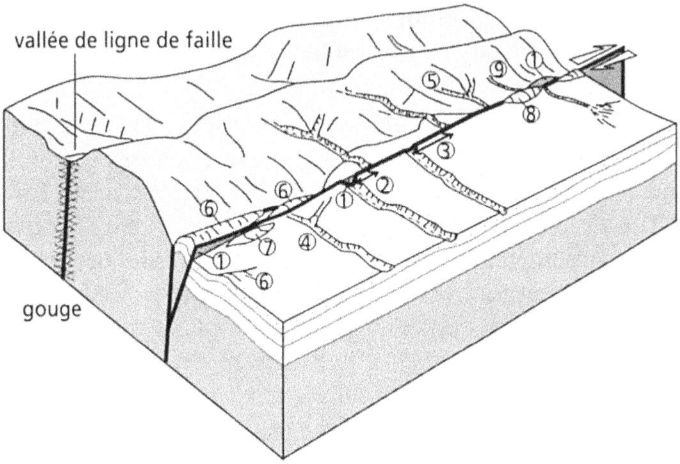

Figure 5.11 Différents aspects morphologiques liés aux décrochements, d'après l'exemple de la faille de San Andreas, décrochement dextre.

1 : Escarpement de faille. 2 : Décalage de talwegs dû à un séisme. 3 : Décalage cumulé de talwegs. 4 : Talweg sans partie amont. 5 : Talweg sans partie aval. 6 : Rides allongées. 7 : Dépression fermée. 8 : Relief décalé. 9 : talweg au tracé en baïonnette, en sens inverse du jeu de la faille (cf. § 5.4.2.*a*)). Une vallée de ligne de faille est creusée le long d'une faille parallèle, dans les roches argileuses d'une « gouge zone ».

L'expression topographique est très variable. Elle est très nette dans les secteurs qui ont été affectés par les séismes de Fort Tejon (1857, cf. photo 5.7) et de San Francisco (1906). Quand la faille ne fonctionne pas en décrochement pur, la composante horizontale reste prépondérante (de l'ordre de 10 à 20 fois supérieur au mouvement vertical pour la faille de San Andreas ; Wallace, 1990), mais la répétition des séismes permet cependant la naissance de reliefs. Les escarpements qui dérivent des ruptures de surface et les thalwegs décalés (photos 5.7 et 5.8) sont les expressions les plus nettes de l'activité de la faille (voir § 5.4.2.*a)*). Toute la topographie étant peu à peu déplacée horizontalement, les escarpements peuvent se succéder en faisant face à des directions opposées. Des dépressions fermées (*sag ponds*) et des « rides » allongées (*pressure ridge*) sont interprétées aussi comme des déformations liées aux jeux de la faille (plis ou blocs limités par des failles associées) alors que d'autres formes dérivent de l'érosion le long de la faille (*linear ridge*).

Quand des décrochements se trouvent dans des contextes de montagnes suffisamment élevées, outre les thalwegs et les terrasses qui les dominent, des moraines peuvent également être décalées (exemple : faille de Bocono dans les Andes vénézuéliennes).

b) Les escarpements de ligne de faille (fault-line scarps)

Ce qui est important ici n'est plus le rôle de la tectonique, mais les possibilités d'érosion différentielle et donc la situation des dépôts ou des roches les plus sensibles à l'érosion par rapport à l'emplacement de la faille. Aussi dans ce paragraphe, la plupart des exemples choisis correspondent à des failles normales, les définitions restant les mêmes pour les autres catégories de faille.

Ces escarpements de ligne de faille sont appelés aussi « escarpements dérivés » (Archambault *et al.* 1974). Ils se présentent avec des facettes triangulaires ou trapézoïdales quand ils sont recoupés par des vallées transversales. En effet, pour se garder d'une utilisation erronée de ce trait géomorphologique, il convient d'affirmer « que tous les escarpements de faille, de ligne de faille ou composites, raides, peuvent être disséqués en *facettes* triangulaires ou trapézoïdales, par des éléments hydrographiques qui leur sont perpendiculaires et sont orientés vers le bloc affaissé » (Coque, 1977, p. 63). Contrairement à une idée répandue, la présence de facettes n'est donc pas une caractéristique particulière aux seuls escarpements de faille.

Plusieurs situations peuvent conduire au dégagement d'escarpements de ligne de faille.

A. Escarpements rajeunis de ligne de faille

Pour montrer le rôle essentiel de l'érosion différentielle, on part de la situation suivante (*figure 5.12 A*) : la faille a cessé de fonctionner et, au bout d'un laps de temps en général considérable (souvent plusieurs millions d'années), l'érosion a généré une surface d'aplanissement ou surface d'érosion. L'escarpement de faille a été complètement nivelé (*figure 5.12 B*). Une reprise d'érosion est envisageable si la région est soulevée, ou bien si le niveau de base (en général, celui de la mer), qui contrôle le creusement des rivières, est modifié (les deux phénomènes pouvant s'ajouter ou se contrarier). Si les roches ont une résistance similaire vis-à-vis de l'érosion, il n'y a pas d'érosion différentielle et il n'y a donc pas création d'un escarpement de ligne de faille.

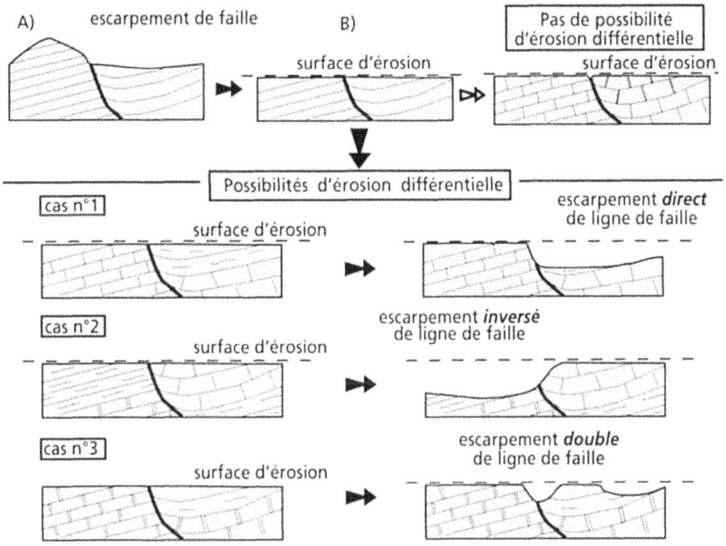

Figure 5.12 Escarpements rajeunis de ligne de faille.

Par contre si les roches qui subsistent de part et d'autre de la faille sont différentes, les roches les plus faciles à creuser vont subir une érosion plus rapide. Comme elles sont situées, soit dans le compartiment soulevé, soit dans le compartiment abaissé, on obtiendra selon les cas un escarpement « direct » de ligne de faille (*figure 5.12*, cas n° 1) ou un escarpement « inversé » de ligne de faille (*figure 5.12*, cas n° 2). Dans certains cas, en fonction de la disposition des terrains, un escarpement « double » de ligne de faille sera dégagé (*figure 5.12*, cas n° 3).

La distinction de ces escarpements par rapport aux formes d'origine tectonique ne pose problème que pour l'escarpement direct situé du même côté de la faille qu'un escarpement de faille. L'examen de tout le tracé de la faille permet souvent de lever l'ambiguïté, soit que la surface d'aplanissement bien conservée puisse servir de repère et n'est pas décalée, soit que des escarpements inversés ou doubles soient également présents le long de la même faille, ou plus simplement que l'escarpement disparaisse dès qu'il n'y a plus de contraste lithologique le long de la faille.

Dans le cas des failles normales et des décrochements, le dégagement des escarpements de ligne de faille par l'érosion différentielle met à jour, souvent de façon très nette, le miroir de faille. Son observation n'est donc pas un critère d'activité de la faille. Un cas particulier a été étudié après le séisme d'Irpinia de 1980 (Bousquet *et al.* 1983 ; Lippmann 1984) : la secousse sismique a provoqué le glissement d'un tablier de brèches pléistocènes posées sur des « argille scagliose ». Le miroir de faille à la base de l'escarpement a été ainsi « rajeuni » de plusieurs dizaines de centimètres sur plusieurs centaines de mètres de long. Un escarpement de ligne de faille dû aux glissements gravitaires peut ainsi se constituer peu à peu (voir la *figure 5.10 D*).

B. Autres escarpements de ligne de faille

Les failles normales (ou inverses) limitent souvent des bassins sédimentaires (*figure 5.9 A* et *B*) remplis de terrains possédant une résistance à l'érosion bien moindre que celle des roches du compartiment soulevé. En général, très longtemps après l'arrêt de l'activité tectonique, l'érosion différentielle affecte les dépôts syntectoniques et permet progressivement le dégagement du plan de la faille qui a permis la formation du bassin. On obtient ainsi un escarpement « révélé » de ligne de faille. Dans le cas d'une faille normale, sa base peut correspondre au miroir de faille dominé par un versant de pente plus faible.

Une situation légèrement différente advient quand des reliefs associés à des failles (escarpements de faille le plus souvent) sont recouverts et masqués par des dépôts ultérieurs et donc nettement discordants. L'érosion différentielle remet à jour les escarpements bordiers des failles qui sont alors appelés escarpements « exhumés » de ligne de faille. Dans le cas où les dépôts discordants sont marins, ces escarpements sont également des paléo-falaises exhumées portant encore à leur base des traces de perforations d'organismes lithophages et des placages de sédiments (cas de la faille de Nîmes, près de Fournès, Gard).

C. Cas des décrochements

En fait, il n'y a pas un particularisme des décrochements à ce sujet, mais comme les formes d'érosion différentielle qui les concernent sont le plus souvent négligées ou méconnues, il convient de rappeler quelques faits. Si l'on prend le cas de la faille de San Andreas, Wallace (1990, p. 15) écrit à son sujet : *Evidently, a complex interaction of tectonic, erosional and depositionnal processes has influenced the development of each feature, and the result is a linearity of topographic features along and parallel to the San Andreas fault.* Cette érosion s'exprime bien sûr avec le plus de vigueur dans les secteurs les plus montagneux. Elle n'est pas alors seulement l'érosion des traits du relief créés par la tectonique, érosion qui a été évoquée dans le chapitre concernant les escarpements de faille, mais également une véritable érosion différentielle. Les roches broyées le long de la faille (*gouge zone*) peuvent atteindre jusqu'à un kilomètre de large (Wallace, 1990), dans lesquelles l'érosion a dégagé des vallées de ligne de faille, séparées par des cols. L'expression topographique de la faille de San Andreas ne résulte donc pas seulement de son activité historique. Ce qui est vrai pour une des failles les plus actives de la planète, l'est *a fortiori* encore plus pour des décrochements qui ont cessé de fonctionner. Une reprise d'érosion exploitera en premier lieu les possibilités d'érosion différentielle, comme pour les autres types de failles, et l'on peut donc utiliser les mêmes définitions, la seule différence étant la présence d'un plan de faille vertical et d'une faille ayant provoqué des décalages horizontaux. Ceci ne permet pas de parler d'escarpement **direct** ou **inversé** de ligne de faille puisque ces termes sont choisis en fonction de la situation des roches facilement érodées, dans le compartiment effondré ou dans celui qui est soulevé.

c) *Les escarpements composites* (*composite* fault scarps)

Ils procèdent à la fois de la tectonique et de l'érosion différentielle et de ce fait leur analyse est beaucoup plus difficile que celle des deux catégories précédentes. Pour les escarpements composites, leur juxtaposition s'analyse suivant la verticale :

- Un escarpement de faille peut dominer un escarpement d'érosion différentielle pour lequel on retrouvera les cas précédemment définis : escarpement de ligne de faille rajeuni, exhumé ou révélé (*figure 5.9 B3*) ; l'escarpement de faille est hérité, son érosion ayant alimenté les dépôts sédimentaires (*figure 5.9 B2*), ensuite dégagés pour créer l'escarpement de ligne de faille.
- Un escarpement de ligne de faille surmonte un escarpement de faille, si celle-ci fonctionne encore ou recommence à fonctionner après un laps de temps important. L'escarpement primitif ou *scarplet* devra alors être visible sur une longueur importante de la faille (au minimum plurikilomètrique) pour pouvoir le distinguer des cas où le plan de faille est mis à jour simplement par érosion. Il présentera aussi une hauteur plus constante.

5.4.2 La néotectonique révélée par les cours d'eau

Les séismes déclenchent des modifications et des perturbations des réseaux hydrographiques, dont certaines sont très évidentes. Celui d'El Asnam a provoqué l'apparition d'un lac de barrage tectonique. Les éboulements et les glissements de terrain d'origine sismique en obturant de vallées donnent aussi naissance à des lacs (plus de 200 en Calabre en 1783). Les secousses accompagnées ou non de liquéfaction sont responsables des effondrements des berges et des terrasses des cours d'eaux, aux matériaux meubles ou non consolidés. La charge alluviale s'en trouve ainsi modifiée, ce qui peut avoir des répercussions sur les processus d'érosion en aval. Aussi les cours d'eau et leurs dépôts constituent de plus en plus un champ d'investigation sédimentologique et géomorphologique en néotectonique. Comme pour les failles, la difficulté est de faire la part de ce qui est incontestablement tectonique et de ce qui est dû à d'autres facteurs. Parmi ceux-ci, le climat joue un rôle prépondérant, non seulement actuel, mais au cours de la période pléistocène, caractérisée par des modifications climatiques répétées. La nature des roches (facteur lithologique) et leur disposition (facteur structural) contrôlent aussi bien des caractéristiques des réseaux hydrographiques. On examine donc ici en « face à face » ce qui apparaît comme des traits « normaux » des cours d'eau par rapport à ce qui est considéré comme des « anomalies » tectoniques. Beaucoup plus simplement, on trouve les premiers seuls, dans des régions peu ou pas touchées par la néotectonique, alors qu'ailleurs ils sont en compagnie des seconds.

a) Les réseaux hydrographiques

Leur agencement et les modalités de leur fonctionnement varient suivant la zone climatique dans laquelle ils se trouvent et aussi suivant les roches qu'ils traversent. En fonction de leur plus ou moins grande perméabilité, il s'y développe des réseaux denses ou des réseaux réduits aux plus grandes rivières, comme c'est le cas dans les régions calcaires (Grands Causses par exemple). La fracturation des roches intervient aussi (diaclases et failles) et oriente le drainage, lui conférant une disposition très géométrique avec une ou plusieurs directions (« réseaux en treillis »).

En néotectonique, on examinera principalement la situation des cours d'eau par rapport aux structures tectoniques. En règle générale, elle n'est pas quelconque, étant gouvernée par la disposition des roches et leur nature. On dit alors que les cours d'eau sont *adaptés*. C'est le cas aussi des rivières qui sont installées dans des *vallées de ligne de faille*, où le fonctionnement ancien ou récent de la faille a fragilisé les roches. Ces dispositions prises par les cours d'eau s'observent aussi bien pour des structures tectoniques récentes et toujours actives que pour des structures anciennes.

Par contre, certains cours d'eaux traversent par des gorges ou des cluses grabens, horsts ou plis et sont donc *inadaptés*. Cette disposition s'explique alors par la surimposition de la rivière ou bien par son antécédence. L'inadaptation du cours d'eau est qualifiée de *surimposition* quand celui-ci s'encaisse dans des structures anciennes. Établi sur une surface d'aplanissement ou sur une couverture sédimentaire discordante, il s'enfonce en gardant son tracé. Mais il est parfois difficile de savoir ce qui déclenche l'enfoncement de la rivière : abaissement eustatique du niveau de base ou mouvement à grand rayon de courbure. Dans ce dernier cas, la rivière est antécédente par rapport au soulèvement qui déclenche la reprise d'érosion (« les mécanismes de l'antécédence et de la surimposition ne s'excluent nullement », Coque, 1977).

C'est un cas clair d'*antécédence* quand le cours d'eau est antérieur aux structures. Ainsi l'oued Cheliff traverse en gorges l'anticlinal associé à la faille inverse sismique d'El Asnam (*figure 5.13 A*). Outre le soulèvement co-sismique (+ 6 m en 1980, *figure 4.13*) qui incite la rivière à continuer son creusement, la connaissance de la géologie locale établit l'antécédence : la région était submergée au Pliocène. La détérioration climatique de la fin de cette période est accompagnée par l'abaissement du niveau de la mer. Sur les terres émergées s'installe un réseau hydrographique. Un pli prend ensuite naissance, déformant grès marins pliocènes et argiles continentales villafranchiennes. Lorsqu'une telle structure se développe, seul le cours d'eau qui est le plus important peut maintenir son tracé initial, alors que les cours d'eau mineurs sont déviés (défluviation) devant l'obstacle du pli naissant. Par la suite, sa propagation latérale modifie encore la disposition des écoulements. Dans le cas de l'anticlinal d'El Asnam, deux anciens cours de l'oued Fodda transverses au pli ont été ainsi abandonnés (*figure 5. 13 A*). Ces vallées ne sont plus fonctionnelles et, selon la terminologie anglo-saxonne, des *water gap* deviennent des *air ou wind gap*. Ces modifications peuvent résulter de captures, provoquées ici par la tectonique. Elles s'effectuent par changement des directions des écoulements, les cours d'eau étant barrés tectoniquement par la déformation sismique. Quand leurs eaux alimentent des lacs temporaires, la vidange de ceux-ci par l'un d'entre eux peut entraîner aussi à son profit une capture.

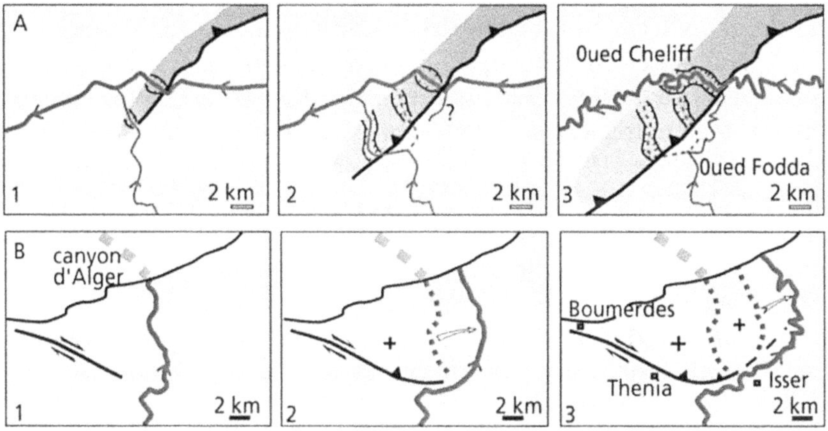

Figure 5.13 Tectonique active et modifications du réseau hydrographique en Algérie, résultats de travaux avec l'utilisation de modèle numérique de terrain.

(Cf. § 5.6).

A : Dans le cas du développement pléistocène de l'anticlinal d'El Asnam.

B : Défluviations successives, liées à la croissance du relief, associé à la propagation vers l'est de la faille de Thenia.

(D'après Boudiaf *et al.*, 1998, redessinés et modifiés, Blackwell éditeur.)

Dans les synclinaux, les cours d'eau, parallèles à l'axe des plis peuvent subir aussi des changements de la position de leur talweg. ou défluviation. À proximité de la faille, la déformation co-sismique entraîne peu à peu l'approfondissement de la gouttière synclinale sismique (– 70 cm en 1980 à El Asnam, *figure 4.13*) et une migration du cours d'eau qui l'occupe. Quand ce déplacement s'effectue avec un certain retard, la rivière ne coule pas encore au point le plus bas du relief ! Cela semble être le cas dans le Levant espagnol pour le cours inférieur du Segura, placé parallèlement au front d'un chevauchement aveugle, associé à des plis pléistocènes (*figure 9.3*). D'autres exemples de réponse du réseau hydrographique au développement de plis ont été décrits dans des régions de tectonique très active (Californie, Taiwan, Népal, Nouvelle-Zélande). On a les mêmes conséquences quand des failles normales ou inverses (*figure 5.13 B*) sont responsables de soulèvement de reliefs.

b) Décrochements et réseau hydrographique

Les décrochements actifs, en modifiant surtout horizontalement le relief, ont des effets différents sur les réseaux hydrographiques. Comme les autres éléments du relief, les talwegs transversaux à la faille sont décalés horizontalement par les jeux successifs de celle-ci (*figure 5.11*). Plus ou moins rapidement suivant le type de climat et donc l'importance des précipitations et leur efficacité érosive, une nouvelle organisation du drainage se met en place. Elle est guidée par les conditions locales topographiques, lithologiques et structurales. Le fonctionnement du cours d'eau en amont de la faille peut être désolidarisé de sa partie aval. Celle-ci constitue alors un cours d'eau « décapité » (*beheaded stream*). Quant à la partie amont, suivant les cas, ses eaux creusent dans son prolongement un nouveau talweg ou alimentent temporairement de petits lacs, en fonction des conditions locales citées précédemment. Celui-ci disparaît par comblement et/ou déversement, occasionnant parfois des captures. Empruntant la zone cataclasée et fragile de la faille ou bien étant dévié par les reliefs linéaires bordant celle-ci, les cours d'eau acquièrent alors des tracés en « baïonnette ». Wallace (1975 ; 1990) a décrit ces différentes situations qui conduisent parfois à des modifications des talwegs contraires au sens du déplacement tectonique (*figure 5.14*), y compris dans un secteur classique comme celui de la Carrizo Plain, le long de la faille de San Andreas. Seulement, un tiers à deux tiers des rivières sont décalées dans le sens du jeu des décrochements californiens (Gaudemer *et al.* 1989). Aussi, on utilise aussi d'autres traits du relief affectés par les décrochements pour essayer de quantifier leur activité, comme les décalages horizontaux des bords des terrasses alluviales et des cônes alluviaux.

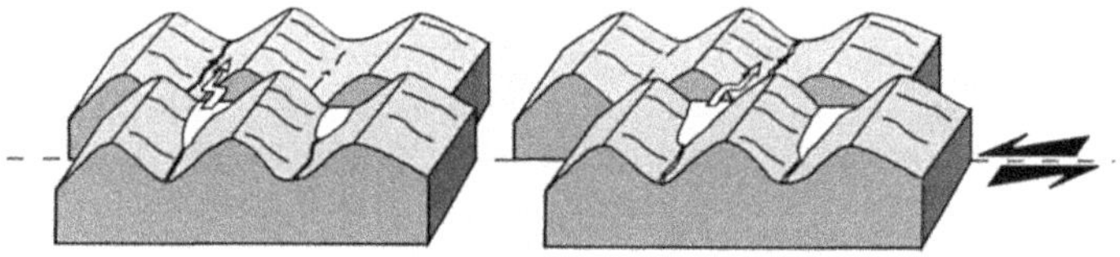

Figure 5.14 Décrochement actif et tracés en baïonnette.

Selon l'importance du jeu de la faille et de la disposition des talwegs et des interfluves qui en résultent, l'écoulement bloqué temporairement reprend vers la gauche ou vers la droite. Il se crée un tracé conforme ou contraire au jeu senestre (topographie similaire sur photo 5.8).

c) *Terrasses alluviales et profils des cours d'eau*

Ces éléments morphologiques témoignent parfois de mouvements à grand rayon de courbure ou de déformations locales, liées à des structures actives. Les observations s'effectuent aussi bien transversalement au cours d'eau que suivant sa pente. Pour leur interprétation, la difficulté est là encore de faire la part des facteurs climatiques, lithologiques et tectoniques.

Perpendiculairement aux cours d'eau, la disposition des dépôts alluviaux et de leurs terrasses est variable en premier lieu dans leur agencement général : soit en terrasses étagées ou en terrasses emboîtées (avec dans les deux cas les plus anciennes les plus hautes) soit en nappes superposées où les dépôts les plus jeunes masquent complètement ceux qui les précèdent. Ces situations différentes peuvent se rencontrer au long d'un même cours d'eau. Elles sont gouvernées par différents facteurs climatiques, eustatiques ou tectoniques (déformation à grand rayon de courbure ou locale), qui modifient les paramètres des processus d'érosion (ablation) et de dépôt. Un autre trait de la disposition des terrasses transversalement au cours d'eau est leur répartition de part et d'autre de son lit majeur. Quand elle n'est pas symétrique, cela indique des changements de la position de ce dernier, qui peut traduire de simples divagations de la rivière, comme dans le cas de migration de méandres libres, ou bien qui correspond à une défluviation tectonique (cf. § précédent).

Selon la pente des cours d'eaux, on examine leurs profils en long actuels et ceux anciens que l'on déduit de la position de leurs terrasses alluviales. En fonction de la distance et de l'altitude d'amont en aval, on obtient une courbe ou profil avec en général une concavité vers le haut. Cette pente de plus en plus faible vers l'aval a été considérée comme un *profil d'équilibre*, construit par une régularisation du cours d'eau, alternant, suivant les secteurs, érosion et dépôt. En fait, on constate bien souvent que les profils en long sont composés de secteurs successifs de pente contrastée. Plusieurs facteurs peuvent ainsi provoquer une accentuation de la pente :

- les modifications de débit et de charge dues à la confluence avec un affluent important ;
- un changement rapide du niveau de base du cours d'eau, dont l'origine peut être eustatique, qui provoquera une rupture de pente en aval ;
- un soulèvement général, qui aura les mêmes conséquences ;
- la traversée d'un secteur de roches plus résistantes à l'érosion fluviatile ;
- la présence d'une structure tectonique active (faille, plis), agissant verticalement.

Dans l'analyse de ces ruptures de pente du profil en long, il est donc souvent délicat de faire la part de ces différents facteurs dont les effets peuvent s'additionner ou se contrarier. Leur influence variera, non seulement en fonction de leur importance, mais aussi en fonction de la zone morphoclimatique dans laquelle se trouve actuellement le cours d'eau et du temps depuis laquelle elle s'exerce.

Pour l'utilisation des profils en long anciens, les corrélations tentées entre des terrasses alluviales pléistocènes, d'autant moins bien conservées et discontinues qu'elles sont plus âgées, posent d'autres difficultés. Les mêmes précautions sont à prendre dans leur interprétation. Celle-ci viendra parfois conforter des conclusions obtenues grâce au profil actuel : une anomalie de pente ou une déformation répétée (cas des plis) sur plusieurs profils témoigneront pour un phénomène tectonique, dont on observera la déformation cumulée sur les profils les plus anciens. Cela a été établi pour des plis majeurs pléistocènes : par exemple dans les Transverse range en Californie (*figure 5.15*), près de l'Alpine fault en Nouvelle-Zélande et dans le piémont de l'Apennin septentrional.

Le rôle de la tectonique ne souffre pas d'ambiguïté quand la disposition des terrasses alluviales, de part et d'autre d'une faille à jeu vertical important, démontre son activité au cours du Pléistocène : elles sont étagées dans le compartiment soulevé, alors que les dépôts alluviaux s'accumulent dans un ordre inverse dans celui qui s'effondre. Cela a été constaté aussi bien à Spitak (*figure 5.16*) qu'à El Asnam. Le contraste géomorphologique entre un secteur traversé en gorges par un

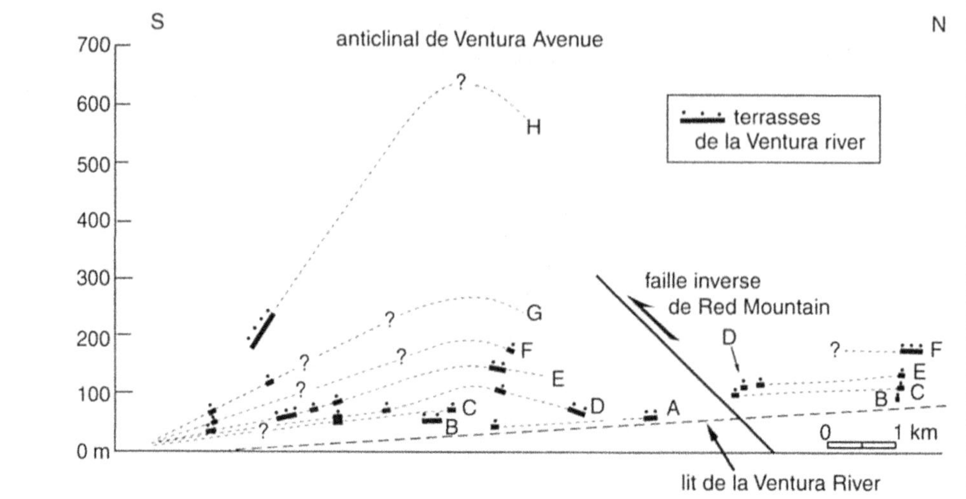

Âges des terrasses	Hauteurs des terrasses par rapport au lit de la Ventura River (projetées sur le plan axial)	Meilleures estimations du taux de soulèvement (mm/an)
H : 80 à 105 000 ans	H : 625 m ± 100	7,10± 2
G : 40 à 80 000 ans		
F : 39 360 ± 2610 ans BP 36 600 ± 1100 ans BP	F : 175 m ±10	4,95± 0,5
E : 29 700 ± 1250 ans BP	E : 120 m ± 10	4.50± 0,5
D : 20 040 ± 590 ans BP	D : 85,3 m ± 10	5,65+0,65
C : 16 à 20 000 ans BP		
B : 15 880 ± 210 ans BP	B : 30,5 m ± 10	4,25 ± 10
A : Holocène (?)		

Figure 5.15 Déformation au Pléistocène supérieur de l'anticlinal de Ventura Avenue. (localisation : figure 1.6 et coupe : figure 8.1) D'après les terrasses fluviatiles de la Ventura river.

(D'après Rockwell *et al.*, 1988, *in* Keller et Pinter, 2002, redessiné et modifié.)

cours d'eau et dominé par ses terrasses et une plaine de remblaiement doit faire suspecter la présence d'une faille active à jeu vertical.

5.4.3 La néotectonique révélée par les terrasses marines et les lignes de rivages

Les terrains marins pléistocènes peuvent présenter des déformations (failles et plis, cf. § 5.3, *figures 5.2* et *5.4*). Mais de plus, les altitudes actuelles des dépôts, mais aussi des lignes de rivage et des terrasses marines pléistocènes et holocènes, constituent des repères qui, comme les profils et les terrasses des cours d'eau, permettent de caractériser des déformations localisées (*figure 5.28 B*) ou des mouvements généraux d'interprétation plus délicate.

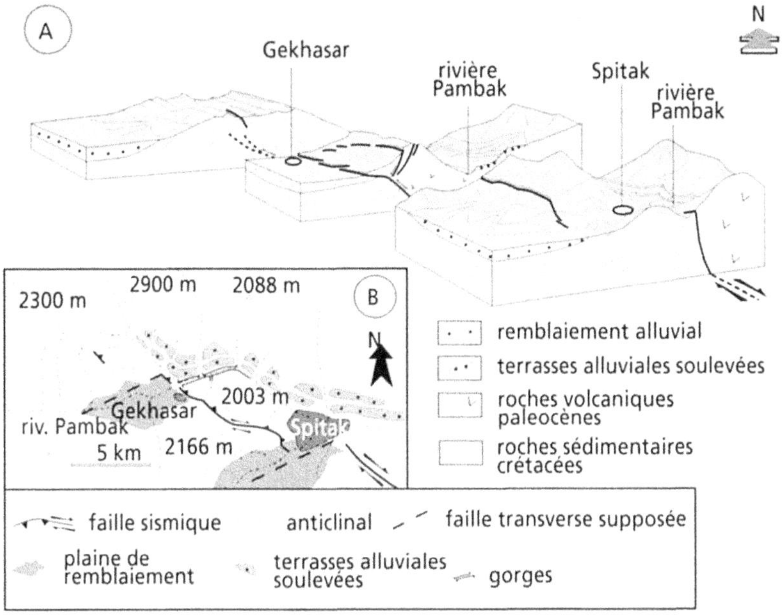

Figure 5.16 Terrasses soulevées et plaines de remblaiement de part et d'autre de la faille inverse du séisme de Spitak, Arménie. (D'après Bousquet et Philip, 1990.)

Leur utilisation en néotectonique a été rendue possible par la connaissance précise des fluctuations climatiques et des variations du niveau des mers au cours du Pléistocène. Ces changements d'altitude ont été expliqués par le « glacio-eustatisme » : pendant les périodes glaciaires, une plus grande partie des eaux terrestres est stockée sous forme de glaces et le niveau mondial des mers se situe alors plus bas qu'à l'heure actuelle (de l'ordre de – 120 m) ; il remonte lors des périodes interglaciaires et atteint alors une altitude proche de celle que nous connaissons. Dans les carottes de sédiments marins profonds, obtenues par forage, on a mesuré sur les tests de foraminifères, les proportions ($\delta^{18}O$) des isotopes de l'oxygène, qui varient en fonction de la température. On possède ainsi une courbe complète des fluctuations climatiques à partir de 2,6 Ma, au début du Pliocène supérieur, qui montre une accentuation de leur amplitude depuis 900 000 ans. Ces changements climatiques continuels sont dus aux interférences entre des cycles orbitaux, de durées respectives de 100, 41 et 23 Ka. Avec les forages des glaces polaires (programmes Vostok, GRIP et GISP 2), des courbes encore plus détaillées des variations de $\delta\,^{18}O$ à partir du dernier interglaciaire permettent de repérer des cycles plus courts à 1, 5 et 6 à 7 Ka (discussion des résultats in Guérémy, 2003). On considère que ces variations thermiques ont induit, plus ou moins proportionnellement à leur amplitude, stockage ou fonte des glaces et, par voie de conséquence, bas niveaux (stades numérotés par des numéros pairs) et hauts niveaux marins (numéros impairs).

Ces données ont modifié la chronologie et la signification des dépôts pléistocènes particulièrement dans le domaine méditerranéen, où les « étages » classiques du Pléistocène marin (« Calabrien, Émilien, Sicilien, Milazzien, Paléotyrrhénien, Tyrrhénien »), ont été définis sans que la signification des mouvements tectoniques de cette période n'ait été alors prise en compte. En s'appuyant sur de bonnes datations isotopiques, les corrélations restent toutefois possibles entre les hauts niveaux (stades 5.1, 5.3, 5.5) du dernier interglaciaire et les niveaux tyrrhéniens (*figures 5.17* et *5.18*). En Méditerranée, ces derniers contiennent une faune chaude à strombes, dite « sénégalienne », qui témoigne d'un climat plus chaud que l'actuel.

Après avoir précisé (5.4.1) quels sont les repères marins de la déformation (lignes de rivage, terrasses...), on examine leurs rapports avec les changements glacio-eustatiques du niveau général des océans au cours du Pléistocène (5.4.2), pour quantifier les taux de déformation constatée. Cela permet ensuite (5.4.3) de chercher à comprendre les mécanismes qui ont provoqué cette dernière, car elle peut être co-sismique ou plus complexe et résulter d'une dynamique générale qui peut avoir différentes causes. Pour de plus amples développements sur le sujet, il convient de se référer à l'article de K. Lajoie « Coastal tectonics » (in *Active tectonics*, 1986) et, pour les derniers 20 000 ans, au livre de P. A. Pirazolli (*Sea-Level Changes, The Last 20 000 years*, 1996).

a) Les repères marins de la déformation

On peut les grouper en deux grandes catégories : les dépôts sédimentaires et les formes d'érosion (pour un inventaire détaillé et illustré, voir Pirazzoli, 1996).

DÉPÔTS SÉDIMENTAIRES – Ils permettent de connaître l'altitude relative du niveau de la mer de leur époque, quand leur bathymétrie de dépôt est connue, grâce à l'examen de leur mode de sédimentation et leurs contenus en organismes. Cela est possible avec une bonne précision pour ceux de l'Holocène, aux caractéristiques écologiques des associations végétales et animales bien connues. L'érosion des sables de plage peut mettre à jour des niveaux cimentés par des carbonates, appelés *beachrock*. Ils sont considérés comme de bons indicateurs du niveau de la mer, leur diagenèse précoce se produisant à l'interface entre eau douce et eau salée. On les observe dans les mers tempérées, comme la Méditerranée et dans les mers chaudes. Dans celles-ci, les dépôts de mangrove et ceux des récifs coralliens constituent aussi de bons repères. Sur les côtes rocheuses abruptes, d'autres accumulations d'organismes existent. C'est le cas en Méditerranée, aux faibles marées, où des trottoirs d'algues concrétionnantes sont typiques de la zone intertidale. Dans la même zone, les mollusques accrochés aux rochers ainsi que les organismes lithophages sont aussi utilisables (*figure 5.21 A*).

FORMES D'ÉROSION – Les encoches littorales (*figure 5.21 A*) ou « visor » (en anglais *notche*) sont de bons repères, dus à l'action des vagues agissant par abrasion en projetant des éléments grossiers. D'autres encoches, fréquemment décrites en Méditerranée le long de côtes rocheuses calcaires, se forment au niveau du battement des marées et seraient creusées par des organismes.

Le long de nombreuses côtes, le littoral est aussi dominé par un relief au profil en « marches d'escalier » (*figure 5.17*) : il s'agit d'anciennes terrasses marines séparées par des falaises « mortes ». Le travail d'érosion de la mer a fait reculer l'emplacement de la falaise et a ainsi créé une terrasse marine d'abrasion. On peut considérer le pied de falaise comme un bon indicateur de la ligne de rivage.

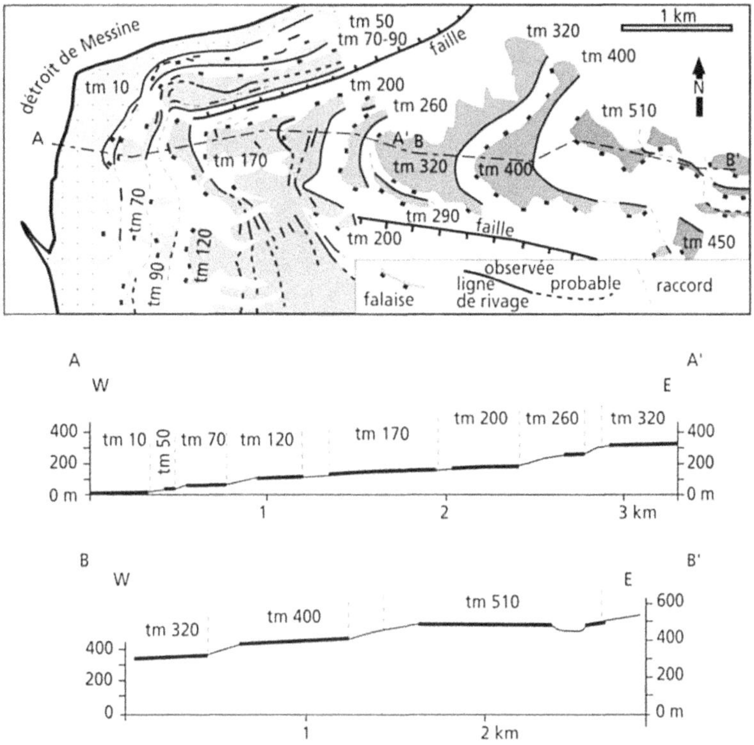

Figure 5.17 Exemple de terrasses d'abrasion marine soulevées de l'extrémité septentrionale de la rive calabraise du détroit de Messine (Italie).
Les failles qui délimitent un horst ont fonctionné au cours du plio-pléistocène, antérieurement au façonnement en terrasses. Parmi ces dernières, les plus importantes : tm10, tm170, tm290, tm400 et tm510, sont attribués aux stades interglaciaires 1, 5.5, 7.5, 9 et 11, d'âges entre 0 et 400 000 ans.
(D'après Dumas *et al.* 2000, dessins simplifiés.)

Les terrasses marines soulevées sont souvent recouvertes de dépôts marins (*figure 5.18*), qui permettent parfois leur datation.

La mesure altimétrique de tous ces repères doit être effectuée avec le plus grand soin. On se sert à cet effet de mesures répétées avec des altimètres, en contrôlant leur fonctionnement avec des baromètres. Leur localisation précise est maintenant obtenue au moyen du GPS.

b) Les variations du niveau des mers et les positions des repères marins

La position actuelle et le nombre des repères marins pléistocènes sont très variables d'une région à une autre. Au-dessus du niveau actuel de la mer, ils peuvent être absents, limités à un ou deux niveaux ou au contraire nombreux. Dans ce dernier cas, on considère (*figure 5.19*) que le littoral a enregistré, en se soulevant, les variations positives du niveau des océans, alors que les bas niveaux sont en général détruits lors de la remontée qui les suit. La datation des sédiments préservés sur ces terrasses (ou

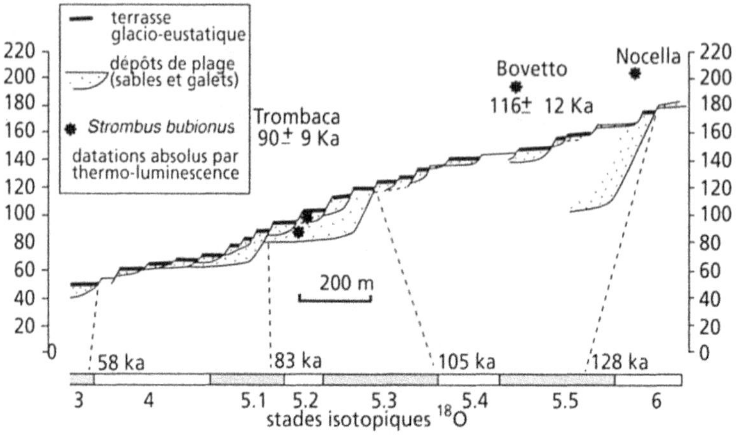

Figure 5.18 Terrasses et dépôts marins du Pléistocène supérieur de la rive calabraise du détroit de Messine (Italie).

Les dépôts reposent soit sur des terrasses d'abrasion marine, soit sont emboîtés. À noter les très fortes altitudes atteintes par les niveaux du Tyrrhénien à Strombes (les plus fortes en Méditerranée, à comparer par exemple avec figures 5.4 et 5.20).

(Dessin simplifié d'après Guérémy, 2003.)

d'autres repères marins comme dans le cas des récifs) permet de caler les lignes de rivage qui leur correspondent par rapport aux courbes générales des variations des niveaux de la mer, elles-mêmes déduites des variations isotopiques (*figure 5.17*).

D'après la méthode généralement utilisée, décrite par Lajoie (1986), l'altitude actuelle d'une ligne de rivage (E = élévation) est égale au taux de soulèvement (R), multiplié par le temps, soit l'âge du repère utilisé (A), plus l'altitude originelle (e) de celui-ci ($E = R \times A + e$). Le taux de soulèvement (R) se déduit du déplacement vertical $D = E - e$ divisé par le temps (A) : $R = D / A$.

Les altitudes originelles des lignes de rivages sont proportionnelles aux pourcentages de $\delta\,^{18}O$ et leurs estimations contrôlées dans des secteurs réputés stables. Ainsi pour les hauts niveaux du dernier interglaciaire (5.5, 5.3 et 5.1), on considère qu'ils étaient respectivement à + 5 m, – 10 m et – 15 m par rapport au niveau actuel.

Le nombre de terrasses et de lignes de rivage observées sera d'autant plus important que le taux de soulèvement sera fort. C'est le cas de la Calabre, au niveau du détroit de Messine, où les formations marines du Pliocène supérieur et du Pléistocène ancien ont été portées jusqu'à plus de 1 300 mètres. Cette surrection a entraîné l'exondation de dépôts bathyaux et de traits de la morphologie sous-marine (escarpements et anciens canyons) du Pléistocène ancien et la formation d'une succession très impressionnante de replats étagés (*figures 5.17* et *5.18*). Cette façade du détroit possède des niveaux de Tyrrhénien à strombes les plus hauts connus en Méditerranée (175,5 mètres ; *figure 5.18*). On peut y estimer le taux de soulèvement assez précisément depuis 128 000 ans (stade 5.5) : il est de 1,21 mm/an à 1,36 mm/an, en considérant que ce haut niveau se trouvait au départ à + 5 m par rapport au niveau zéro actuel (Dumas et Raffy, 2004).

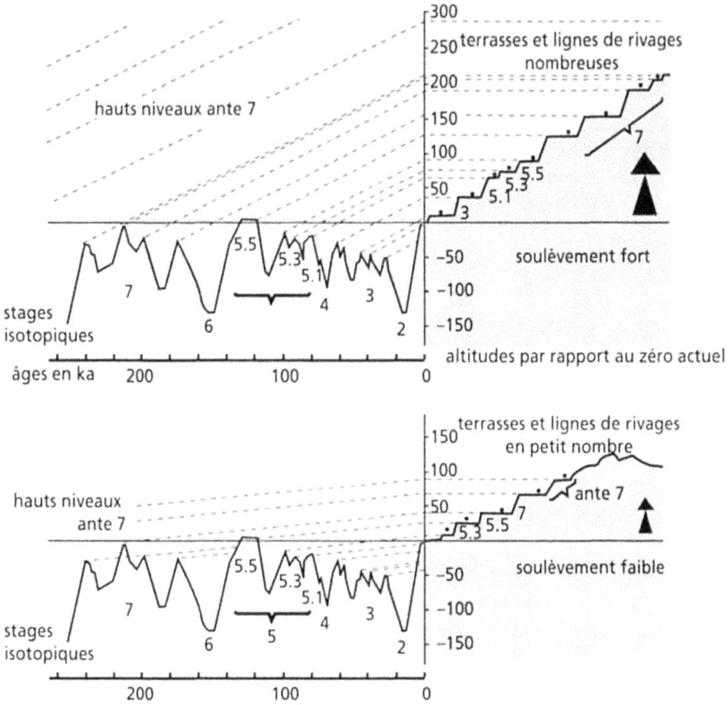

Figure 5.19 Fluctuations des niveaux marins du Pléistocène moyen et supérieur (en fonction des variations de ^{18}O) et formations de terrasses.

Terrasses et lignes de rivage correspondantes seront d'autant plus nombreuses que le soulèvement est fort.

(D'après la méthode de K. R. Lajoie, 1986.)

Par contre, sur le pourtour de la mer d'Alboran (*figure 5.20*), les côtes rocheuses ne portent que 3 à 4 niveaux de terrasses étagées. Leur altitude modeste (les sédiments rapportés aux stades 5.1 ou 5.3 d'après les datations isotopiques ont été portés à une hauteur maximale de 22 mètres) et leur nombre correspondent à un soulèvement modéré. Seuls ont été exondés, quelques-uns des plus hauts stades pléistocènes.

Dans des régions plus stables, seuls quelques sédiments et encoches marines d'altitude supérieure à celle du rivage actuel sont connus. Par exemple, en Languedoc, des niveaux marins à quelques mètres d'altitude (en général de 5 à 6 mètres) sont attribués à « l'Eutyrrhénien » (stade 5.5). Leur altitude est donc proche du maximum altimétrique qui aurait été mondialement atteint par la mer lors de ce haut niveau. La régularité et la faiblesse des altitudes observées conduisent à conclure à la faiblesse de la géodynamique du Languedoc méditerranéen, depuis au moins 100 000 ans.

Enfin, dans les régions en voie d'affaissement, on n'observera pas de lignes de rivage émergées, mais des dragages ou des observations en plongée permettent parfois de retrouver des niveaux marins pléistocènes.

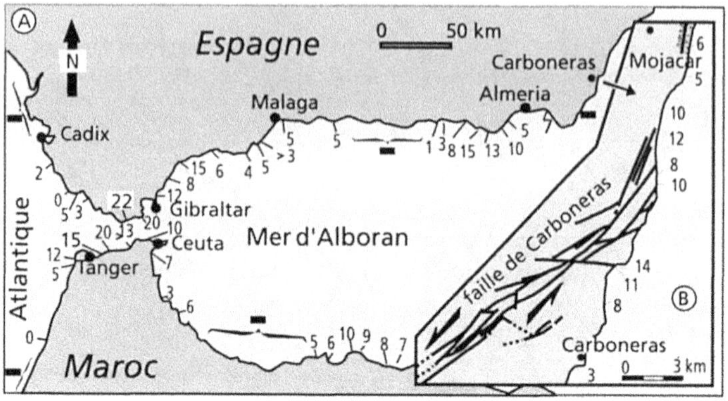

Figure 5.20 Altitudes de niveaux tyrrhéniens (« Ouljien ») dans l'arc de Gibraltar.
A : Pourtour de la mer d'Alboran et du détroit de Gibraltar.
B : Au niveau de la faille de Carboneras (localisation figure 5.3).
(D'après Angelier, *et al.* 1976.)

c) *L'analyse de la déformation*

Les lignes de rivages sont parfois nettement décalées (*figure 5.20 B*) ou ployées par des déformations localisées. Comme les failles et les plis (*figures 5.2* et *5.4*) qui affectent des dépôts marins pléistocènes leur interprétation tectonique ne pose pas en général problème.

Plusieurs phénomènes sont évoqués pour générer les terrasses marines étagées et les dépôts littoraux soulevés. Dans les régions peu sismiques couvertes par des calottes glaciaires pendant les périodes froides (Canada, Scandinavie), on les explique par une remontée isostasique succédant à la fonte des glaces. On pense aussi que les variations d'épaisseur de la tranche d'eau au cours du Pléistocène peuvent déclencher une déformation crustale (hydro-isostasie). D'autres mécanismes interviennent parfois : soulèvement et affaissement proches de volcans actifs sont reliés au magmatisme, comme dans le cas bien connu de « bradyséisme » des Champs Phlégréens (§ 1.3).

Dans les régions sismiques, la tendance est de privilégier les explications tectoniques, car en Californie, au Japon, en Nouvelle-Zélande, en Alaska, au Chili, pendant la période historique récente, plusieurs grands séismes ont été accompagnés de mouvements verticaux co-sismiques qui ont modifié notablement les littoraux. Ainsi, après le séisme de l'Alaska en 1964, de magnitude 9.1, la ligne de rivage et la plate-forme d'abrasion marine actuelle ont été soulevés de plusieurs mètres (maximum de + 8 m) sur une superficie de 160 000 km^2 (*figure 2.14*). Conjointement, un tout aussi vaste secteur a subi un affaissement (maximum de – 2 m). C'est pourquoi (*figure 5.21 B*), on attribue le plus souvent le soulèvement des repères déplacés (encoches littorales, trottoirs construits et terrasses d'abrasion) les plus récents (historiques ou holocènes, datées par ^{14}C) à des déformations co-sismiques (Lajoie 1986, Pirazolli 1996). Leur taux de soulèvement est alors utilisé pour déterminer la récurrence des séismes majeurs.

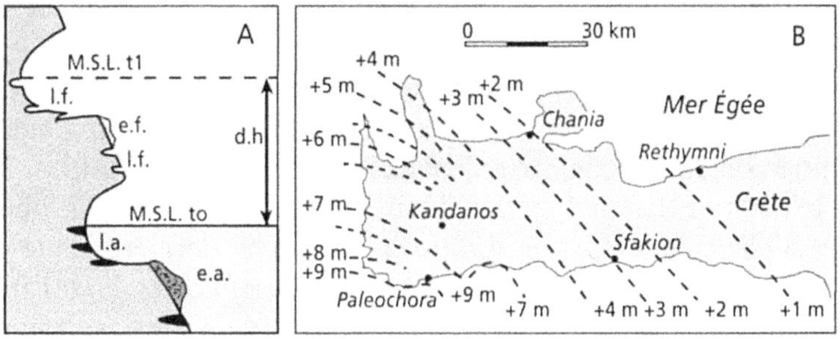

Figure 5.21 Utilisation des encoches marines.

A : Lithophages actuels (l.a.) et fossiles (l.f.) ; encroûtement actuel (e.a.) et fossiles (e.f.) ; M.S.L. t0 : niveau moyen de la mer actuel ; M.S.L. t1 : idem au temps t1 ; d. h : soulèvement mesuré par rapport à deux encoches, interprété en général comme un soulèvement co-sismique.

B : Élévation de lignes de rivages attribuée au séisme majeur de subduction du 21 juillet 365, dont les effets ont affecté tout le domaine égéen et qui fut accompagné d'un très important tsunami. (D'après Pirazzoli *et al.*, 1996. Modifé avec la permission de l'American Geophysical Union.)

Le cas des secteurs à terrasses étagées pose plus de difficultés. En vertu du recours à l'actualisme, leur soulèvement est souvent exclusivement interprété comme la somme de soulèvements co-sismiques. Mais, il est nécessaire, comme le montrent les résultats de la géodésie, de faire la part des déformations inter-sismiques. Elles peuvent être en relation avec le fonctionnement d'une faille proche, et être positives ou négatives suivant les cas. Il peut aussi, suivant les secteurs, s'ajouter au phénomène sismique des causes plus générales (*figure 5.22*). Les déséquilibres isostatiques propres aux chaînes, aux rifts ou aux secteurs bordant des subductions entraînent des déformations crustales à grand rayon de courbure.

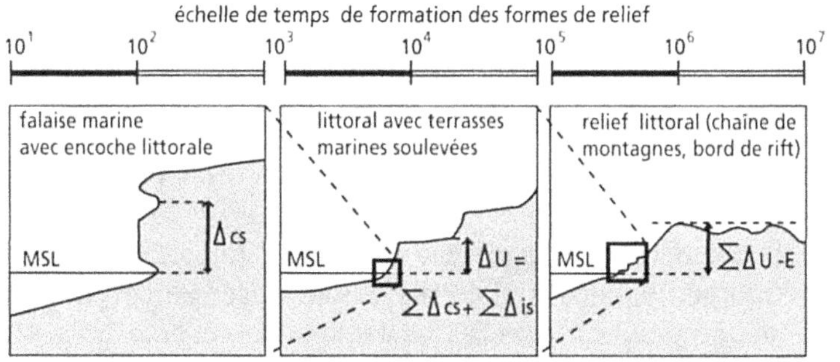

Figure 5.22 Significations des soulèvements mesurés grâce à des repères littoraux.
(Dessin inspiré d'une présentation du problème par Keller et Pinter, 2002.)

L'échelle varie de métrique à kilométrique. MSL : niveau moyen de la mer ;
Δcs = soulèvement co-sismique ; $\Delta$is = mouvement inter-sismique aux causes multiples (voir texte) ; Δu = soulèvement mesuré par rapport à deux lignes de rivage ;
E = érosion. Σ = somme des mouvements.

Ainsi, sur la rive méridionale du golfe de Corinthe, le soulèvement des terrasses étagées a été mis en rapport avec le fonctionnement des failles qui limitent le rift au sud. Dans ce secteur, on a considéré (De Martini *et al.* 2004) qu'au taux de soulèvement de 1 à 1,2 mm/an, on devait soustraire une surrection régionale de 0,2 à 0,3 mm/an pour obtenir le taux de déplacement du mur des failles. En fonction d'une modélisation et des paramètres géométriques des failles, on obtient ensuite des taux de déplacement moyens (*slip-rates*) de ces dernières, que l'on pourra mettre ensuite en rapport avec des déplacements co-sismiques. Pour l'interprétation des terrasses étagées de la façade calabraise du détroit de Messine, certains auteurs ont relié directement le soulèvement à des événements sismiques. L'étude détaillée (Dumas *et al.*, 2000) révèle la présence de nombreuses lignes de rivage et de terrasses séparées souvent de quelques mètres (*figure 5.18*), mais l'hypothèse d'un lien direct avec des séismes a été écartée par ces derniers auteurs, qui privilégient les corrélations avec des pulsations glacio-eustatiques mineures, maintenant connues (*figure 5.17 B*). Le cas du détroit de Messine illustre donc, outre l'ampleur de son soulèvement pléistocène et le nombre élevé de terrasses qui en résulte, que l'utilisation sismotectonique des repères marins n'est pas simple.

Quoi qu'il en soit, en Méditerranée, les différences constatées dans les taux de soulèvements sont le reflet de situations géodynamiques différentes (cf. § 9.3.3) : elles entraînent principalement les jeux de décrochements dans l'arc de Gibraltar, alors que des failles normales caractérisent le détroit de Messine et le golfe de Corinthe. En conséquence, le recours aux taux de soulèvement déterminés sur le long terme pour calculer la période de retour de séismes majeurs doit s'appuyer sur une bonne connaissance de la situation sismotectonique du secteur étudié, la non-prise en compte de facteurs autres que sismiques pouvant conduire à mésestimer leur temps de récurrence.

5.5 RECOURS À LA TÉLÉDÉTECTION ET AUX MODÈLES NUMÉRIQUES DE TERRAIN (MNT)

5.5.1 Méthodes, objets d'étude et objectifs

Appelées « géomorphométrie » ou « morphométrie », les approches quantitatives de la géomorphologie, ont été tentées et expérimentées depuis longtemps, mais le développement de la télédétection spatiale a renforcé l'intérêt que l'on pouvait leur porter. À l'heure actuelle, elles sont en particulier mises en œuvre pour déceler les modifications topographiques dues à une tectonique récente ou active. Dans les régions où celle-ci est importante, elles servent pour comparer et évaluer les taux de croissance des reliefs correspondant à des structures (failles, anticlinaux). Cette morphométrie s'appuie sur une connaissance précise de la topographie terrestre grâce à des documents satellitaires ou-et plus classiquement avec des cartes topographiques numérisées permettant d'obtenir les modèles numériques de terrain (MNT, *figure 5.23*). De même, le recours aux images satellitaires (Landsat-Spot) et, dans les régions à fort couvert végétal, aux images radars (SAR) peut venir compléter les observations et les traitements faits par la télédétection classique, sur photographies aériennes. Le long de la faille de San Andreas, la prise de photos aériennes avec une lumière rasante a permis de bien localiser l'expression morphologique des ruptures de surface du séisme de 1906. L'examen stéréoscopique de couples de ces photos peut se révéler très fructueux. De même, celui de clichés Spot, ainsi que le traitement des données numériques, conduisent à une vision 3D du relief. Un autre intérêt majeur de ces méthodes est de permettre rapidement l'examen de vastes zones.

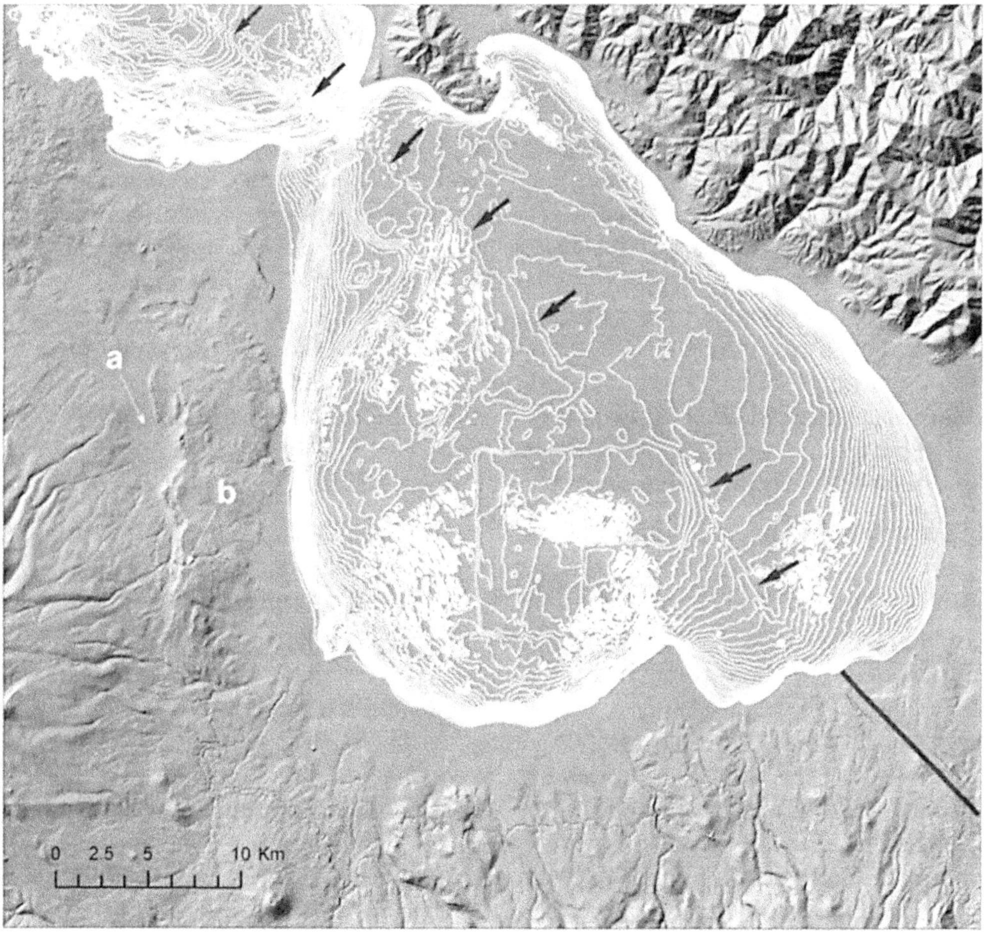

Figure 5.23 Modèle numérique de terrain des abords du lac Sevan (Arménie) et sa bathymétrie (document inédit Georisck).

On distingue à gauche une faille nord-sud affectant des coulées volcaniques de Pléistocène supérieur. Le réseau hydrographique a été modifié ; on remarque une vallée sèche sur le bloc soulevé (b) et une tache grise (a, au nord de la faille), qui correspond au remplissage d'un ancien lac, comblé vers – 30 000 ans. Dans la topographie du fond du lac Sevan, on suit le tracé de la faille NW-SE de Pamback-Sevan.

En mer et parfois à terre (lacs), les méthodes géophysiques actuelles (cartographie multi-faisceaux) permettent également d'obtenir des documents très précis sur la topographie. Les abrupts correspondant aux jeux de faille et les grands glissements d'origine sismique seront d'autant mieux visibles, que l'érosion ou la sédimentation postérieure sera faible, ce qui est souvent le cas (*figure 5.23*). Ils ont fait parfois l'objet d'observations directes (robots avec caméras ou plongées en soucoupes avec observateurs).

Dans cette brève approche de ce domaine en plein développement, seuls sont mentionnés ici les paramètres relevés et chiffrés et les indices (« index ») utilisables en néotectonique : ils portent principalement sur les reliefs et les réseaux hydrographiques. On peut les combiner pour des problèmes spécifiques.

5.5.2 Indices morphométriques

Différents paramètres permettent d'aborder de façon quantitative l'importance des reliefs et leur degré de dissection par l'érosion. En particulier, ils concernent les réseaux hydrographiques et quantifient certains de leurs traits, examinés précédemment (§ 5.4.3). Ils sont ici très brièvement évoqués, car on trouvera dans les ouvrages de Keller et Pinter (2002) et de Delcaillau (2004) de plus amples développements, avec exemples et bibliographie. Comme cela est souligné par ces auteurs, pour leur mise en œuvre en néotectonique, il faut bien être conscient que les facteurs tectoniques ne sont pas les seuls à intervenir dans l'évolution des reliefs, l'érosion étant tributaire aussi de la lithologie, de la disposition des roches et du climat.

a) Indices sur l'importance du relief et de son érosion

Beaucoup de paramètres sont basés sur les secteurs qui sont drainés par les cours d'eau ou « bassins versants ». On peut comparer leurs surfaces réelles à leurs surfaces projetées ou bien leurs volumes en creux à ces dernières.

On se réfère aussi classiquement aux courbes et indices hypsométriques. Les premières sont construites en reportant la surface relative des bassins-versants pour différentes tranches d'altitude (surface partielle/surface totale), aux hauteurs relatives (hauteur partielle/hauteur totale) de ces dernières. Elles permettent des comparaisons quelle que soit la taille des bassins-versants et l'importance du relief. Les seconds ou intégrales hypsométriques (H_i) correspondent à la surface sous la courbe hypsométrique. Elle est facilement calculée : H_i = altitude moyenne – altitude minimum / altitude maximum – altitude minimum ; plus sa valeur sera faible, plus l'érosion du relief sera importante.

Des facteurs de forme sont aussi utilisés. Celui d'asymétrie correspond à FA = 100 (ad/A), avec ad = surface du versant de rive droite du cours majeur et A surface totale du bassin versant ; FA = 50 en cas de symétrie, FA > 50 pour un versant de rive droite plus développé. On peut aussi mesurer un autre indice, le facteur d'asymétrie transversal : T = Da/Dd, avec Da = la distance entre le cours majeur et la ligne médiane (M) du bassin-versant et Dd = entre celle-ci et le bord du bassin versant (*figure 5.24 A*). T est égal à 0 pour un bassin versant symétrique et sera croissant en cas d'asymétrie. Quand la lithologie et la disposition des roches ne sont pas en cause, ni des facteurs climatiques, ces asymétries correspondent à une migration du cours principal (ou défluviation, cf. § 5.4.2.*a*)), due par exemple à un basculement (*figure 5.24 A*).

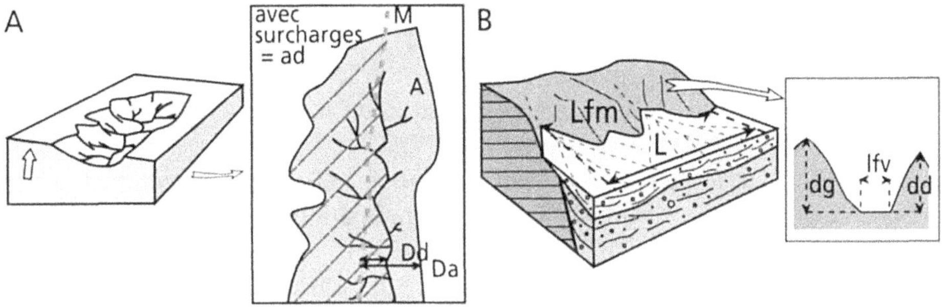

Figure 5.24 Asymétrie du bassin versant et de son réseau hydrographique, par suite d'un soulèvement et quantification (signification des paramètres dans le texte).

B : Quantification de la dissection d'un front montagneux ou d'un escarpement lié à une faille, par l'indice de sinuosité (S = Lmf / L) et par le rapport entre la largeur du fond de vallée et les dénivelés de ses flancs, V = 2 lfv / (dd + dg).

b) Indices à partir des cours d'eau

Le développement des réseaux hydrographiques ne s'accompagne pas seulement par l'étendue et la forme des bassins-versants. D'autres indices sont plus particulièrement calculés à partir des caractéristiques des cours d'eau. On peut rapporter leur nombre ou leur densité à la surface drainée. Il est intéressant de connaître la hiérarchisation des réseaux, leur développement s'accompagnant d'une complexité croissante. On codifie celle-ci en considérant que les cours d'eau principaux d'ordre 1 reçoivent des affluents d'ordre 2, sur lesquels se greffent d'autres plus petits d'ordre 3, et ainsi de suite (*figure 5.25*).

Le long des cours d'eau, il est possible aussi de préciser les variations de leur pente. Pour un secteur, on calcule l'indice du gradient de longueur (« stream-length-gradient index ») : $SL = (\Delta H/\Delta L)L$, ΔH étant la différence entre les altitudes aux deux extrémités du secteur, ΔL sa longueur et L étant la longueur du cours d'eau, de son point le plus haut au milieu du secteur. Si l'on fait cette opération systématiquement sur le réseau hydrographique d'une région, on trace ensuite une carte avec des courbes d'iso-valeurs de SL.

c) Indice de sinuosité des fronts montagneux

Cet indice (Sfm) est égal à la longueur totale du front montagneux (ou d'un escarpement) (Lfm) divisé par la longueur de la ligne droite parallèle au front mesuré (L) (*figure 5.24 B*). Dans les secteurs de tectonique active au cours du Pléistocène, cet indice reflète l'importance relative de la tectonique et de l'érosion : il sera d'autant plus élevé que celle-ci sera prédominante.

Parfois évalué conjointement, un autre indice fournit des indications complémentaires : le rapport entre la largeur du fond de vallée et la hauteur de ses flancs (*figure 5.24 B*). On double la valeur de la largeur du fond de vallée (lfv) car on la divise par les dénivelées des deux flancs droit et gauche, mesurées par rapport à l'altitude du fond de vallée : V = 2 lfv / (dd + dg). Les valeurs les plus basses de ce rapport correspondent aux vallées les plus étroites avec des rivières.

L'utilisation de ces indices ne pourra se faire que pour comparer des fronts montagneux ou des escarpements de même lithologie, associés à des failles de même pendage, et subissant les mêmes conditions morpho-climatiques depuis le même laps de temps. On évitera d'autre part d'inclure, dans ces mesures, des vallées de rivières antécédentes, pour ne considérer que celles qui descendent du front montagneux et qui sont adaptées. Pour des applications sismotectoniques, il faut aussi avoir présent à l'esprit qu'au piémont d'escarpements de faille hérités (*figure 5.12 B2*), avec de forts indices de sinuosité qui feraient penser que l'on est face à un secteur inactif, des ruptures de faille active peuvent se produire, pour les différentes raisons examinées au § 5.4.1.*a)*.

d) Combinaison d'utilisation de plusieurs indices

Dans les études morphométriques, on a recours le plus souvent à plusieurs indices. Si l'on prend le cas de la propagation latérale d'un chevauchement actif, le relief et concurremment le réseau hydrographique se développent (comme illustré précédemment, figure 5.18). Cela se traduira par la croissance des bassins de drainage : pour lesquels on pourra comparer les différents indices basés sur leur surface et toutes les caractéristiques de leur hydrographie (*figure 5.25*).

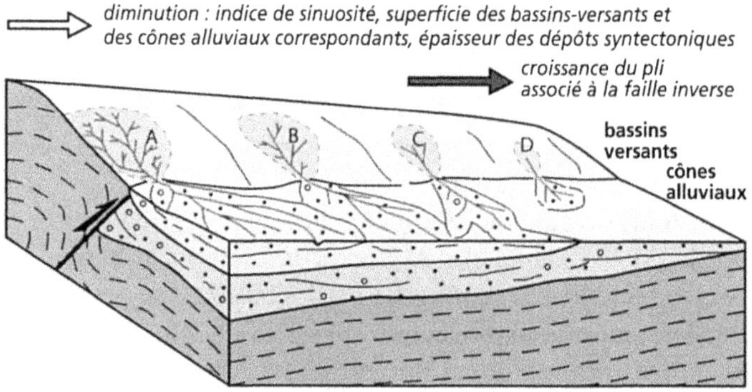

bassins versants	superficie	densité du drainage	pente moyenne	ordres (Stahler)	intégrale hypsométrique Hi
A	++++	++++	+	1-4	+
B	+++	+++	++	1-3	++
C	++	++	+++	1-2	+++
D	+	+	++++	1	++++

Figure 5.25 Combinaison d'utilisation de plusieurs paramètres pour établir la croissance d'un relief lié à une faille inverse active.

5.5.3 Conclusions

Vu la complexité des processus d'érosion causée par leur interdépendance avec les climats actuels et passés, la lithologie et la tectonique, l'interprétation des formes de relief n'est pas simple. Cela a été en particulier constaté précédemment pour les reliefs associés aux failles (§ 5.4.2) : les similitudes de forme entre escarpements de faille (tectoniques) et escarpements de ligne de faille (dus seulement à l'érosion différentielle) entraînent des confusions fréquentes.

Les observations de télédétection, les mesures de la morphométrie et l'apport des MNT ont l'avantage de permettre de traiter de vastes secteurs et d'y rechercher des « anomalies » ou des différences qui peuvent avoir une origine tectonique. Ces techniques conduisent à des conclusions d'autant plus fiables qu'elles sont utilisées à différentes échelles et que leurs résultats sont contrôlés sur le terrain par des personnes compétentes en géomorphologie et néotectonique. Toutefois, elles ne doivent pas servir à écarter des observations directes, quand elles-mêmes ne donnent pas de résultat significatif.

Chapitre 6

Paléosismologie, sismologie historique et archéosismologie

Il a été groupé dans ce chapitre trois disciplines dont les objets d'études sont en rapport étroit avec des événements sismiques, ce qui n'était pas le cas de la néotectonique à l'apport beaucoup plus général, car étudiant des effets sismotectoniques cumulatifs : *la paléosismologie* (§ 6.1) correspond à l'étude géologique des séismes anciens (préhistoriques ou même historiques documentés ou non). Dans bien des cas et beaucoup de pays, les connaissances sur la sismicité s'appuient fortement sur les événements subis pendant la période historique. On retrouve ceux-ci par des témoignages divers, qu'il est nécessaire de passer au crible de la critique historique. Cette *sismologie historique* (§ 6.2), discipline pionnière qui a précédé la sismologie instrumentale, est maintenant accompagnée par *l'archéosismologie* (§ 6.3), plus tournée vers les effets des séismes sur le bâti ancien.

6.1 PALÉOSISMOLOGIE

Avant les années 1970, l'évaluation de l'aléa sismique était pratiquée en prenant en compte uniquement la sismicité connue pendant la période historique. Mais l'information pour les événements sismiques les plus anciens permet rarement de relier de façon certaine un séisme à une faille active et ne permet pas d'accéder à la période de retour des séismes. Celle-ci est le plus souvent bien supérieure à la période couverte par la documentation historique. En effet, on connaît nombre de failles présentant toutes les évidences morphologiques d'activité tectonique récente et qui n'ont pas connu de séismes significatifs pendant la période historique. Pour connaître l'histoire sismique d'une faille active, englobant plusieurs cycles sismiques, les méthodes d'investigation géologiques permettent d'élargir considérablement l'échantillonnage temporel de cette histoire en explorant des périodes de plusieurs milliers, voire de plusieurs dizaines de milliers d'années.

Ces études paléosismologiques ont débuté aux États-Unis et plus particulièrement en Californie dans les années soixante-dix, région caractérisée par une activité sismique importante mais aussi par une période de documentation historique relativement courte. Pour compléter les observations sur des affleurements naturels ou artificiels, comme les bords de route ou les carrières, on réalise l'excavation de tranchées au travers de failles. Les études menées par K.E. Sieh (1977), sur la faille de San Andreas, ont largement contribué à faire connaître ce type de technique et à la répandre par la suite à travers le monde principalement dans les pays caractérisés par un aléa sismique relativement élevé comme la Chine, le Japon, la Nouvelle-Zélande, l'Italie ou bien la Grèce, mais aussi dans des pays de sismicité plus faible comme la France (cf. § 9.3.2).

La publication de deux ouvrages fondamentaux (*Paleosismology*, 1996 et *The Geology of Earthquakes*, 1997) marque un tournant dans l'histoire de cette jeune discipline. Leurs auteurs fournissent des descriptions très complètes des méthodes et des applications de la paléosismologie et posent les questions fondamentales qui découlent de ces études, en particulier celles des modèles du séisme caractéristique, des relations vitesse moyenne – récurrence, toutes données nécessaires à l'évaluation de l'aléa sismique.

6.1.1 Objets d'étude et méthodes

Lors de ces études, on cherche en premier lieu (§ 6.1.2) à retrouver des traces d'effets typiques des séismes dans des formations géologiques de l'Holocène ou du Pléistocène récent : en priorité, des déformations tectoniques (failles, fentes, petits plis, discordances) et les escarpements de faille les plus récents (cf. § 5.4.1) Souvent, les études paléosismologiques sont réalisées à partir de tranchées.

On se tourne aussi (§ 6.1.3) vers les effets secondaires ou indirects, induits par les mouvements vibratoires du sol associés au séisme, en particulier des perturbations des dépôts sédimentaires dont les figures de liquéfaction. On les trouve parfois dans les terrains observés en tranchées mais aussi dans les sédiments de lacs ou dans des terrasses alluviales proches de l'épicentre.

Un autre type d'investigation (§ 6.1.4) a été mis en œuvre dans les régions calcaires pour y retrouver des séismes anciens. Dans les cavités et les réseaux karstiques, ceux-ci entraînent des anomalies des spéléothèmes (ruptures de stalactites par exemple). Plus rarement on y observe des décalages tectoniques de conduits karstiques.

6.1.2 Études paléosismologiques d'une faille

Deux types d'approche complémentaires coexistent : d'une part l'analyse morphologique d'escarpements correspondant à d'anciennes ruptures de surface de séismes et d'autre part la réalisation de tranchées. Dans les deux cas, on étudie l'érosion des escarpements, et les dépôts qui en résultent, afin de dater un ou plusieurs séismes à l'origine de leur création (Wallace, 1977).

a) Évolution morpho-sédimentaire d'un escarpement primitif de faille

L'escarpement initial se dégrade (*figures 6.1* et *6.2*) à cause de phénomènes gravitationnels et érosifs qui sont à l'origine de la formation d'une accumulation de dépôts détritiques au pied des escarpements, dénommée dans la littérature spécialisée « coin colluvial » (*colluvial wedge*), bien que plusieurs processus d'érosion puissent intervenir. Leur nature et leur importance respective dépendent, en premier lieu, des caractéristiques de l'escarpement primitif : géométrie de faille normale ou de faille inverse, roches cohérentes ou meubles ou bien formations superficielles non cimentées, sol mince ou épais. En second lieu le climat et, éventuellement, ses variations, si le temps d'action de l'érosion est suffisamment long (plusieurs millénaires par exemple), gouvernent les modalités de cette dernière. Pour les escarpements constitués de roches cohérentes, leur érosion sera ainsi facilitée quand les processus de gélifraction seront présents.

En général, la formation du coin colluvial débute immédiatement après la naissance de l'escarpement. Elle commence par le dépôt de matériaux grossiers (*debris facies*), issus de la chute de blocs du compartiment soulevé. Parmi ces blocs, on peut trouver des éléments intacts de sol. Suivant la cohésion des matériaux et l'agressivité du climat, cette étape peut durer plusieurs dizaines d'années. Ces premiers dépôts ne sont généralement pas stratifiés. Entre les éléments les plus grossiers, on trouve peu de matrice ; celle-ci est tout de même plus abondante vers le haut, car les processus de ruissellement deviennent dominants, ce qui se traduit par une sédimentation plus fine, stratifiée et quelquefois plus riche en matières organiques (*wash facies*). Sous l'effet de l'érosion, l'escarpement recule et présente une face libre (*free face*) qui peut disparaître ensuite totalement. Le colluvionnement s'atténue peu à peu jusqu'à la réalisation d'un profil d'équilibre. On considère que le volume du coin colluvial est comparable à celui des matériaux érodés et donc proportionnel à l'amplitude du mouvement sur la faille.

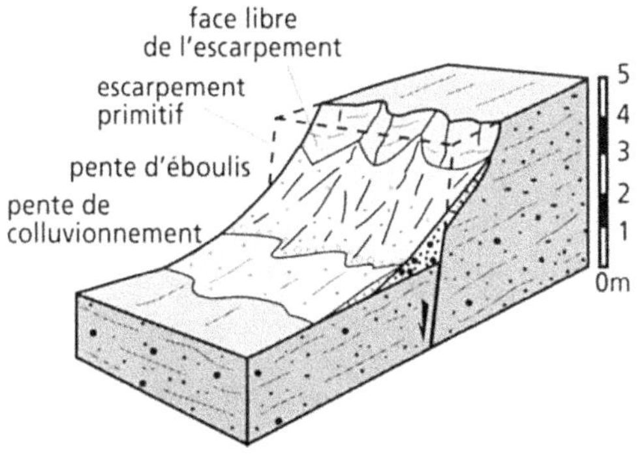

Figure 6.1 Premier stade de l'évolution morpho-sédimentaire d'un escarpement primitif de faille dans des alluvions, avec formation d'un « coin colluvial ».

Un nouvel événement sismique, avec rupture de surface, entraînera la reprise de l'érosion d'un nouvel escarpement. Cette évolution suggère donc que le nombre de coins colluviaux est le même que celui des événements sismiques majeurs qui sont produits par la faille.

Un bon exemple de la formation d'un coin colluvial nous est fourni par la dégradation sur une période de dix ans des escarpements primitifs qui se sont formés lors du séisme de Spitak (Arménie, décembre 1988), dans un secteur où la faille traverse des vulcanites et leur couverture d'altération (photos 6.1). Sur la première photo prise quelques semaines après le séisme, on distingue bien les blocs éboulés en pied d'escarpement ; la seconde prise de vue a été réalisée dix ans après (1998) et montre la dégradation de l'escarpement par diffusion (ruissellement). Elle se traduit par des dépôts fins qui se superposent aux dépôts grossiers. Le processus d'érosion devrait s'atténuer par la suite jusqu'à un profil d'équilibre. La colonisation de la végétation, dont le début est visible sur la prise de vue de 1998, va entraîner la formation d'un sol qui recouvrira la surface dégradée préservant ainsi l'escarpement de l'érosion, jusqu'à ce qu'une nouvelle rupture réactive l'escarpement pour former un nouveau coin colluvial.

Il a été proposé d'estimer directement l'âge des escarpements primitifs par l'utilisation de modèles d'érosion « diffusive », qui correspond à l'érosion par la pluie et le ruissellement qui en découle. En effet, si on connaît la forme primitive de l'escarpement et la vitesse d'érosion (« diffusivité ») la forme du profil de l'escarpement nous permet d'évaluer le temps écoulé depuis sa formation. Le modèle diffusif prédit qu'en première approximation, la valeur des pentes résultant de l'érosion, le long d'un profil transverse, est distribuée sous la forme d'une courbe gaussienne. La largeur de cette gaussienne est proportionnelle au produit de l'âge et du coefficient de diffusion (on parle d'âge morphologique pour la valeur de ce produit). Le calibrage du coefficient permet donc d'estimer un âge de l'escarpement.

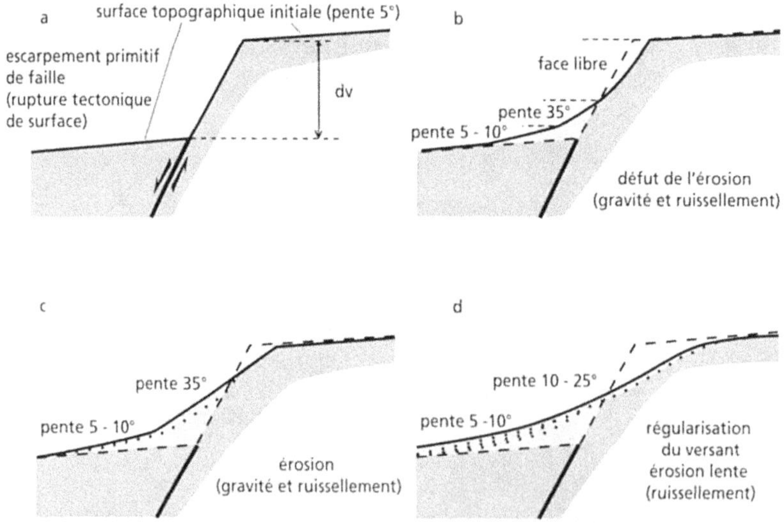

Figure 6.2 Évolution morpho-sédimentaire d'un escarpement primitif de faille. (dv : déplacement vertical).

Photos 6.1 Évolution en dix ans de l'escarpement primitif (rupture de surface) du séisme Spitak (7/12/1988).

Ce coefficient varie notamment en fonction du climat (variable au cours de l'Holocène). Le problème se complique lorsque l'escarpement est le résultat de plusieurs événements successifs. Cette méthode de datation directe comporte donc des marges d'erreur importantes.

b) Études par tranchées au travers d'une faille

Elles sont décidées et réalisées pour différents objectifs :

- après un séisme majeur (M > 6.5-7) au travers d'une faille, dont le tracé est connu par les ruptures de surface et dont on veut connaître les caractéristiques temporelles de l'activité ;
- sur une faille présentant des évidences morphologiques d'activité récente mais dont on ne connaît pas de séisme historique qui lui soit associé ;
- dans d'autres cas, pour essayer de corréler faille et séisme ancien (cf. § 9.3.2).

Après avoir effectué une étude préliminaire basée essentiellement sur la reconnaissance le long des failles d'anomalies géomorphologiques, on repérera des sites favorables à l'enregistrement sédimentaire de paléo-ruptures : plaines alluviales, *sag ponds*, dépressions fermées correspondant à d'anc iens lacs (issu du barrage par la faille d'un drainage par exemple) (*figure 6.4 A*). En cas de doutes sur l'emplacement précis de la faille, on peut aussi faire appel aux méthodes de géophysiques légères de surface (cf. § 8.1.2), similaires à celles utilisées en archéologie. Il sera souvent nécessaire de réaliser plusieurs tranchées. Leur orientation par rapport à la faille va dépendre de la cinématique de la faille, déterminée lors de l'étude préalable. Dans le cas de faille présentant une composante verticale dominante (faille normale, *figures 6.3* et *6.4*, ou inverse, *6.5*), on optera pour des tranchées orientées perpendiculairement à la direction générale de la faille. Pour les décrochements, on réalisera des tranchées parallèles à leur direction et reliées par une tranchée perpendiculaire pour effectuer des corrélations entre les deux compartiments. La profondeur des tranchées est conditionnée par l'épaisseur des formations superficielles en pied d'escarpement qui est fonction de l'amplitude des déplacements verticaux cumulés. Compte tenu des limitations techniques d'approfondissement des tranchées (sédiments peu cohésifs, nappes phréatiques) il est prudent de choisir des secteurs où les déplacements verticaux ne sont pas trop importants. L'expérience montre qu'il faut souvent réaliser plusieurs tranchées dans un même secteur avant de trouver celles qui vont fournir un maximum d'informations.

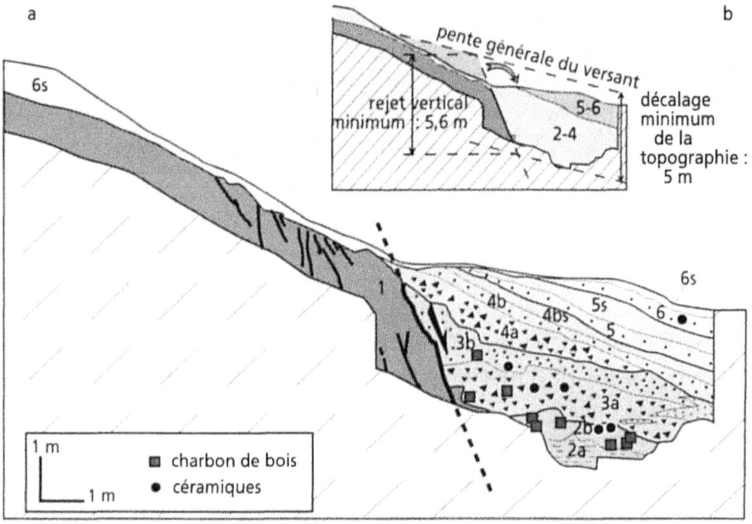

Figure 6.3 Exemple de tranchée exécutée en Arménie mettant en évidence trois séismes, au travers d'une faille normale associée à la faille de Pamback-Sévan.

(Dessin simplifié, d'après Philip *et al.*, 2001.)

1 : Calcaires ; 2a : Dépôts fins de mare de dépression tectonique (« sag pond ») ; 2b : dépôts clastiques (jusqu'à plus de 20 cm) avec paléosol ; 3a : Dépôts clastiques à éléments calcaires (centimétriques à décimétriques) ; 3b : Colluvions avec éléments calcaires (centimétriques) ; 4a : Idem 3a ; 4b : Colluvions fins avec éléments calcaires (< 2 cm) ; 5 : Colluvions avec os, charbons, obsidiennes et rares fragments de céramique ; 6 : Colluvions avec plusieurs fragments de poterie ; 4bS, 5S et 6S : sols. Les céramiques des niveaux 2b, 3a, 3b et 4a appartiennent à la culture Kura-Arax de l'âge du Bronze ancien (2600-2200 ans B. C.). Les autres céramiques (niveau 6) sont plus récentes (époque hellénistique : 300-200 ans B.C.). Les charbons de bois des niveaux inférieurs (2b et 3) fournissent des âges entre 5040 et 1980 ans B.C. et sont donc en majorité remaniés. En revanche, ceux des niveaux 4b et 5 indiquent un âge de 390-200 ans, cohérent avec les autres datations.

L'étape suivante va consister à réaliser l'étude stratigraphique et sédimentologique fine des différents dépôts identifiés sur la coupe de la tranchée et qui sont en majorité le produit de l'érosion de l'escarpement de faille et aussi d'apports latéraux plus fins venant du compartiment affaissé. On nettoie soigneusement les parois de la tranchée. Vient ensuite l'exécution du relevé, avec en préalable au dessin de la coupe à l'échelle (*logging*) la mise en place d'une grille de référence.

Cette étape, longue car réalisée avec le même soin que des fouilles archéologiques, établit une chronologie relative des différents événements tectono-sédimentaires, qu'on se préoccupera de dater par différentes méthodes (cf. § 5.2). Après la

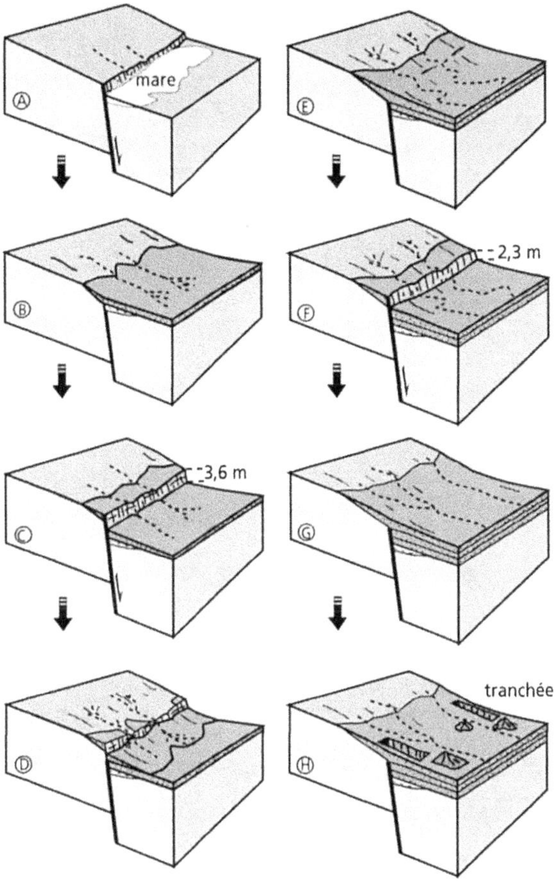

Figure 6.4 Interprétation paléo-sismologique d'après la tranchée de la figure 6.3 et celles réalisées sur le même site. (D'après Philip *et al.*, 2001.)

A : Premier séisme et dépôts lacustres (2a, figure 6.4). B : Pendant l'occupation du site (culture Kura-Arax), érosion avec transport de céramiques, dépôt (2b) et pédogenèse (paléosol).

C : Deuxième séisme. D et E : Érosion et dépôt du coin colluvial formé de 3a, 3b ;

F : Troisième séisme. G : Érosion et dépôt du coin colluvial formé de 4a, 4b et pédogenèse (4bs). H : Époque actuelle après dépôt (5 et 6) et pédogenèse (5s et 6s), avec réalisation de tranchées.

datation des paléoséismes, il faut l'évaluer leur magnitude. Elle peut se faire de façon indirecte par une estimation des hauteurs des escarpements primitifs. Dans le cas où on serait en présence de plusieurs événements sismiques, on mesure les déplacements verticaux cumulés grâce au décalage de la pente topographique originelle. Pour estimer les déplacements correspondant à chacun des événements, on évalue l'épaisseur maximale de chacun des coins colluviaux qui est égale d'après les modèles empiriques de dégradation (McCalpin 1982) à la moitié de la hauteur de l'escarpement. Enfin, en appliquant la relation empirique qui relie le déplacement et la magnitude (Wells et Coppersmith, 1994), on calcule pour chacun des événements

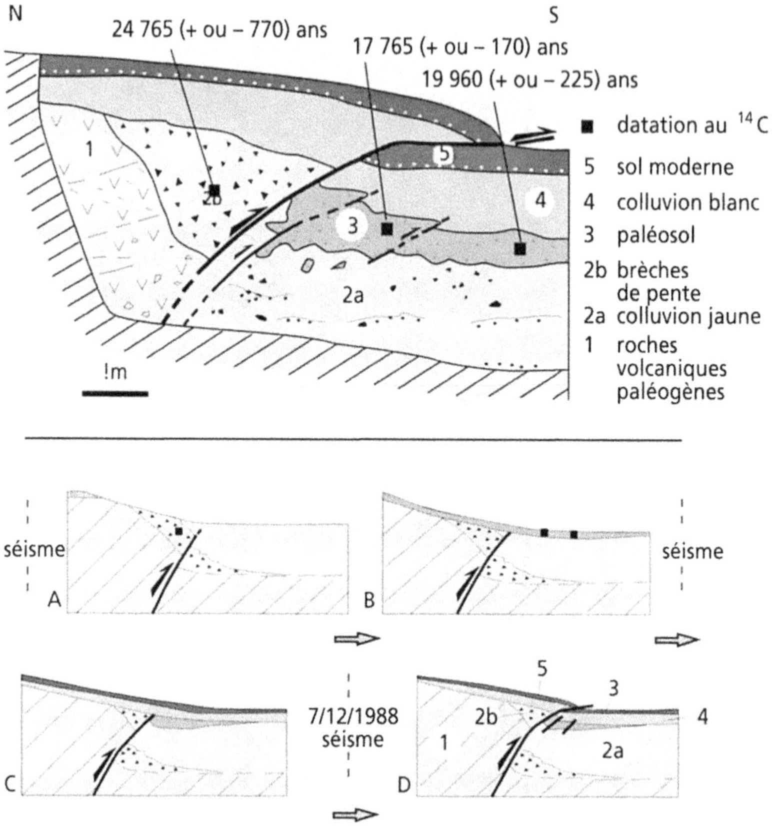

Figure 6.5 Exemple de tranchée exécutée sur la faille inverse du séisme de Spitak (Arménie) et interprétation paléo-sismologique. (Dessin modifié, d'après Philip *et al.*, 1992.)

la magnitude du moment sismique (Mw). Cette estimation effectuée à partir de la composante verticale du mouvement sera sensiblement augmentée par la présence d'une composante horizontale.

6.1.3 Le recours aux séismites

Dans les terrains sédimentaires de formations géologiques anciennes et dans des terrains pléistocènes et/ou holocènes, on observe certaines dispositions et structures sédimentaires que l'on rapporte souvent aux effets d'un séisme, et que l'on qualifie de *séismites.* À ce terme général et relativement récent, se sont ajoutés depuis d'autres termes comme *homogénites, tsunamiites* et *séismoturbidites*. Ceci traduit la variété des processus (liquéfaction, tsunami, glissement sous-marin) qui peuvent avoir des conséquences sur les dépôts sédimentaires non consolidés précédant le séisme et sur la sédimentation qui le suit. Mais les déformations de sédiments souvent utilisées comme preuve de séismes passés peuvent avoir d'autres causes. Par exemple, on a constaté que des courants de turbidité avaient été déclenchés lors de tremblements de terre (Messine, 1908 ; Grand Bank, 1929 ; Orléansville, 1954, etc.), mais pour autant toutes les turbidites ne sont pas d'origine sismique. De même la « signature » des tsunamis n'est pas facilement identifiable : des vagues de tempêtes peuvent produire des structures sédimentaires similaires. Plus généralement, la charge par d'autres dépôts, mais aussi le poids de la glace, de laves et même de barrages ou de bâtiments, la cryoturbation, des glissements gravitaires et même la montée de gaz, peuvent entraîner des déformations au sein de sédiments non consolidés.

Aussi, en paléosismologie, les structures de liquéfaction (cf. § 4.2.2) ou fluidification de sédiments continentaux non consolidés et saturés en eau sont les plus couramment utilisées comme indicateurs de paléosismicité. Le phénomène peut être général ou au contraire sélectif. Dans le premier cas, il provoque une homogénéisation d'une couche (C-D, *figure 6.6*) ou d'un volume important de sédiments, avec destruction du litage et éventuellement d'autres structures sédimentaires.

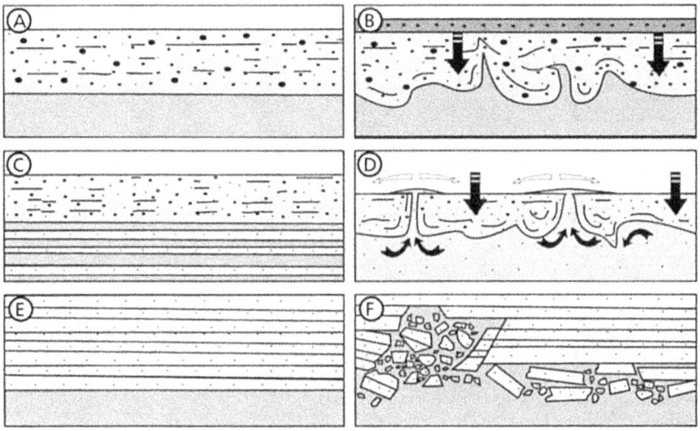

Figure 6.6 Exemples de séismites.

A-B : Liquéfaction de sédiments détritiques gorgés d'eau, déformation hydro-plastique et affaissement, suivis de dépôts co-sismiques (turbidites, tsunamiites ou dépôts de seiche).

C-D : Liquéfaction et homogénéisation, déformation hydroplastique, affaissement et injection de filons sédimentaires donnant des « volcans de boue et de sable » ou « craterlets », en surface.

E-F : Brèchification et petites failles par affaissement dans un horizon liquéfié.

(Dessins inspirés d'observations et dessins de Plaziat *et al.*, 1990.)

Dans le second cas, il est limité à certains niveaux. En conséquence, il produit des déformations (*figure 6.6*) sur place des couches non liquéfiées (« brèchification », petits plis et failles, « convolutions »), l'accentuation de certaines de leurs structures, et/ou l'injection des sédiments liquéfiés au travers de strates supérieures (filons ou dykes sédimentaires, sills), pouvant atteindre la surface (« volcans » de sables et de boues).

Comme la liquéfaction est souvent déclenchée par des séismes de magnitude égale ou supérieure à 5 (cf. § 4.2.2), l'observation de telles structures fixe la magnitude minimum envisageable. Dans plusieurs cas, la corrélation avec des séismes connus a d'ailleurs été constatée. Une étude des sédiments varvés de la retenue du barrage de Van Norman, après le séisme de San Fernando (Californie, 1971, M : 6,5), a démontré le lien entre certaines de ces figures sédimentaires avec ce dernier et avec des séismes antérieurs (*figure 6.7 A*). Toujours, aux États-Unis, la recherche de séismites a permis de mieux préciser, la récurrence de séismites en Alaska (*figure 6.7 B*). On peut citer de même en France, la présence, dans les dépôts du lac du Bourget, d'« homogénites » rapportées à un séisme de 1822 (Chapron *et al.*, 1999).

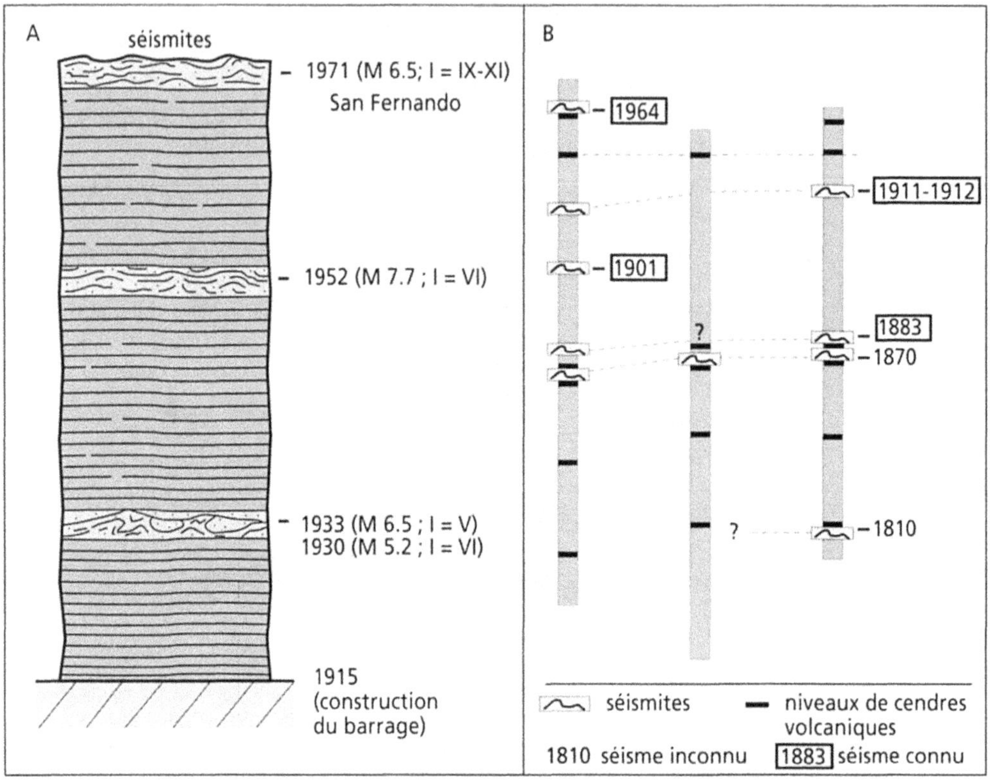

Figure 6.7 Séismites dans des sédiments lacustres.

A : Dans le remplissage du lac artificiel du barrage Van Norman (Californie), d'après les données de Sims (1973). Datation des niveaux de séismites par évaluation du taux moyen de sédimentation et corrélation avec des séismes locaux.

B : Dans les carottes de sédiments varvés du lac glaciaire de Skilak (Alaska). Datation des niveaux de séismites par le comptage des laminations des varves et corrélation avec les éruptions volcaniques voisines d'âge connu et avec les séismes de la région (dates encadrées).

(D'après Stihler *et al.*, 1992.)

6.1.4 Les spéléothèmes

Les concrétions des cavités karstiques ou spéléothèmes peuvent parfois présenter des basculements, des chutes et des cassures qui ont été remarqués en premier lieu par les spéléologues. Depuis les années 1990, des géologues ont examiné et recherché systématiquement ces désordres car ils peuvent avoir été provoqués par des tremblements de terre.

Plusieurs types d'observation sont pris en compte dans ces recherches.

- **Les preuves directes d'activité d'une faille.** Assez rarement, dans des réseaux karstiques, il a été observé des décalages de galeries (A-B, *figure 6.8*) et des jeux sur des plans de faille. Ces mouvements entraînent également la cassure de spéléothèmes. D'autre part, des stalactites et des stalagmites sur la même verticale peuvent être déplacées les unes par rapport aux autres et l'eau descendant des premiers fera croître de nouveaux spéléothèmes (D, *figure 6.8*).

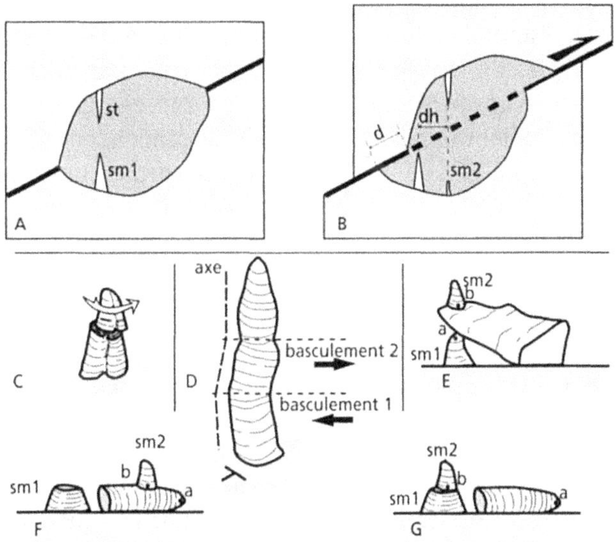

Figure 6.8 Conséquences d'un séisme en milieu karstique.

A-B : Dans une galerie karstique recoupant une faille d'après l'exemple de la Grotta Frassino (Lombardie, Italie ; Bini *et al.*, 1992 © Elsevier). (A : avant le jeu sismique de la faille, stalactite, st1 et stalagmite, sm1.

B : Après le séisme et la croissance d'une nouvelle stalagmite, sm2) ; d : déplacement, dh composante horizontale.

C-D-E : Datation d'événements sismiques grâce aux spéléothèmes d'après Postpischl *et al.*, 1991 © Elsevier ; a = position de l'échantillonnage pour l'âge précédant le séisme et b pour celui lui succédant. C et D : Stalagmites brisées (sm1) et croissance de nouvelles stalagmites (sm2) ; E : Chute d'un bloc ou de spéléothèmes du plafond de la cavité et croissance d'une nouvelle stalagmite (sm2).

- **Les preuves indirectes d'activité d'une faille.** Les désordres occasionnés par les ébranlements d'origine sismique correspondent à des spéléothèmes basculés ou brisés et tombés sur le sol, parfois recouverts ensuite de concrétions nouvelles. Plus rarement, on observe des anomalies de l'axe de croissance de stalagmites (A-B, figure 6.8), les écarts par rapport à la verticale correspondant à des basculements. On peut citer aussi le cas de stalagmites cassées dont les éléments sont restés en place, bien qu'ayant subi un déplacement et une rotation (C, *figure 6.8*), comme on le constate sur des colonnes ou des clochetons (cf. § 6.3).

Pour connaître l'âge des tremblements de terre responsables, on date les spéléothèmes brisés et les concrétions nouvelles qui les recouvrent (E-F-G, *figure 6.8*).

Deux méthodes sont employées séparément ou conjointement. Pour la période actuelle ou historique, on compte au microscope, sur des sections polies, le nombre de couples de lamine claire et sombre, qui correspondent à des alternances annuelles saison sèche-saison humide. Outre le recours au ^{14}C, on utilise la datation Uranium-Thorium qui permet de remonter jusqu'à 600 000 ans (cf. § 5.2).

Cette nouvelle méthode de paléosismologie est maintenant souvent mise en œuvre, mais il convient de prendre en compte avec précaution les preuves indirectes d'un séisme. Les spéléothèmes peuvent avoir été brisés du fait d'animaux (ours des cavernes), d'activités humaines anciennes (occupation préhistorique de la grotte) ou récentes (tirs de carrière proche des cavités par exemple). Des causes naturelles, autres que sismotectoniques, interviennent également (Gilli, 2004) : le trop grand poids des spéléothèmes, l'instabilité de planchers argileux, l'action des eaux circulant dans les galeries souterraines, les désordres liés aux climats froids, au cours du Pléistocène (gélifiluxion, cryoturbation, flux de glace avec ou non des blocs erratiques).

Donc, les observations de failles décalant une galerie, de spéléothèmes décalés ou déformés près de ces dernières, les anomalies de l'axe de croissance et les déplacements avec rotation de stalagmites, moins sujettes à caution, sont à prendre en compte en priorité. Ce n'est pas le cas des autres désordres, à utiliser avec précaution. Ils sont convaincants quand on les rencontre systématiquement dans les cavités karstiques de toute une région et qu'après datations, ils se révèlent simultanés. Ainsi, dans des régions calcaires, la répartition des anomalies constatées permet parfois de mieux localiser de trouver les traces de séismes inconnus ou d'apporter des compléments sur des séismes connus, comme celui de Bâle de 1 356 (Lemeille *et al.*, 1999). Elles ont été mises en œuvres aussi dans des régions au passé sismique modéré, peu ou mal connu. L'aqueduc romain de Nîmes représente un cas très particulier qui relève en même temps de l'archéosismicité (cf. § 6.3). Des arches de cet ouvrage ont été murées pour le renforcer. À l'intérieur de ces espaces clos, des spéléothèmes se sont développés, alimentés par des fuites du canal, mais ils ont été retrouvés brisés (Fabre G. et Levret A., 1999).

6.2 SISMOLOGIE HISTORIQUE

> *« Dans un premier temps, les premiers tremblements de terre firent s'écrouler une partie de la ville. Une partie de l'église-cathédrale tomba sur les écoles, une autre dans le Rhin. On dit que le clocher avec ses cloches tomba dans le Rhin. Beaucoup de gens furent ensevelis ; les autres fuirent à la campagne ».* Phrase citée *in* J. Lambert *et al.* (1997), pour le tremblement de terre de Bâle (Suisse) de 1356.

6.2.1 Objets d'étude et objectifs

Les recherches sont basées sur des textes (lettres, journaux personnels ou gazettes, délibérations, registres paroissiaux, chroniques, ouvrages, etc.) et plus rarement des inscriptions murales sur des bâtiments anciens, relatant des séismes majeurs et leurs conséquences (victimes, terreurs et paniques, destructions, effets macrosismiques). Pour quelques tremblements de terre, des dessins, gravures et des cartes témoignent de l'ampleur de ces catastrophes.

En Europe, les premiers recensements des séismes et de leurs effets remontent au XVIe siècle. Plus tardivement des catalogues sont dressés, puis des échelles d'intensité sont proposées pour comparer l'importance des tremblements de terre. Les connaissances apportées depuis la fin du XIXe siècle, grâce à la mise au point de sismographes de plus en plus nombreux et performants, n'ont pas fait disparaître ces premières tentatives de caractériser le niveau de sismicité d'un pays ou d'une région. De plus en plus, les exigences scientifiques de fiabilité dans la localisation et l'intensité des séismes historiques ont provoqué un retour critique sur les données de ces catalogues et sur les sources qui avaient permis de les dresser. Lors de séismes, les effets macrosismiques sont cartographiés (cf. chapitre 9). Ils fournissent ainsi des éléments de référence pour établir des corrélations intensité-magnitude et autoriser des comparaisons entre séismes anciens et séismes récents.

Avant l'émergence de la paléosismologie (§ 6.1) et de l'archéosismologie (§ 6.3), la sismologie historique est restée pendant longtemps la seule source d'information sur la sismicité pour la période précédant la fin du XIXe siècle. S'appuyant surtout sur l'écrit, son champ d'investigation dans le temps est donc très variable : un à deux millénaires en Europe et parfois au-delà, comme dans le monde méditerranéen (textes arabes, grecs et latins) ou en Chine, mais aussi pour beaucoup d'autres pays bien en-deçà.

Ainsi, en Amérique du Sud, c'est à partir de l'arrivée des Portugais et des Espagnols que des documents écrits relatent des tremblements de terre. Il en est de même en Californie, où la première mention écrite remonte à 1769, à l'arrivée des Espagnols qui fondent en différents points de la côte des missions dont certaines deviendront les grandes villes de cette région. Ainsi, dans ces cas, la sismologie historique ne couvre au mieux que deux à trois siècles. D'autre part, elle peut souffrir d'autres limitations, des documents pouvant avoir été détruits lors d'incendies et lors de guerres. De ce fait, elle révèle une « sismicité apparente » (Levret, 2000), puisqu'elle ne peut retrouver toute la sismicité réelle des époques passées.

On peut se reporter à la publication récente : *Investigating the records of past earthquakes* (2004), pour avoir une idée de l'importance et de l'actualité des recherches de sismologie historique dans des pays du monde entier. Aux anciens catalogues se sont substituées de nombreuses bases informatiques de données (adresses e-mail indiquées en annexe). Certaines concernent une région (« EMID » : Europe-Méditerranée ; « CERESIS » : Amérique du Sud) ou uniquement un pays (NGDC/NOAA database : USA ; « ECOS » : Suisse ; « DOM » et « CFTI » : Italie ; « SISFRANCE » : France). Succédant à la banque de données macrosismiques « SIRENE », « SISFRANCE » contient la documentation sur les séismes historiques et contemporains qui ont affecté la France métropolitaine et les régions limitrophes (*figure 9.9*), recueillie dans le cadre de programmes d'études définis par différents organismes (BRGM, EDF et IPSN). Il s'y ajoute « SISFRANCE-Antilles » pour la sismicité historique de la Guadeloupe, la Martinique et la Guyane.

Les archives de sismicité historique en France métropolitaine

L'ouvrage *Les tremblements de terre en France, hier, aujourd'hui, demain...*, sous la direction de J. Lambert (1997), traite dans le détail ce sujet et nous lui empruntons ces informations majeures.

À partir du Ve siècle, des documents, annales ou chroniques, mentionnent succinctement des tremblements de terre. Il faut arriver aux XIVe et XVe siècles pour avoir des informations complémentaires, grâce à des registres de communautés décrivant les destructions et les dépenses des réparations qu'elles entraînent. Au XVIe siècle, ces phénomènes naturels sont décrits, au même titre que d'autres « prodiges » comme les éclipses, les comètes, mais aussi les épidémies et les inondations, et utilisés comme « signes » du pouvoir divin. Des registres domestiques ou « livres de raison » constituent d'autres sources, parfois rédigées par des témoins des événements les plus remarquables de l'histoire locale. Au XVIIe siècle, des journaux signalent des séismes survenus dans le royaume, et parfois au-delà et des recueils les recensent. La connotation religieuse commence à s'estomper. Au siècle suivant, le « Siècle des lumières », on cherche à comprendre rationnellement ce qui devient alors « catastrophe et calamité naturelles ». Le tremblement de terre de Lisbonne en 1755 et celui dit « des Calabres » en 1784 marquèrent fortement les esprits. Ils sont suivis de nombreux écrits et essais. Avec le progrès des sciences au XIXe siècle, on commence à étudier avec méthode les séismes rangés dans les phénomènes physiques. Dans le même temps, des compilations et des catalogues de la sismicité voient le jour en France. Le plus remarquable intitulé *Mémoire sur les tremblements de terre ressentis en France, en Belgique et en Hollande depuis le IVe siècle jusqu'à nos jours* est publié en 1843 par A. Perrey, de l'Académie des sciences de Dijon.

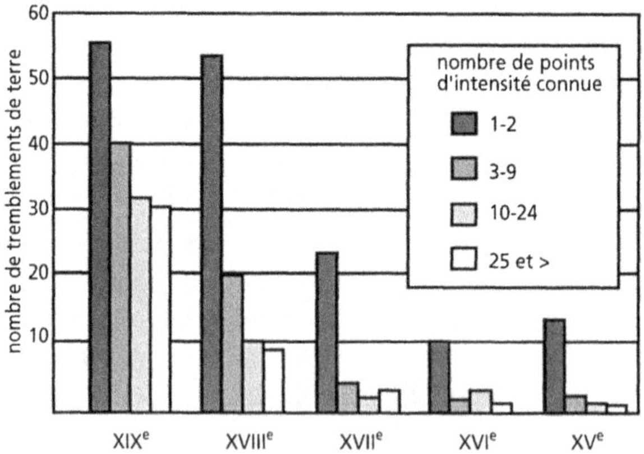

Figure 6.9 Évolution des connaissances en sismologie historique en France métropolitaine.

Cette évolution porte du XVe siècle au XIXe siècle, pour des séismes d'intensité épicentrale ≥ VI.

(D'après O. Scotti *et al.*, 2004.)

Avec la mise au point des échelles d'intensité et des premiers sismographes, une nouvelle science, la sismologie, prend naissance. Les informations recueillies pour la France sont centralisées et publiées à partir de 1919, dans les annuaires puis les annales de l'Institut de physique du globe de Strasbourg. Succédant aux travaux du professeur J.-P. Rothé, un réexamen de la sismicité historique de la France est mené à partir de 1975 par J. Vogt. Ce dernier souligne le manque d'analyse critique des documents ayant servi à élaborer de nombreux catalogues, dont ceux de Perrey et de ses successeurs. À l'heure actuelle, des historiens participent à cette démarche. Elle a permis de trouver de nouvelles sources d'information, d'éliminer de faux séismes ou au contraire d'ajouter des séismes « démasqués » et d'approfondir les connaissances sur certains événements. Régulièrement mise à jour, la banque de données informatisée « SIRENE » recense toutes les connaissances sur la sismicité historique de la France métropolitaine à partir du Ve siècle.

6.2.2 Méthodologie et exemples

On est tenu d'examiner avec un souci critique les documents utilisés, car les catalogues traditionnels sont notoirement insuffisants (*figure 6.9*). Selon l'historien Pierre Alexandre (1990), en Europe occidentale, ce serait 75 % des données qui sont fausses pour les séismes médiévaux ! Les erreurs portent sur la chronologie, la localisation, la confusion d'événements et plus grave encore sur la nature même du phénomène. Elles sont souvent dues à ce que le document relatant en premier l'évènement « est recopié, traduit, déformé et modifié au gré des auteurs » (Levret et Volant, 2004). Il faut donc impérativement faire la distinction entre sources primaires et secondaires. Les premières sont des documents originaux, contemporains ou proches de l'événement. Les sources secondaires qui s'en inspirent ne sont pas pour autant négligeables, car elles peuvent constituer un point de départ pour des recherches plus approfondies. Ensuite, la critique historique doit s'attacher à interpréter les sources primaires et bien savoir par qui (témoin direct ou non) et pourquoi elles ont été écrites. En effet, la façon dont est relaté le tremblement de terre, reflète souvent comment les personnes, à l'époque où ils écrivent, appréhendaient ses effets et ses causes.

Lorsque ce travail d'historien est terminé et que l'on possède des données fiables en nombre suffisant, on peut chercher à tracer des cartes d'isoséistes (*figure 6.10*). Cette tâche est habituellement celle de sismologues, qui s'appuient sur les correspondances entre les faits relatés et les caractéristiques qui définissent les degrés de l'échelle des intensités. Pour des séismes de faible magnitude, les données sont parfois insuffisantes, d'autant que souvent les documents récoltés concernent en priorité les grands centres urbains de l'époque. Dans ceux-ci, les dégâts occasionnés au bâti doivent être analysés en fonction du type de construction. À l'heure actuelle, des études conjointes de sismologie historique et d'archéosismologie (cf. § 6.3) précisent à quel degré d'intensité correspondent les dommages subis par les monu-

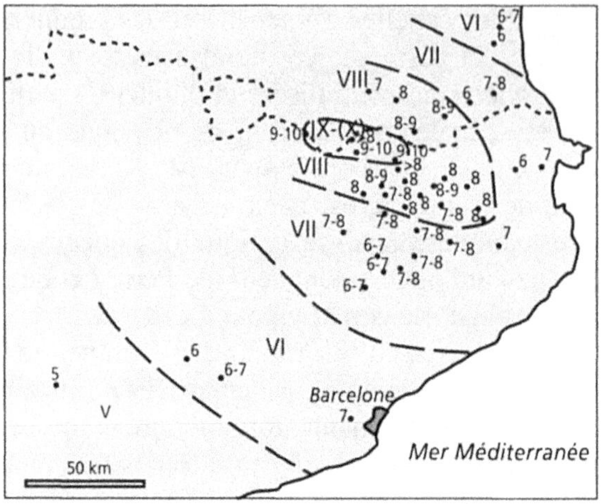

Figure 6.10 Données permettant de déduire les intensités et les isoséistes qui en résultent, pour le séisme du 2 février 1428.
(D'après Banda et Correig, 1984 © Elsevier.)

ments historiques (églises, châteaux), mais aussi ceux des habitations courantes, moins détaillés dans les écrits.

En dehors des réactions humaines, du nombre de victimes et des destructions, des traits des effets induits des séismes sont parfois mentionnés. Certains sont assez facilement identifiables (volcans de sables, témoignages de liquéfaction), alors que d'autres, telles les « crevasses », peuvent résulter de tassements, de glissements ou de ruptures de surface. Ce dernier cas semble le plus vraisemblable quand le document fait état d'une modification topographique rectiligne et d'une longueur importante (au moins pluri-kilométrique), alors que les glissements sont caractérisés par une niche d'arrachement courbe et de moindre ampleur. Les ruptures de surface ne sont pas rapidement effacées par l'érosion, dans certaines conditions climatiques ou lithologiques (cf. chapitre 4 § 1). Aussi, pour des séismes proches ou anciens, les recherches sur le terrain de géologues et de géomorphologues apportent des compléments majeurs. Elles peuvent être suivies par la réalisation de tranchées, les datations au ^{14}C permettant à la paléosismologie de couvrir aussi les périodes historiques (cf. § 6.1). C'est ainsi qu'en France (cf. *figure 9.13*), on a identifié la faille responsable du séisme de Lambesc (11 juin 1909).

Un des effets les plus catastrophiques des séismes, le tsunami, est aussi mentionné dans des écrits anciens. Pour les plus importants, comme celui qui accompagna le tremblement de terre du 8 août 1303 de Crète (Guidoboni et Comastri, 1997 ; I max = XI Mercali, Cancani, Sieberg), les informations se trouvent au sein des documents qui décrivent tous les effets de la catastrophe et sont à rechercher dans les archives (dans ce cas textes en latin, grec et arabe) de plusieurs pays.

Mais c'est seulement à partir d'une période récente qu'une attention particulière est portée aux tsunamis et que des catalogues leur sont entièrement dédiés. Après les très grands séismes de subduction du Chili (1960) et d'Alaska (1964), des recherches se sont focalisées sur les mécanismes des tsunamis et parallèlement des inventaires régionaux ont été réalisés dans différents pays du pourtour du Pacifique. Dans le domaine méditerranéen, le tsunami de 1956 en mer Égée a déclenché la réalisation de compilations pour les côtes grecques et pour la Méditerranée orientale. Dans d'autres pays voisins, la publication de catalogues sur ce phénomène est généralement plus tardive : ainsi en Italie, le premier remonte à 1984. Bien qu'ils soient relativement récents, ces inventaires sont repris actuellement pour des raisons méthodologiques (critique historique des sources et standardisation des paramètres), ce qui permet de constituer des bases de données plus fiables.

6.3 ARCHÉOSISMOLOGIE

6.3.1 Objets d'étude et objectifs

L'archéologie fournit une contribution importante aux recherches dans différents domaines de la sismotectonique (Vita-Finzi, 1986 ; Philip et Karakhanian, 1999). Lors d'études de néotectonique (chapitre 5) et de paléosismologie (§ 6.1), on recueille des objets (pierres taillées, poteries, monnaies, etc.) qui permettent des datations de dépôts pléistocènes ou holocènes. Les vestiges archéologiques sont eux-mêmes une source d'information. La position de certains (viviers à poisons, quais, salines) permet d'évaluer les taux de soulèvement ou d'affaissement des littoraux depuis l'Antiquité. Centrée plus particulièrement sur les effets induits des séismes et débordant du cadre temporel de l'archéologie, l'archéosismologie concerne deux domaines. En premier lieu, elle examine les « désordres » des constructions anciennes de l'Antiquité comme de la période historique, qui pourraient avoir été provoqués par des tremblements de terre. Elle apporte parfois des compléments (localisation et évaluation des effets) à la connaissance de certains de ceux-ci, connus par le biais des documents étudiés en sismologie historique (§ 6.2). Mais l'archéosismologie peut également révéler certains séismes non signalés par des écrits, ce qui est surtout le cas pour ceux de l'Antiquité. En second lieu, dans les régions sismiques qui ont été les plus fréquemment affectées par des tremblements de terre, elle se préoccupe des modes anciens de construction, dévoilant des prémices de la construction parasismique, nommées « techniques sismo-résistantes ».

Il s'agit donc d'un champ d'investigation très complémentaire de celui de la sismologie historique. Comme lui, ses applications se situent dans le domaine de la prévention (chapitre 13), car il fournit une meilleure connaissance des séismes anciens, mais aussi il donne des éléments d'appréciation et décision lors de la réhabilitation ou de la destruction de constructions anciennes en zones sismiques.

En France, l'archéosismologie a pris un développement important depuis la création en 1998 du Groupe APS, association pour l'identification et l'étude des pathologies d'origine sismique dans le bâti ancien, qui organise des réunions annuelles dont les actes publiés permettent de bien comprendre ce nouveau champ d'investigation sismique.

6.3.2 Méthodes et exemples

Comme l'archéosismologie examine essentiellement les constructions anciennes, elle est en premier lieu le fait d'architectes, d'historiens et d'archéologues. Son interdisciplinarité s'étend aussi aux sismologues, aux géologues, aux géomorphologues et à toutes les personnes soucieuses d'une compréhension historique des phénomènes sismiques et de leurs effets, qu'ils soient universitaires, ingénieurs ou techniciens. La confrontation de différents points de vue face au problème de la signification des désordres observés permet d'éviter de pencher pour le tout sismique ou au contraire d'écarter systématiquement tout phénomène naturel. Pour bien interpréter certaines particularités de dommages relevés sur le bâti ancien, des études ont été effectuées sur des ouvrages et des constructions pour lesquels on connaît l'événement sismique.

L'hypothèse sismotectonique s'impose quand des constructions, des murs, des murailles (*figure 6.11*) et des ouvrages (aqueducs et canaux souterrains ou « qanat » du Moyen-Orient) sont décalés horizontalement au passage de failles.

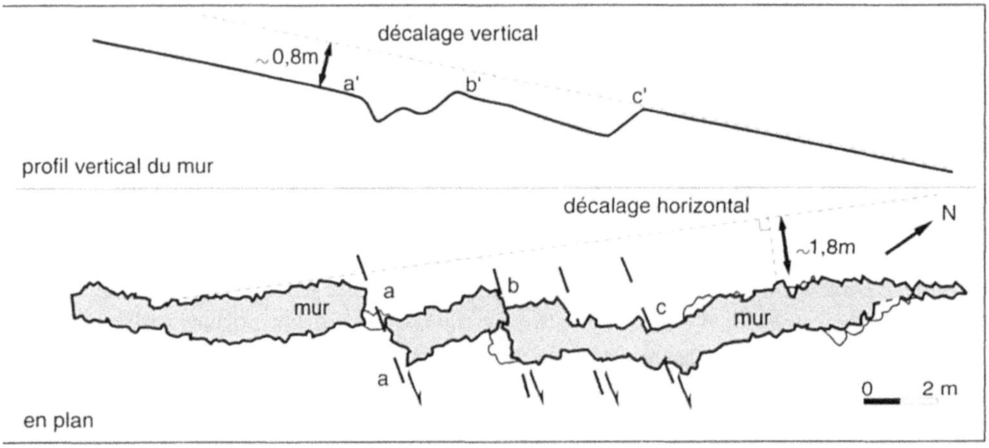

Figure 6.11 Mur de l'âge du Bronze du site archéologique de Behoura (Arménie). Ce mur est décalé horizontalement et verticalement par des failles en échelon. (D'après Philip *et al.*, 2001.)

Mais certains désordres du bâti ancien peuvent avoir d'autres causes : dégâts dus à des guerres et/ou à des incendies naturels (foudre) ou provoqués, tassement du sol après construction, dessiccation ou gonflement d'argiles, glissement de terrain sans origine sismique. Pour valider ces dernières causes possibles, un examen géologique, géotechnique ou géomorphologique du site étudié est donc nécessaire.

Les problèmes méthodologiques s'étendent aussi aux constructions elles-mêmes. Il est nécessaire de réaliser une « lecture archéologique du bâti » (Rébé et Marichal, 2000) en effectuant dans le détail un relevé permettant de distinguer des unités de construction (en fonction de la nature et de la taille des matériaux, de leur disposition, des différents mortiers, ...) (*figure 6.12*).

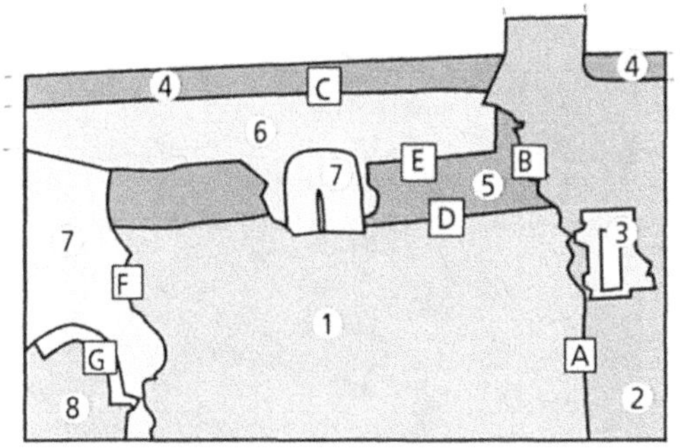

Cette façade montre un grand nombre de remaniements dans sa construction, dont certains pourraient avoir une origine sismique. L'étude d'autres édifices anciens dans la même région vise à confirmer cette hypothèse.

Cette église est située à proximité immédiate de la grande faille limitant la Cerdagne, dans une région de sismicité historique marquée principalement par le séisme de 1428, d'intensité IX à l'épicentre (voir figure 6.10).

Éléments construits : 1 = roman, 2 à 8 = postroman ; discontinuités : A à G.

Figure 6.12 Complexité du bâti de la façade sud de l'église Sainte-Léocadie (Llo, Pyrénées orientales). (D'après relevé d'I. Rébé (Rébé et Marichal, 2000.))

On peut ainsi retracer une chronologie relative de la construction, comportant phases de construction, destruction et reconstruction. Certaines particularités peuvent indiquer des tentatives de construction plus résistantes aux sollicitations sismiques. Un très bel exemple de recherches multidisciplinaires en archéosismologie est fourni par les études menées sur l'aqueduc romain de Nîmes (Combes *et al.*, 1997 ; Fabre et Levret, 1999). Suivant une partie de son tracé, cet édifice présente des désordres (fissures, chute de mur) et des particularités de sa construction avec des renforcements (contreforts ajoutés, mur-bahut) et des arches bouchées. Sous une de ces dernières, la découverte de concrétions brisées a fortement étayé aussi l'hypothèse d'événements sismiques (voir § 6.1.4). Au total, depuis sa construction au milieu du Ier siècle et antérieurement au VIe, l'analyse chronologique de cet ensemble de faits conduit à identifier trois épisodes destructifs. Les deux plus récents ont le plus certainement une origine sismique, liée éventuellement à la faille de Nîmes (Combes *et al.*, 1997). Il est bien sûr souhaitable de multiplier les observations, leur convergence permettant d'écarter les causes locales propres à un site et de chercher une cause générale, à étayer si possible par des données historiques. Mentionnons ainsi, que, dans la même région à Nîmes, un autre monument romain (le temple de Diane) a souffert également des effets d'un séisme (Paillet *et al.*, 1997).

Une autre approche consiste à modéliser la réponse d'un ouvrage aux sollicitations sismiques, comme cela a été effectué pour les aqueducs romains de Nîmes et d'Arles. Dans ces deux cas, on possède ainsi des références pour des comparaisons avec la construction parasismique actuelle du même type d'édifice.

Ces démarches sont particulièrement utiles pour les vestiges archéologiques qui se trouvent dans des régions de même niveau de sismicité, mais dont l'état de conservation est bien différent. En Sicile, c'est semble-t-il le cas de temples grecs : ceux de Selinunte sont partiellement détruits (photo 6.2), alors que celui de Ségeste est bien conservé. Pour les premiers, il paraît assez évident que les séismes sont au moins pour partie responsables de leur état actuel. Des colonnes sont tombées toutes d'un même côté et certaines, encore dressées, montre une rotation de leurs éléments cylindriques, les uns par rapport aux autres (photos 6.2 et 6.3). Hors ces deux types de situation sont tout à fait typiques des effets des secousses sismiques. On connaît

6.2

6.3

6.4

6.5

Photos Archéosismicité

6.2 : Colonnes déversées d'un des temples grecs à Selinunte (Sicile).
6.3 : Fût de colonne tourné (même localisation).
6.4 : Pour comparaison avec photo b, clocheton d'église tourné lors d'un séisme (Italie).
6.5 : Chaînages horizontaux en bois dans des murs anciens (Thessalonique, Grèce).

de nombreux exemples de rotation de clochetons d'église (photo 6.4) et même de mausolées romains (Metselleten, en Libye ; Vita-Finzi, 1986). Après le séisme de Latur (Inde) de magnitude 6.4, on a de même observé une rotation d'environ 30° d'un « micro-temple » (Boutin et Souloumiac, 1993). C'est donc plutôt le temple de Ségeste qui constitue une anomalie : on peut expliquer sa conservation par sa localisation (choix du site et orientation de l'édifice) et son mode de construction.

Il apparaît en effet, que dès l'Antiquité, dans les régions comme la Grèce, l'Italie et le Moyen-Orient, la répétition des séismes était suffisamment brève pour que l'on cherche à construire ou reconstruire des habitations plus résistantes aux sollicitations sismiques. Ainsi, dans ces pays, lors des études d'archéosismicité, on relève souvent des caractéristiques du bâti similaires aux prescriptions de la construction parasismique, bien que les modes actuels de construction soient bien éloignés de ceux de ces époques. D'après B. Helly (2000), le site d'Ougarit sur la côte syrienne en est un exemple très démonstratif : après un séisme entraînant la destruction d'un premier palais, événement destructeur relaté sur des tablettes en langue ougaritique, un second palais est construit *ex nihilo* suivant des modalités différentes, qui par certains aspects dénotent une préoccupation de remédier aux effets sismiques (chaînage, division de l'espace, etc.). D'après les observations de G. Poursoulis (2000), en Crète entre 2 600 ans et 1 200 ans avant J.-C, les palais minoens fournissent de même la preuve de techniques de construction pensées et mises en œuvre pour résister aux séismes. Outre le choix des sites sur du rocher, évitant ainsi les phénomènes d'amplification (cf. § 11.4), on peut citer entre autres : le soin apporté aux fondations et aux soubassements, des renforcements des piliers aux angles, le chaînage en bois des murs (entre deux parements) et des superstructures. Cette dernière technique était encore mise en œuvre en Grèce, avant l'utilisation du béton armé (photo 6.5).

Des pratiques de renforcement des constructions (contreforts ajoutés), l'obturation d'ouvertures ou la construction d'escaliers extérieurs (facilité d'évacuation et soutien des façades) dénotent aussi une certaine culture de la vulnérabilité sismique et comment y remédier. Mais, à l'époque actuelle, cette culture sismique est bien souvent oubliée et l'absence d'entretien ainsi que certaines modifications que subit le bâti ancien ne peuvent au contraire que le fragiliser.

Chapitre 7

Sismologie instrumentale et géodésie

On appelle sismologie instrumentale la sismologie qui s'appuie sur des enregistrements. Elle diffère de la sismologie historique traitée au chapitre précédent. La sismologie instrumentale permet deux types d'études :

– l'étude de la structure interne de la terre (principalement modèles de vitesse sismique, 1D et maintenant 3D par tomographie sismique) ;
– l'étude des séismes (localisation des séismes, mécanismes aux foyers, modèles de rupture).

Elle s'appuie sur des réseaux (§ 7.1) permanents, régionaux ou globaux et sur des réseaux temporaires, installés pour des études spécifiques limitées dans le temps et dans l'espace (tomographie sismique, microsismicité, interventions post-sismiques, etc.). Dans ce chapitre, nous nous focaliserons sur le second point, c'est-à-dire l'étude des séismes et de leurs caractéristiques. Comment, à partir d'enregistrements sismologiques, peut-on localiser les séismes (§ 7.2) et connaître le type de mouvement tectonique qui les produit ou mécanisme au foyer (§ 7.3) ? Par ailleurs, depuis quelques années, les méthodes géodésiques (principalement GPS et InSAR) servent aussi pour caractériser les séismes, en apportant des informations sur les modèles de glissement le long de la faille lors du séisme (§ 7.4).

7.1 RÉSEAUX SISMOLOGIQUES

Dès le début de la sismologie instrumentale, les sismologues ont travaillé à partir de réseaux et ont partagé leurs données. Dans un premier temps, on échangea les temps d'arrivée des téléséismes (ce fut la mission dès 1904 du Bureau central international de séismologie, BCIS). Ensuite, ce fut au tour des polarités des ondes et les amplitudes, nécessaires pour calculer les mécanismes aux foyers et les magnitudes. Aujourd'hui c'est l'ensemble des signaux sismologiques qui sont mis à la disposition de la communauté dans le cadre de grands réseaux internationaux.

On peut diviser les réseaux en deux grandes catégories : les réseaux globaux et les réseaux régionaux. Les premiers résultent de la coopération internationale et couvrent l'ensemble de la terre. Leurs enregistrements sont utilisés pour des études des séismes à distance (localisation, première caractérisation du mécanisme au foyer) et des études de la structure de la Terre profonde (jusqu'au manteau inférieur et au noyau). Généralement, les données de ces réseaux sont largement disponibles. Les seconds sont souvent des réseaux nationaux développés pour la surveillance sismique d'un territoire national. Leur importance est souvent liée au risque sismique de la région considérée : très denses en Californie, au Japon, ils le sont beaucoup moins, sinon inexistants, dans les régions peu sismiques. Ces réseaux régionaux peuvent être complétés temporairement par des réseaux installés quelques mois ou quelques années dans des buts scientifiques divers. En France, ces divers types de réseau existent ; le réseau global s'appelle Géoscope, les réseaux régionaux sont le RéNaSS (Réseau national de surveillance sismique) et le RAP (Réseau accélérométrique permanent) et il existe divers parcs d'appareils sismologiques dédiés à des campagnes gérés par les laboratoires de sismologie (parc courte période Lithoscope géré par le LGIT Grenoble, réseau large bande mobile géré par l'IPG Strasbourg, etc.). Les données des réseaux régionaux sont souvent moins facilement accessibles. Lorsqu'il s'agit de réseaux non permanents, les données sont souvent réservées dans un premier temps aux scientifiques ayant fait l'effort de les acquérir.

Pour chacun de ces réseaux, les appareils considérés diffèrent. C'est pourquoi avant de détailler plus longuement la configuration de ces réseaux et les résultats qui en découlent, il est nécessaire de préciser les différents types d'appareils utilisés. On se référera au livre de S. Stein et M. Wysession *An introduction to seismology, earthquakes, an earth structure*, pour une description quasi exhaustive des appareils et des réseaux.

7.1.1 Les sismomètres

L'appareil le plus ancien connu pour indiquer l'arrivée d'ondes sismiques a probablement été inventé par un astronome chinois, Chang Heng, vers 132 avant J.-C. Il consistait en une grande jarre incrustée de huit petits dragons placés à intervalles réguliers portant dans leur gueule une balle. Lorsqu'une balle tombait, cela indiquait l'arrivée d'une onde et la direction de l'arrivée. Le principe de cet appareil a été utilisé jusqu'au XVIIIe siècle. Il ne permettait malheureusement ni un enregistrement continu des ondes sismiques, ni l'enregistrement du temps.

Le sismomètre

La sismologie a pris réellement son essor avec l'invention du sismomètre par John Milne en 1882 et l'apparition des premiers sismographes, permettant l'enregistrement continu des ondes sismiques, avec leurs différentes phases, et l'enregistrement du temps. Le fonctionnement des sismomètres repose sur le principe d'inertie. Si une masse est très légèrement couplée au sol, en étant par exemple suspendue à un ressort, un déplacement de la terre lié au passage d'un front d'onde n'est que partiellement transmis à la masse. Le sismomètre amplifie et enregistre la différence de déplacement entre le sol qui vibre et la masse qui ne vibre pas. Le premier enregistrement à distance d'un séisme a eu lieu à Potsdam en 1889. Il s'agissait d'un séisme japonais. Au début du XXe siècle, un premier réseau « global » a été installé comportant une quarantaine de stations. Mais ce réseau n'était capable d'enregistrer que les très gros séismes, car l'amplification des signaux était très faible (à peu près 100 fois le mouvement réel du sol), les sismomètres étant purement mécaniques.

Un grand pas en avant a été fait par le prince russe Boris Galitzin en 1914 qui permit de plus grandes amplifications grâce à un sismomètre se servant des principes de l'électromagnétisme : l'idée est de déplacer un aimant dans une bobine pour créer un courant électrique, l'aimant étant attaché au pendule et la bobine au sol, ou inversement. Le courant électrique produit est proportionnel à la vitesse de la masse relativement au sol. Ces nouveaux appareils ont permis de séparer le sismomètre à proprement parler du système d'acquisition et de réduire la dimension et la complexité des appareils, donc de faciliter leur développement en grand nombre. Les enregistrements étaient initialement faits sur du papier fumé ou du papier photographique. Aujourd'hui les enregistrements sont numériques.

a) L'oscillateur harmonique amorti

On peut considérer un sismomètre vertical comme une masse suspendue à un ressort dont le mouvement est amorti (*figure 7.1*).

La réponse d'un sismomètre aux différentes fréquences contenues dans le signal sismologique dépend fortement de la valeur du coefficient d'amortissement α. Un sismomètre non amorti ou très peu amorti, va principalement amplifier les fréquences proches de celle qui est propre à l'oscillateur. La valeur $\alpha = 1$ est appelée amortissement critique parce qu'elle délimite deux types différents de réponse. Si $\alpha < 1$, le sismomètre répond à une perturbation en oscillant avant de revenir à sa position d'équilibre. Mais si $\alpha \geqslant 1$ le sismomètre n'oscille pas et va revenir directement à sa position d'équilibre.

Un bon sismomètre est censé répondre à une large bande de fréquence sans amplifier préférentiellement et sans supprimer telle ou telle fréquence. Ceci

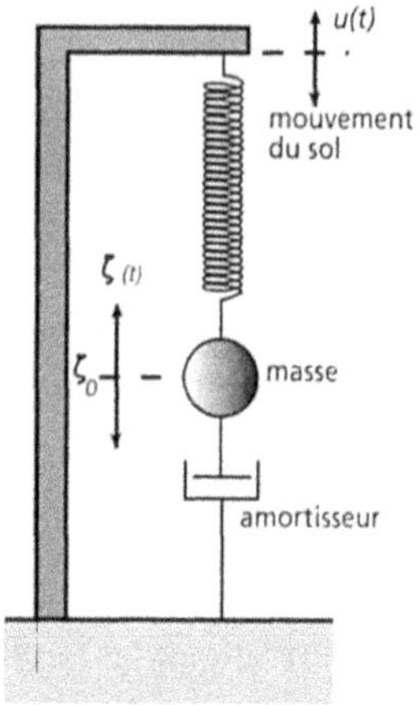

Figure 7.1 Principe du sismomètre amorti.

implique que le coefficient d'amortissement soit près de l'amortissement critique, en général entre 70 % et 100 % de l'amortissement critique ($1/\sqrt{2} \leqslant \alpha < 1$).

Les sismomètres courtes périodes ont une fréquence propre ω_0 élevée. Ils enregistrent les signaux dans une gamme de fréquence 1-10 Hz. De façon extrême, si $\omega_0 >> \omega$, on peut montrer que le déplacement du sismomètre est alors proportionnel à l'accélération du sol. L'accélération, dont l'unité dans le système international est le m/s^{-2}, est souvent donnée par les sismologues en g, où un g correspond à l'accélération de pesanteur. On dénomme ce type de sismomètre, destiné à mesurer les forts mouvements du sol et les fortes accélérations (qui peuvent atteindre jusqu'à 2 g), un « accéléromètre ». Les accéléromètres sont bien adaptés pour les réseaux sismologiques disposés directement autour des zones sismogènes. Ils ne saturent pas en dépit des forts mouvements du sol, là où d'autres sismomètres délivreraient des signaux inutilisables.

Inversement les sismomètres longues périodes ont une fréquence propre ω_0 très faible. Là aussi, de façon extrême, si $\omega_0 << \omega$, le déplacement est proportionnel au déplacement du sol. Les sismomètres longues périodes enregistrent des signaux de fréquence inférieure à 0,1 Hz. En fait, ce second type de sismomètre a été abandonné au profit des sismomètres large bande qui permettent de couvrir l'ensemble des fréquences sismologiques. Il existe trois grands types de sismomètres large bande, les Streckheisen STS1 et STS2 et le Guralp-3T. Ils fonctionnent tous avec un système de force de rappel (« force-feedback »). La force de rappel appliquée est déterminée à partir d'un transducteur électrique qui convertit le mouvement de la masse en un signal électrique. La force nécessaire pour rendre la masse immobile correspond à l'accélération du sol. L'utilisation d'un système de feedback permet d'obtenir une grande dynamique pour le signal et une large bande fréquentielle. Les sismomètres large bande couvrent aussi bien la gamme des sismomètres courtes périodes et longues périodes. Le STS-1 est plutôt dédié aux installations permanentes tandis que le STS-2 et le Guralp-3T sont assez robustes pour servir d'instruments portables, déplacés d'expériences en expériences.

b) Le temps

Une avancée récente et majeure en sismologie a été l'amélioration de la détermination du temps. Aujourd'hui, la plupart des sismomètres reçoivent le temps des satellites GPS qui fournissent un temps absolu fourni par des horloges atomiques. On obtient finalement une précision du temps pour les signaux sismologiques de l'ordre de la milliseconde. Même pour les stations « fond de mer » (OBS comme Oceanic Bottom Seismometer) qui ne peuvent être rattachées au système GPS, des progrès significatifs ont été faits et des horloges précises et sans forte dérive sont maintenant disponibles.

7.1.2 Réseaux globaux

Les réseaux globaux ont très vite existé dans l'histoire de la sismologie moderne. Dès le début du XXe siècle, il y avait des stations sismologiques installées dans le monde entier. Les séismes destructeurs de San Francisco en 1906 et de Kanto en 1923 furent un puissant stimulus pour l'installation de stations et l'échange de données. Cependant, toute la première moitié du XXe siècle fut marquée par un problème de standardisation. Différents types de sismomètres étaient construits, avec une grande variabilité dans les instruments, les qualités des données et les façons de faire. Aussi, les localisations étaient relativement mal contraintes et les mécanismes aux foyers rarement évalués.

Les problèmes ont été en grande partie résolus avec l'apparition du WWSSN (World Wide Standardized Seismographic Network). Ce réseau, déployé à partir de 1960 par les chercheurs américains, fut le premier réseau global uniforme. Initialement déployé pour détecter et localiser les explosions nucléaires souterraines soviétiques, il fut vite utilisé par les sismologues dans des buts purement scientifiques. En chacun des sites du réseau WWSSN étaient déployés deux sismomètres trois composantes sur des bandes de fréquences complémentaires : une première bande courte période destinée à détecter avec précision les arrivées des ondes P et S, une seconde bande longue période inédite jusqu'alors. À partir de 1965, 128 stations étaient installées et opérationnelles. La géophysique doit beaucoup à ce réseau. Dès 1965, il a été possible d'établir un catalogue complet de la sismicité de toute la terre de magnitude supérieure à 4. On a pu mieux définir les mécanismes aux foyers, ce qui a permis de montrer qu'aux limites des plaques ils étaient en accord avec les mouvements proposés par la théorie de la tectonique des plaques. C'est aussi grâce à ce réseau que l'on a pu montrer que les séismes étaient le résultat de la propagation d'une rupture le long d'une faille préexistante. Les instruments de longue période ont permis les premières études basées sur les ondes de surface ainsi que les premières observations des oscillations naturelles de la terre après les très gros séismes. Les vitesses sismiques de la Terre profonde ont pu être précisées.

Aujourd'hui, le successeur du WWSSN, le FDSN (Federation of Digital Broad-Band Seismographic Network) qui inclut les réseaux développés par différents pays (IRIS GSN américain ; Géoscope français, figure 7.2 ; CDSN chinois ; GEOFON allemand, MEDNET italien, etc.) est constitué de stations large bande munies d'enregistrements numériques. L'ensemble des données des réseaux du FDSN est accessible de façon transparente comme s'il n'y avait qu'un seul réseau couvrant de façon relativement homogène et cohérente l'ensemble des surfaces émergées de la Terre. Les données sont de plus en plus souvent accessibles en temps réel, ce qui les rend utilisables notamment dans la prévision des tsunamis, les ondes sismiques se propageant plus vite que les tsunamis. Le futur devra être consacré au déploiement d'un réseau équivalent au fond des océans, principalement dans l'hémisphère sud où la couverture en stations est relativement pauvre du fait de la faible proportion de terres.

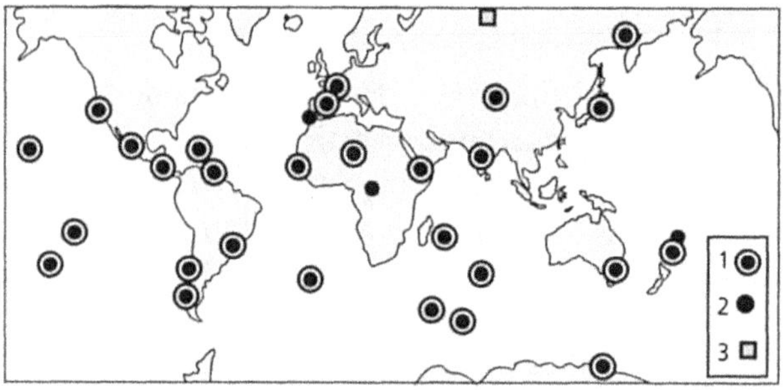

Figure 7.2 Réseau géoscope en 2005.
1 : Station opérationnelle. 2 : Station temporaire. 3 : Station prévue. (Source site IPG Paris.)

7.1.3 Réseaux régionaux

Les réseaux régionaux sont dédiés à la surveillance de la sismicité régionale et constitués de quelques stations ou de centaines de stations. Ils peuvent aussi être déployés sur des volcans et participer à la prévision des éruptions volcaniques. De nombreux pays disposent de réseaux régionaux. Le Japon compte 560 stations qui ont permis de mieux comprendre les processus qui gouvernent la subduction. En incluant les réseaux en Alaska, à Hawaï et à Porto-Rico, les États-Unis comptent plus de 3 200 stations réparties en 40 réseaux.

En France métropolitaine, il y a trois réseaux sismologiques distincts : le réseau du LDG (CEA), le RéNaSS et le RAP. Le RéNaSS, comme le RAP, est une fédération de sous-réseaux gérés par les laboratoires de recherche (CNRS, Universités,...) et d'autres organismes impliqués en sciences de la Terre comme le BRGM.

Le RéNaSS comporte des stations courte période et des stations large bande, distribuées de façon un peu hétérogène sur l'ensemble du territoire. Le réseau est dense dans les zones sismogéniques (Alpes, Pyrénées), moins ailleurs (*figure 7.3*).

L'objectif du RAP (*figure 7.4*) est de mettre en place un réseau de stations accélérométriques qui permettent l'enregistrement de mouvements forts du sol (de l'ordre d'une fois l'accélération de la pesanteur, soit 1 g). Le RAP doit permettre d'améliorer notre compréhension des facteurs qui contrôlent le mouvement

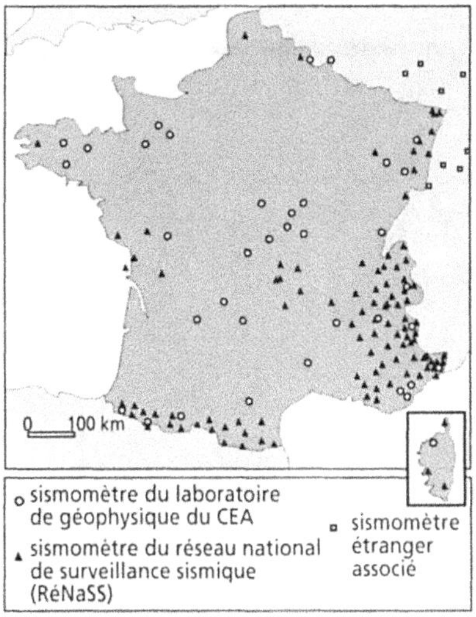

Figure 7.3 Réseaux de surveillance sismique de la France métropolitaine.

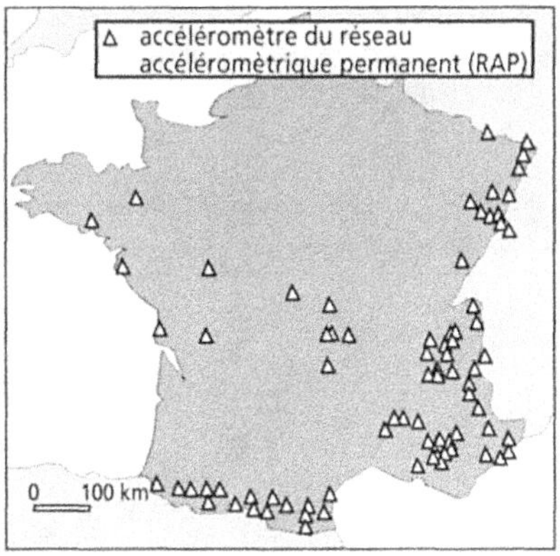

Figure 7.4 Réseau accélérométrique permanent de France métropolitaine (RAP).

sismique et la vulnérabilité des ouvrages, de façon générale et particulière au contexte français. Les principaux objectifs scientifiques du RAP concernent la connaissance des effets de source et du mouvement sismique, des phénomènes de propagation et atténuation, l'analyse des effets de site et l'estimation de la vulnérabilité. Dans un contexte de sismicité plus importante, les Antilles sont aussi équipées d'un réseau de surveillance sismologique.

7.1.4 Réseaux temporaires

Historiquement les réseaux temporaires ont toujours été de dimension régionale. On observe néanmoins ces dernières années, avec le développement des stations larges bandes portables, la mise en place de réseaux temporaires qui couvrent de très grandes régions durant de longues périodes, comme dans le cas de l'expérience Plume, où le réseau temporaire a été installé pendant quatre ans sur l'ensemble de la Polynésie (*figure 7.5*). Cependant, en général, les réseaux temporaires sont implantés lors de campagnes de durées limitées de quelques jours à quelques mois. Ils permettent des enregistrements denses pour des objectifs scientifiques précis. Il peut s'agir d'investigations fines du manteau supérieur et de la croûte, d'enregistrer la microsismicité de régions tectoniquement actives, de localiser précisément les répliques après un tremblement de terre, etc. La France dispose du matériel lui permettant d'installer des réseaux temporaires (sismomètres large bande, courte période et accéléromètres) permettant de couvrir un large spectre de domaines.

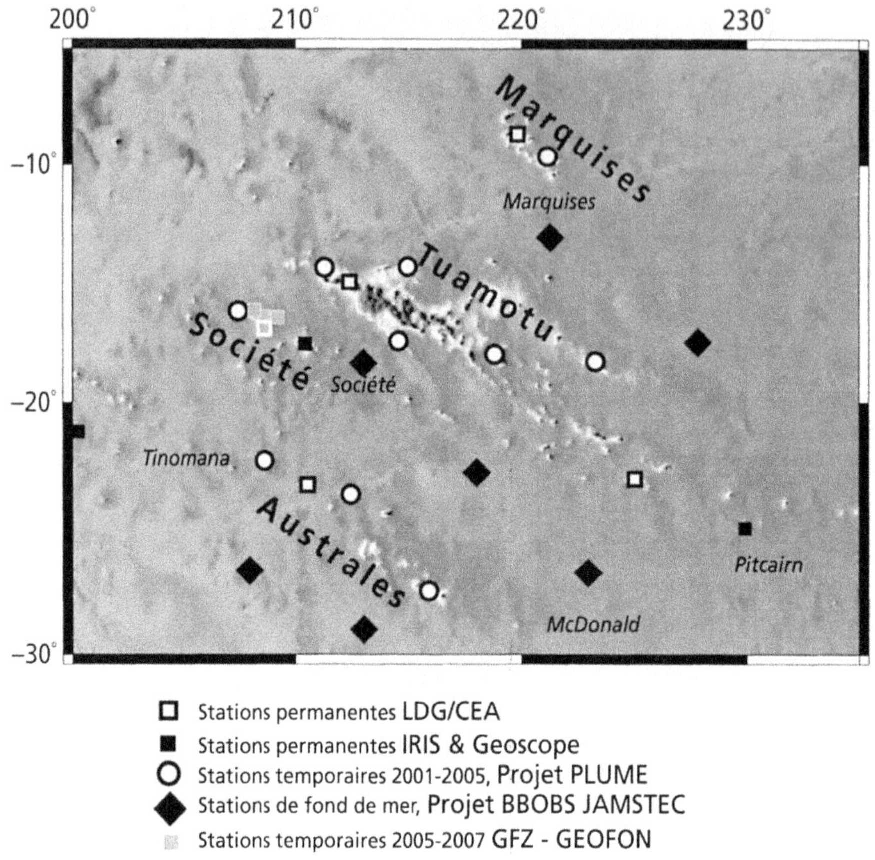

Figure 7.5 Stations sismologiques permanentes et temporaires dans le Pacifique.
(Source G. Barruol.)

7.2 LOCALISATION DES SÉISMES

La localisation des séismes s'effectue à partir des temps d'arrivée des ondes P et S enregistrés en différentes stations sismologiques.

Une méthode extrêmement simple consiste à calculer la distance séparant la station du séisme à partir de la différence de temps de parcours entre l'onde P et l'onde S (*figure 7.6*).

Pour les séismes locaux, on peut faire l'hypothèse que les vitesses des ondes P et S sont constantes. On a alors :

$$t_p = t_0 + \frac{D}{V_p}$$

$$t_s = t_0 + \frac{D}{V_s}$$

où t_p et t_s sont les temps d'arrivée des ondes P et S, t_0 est le temps d'origine du séisme, V_p et V_s les vitesses des ondes P et S et D la distance épicentrale en km. On obtient :

$$t_s - t_p = D\left(\frac{1}{V_s} - \frac{1}{V_p}\right)$$

À partir de la lecture des temps d'arrivée et d'hypothèses sur les vitesses, on obtient D. Le séisme est sur un cercle de rayon D centré sur la station sismologique. À partir de trois calculs de distance, on peut trouver la position du séisme (*figure 7.7*). En général les cercles ne s'interceptent pas exactement en un point, mais forment un petit triangle. L'épicentre est pris en son centre.

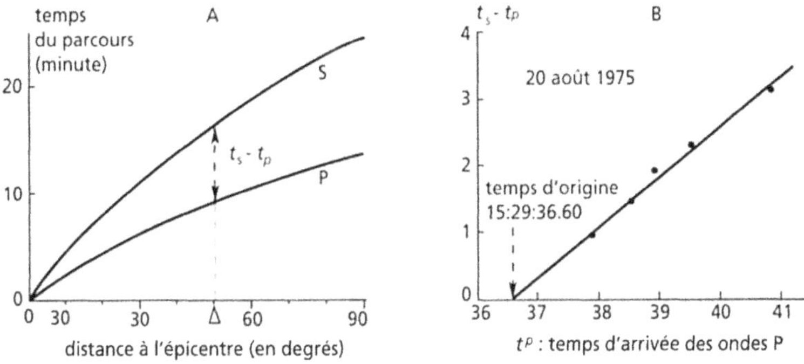

Figure 7.6 Localisation des séismes.

A : Schéma qui permet de déterminer une distance épicentrale en fonction de l'écart de temps d'arrivée entre l'onde P et l'onde S.

B : En situant cet écart en fonction du temps d'arrivée de l'onde P, on peut retrouver le temps origine (qui correspond à un écart nul).

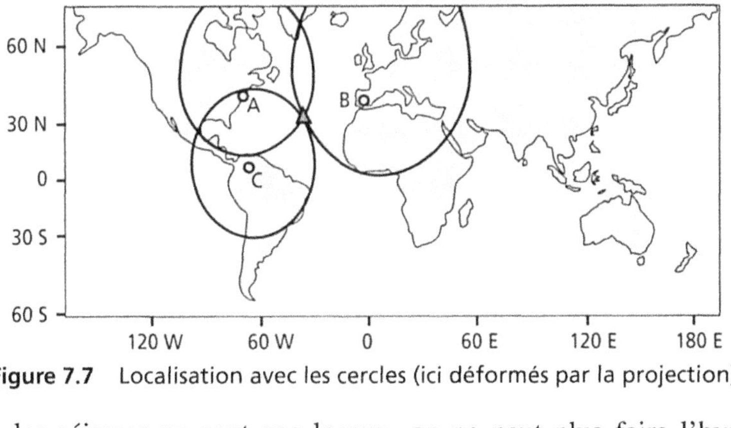

Figure 7.7 Localisation avec les cercles (ici déformés par la projection).

Lorsque les séismes ne sont pas locaux, on ne peut plus faire l'hypothèse de vitesses constantes et les équations ci-dessus ne sont plus exactes. Néanmoins des tables permettent de déterminer Δ la distance épicentrale en degré en fonction de t_p et t_s, ce qui rend la méthode encore applicable. Évidemment cela suppose que l'écart entre l'onde P et l'onde S soit uniquement fonction de la distance épicentrale. Cela n'est pas rigoureusement exact, car interviennent aussi dans l'écart $t_p - t_s$ les hétérogénéités de vitesse sismique à l'intérieur de la Terre et surtout la profondeur du séisme. C'est pourquoi d'autres méthodes plus compliquées ont été développées.

On suppose qu'un séisme a eu lieu à un instant inconnu t et à une position inconnue $\boldsymbol{x} = (x, y, z)$ appelée hypocentre. Ce séisme a été enregistré en n stations sismologiques situées en $\boldsymbol{x_i} = (x_i, y_i, z_i)$ aux temps t_i. Alors on peut écrire $t_i = T(\boldsymbol{x}, \boldsymbol{x_i}) + t$, où $T(\boldsymbol{x}, \boldsymbol{x_i})$ est le temps de parcours entre le séisme et la station i. En pratique on ne connaît ni $\boldsymbol{x}$, ni t. Si $\boldsymbol{x_0} = (x_0, y_0, z_0)$ et t_0 sont des solutions approchées de $\boldsymbol{x}$ et t, alors :

$$\mathrm{t}_i = t_0 + dt + T(x_0, x_i) + \left(\frac{\partial T(\boldsymbol{x}, \boldsymbol{x_i})}{\partial x}\right)_{x_0} \mathrm{dx} + \left(\frac{\partial T(\boldsymbol{x}, \boldsymbol{x_i})}{\partial y}\right)_{y_0} \mathrm{dy} + \left(\frac{\partial T(\boldsymbol{x}, \boldsymbol{x_i})}{\partial z}\right)_{z_0} dz$$

où dt, dx, dy et dz sont les écarts entre le temps origine et les coordonnées approchés et le temps origine et les coordonnées vrais. On a simplifié le problème en faisant un développement de Taylor et en ne gardant que le premier terme linéaire. Dans cette équation, tous les termes sont soit connus (t_i, t_0), soit calculables analytiquement $\left(T(x_0, x_i), \left(\frac{\partial T(\boldsymbol{x}, \boldsymbol{x_i})}{\partial x}\right)_{x_0}, \left(\frac{\partial T(\boldsymbol{x}, \boldsymbol{x_i})}{\partial y}\right)_{y_0}, \left(\frac{\partial T(\boldsymbol{x}, \boldsymbol{x_i})}{\partial z}\right)_{z_0}\right.$ à l'exception de dt, dx, dy et dz qui sont les inconnues. Une nouvelle équation peut être écrite pour chaque station qui enregistre le séisme. On obtient alors un système de n équations à quatre inconnues. En solutionnant ce système (la résolution détaillée de ce système n'entre pas dans le cadre de ce livre : ce n'est pas simple car le problème est surdéterminé, il y a plus d'équations que d'inconnues) on obtient donc le vrai hypocentre de coordonnées $x_0 + dx$, $y_0 + dy$ et $z_0 + dz$ et de temps origine $t_0 + dt$. Cette méthode ne fonctionne que si la solution initiale n'est pas trop éloignée du vrai hypocentre. Elle sera en général mise en œuvre de façon itérative afin de se rapprocher progressivement du vrai hypocentre.

7.3 MÉCANISMES AU FOYER

En sismotectonique, il est primordial de déterminer un mécanisme au foyer. Cela consiste à définir la géométrie de la faille sur laquelle s'est produit le séisme (pendage, azimut ; figure 7.8) et le style du glissement (normal, inverse, décrochant) à partir des enregistrements sismologiques.

7.3.1 Détermination des mécanismes aux foyers

Lorsqu'un glissement se produit le long d'une faille, si l'on considère simplement un couple de forces parallèles à la faille de part et d'autre de celle-ci, il devrait y avoir une rotation. Dans les faits, il n'y a pas de rotation. Un modèle conceptuel simple qui permet de représenter cela est celui du « double couple » : un couple de forces est associé à la faille et au glissement, un autre est perpendiculaire à la faille. Ces deux couples de forces définissent donc deux plans, un plan à signification géologique, le plan de faille, et un plan virtuel perpendiculaire, appelé plan auxiliaire (*figure 7.9*). Ces deux plans sont les plans nodaux. Si l'on regarde un

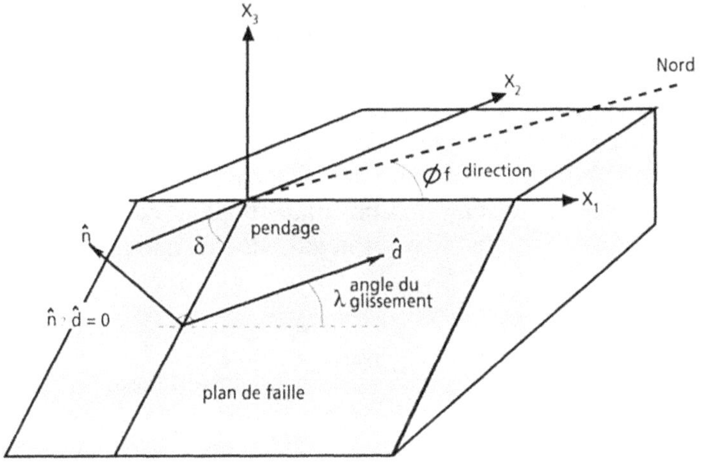

Figure 7.8 Géométrie de la faille utilisée pour les études sismiques.
$\hat{d}$ est le vecteur glissement et $\hat{n}$ sa normale ; δ est le pendage (pente maximum) du plan de faille et ϕ l'angle que fait sa direction ou azimut par rapport au nord.

diagramme de rayonnement des ondes P pour une source sismique ponctuelle en double couple, on constate que l'énergie rayonnée sur les plans nodaux est nulle : les plans nodaux définissent les limites entre les zones où le premier mouvement de l'onde P est en compression et celles où le premier mouvement de l'onde P est en dilatation (*figure 7.9*).

Les sismogrammes d'un séisme enregistrés à différentes distances et pour différents azimuts montrent des polarités variées. On appelle polarité le sens du premier mouvement, à l'arrivée de l'onde sismique. Si le premier mouvement est vers le haut, la polarité est positive et l'onde est en compression. Inversement si le premier mouvement est vers le bas, la polarité est négative et l'onde est en dilatation. À partir de la distribution des polarités, on peut remonter aux plans nodaux et au style de glissement.

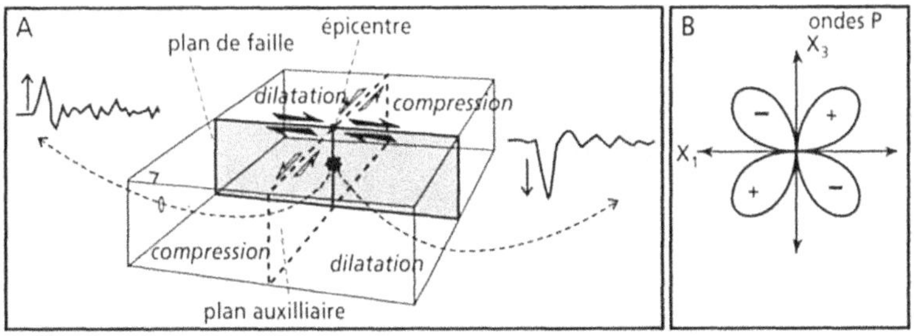

Figure 7.9 Principe de détermination d'un mécanisme au foyer.

A : Schéma d'un séisme décrochant (dextre). L'espace se divise en quatre quadrants, deux en compression, deux en dilatation. La polarité (positive ou négative) du signal enregistré aux stations sismologiques dépendra de leur situation relativement à ces quadrants (polarité positive dans les quadrants en compression, négative dans ceux qui sont en dilatation).

B : Diagramme de radiation.

On va considérer une sphère quelconque qui entoure le séisme ; on l'appelle la sphère focale. Les rayons sismiques générés par le séisme et enregistrés par les stations sismologiques coupent cette sphère focale. Ils sont caractérisés par leur azimut et par leur angle d'incidence (angle par rapport à la verticale). De même les plans nodaux coupent la sphère focale (*figure 7.10*). En rétro projetant les polarités sur la sphère focale inférieure du séisme, on peut remonter au mécanisme au foyer. En fonction de l'orientation des plans nodaux et du style de glissement, la distribution des polarités positives et négatives va changer sur la sphère focale inférieure.

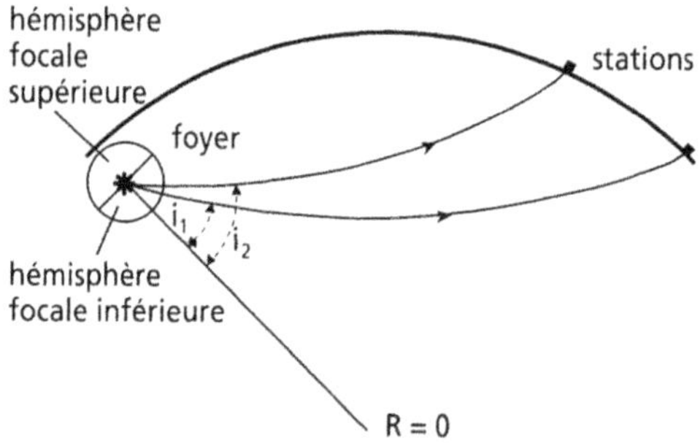

Figure 7.10 Rayons sismiques du foyer à la station, traversant la sphère focale.

En pratique, on se sert d'une projection stéréographique qui transforme un hémisphère en un plan pour dessiner les polarités. Pour déterminer le mécanisme au foyer, il suffit donc de projeter l'ensemble des observations de polarité sur le canevas puis de déterminer deux plans perpendiculaires qui séparent le canevas en secteurs de polarités homogènes. On « colore » les quartiers aux polarités positives (compression) en noir, et ceux aux polarités négatives (dilatation) en blanc. On obtient alors le mécanisme aux foyers et les azimuts et les plongements des deux plans nodaux (*figure 7.11*).

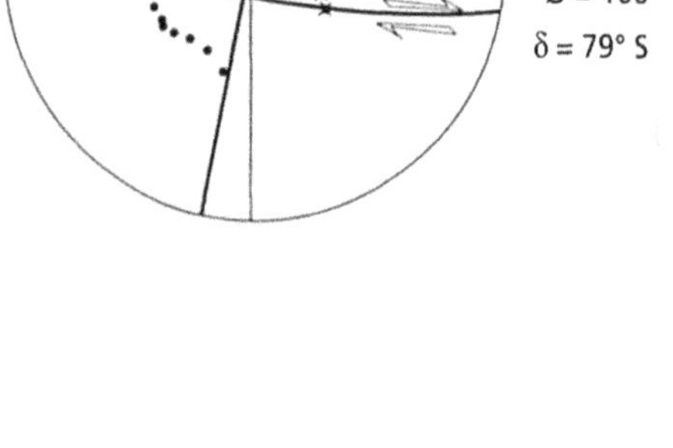

Figure 7.11 Exemple de détermination de mécanisme au foyer. On situe les différentes polarités et ensuite on détermine les plans nodaux.

7.3.2 Représentation des mécanismes au foyer

La représentation des trois mécanismes de base est (*figure 7.12*) :

– pour un séisme décrochant, une croix ;
– pour un séisme en faille normale, deux quartiers noirs entourant un secteur blanc ;
– pour un séisme en faille inverse, deux quartiers blancs entourant un secteur noir.

Mais il existe des cas intermédiaires.

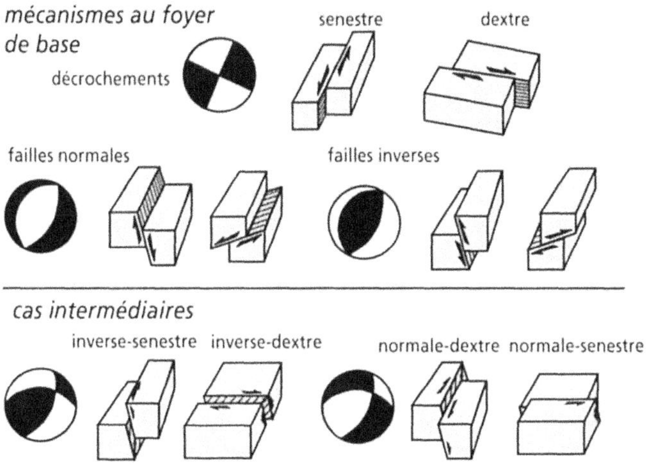

Figure 7.12 Différents types de mécanismes au foyer, et pour chacun les failles qui peuvent correspondre à leurs plans nodaux.

Il faut noter qu'il n'est pas possible de déterminer lequel des deux plans nodaux correspond au plan de faille. Un mécanisme au foyer indiquant une faille décrochante peut correspondre à un mouvement dextre ou sénestre, selon que le plan de faille correspond à l'un ou l'autre des plans nodaux (*figure 7.12*). Il faut donc des informations complémentaires pour finaliser la caractérisation des séismes. Elles peuvent provenir des connaissances acquises lors de séismes précédents dans la même région ou de l'observation des répliques qui doivent logiquement s'aligner le long du plan de faille. La géologie apporte sa contribution quand le séisme est accompagné de ruptures de surface. Les études de néotectonique et de paléosismologie repèrent aussi l'orientation des failles susceptibles d'être *a priori* actives dans la région.

7.3.3 Forme d'onde, mécanismes au foyer et modélisation de la rupture

Il faut noter que les seules polarités des ondes P sont quelquefois insuffisantes pour contraindre les mécanismes aux foyers. Des informations complémentaires sont recherchées à partir des formes d'ondes : on regarde l'ensemble du train d'onde et non pas seulement la polarité de la première arrivée, en utilisant les ondes de volume comme les ondes de surface. Le principe est de calculer des formes d'ondes synthétiques pour des modèles variés de séismes et de les comparer avec les formes d'ondes réellement observées. La solution peut être obtenue soit par modélisation directe (par une stratégie d'essai-erreur), soit par inversion. On obtient en plus ainsi des informations sur la profondeur du séisme, inaccessibles par la simple étude des polarités. D'une façon un peu similaire, on peut modéliser la distribution spatio-temporelle du glissement lors d'un séisme. Par cette méthode, sur l'ensemble du plan de faille affecté par le séisme, on détermine le sens de glissement et la quantité de glissement. On peut prendre en compte des données sismologiques diverses, télésismiques (enregistrées à grande distance) ou de mouvements forts (enregistrées à proximité de la rupture).

Il peut être particulièrement intéressant de développer des méthodes de détermination de mécanismes aux foyers avec une seule station sismologique. Ceci, non pas dans le but de caractériser précisément la source, mais d'avoir une idée très rapidement de la nature de la source, par exemple dans les systèmes d'alerte aux tsunamis.

7.3.4 Mécanismes au foyer, déformations et contraintes

À partir des mécanismes aux foyers, on peut déterminer les axes de déformation P (pression) et T (tension). On trace le plan perpendiculaire aux deux plans nodaux (il passe par les pôles de chacun des plans nodaux et il est unique). Les axes principaux de déformation sont sur le grand cercle correspondant à ce plan, au milieu des zones de polarité homogène. L'axe P est au milieu des zones en dilatation, l'axe T au milieu des zones en pression. Comme en microtectonique (cf. § 5.3.2), à partir de ces axes, on ne peut remonter aux directions des contraintes principales σ_1 et σ_3 que dans les cas les plus simples, ce qui n'est pas la règle, puisqu'en général, les failles préexistent. Comme le vecteur glissement (cf. *figure 7.9*) est assimilable à une strie, il est nécessaire d'avoir au minimum quatre vecteurs-glissement d'orientations différentes, pour obtenir un tenseur des contraintes (cf. § 2.1.1.*b)* et § 5.3.2). On constate souvent qu'avec des séismes très proches, on calcule des mécanismes au foyer disparates. Ainsi, ceux des répliques diffèrent en direction, mais aussi en nature de mouvement par rapport au séisme principal Des séismes en faille inverse peuvent être suivis par des répliques également en failles inverses, en décrochements, en failles intermédiaires entre ces deux catégories et même parfois en failles normales. C'est pourquoi il a été proposé, comme en tectonique, des méthodes inverses de traitement des mécanismes au foyer. Cela se fait à partir d'une série de séismes voisins, soit enregistrés par un réseau pendant un programme d'études (*figure 7.13*), soit après un séisme majeur, à partir des répliques.

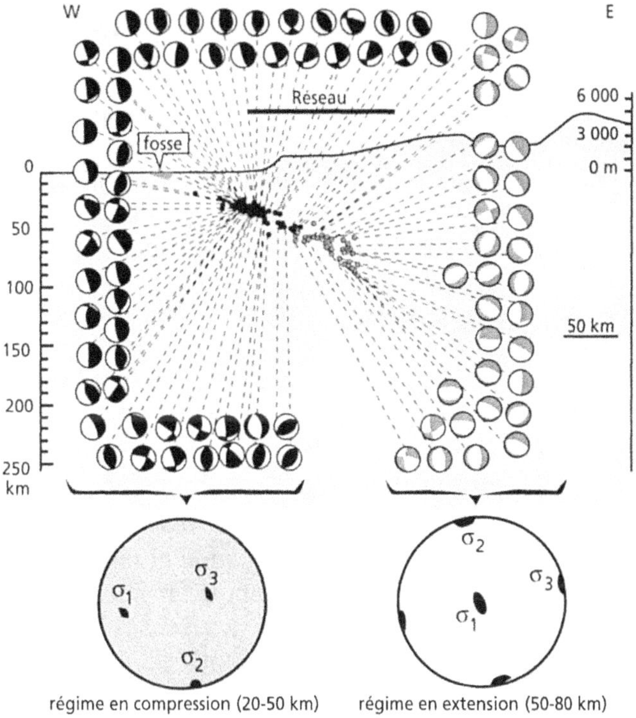

Figure 7.13 Exemples de traitement par méthodes inverses (Rivera et Cisternas, 1990) de mécanismes au foyer calculés pour des séismes du nord du Chili. (D'après travaux de Delouis *et al.*, 1996-1998 © Seismological Society of America.) Ces séismes de 1990-1994 sont placés sur ou à proximité du plan de Wadati-Benioff.

7.4 APPORTS DE LA GÉODÉSIE À L'ÉTUDE DE LA RUPTURE SISMIQUE

Comme cela a été exposé au chapitre 2, après le séisme de 1906 de San Francisco, Reid en 1910 compare des mesures géodésiques et met en évidence des déformations inter et co-sismique, qui lui permettent d'énoncer la théorie du rebond élastique. Depuis, la géodésie est devenue une branche fondamentale de recherche et de surveillance dans les pays de sismicité et de tectonique active, comme la Californie, le Japon ou la Nouvelle-Zélande. Elle a pris un nouvel essor depuis le développement des technologies spatiales principalement à partir de la fin des années 1980.

Pour toutes ces techniques aussi bien terrestres que spatiales, c'est la réitération des mesures qui peut mettre en évidence des déplacements de la topographie terrestre, à condition que ceux-ci soient suffisamment importants, les appareils assez précis et le temps entre deux campagnes de mesure assez long. Suivant le type de mesures, on démontre l'existence de mouvements soit horizontaux, soit verticaux.

Ces derniers peuvent avoir une cause tectonique (basculement, soulèvement, effondrement) ou non (subsidence due au tassement des sédiments, soulèvement post-glaciaire), et leur interprétation doit être réalisée en fonction du contexte géologique.

À l'heure actuelle, plusieurs techniques sont à disposition en sismotectonique. Elles permettent de repérer et de quantifier les différentes déformations associées aux failles (asismique ou *creep*, pré-sismique, co-sismique, post-sismique et inter-sismique ; voir § 2.1.2 et § 4.1). La géodésie permet également de caractériser en direction et en importance le déplacement des plaques.

7.4.1 Méthodes géodésiques

On peut séparer la géodésie en deux branches, la géodésie au sol et la géodésie spatiale. Dans les deux cas, l'idée est de positionner précisément des repères géodésiques et de regarder l'évolution de leurs positions au cours du temps pour évaluer des vitesses de déplacement et des taux de déformation.

La géodésie au sol, utilisée depuis le XIXe siècle dans l'étude des séismes, utilise principalement deux méthodes : la triangulation et le nivellement. La triangulation mesure l'angle entre deux repères vus depuis un troisième. Cette technique a été utilisée pour l'établissement de la majorité des réseaux géodésiques nationaux. Il y a donc de très anciennes mesures qui peuvent être utilisées aujourd'hui pour des études de déplacements sur le long terme. Le nivellement mesure la différence d'altitude entre deux repères. Là aussi, des anciennes données sont disponibles par exemple dans de nombreuses chaînes de montagnes et, pour caractériser des mouvements verticaux, sont comparées aux mesures actuelles. Le nivellement peut aussi être utilisé pour caractériser les mouvements co-sismiques verticaux, lorsque la rupture atteint ou non la surface (*figures 4.13* et *4.14*).

Pour l'étude et la surveillance des mouvements des failles, depuis la découverte en Californie de mouvements asismiques (*creep*), on procède à des mesures localisées (*near-field methods*), qui doivent être fréquemment répétées. Elles sont parfois réalisées en association avec d'autres mesures géophysiques (gravimétrie, mesures des déformations par *creepmeter* et *strainmeter*, magnétisme,...). Les mesures géodésiques se font par des méthodes classiques de triangulation et par géodésie laser. Signalons toutefois, qu'en Californie des alignements de clous, dont on suit et mesure le décalage, convient pour des mesures à moindres frais et pour des observations visuelles faciles du creep le long de la faille de San Andreas.

La géodésie spatiale s'est développée à partir des années 1980 et est devenue un outil majeur des sciences de la Terre à partir des années 1990. Parmi ces techniques, on peut citer le VLBI (Very Long Baseline Interferometry), le SLR (Satellite Laser Ranging), DORIS (Détermination d'Orbite et Radiopositionnement Intégré par Satellite) et surtout le GPS (Global Positioning System) et l'InSAR.

Le GPS a été développé à partir des années 1970 par les militaires américains avec comme objectif de pouvoir se positionner partout et tout le temps avec une précision des quelques mètres. Les satellites de la constellation GPS émettent des ondes électromagnétiques. Un premier niveau d'utilisation permet une localisation

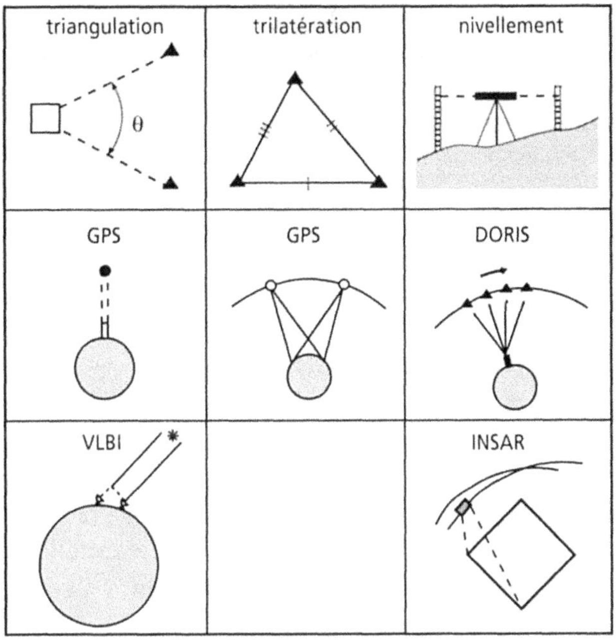

Figure 7.14 Principes des mesures géodésiques au sol (triangulation, trilatéraux et nivellement) et spatiales. (D'après Feigl, 2002.)

à cinq mètres près. Mais une utilisation fine du signal et de ses deux fréquences correspondant à des longueurs d'ondes de dix-neuf et vingt-quatre centimètres permet une localisation différentielle sub-centimétrique. Cette précision est obtenue en réduisant les erreurs d'horloges et en combinant les signaux de plusieurs satellites et stations. Les délais ionosphériques sont supprimés en utilisant deux fréquences (le signal est dispersif dans l'ionosphère) et en estimant très précisément les délais troposphériques. Les stations GPS peuvent mesurer soit de façon continue, soit lors de campagnes répétées au cours du temps. De nombreux résultats de tectonique régionale ou locale ont été obtenus par des campagnes de mesures répétées, comme le champ de vitesse inter-simique ou le champ de déplacement co-sismique autour de la faille nord anatolienne présentés au chapitre 2. Les campagnes sont particulièrement intéressantes lorsque l'on veut mesurer des réseaux très denses qui nécessiteraient des infrastructures très lourdes si on installait des réseaux permanents. Les stations GPS permanentes sont utiles principalement dans trois cas :

– lorsque les déplacements sont très faibles. C'est le cas par exemple en France où les études par campagne n'ont pour l'instant pas donné de résultats très significatifs (Vigny et al. 2003). Il est alors indispensable d'installer des stations permanentes qui seules permettront de quantifier un mouvement long terme. Dans le cas de déplacements très faibles, les variations de position temporelles non tectoniques (tels que les processus de surcharge) cachent le signal tectonique ;

– lorsque l'on veut des positions très précises pour l'établissement de systèmes de références tels que l'ITRF (International Terrestrial Reference Frame) ;
– lorsque l'on veut détecter des mouvements transitoires notamment sur les failles. Ce sont les stations permanentes qui ont permis la mise en évidence des mouvements transitoires associés aux séismes lents sur le plan de subduction des Cascades. Ce sont aussi les stations permanentes qui permettent d'enregistrer les mouvements cosismiques sans pollution du post-sismique : lorsqu'on réalise une campagne après un gros séisme, entre le séisme et la campagne, il y a toujours du mouvement post-sismique qu'il sera difficile de distinguer du mouvement co-sismique. Ce sont les stations permanentes qui pourraient permettre la mise en évidence de signaux pré-sismiques, s'ils existent.

Aujourd'hui, du fait du coût de plus en plus faible des stations GPS (environ 5 à 8 k€), de plus en plus de stations permanentes sont installées, remplaçant les campagnes de mesures. Plusieurs milliers de stations permanentes opèrent actuellement dans l'ensemble des zones tectoniquement actives de la planète. En France, le premier réseau GPS permanent dédié à la tectonique a été installé dans les Alpes à la fin des années 1990 (Regal : Réseau GPS Alpes) par différents organismes de recherche et universités sous la houlette de Géosciences Azur et de E. Calais. Aujourd'hui ce réseau s'est étendu à l'ensemble de la France. Il a pris le nom de Renag et compte près d'une cinquantaine de stations. Il est complété par le réseau de l'IGN et des réseaux privés à usage industriel et commercial.

L'une des difficultés de l'utilisation du GPS dans l'étude des séismes (déplacement co-sismique) est qu'il est nécessaire d'avoir des mesures avant le séisme. Si ceci est aisé dans les régions très sismiques et densément équipées de stations (comme la Californie ou le Japon), c'est plus difficile dans les régions peu ou pas sismiques jusqu'alors. Par exemple, lors du séisme de Bam (Iran), aucune donnée GPS avant le séisme n'était disponible. L'InSAR permet de remédier à ce problème. La méthode InSAR compare deux images radar enregistrées à deux instants différents. On calcule les différences de phase point à point des images. Cela permet, en soustrayant la topographie à l'aide d'un modèle numérique de terrain, de mesurer des déplacements centimétriques dans les zones où le signal reste cohérent. Dans les zones arides, les résultats sont de très bonne qualité. Ils sont plus difficiles à obtenir dans les zones à fort couvert végétal. Les images sont acquises par des satellites qui tournent en continu autour de la Terre. Toutes les zones de la terre sont donc couvertes, qu'elles soient actives ou non. En cas de séisme, il suffit de récupérer les données acquises avant et après le séisme pour avoir une cartographie du déplacement co-sismique. Il est aussi possible de détecter les grands déplacements co-sismiques par corrélation d'images optiques, comme cela a été fait pour le séisme de Chichi (1999).

En fait, dans les régions tectoniquement très actives, où les failles et les séismes sont nombreux, l'interprétation des données géodésiques doit être faite avec prudence, comme le montre un exemple, souvent cité (Vigny *et al.* 2005). Sur dix ans, on a réalisé une série de mesures d'un point de l'île indonésienne de Sulawesi et on a constaté une variation extrêmement compliquée de sa position. Dans une première interprétation, on peut considérer deux périodes de temps, l'une avec une vitesse de 5,4 cm/an, l'autre avec une vitesse de 1,5 cm/an. Mais en fait, deux séismes importants doivent être pris en compte, en 1996 et 2001. Le premier génère un fort déplacement co-sismique puis du déplacement post-sismique. Le second n'entraîne que du déplacement co-sismique. On peut alors faire une estimation de la vitesse de déplacement long terme du point égale à 1 cm/an, très différente des valeurs estimées auparavant. Dans les zones tectoniquement très actives, tout point peut être sujet simultanément à divers processus co-, post- et inter-sismiques et de ce fait l'interprétation doit être prudente. Dans les zones plus simples avec une faille majeure (faille nord anatolienne, de San Andreas, subduction sud américaine,...) alors le GPS présente un grand intérêt en termes de caractérisation du cycle sismique.

7.4.2 Utilisations conjointes pour modéliser la rupture

Nous avons indiqué au chapitre 7.3.3 que les données sismologiques permettaient de déterminer l'histoire de la rupture, depuis son initiation jusqu'à l'arrêt du glissement. On peut aussi cartographier le glissement total sur le plan de faille à partir du déplacement co-sismique déduit de données GPS ou InSAR. Il n'y a dans ce cas pas d'information temporelle. De nombreux modèles du glissement du séisme de Sumatra ont par exemple été réalisés à partir des données des stations GPS permanentes de la région.

L'exemple du séisme d'Izmit (Delouis *et al.*, 2002) a montré que si, au premier ordre, les caractéristiques du séisme étaient toujours retrouvées, des différences significatives étaient observées entre les modèles. Les modèles purement sismologiques varient grandement de l'un à l'autre en fonction des données utilisées (télé-séismes, mouvements forts,...). Il en est de même pour les modèles basés sur les données géodésiques. Afin de bien contraindre les modèles, les données géodésiques et sismologiques sont de plus en plus inversées conjointement. L'inversion est non linéaire, réalisée en général par « recuit simulé ». Une description précise des méthodes d'inversions est hors de propos de cet ouvrage.

La figure 7.15 illustre les résultats obtenus par différentes modélisations du glissement du séisme d'Izmit, obtenues en utilisant les données séparément (InSAR, GPS, télésismiques, mouvements forts) puis l'ensemble des données conjointement. Les modèles individuels expliquent chacun les données utilisées pour les obtenir (il y a un bon ajustement des données), mais ils ne permettent pas d'expliquer les autres jeux de données. L'utilisation conjointe des données donne le modèle le plus pertinent qui seul explique toutes les données. Les divers jeux de données ne résolvent pas les mêmes parties du plan de glissement : dans le cas de cette faille décrochante sub-verticale, la meilleure résolution est obtenue près de la surface, grâce aux données InSAR, et autour des stations GPS et des accéléromètres. Les données InSAR, GPS et de mouvements forts sont moins sensibles aux processus profonds. Les données télésismiques, globalement moins résolvantes, sont sensibles à l'ensemble du glissement et permettent de résoudre plus spécifiquement le glissement profond. Enfin, si l'on veut éviter de surestimer les mouvements en surface, il est important de contraindre le modèle avec des observations des ruptures de surfaces.

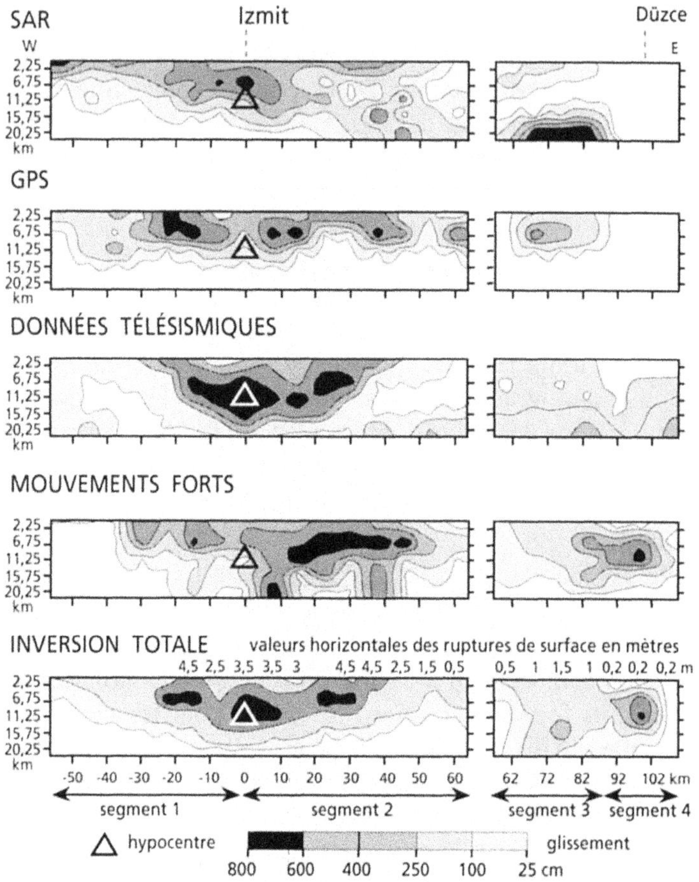

Figure 7.15 Modélisations de la rupture sismique du séisme d'Izmit par différentes méthodes géodésiques et sismologiques, séparément et conjointement.

(Dessin simplifié, d'après Delouis *et al.*, 2002 © Seismological Society of America.)

Chapitre **8**

Autres méthodes géophysiques et méthodes de géochimie

Si la sismologie, la géodésie, l'étude des séismes anciens et la néotectonique sont les clés de l'approche sismotectonique, il existe aussi tout un ensemble de méthodes géophysiques (§ 8.1), qui lui apporte leur contribution. Elles servent surtout à mieux caractériser les failles en surface et en profondeur, à petite comme à grande échelle. En outre, dans l'élaboration de zonages sismotectoniques, on tient parfois compte de certaines données géophysiques autres que sismologiques, comme les anomalies gravimétriques. La géochimie, qui joue un rôle important dans les problèmes de datation (§ 5.2), intervient également en complément de toutes ces disciplines, les processus sismotectoniques ayant des répercussions sur les aquifères et sur les gaz contenus dans les aquifères ou les sols (§ 8.2). Ses études montrent des corrélations avec les étapes du déclenchement des séismes. Elles sont donc d'un grand intérêt pour leur prédiction (cf. chapitre 10).

8.1 MÉTHODES GÉOPHYSIQUES

8.1.1 Objectifs et objets d'études

En sismotectonique, on a surtout recours à la géophysique pour mieux connaître les zones de faille, à petite échelle, celle de la croûte, ou à grande échelle, celle des premiers mètres sous la surface.

a) Études à petite échelle

Il s'agit de caractériser la structure d'une zone de faille pour mieux cerner son comportement général. La connaissance des structures géologiques en profondeur doit énormément aux recherches pétrolières qui ont réalisé de nombreux profils sismiques, aux interprétations calées grâce à des sondages. Elles apportent de nombreux éléments nécessaires en sismotectonique, comme la géométrie des plans de failles, leur association à des structures (flexures, plis ou fossés d'effondrement) et les discordances qui les accompagnent. En Californie, grâce à la prospection pétrolière, on a pu ainsi repérer des failles aveugles (*blind-thrust*) et des failles *offshore*, qui n'étaient pas jusqu'alors connues et prises en compte pour l'aléa sismique (*figure 8.1*).

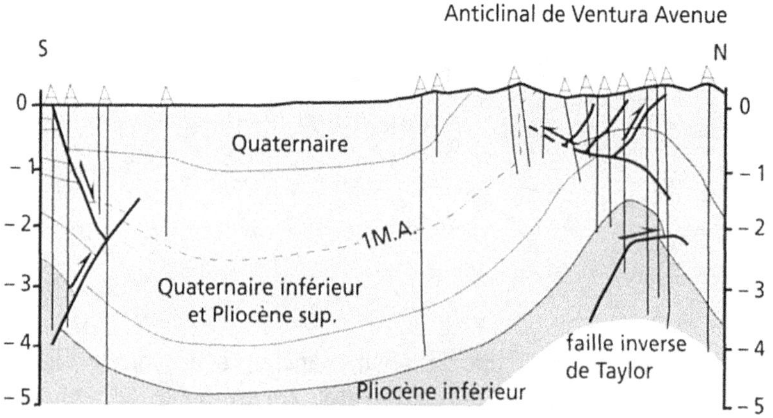

Figure 8.1 Coupe réalisée grâce aux profils sismiques et aux forages pétroliers, en partie offshore sur le littoral du Sud de la Californie (localisation sur la figure 1.6). (Dessin modifié d'après Brown, 1990.)

Comme ces profils sismiques renseignent seulement sur les structures de « subsurface », des programmes de grands profils sismiques atteignant de bien plus grandes profondeurs ont été jugés nécessaires par la communauté scientifique. En France, le programme Ecors a permis de mieux comprendre la structure complexe des chaînes des Alpes et des Pyrénées. Pour la sismotectonique, ces grands profils fournissent des indications sur la structure de la croûte qui servent ensuite de modèle en sismologie pour les calculs des vitesses sismiques et participent à l'interprétation des anomalies de celles-ci (tomographie sismique, voir § 8.1.2.*a*)). Ils permettent en outre de suivre l'enracinement des failles en profondeur dans les zones de déformation ductile.

Plus rarement, des campagnes de géophysique sont effectuées pour compléter des études géologiques à but sismotectonique ou néotectonique, comme ce fut le cas dans le Levant espagnol (§ 8.1.2.*d*, *figure 8.7*). Ces dernières années, plusieurs projets géophysiques dédiés à la caractérisation de failles à petite échelle ont été réalisés. On peut citer Gump, destiné à préciser la géométrie en trois dimensions de la faille de San Andreas en profondeur à partir de moyens géophysiques (principalement des méthodes potentielles gravimétriques et magnétiques). De même, le projet Desert (DEad SEa Rift Transects), regroupant des scientifiques d'Allemagne, d'Israël, de Jordanie et de Palestine, a mis en œuvre de nombreuses méthodes (tableau 8.1) pour mieux connaître la faille du Levant, à mi-chemin entre la mer Morte et la mer Rouge, sur le segment dit d'Arava (Weber *et al.*, 2004 ; Maercklin *et al.*, 2005 ; Tasarova, *et al.*, 2007).

TABLEAU 8.1 MÉTHODES MISES EN ŒUVRE DANS LE PROGRAMME Desert.

Sismologie et sismique	**Électromagnétique**	**Magnétisme et gravimétrie :**	**Pétrologie et géothermie :**
Réflection et réfraction grand-angle	Magnétotellurique	Données magnétiques	Données pétrologiques
Réflection presque verticale	Variations temporelles électro-magnétiques	Données gravimétriques	Données géothermiques
Rayon de la source contrôlé			
Rayon passif			

b) Études à grande échelle

Il s'agit alors soit de détecter l'emplacement exact d'une faille masquée très superficiellement, soit de préciser sa disposition en surface. C'est parfois un préalable au creusement de tranchées en paléosismologie. On n'opère pas en effet seulement après un séisme, ou dans des secteurs où la trace géologique et géomorphologique de la faille est des plus nettes. Il faut alors avoir recours à des méthodes géophysiques, qui seront d'autant plus efficaces qu'elles seront appliquées dans des secteurs avec des sols et des dépôts aux caractéristiques physiques contrastées, dans lesquels on cherchera à identifier des décalages verticaux. Plusieurs de ces méthodes sont par ailleurs d'un grand intérêt en archéologie, pour la prospection, et en géotechnique pour l'étude des sols et des formations superficielles nécessaires au microzonage (§ 11.4).

8.1.2 Méthodes

Il n'est pas possible de décrire ici en détail l'ensemble des méthodes géophysiques mises en œuvre en sismotectonique. Seuls leurs principes seront rappelés et les lecteurs intéressés par de plus amples développements méthodologiques prendront profit du livre de Musset et Khan, *Looking into the Earth*. Lorsque cela est possible, des résultats obtenus lors du programme Desert seront pris comme exemples. On pourra ainsi comparer les apports respectifs des méthodes mises en œuvre.

a) Méthodes tomographiques

Grâce à la tomographie sismique, on détermine des modèles tridimensionnels de vitesse sismique de l'intérieur de la Terre. En prenant les temps d'arrivées observés à de nombreuses stations sismologiques pour un grand nombre de séismes ou de tirs artificiels et en les comparant aux temps théoriques que l'on observerait dans une terre standard, on peut déterminer les zones de la Terre où la vitesse est plus rapide que la normale, et celles où elle est plus lente. Si un rayon sismique est en retard (il arrive plus tard que ne le prédit la propagation dans le modèle de référence), c'est qu'il traverse des zones lentes, et inversement (*figure 8.2 A*).

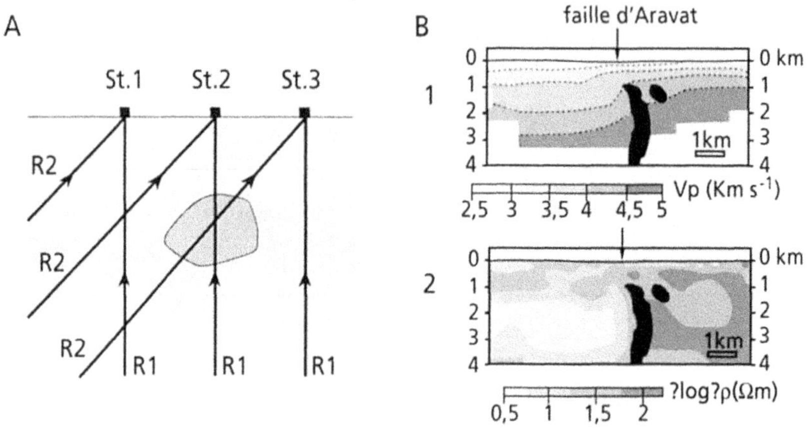

Figure 8.2

A : Principe de la tomographie par transmission (St. 1 2 et 3 : stations ; R1 et R2 arrivées d'ondes dues à deux séismes lointains. En grisé : zone plus lente ou plus rapide, modifiant les temps d'arrivée aux stations).

B : Résultats obtenus dans l'étude de la faille d'Aravat, segment de la faille du Levant ; 1 : par tomographie ; 2 : par la méthode magnétotellurique (MT), voir plus loin. (Programme Desert, d'après Maercklin *et al.*, 2005 © American Geophysical Union.)

En pratique, le problème se résout mathématiquement en le traitant avec la théorie du problème inverse. Il existe de nombreux types de tomographie sismique, en fonction de l'échelle étudiée (globale, régionale, locale), des ondes sismiques utilisées (ondes de volumes ou ondes de surface) et des paramètres que l'on cherche à déterminer (vitesse sismique seule, anisotropie, localisation des séismes et modèle de vitesse simultanément, atténuation...). Cette méthode permet de situer les subductions actuelles (cf. *figure 1.4*) et même anciennes, la lithosphère plongeante étant plus froide que le manteau dans lequel elle pénètre. En sismotectonique, on a recours à trois types de tomographie.

• L'inversion-localisation simultanée

On inverse les temps d'arrivées de séismes se produisant sous un réseau de stations sismologiques d'échelle locale ou régionale (quelques dizaines à quelques centaines de kilomètres) disposées en nappe, ce qui permet d'obtenir à la fois le modèle de vitesse et la localisation des séismes. On obtient ainsi les vitesses sismiques autour de la faille et la localisation très précise de la microsismicité.

• L'inversion télésismique

On inverse les temps d'arrivée de téléséismes (distance épicentrale séisme-station supérieure à 20° ou 2 000 km). Le réseau sismologique (en nappe ou en profil) a une extension toujours supérieure à la centaine de kilomètres. On peut alors obtenir une « image » de la structure de la faille très profondément, à l'échelle lithosphérique. Avec de telles méthodes, on caractérisera son enracinement profond et son extension dans la zone ductile.

• **L'inversion de sources explosives**

On inverse les temps d'arrivées d'ondes générées artificiellement par des sources explosives. On connaît alors parfaitement les sources (localisation et temps origine) et il ne faut déterminer que la vitesse. On travaille à l'échelle locale (réseau étendu de quelques dizaines de kilomètres). Dans la campagne Desert, les coupes à travers le modèle 3D permettent de suivre en profondeur la faille d'Arava jusqu'à 3 km le long du profil central. La faille se caractérise par un contraste latéral de vitesse (*figure 8.2 B1*).

Les données nécessaires en tomographie proviennent soit de réseaux locaux lorsque ceux-ci sont assez denses (Californie), soit de réseaux temporaires (Desert).

b) Méthodes sismiques

Les méthodes sismiques terrestres (nous ne parlerons pas ici de la sismique marine) utilisent des ondes générées artificiellement (explosifs, camions vibreurs, chute de masse,...) et enregistrées par des capteurs déployés en surface pour imager les interfaces entre des couches de roches aux propriétés sismiques différentes et estimer les vitesses sismiques du sous-sol. Émises en surface, les ondes se propagent vers le bas et sont soit réfléchies (sismique réflexion), soit réfractées (sismique réfraction) pour revenir à la surface (voir chapitre 3).

Dans le cadre du projet Desert, les deux types de sismique ont été mis en œuvre. permettant la réalisation d'un modèle de vitesse (*figure 8.3*). Les deux méthodes sismiques apportent des informations sur la structure en profondeur de la faille. La sismique réfraction souligne, comme la tomographie, le contraste de vitesse de part et d'autre de la faille liée à l'épaisseur plus importante de sédiments à l'ouest qu'à l'est de la faille. Elle indique aussi que le Moho présente une topographie non négligeable sous la faille d'Arava, avec un épaississement crustal d'ouest en est sur lequel se surimpose une oscillation liée au passage de la faille. La sismique réflexion ne donne pas d'image évidente de la faille en surface. Par contre, en profondeur, une zone de quinze kilomètres de largeur située sous la trace en surface de la faille présente une absence de fortes réflexions telles que celles observées plus à l'est et plus à l'ouest et liées au Moho. Il semble donc que la zone de faille, étroite en surface, devient plus large en profondeur et atteint le manteau. Ces données confirment donc que l'on est bien face à l'une des discontinuités majeures de la Méditerranée orientale, la faille du Levant étant considérée comme une faille transformante, limitant à l'ouest la plaque arabique (cf. § 9.3.3, *figure 9.20*).

c) Méthodes gravimétriques

Le principe physique de la gravimétrie est très simple. Des matériaux de densités différentes vont produirent des attractions gravitationnelles distinctes. Une

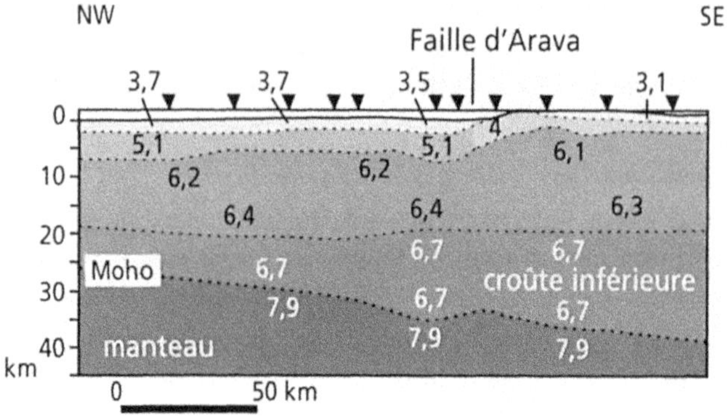

Figure 8.3 Modèle de vitesse des ondes P (en km s^{-1}).

Obtenues par sismique réfraction et (réflexion triangles renversés : sismomètres) au travers de la faille d'Arava, segment de la faille du Levant.

(D'après Weber *et al.*, 2004, simplifié.)

mesure fine des anomalies de pesanteur permet donc la modélisation des variations de densité du sous-sol. La gravimétrie sert à détecter des changements de lithologie, comme par exemple celles induites par les décalages produits par une faille. On utilise alors l'anomalie de Bouguer, anomalie de pesanteur (écart entre une observation et un modèle), corrigée des effets de l'altitude et de la topographie. En effet lorsqu'on s'élève, la pesanteur diminue du fait de l'éloignement du centre de masse de la Terre (environ 0,3086 mgal/m) et lorsque des reliefs sont présents, ils ont un effet sur la pesanteur, soit en la diminuant si les reliefs sont au-dessus du point de mesure, soit en l'augmentant s'ils sont en dessous. L'anomalie de Bouguer est donc l'anomalie gravimétrique résultant des écarts de densité dans le sous-sol, tous les autres effets ayant été corrigés. La modélisation des anomalies de pesanteur est donc relativement simple mais elle est souvent non unique : plusieurs modèles expliquent les données. Dans ce cas, le choix sera fait en fonction de notre connaissance par ailleurs du sous-sol, soit à partir de données géologiques de surface, soit à partir d'autres contraintes géophysiques comme de l'imagerie sismique. Il est intéressant d'interpréter les anomalies gravimétriques à l'aide des modèles de sismique ou de modèles tomographiques pour deux raisons :

1. La sismique réflexion permet de déterminer la profondeur des interfaces lithologiques majeures qui correspondent souvent à des contrastes de densité importants. Or la gravimétrie résout très mal les profondeurs – elle est mieux adaptée à la détermination des variations latérales. Sismique réflexion et gravimétrie sont donc très complémentaires. Ceci est magnifiquement illustré par les nombreuses modélisations gravimétriques effectuées le long du profil de sismique réflexion Ecors à travers les Alpes occidentales : la modélisation gravimétrique n'est possible que par la connaissance sismique du Moho.

2. La sismique réfraction et la tomographie fournissent des vitesses d'onde P qui peuvent être converties en densité par des lois empiriques. Elles peuvent donc servir pour créer un modèle initial lors de la modélisation gravimétrique. C'est ce que l'on voit sur le modèle présenté (*figure 8.4*) à travers la faille d'Arava (programme Desert).

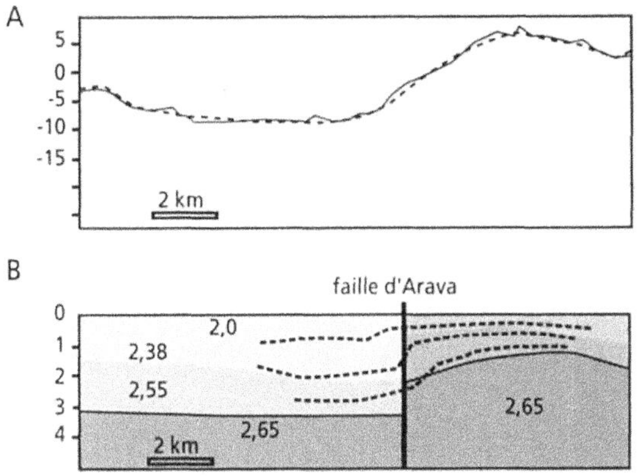

Figure 8.4 Résultats gravimétriques du programme Desert.
A : Anomalies de Bouguer (ligne pleine : données, ligne pointillée : modèle).
B : Lignes pointillées = modèle topographique.
(D'après Tasarova, 2006, modifié.)

d) Méthodes magnétiques, électriques, électromagnétiques et radar géologique

La prospection magnétique mesure les variations du champ magnétique terrestre pour en déduire les propriétés magnétiques du sous-sol (aimantation des roches). Elle peut être réalisée à petite échelle (par exemple à l'échelle globale avec les satellites), mais aussi à grande échelle pour l'archéologie ou la détection de petites structures géologiques, telles que des failles ou des intrusions basaltiques. La prospection électrique en courant continu permet de déterminer les variations de résistivité électrique (ou son inverse la conductivité) du sous-sol en faisant circuler des courants électriques à travers le sous-sol à partir de câbles et d'électrodes plantées dans le sol. La prospection électromagnétique caractérise aussi les propriétés électriques du sous-sol mais utilise des courants induits dans le sous-sol à l'aide de champs magnétiques, sans câble et sans électrode d'où une mise en œuvre allégée. Le radar géologique (GPR ou Ground Penetrating Radar), autre méthode électromagnétique souvent utilisée, fonctionne plutôt sur le principe de la sismique-réflexion mais avec des ondes radars. On peut alors évaluer la vitesse des ondes électromagnétiques dans le sous-sol.

A. Méthodes magnétiques

Les méthodes magnétiques consistent à déterminer les propriétés magnétiques des matériaux du sous-sol à partir d'anomalies mesurées du champ magnétique (en nT ou nanotesla). Le principe est le même que pour les méthodes gravimétriques dans le sens où l'on cherche à modéliser un écart par rapport à un modèle, mais la mise en pratique est plus compliquée. La prospection magnétique peut être faite de façon aéroportée, ce qui permet de couvrir de grandes surfaces en relativement peu de temps. Évidemment la carte d'anomalie obtenue ainsi présentera moins de finesse qu'une campagne faite au niveau du sol, donc plus proche des sources des anomalies. Les anomalies magnétiques liées aux failles sont souvent cartographiées à petite échelle à partir de mesures aéroportées. La figure 8.5 est un exemple de prospection magnétique appliquée à la faille de San Andreas, dans le cadre du projet Safod.

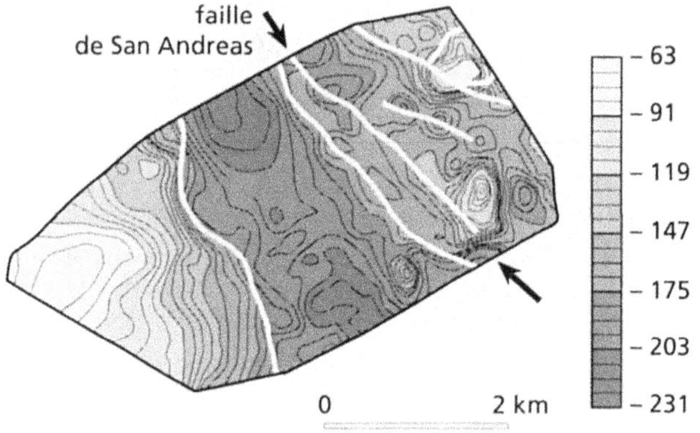

Figure 8.5 Prospection magnétique pour l'étude de la faille de San Andreas dans le programme Safod.

Les valeurs sont exprimées en nanotesla (nt) ; en blanc sont représentées les limites géologiques).

B. Méthodes électriques

La résistivité des roches (en ohm. m) dépend principalement de la quantité d'eau et de sel dissous qu'elles contiennent et de la présence ou non de métaux et de carbone. Les méthodes électriques permettent de mesurer la résistivité du sous-sol en faisant passer du courant continu à l'aide d'électrodes plantées dans le sol. Historiquement, il y avait deux grands types de méthodes de prospection électrique : celles qui permettaient de déterminer les variations verticales de résistivité et celles qui permettaient de déterminer les variations latérales. Dans les deux cas, le principe est le même : on injecte un courant I dans le sol, on mesure une différence de potentiel ΔV et on en déduit une résistivité apparente ρ_a. Pour faire cela, on utilise le dispositif de la figure 8.6 A, où quatre électrodes sont plantées dans le sol, deux par lesquelles le courant est injecté, deux par lesquelles la différence de potentiel est mesurée. On a la relation :

$\rho_a = K \dfrac{\Delta V}{I}$ où K est un facteur géométrique qui dépend de la disposition des électrodes.

Les sondages horizontaux permettent de mettre en évidence les variations latérales de résistivité. En général, l'intervalle entre les électrodes reste constant et c'est l'ensemble du dispositif qui est déplacé. Ces sondages peuvent donc détecter des

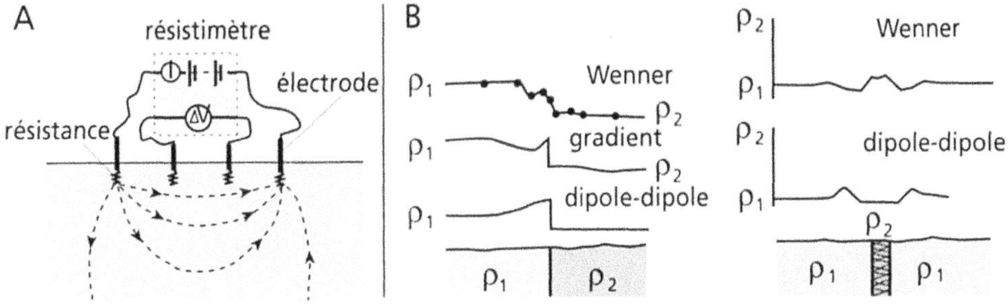

Figure 8.6 Méthodes électriques.

A : Principe de la méthode avec quatre électrodes.

B : Profils obtenus par différentes méthodes pour une limite verticale (à gauche) qui peut correspondre à une faille et pour une lame verticale de résistivité différente (à droite), comme dans le cas d'une zone de broyage ou de gouge le long d'une faille.

failles, si celles-ci mettent côte à côte des roches aux résistivités différentes. La figure 8.6 B montre les variations de ρ_a lorsqu'on traverse une faille avec deux dispositifs différents, un dispositif de Wenner et un dispositif dipôle-dipôle.

Aujourd'hui, les méthodes de tomographie électrique permettent d'avoir des coupes bidimensionnelles et même des modèles tridimensionnels de résistivité et donc à la fois d'imager les variations verticales et horizontales de résistivité. Dans ce cas, un grand nombre d'électrodes sont installées et connectées à un câble spécial. Ensuite, les mesures de I et ΔV sont réalisées pour un grand nombre de couples de dipôles, en sélectionnant successivement quelles électrodes sont utilisées pour injecter le courant et quelles électrodes servent pour mesurer la différence de potentiel. On obtient alors une pseudo-section qui donne une grille de résistivité. Par inversion, on obtient ensuite la « vraie » valeur de la résistivité et donc une coupe tomographique de résistivité. En sismotectonique, c'est cette dernière méthode qui est la plus courante aujourd'hui.

Un autre exemple de l'apport des méthodes électriques a été obtenu dans l'Est des Cordillères Bétiques, où l'on voulait préciser comment la faille d'Alhama-de-Murcia (localisation : *figure 5.3*), grand décrochement senestre, se prolongeait vers le nord-est, au niveau de Murcie, puis vers Alicante, ville traversée par une faille de même direction (*figure 5.4*). Les différences de densité entre le substratum et sa couverture néogène et quaternaire permirent des relevés gravimétriques, qui furent complétés par des sondages électriques, avec des intervalles entre les électrodes plurikilométriques. De plus, cette dernière méthode mit en évidence des failles affectant des niveaux holocènes : en bordure du littoral, les terrains à forte résistivité, car imprégnés par le biseau d'eau salée, s'arrêtent brusquement et linéairement.

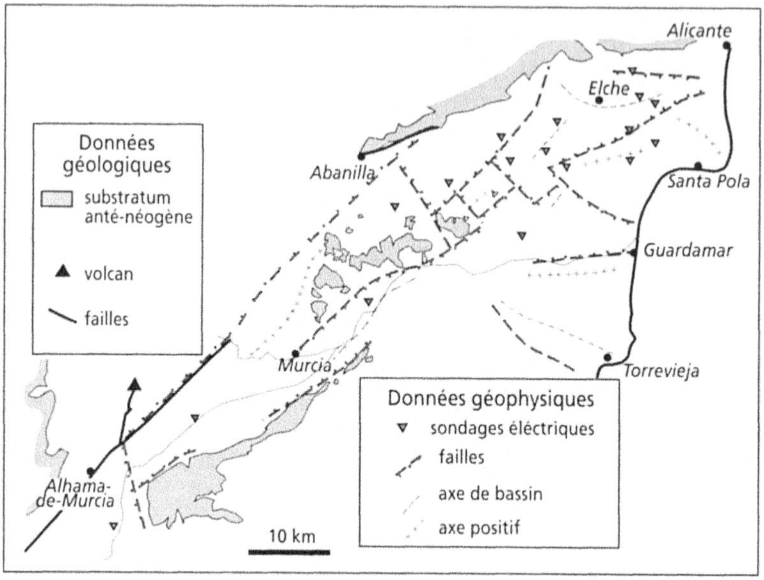

Figure 8.7 Recherche du prolongement vers le nord-est de la faille d'Alhama-de-Murcia (cf. *figure 5.3*), par la géophysique (sondages électriques et gravimétrie).
(D'après Gauyau *et al.*, 1977, dessin simplifié.)

C. Méthodes électromagnétiques

Les méthodes électromagnétiques servent, comme les méthodes électriques, à déterminer les variations de résistivité électrique, mais elles sont basées sur des principes physiques différents. Elles reposent principalement sur l'induction électromagnétique. Le principe est illustré par la figure 8.8. Un courant électrique alternatif circule dans une boucle, ce qui produit un champ magnétique, appelé champ magnétique primaire. Quand ce champ magnétique primaire varie à travers un matériau conducteur (il varie car le courant initial est alternatif), un courant induit est créé qui produit lui aussi son champ magnétique, le champ magnétique secondaire. Ce champ magnétique secondaire peut être détecté par le courant électrique qu'il induit dans une seconde boucle. Il suffit donc de déplacer à la surface du sol deux boucles, l'une jouant le rôle d'un émetteur, l'autre d'un récepteur. Le paramètre physique du sous-sol déterminé par les méthodes électromagnétiques est la conductivité électrique, l'inverse de la résistivité.

Il existe différents moyens de mettre en œuvre les méthodes électromagnétiques. À petite échelle, comme décrit ci-dessus, on peut se servir d'un appareil constitué de deux boucles, que l'on promène à la surface du sol. C'est par exemple le cas de l'EM31 ou de l'EM34. On peut répéter les mesures avec un espacement variable entre les boucles pour varier les profondeurs de pénétration du dispositif et obtenir ainsi des pseudo-sections. Mais on peut aussi utiliser des champs magnétiques induits par des émetteurs (VLF) ou des courants naturels (magnétotellurique). La méthode VLF (*Very Low Frequency*) utilise les ondes émises par les émetteurs radio très puissants destinés à la communication avec les sous-

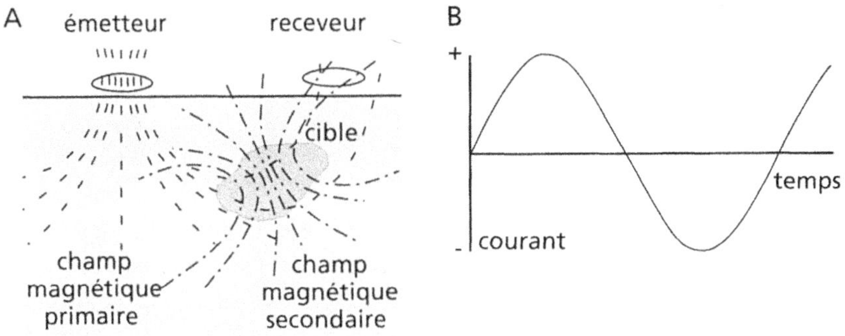

Figure 8.8 Principe des mesures électromagnétiques.

marins. La méthode magnétotellurique (MT) se sert des ondes très basses fréquences générées naturellement par les courants électriques dans l'ionosphère, la partie conductrice de la haute atmosphère. Elles pénètrent profondément selon leur fréquence dans la Terre et sont assez énergétiques pour permettre une exploration de la Terre profonde, où elles créent ce que l'on appelle des courants telluriques. Ils circulent préférentiellement dans les roches les plus conductrices. L'enregistrement simultané des champs magnétiques induits par les courants telluriques et des champs électriques sont à la base de la MT et permettent de remonter à la résistivité du sous-sol. En fonction des fréquences considérées, la résistivité apparente déterminée correspondra à une épaisseur moyenne plus ou moins importante (plus la fréquence est élevée, moins l'onde pénètre dans le sous-sol). Si des matériaux très conducteurs se trouvent en surface, la méthode sera peu performante.

De façon générale, si les matériaux superficiels sont très conducteurs, il peut être impossible d'utiliser les méthodes électromagnétiques pour caractériser les structures profondes, car les ondes électromagnétiques vont s'atténuer trop rapidement. Inversement si les matériaux superficiels sont très résistants, les méthodes électriques vont être inopérantes car il ne sera pas possible d'injecter assez de courant dans le sous-sol. On voit donc quelle peut être la complémentarité des méthodes électriques et électromagnétiques. Pour détecter une structure très résistante sous une couche très conductrice, on utilisera les méthodes électriques. Inversement pour détecter un matériau très conducteur sous une couche très résistante, on utilisera les méthodes électromagnétiques, en utilisant une fréquence adaptée au problème.

La figure 8.2. B1 montre une coupe de résistivité à travers la faille d'Arava par MT dans le cadre du programme Desert. Les données ont été acquises à des fréquences comprises entre un kHz et un mHz permettant une bonne précision des structures superficielles et une grande profondeur de pénétration. Le modèle présenté est obtenu par inversion des mesures. On observe un très net contraste à partir d'un kilomètre de profondeur entre la partie est, plutôt résistante, et la partie ouest de la faille, plutôt conductrice. Cette conductivité élevée est attribuée à la présence d'eau salée dans les sédiments à l'ouest de la faille. En surface une couche fort conductrice d'une centaine de mètres d'épaisseur stoppe abruptement au niveau de la faille. Tout autant en surface qu'en profondeur, la faille est bien visible par le MT.

D. Le radar géologique (GPR)

Le principe du GPR consiste à envoyer des ondes électromagnétiques à très hautes fréquences et à enregistrer leurs réflexions et réfractions sur les différentes interfaces du sous-sol, à la manière de la sismique. Comme en sismique réflexion on obtiendra une image du sous-sol.

La vitesse des ondes radar dépend du matériau dans lesquelles elles passent. Dans l'air ou le vide elle est de c = 300 000 km/s. Dans les roches, la vitesse est réduite, $v = c/\sqrt{\varepsilon_r}$, où ε_r est la constante diélectrique. Pour les roches la constante diélectrique est comprise entre trois et quarante. Elle est très élevée pour l'eau (quatre-vingt-un), ce qui fait de l'eau un bon réflecteur GPR. Un autre paramètre important est la conductivité électrique des roches qui, comme expliqué ci-dessous, conditionne la capacité des ondes électromagnétiques à pénétrer profondément ou pas. En pratique les ondes émises par le GPR peuvent pénétrer jusqu'à quelques dizaines de mètres dans les calcaires purs ou les grès et sables secs, mais seulement jusqu'à quelques centimètres dans les argiles ou les roches saturées en eau salée. Une fine couche de ces derniers matériaux empêche l'utilisation du GPR. Ce dernier est aujourd'hui très largement utilisé dans la caractérisation des structures très superficielles des failles.

e) Méthodes géodésiques

Nous avons présenté au chapitre 7 les méthodes de la géodésie classiques et spatiales, qui permettent de caractériser le séisme et le cycle sismique. La géodésie peut aussi être utilisée plus simplement pour déterminer la topographie fine proche d'une faille, à une échelle hectométrique ou kilométrique, ce qui est très utile pour étudier son activité récente. En effet, avec ce type de cartographie, on obtient des modèles numériques de terrain (MNT) et on peut repérer les marqueurs géomorphologiques (talwegs ou les lignes de crête) décalés par le jeu des failles. On utilise maintenant pour cela le GPS cinématique : l'opérateur se déplace sur le terrain en tenant à la main une antenne GPS fixée au bout d'un mât. Une seconde antenne reste fixe et sert de référence tout le temps de la mesure. Une mesure différentielle est obtenue qui permet de cartographier la topographie avec une précision centimétrique verticalement. La densité de mesures horizontalement dépend uniquement du nombre de mesures effectuées, donc du temps passé à l'opération. La figure 8.9 montre le résultat obtenu ainsi sur la faille de Mosha (montagnes de l'Alborz, Iran).

f) Mesures de contraintes in-situ

Plusieurs méthodes, appelées mesures de contrainte *in situ,* permettent de connaître l'état de contrainte dans un volume rocheux. Ces mesures sont réalisées, suivant les

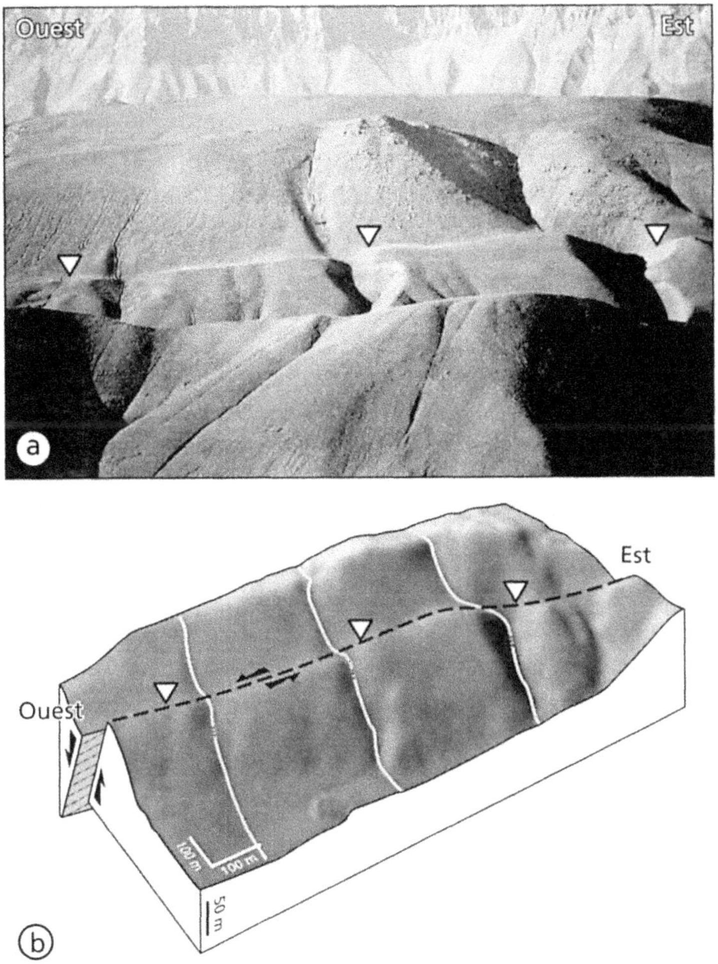

Figure 8.9 Modèle numérique de terrain (MNT) réalisé par GPS cinématique sur un segment de la faille de Mosha (Iran).

Il permet de mettre en évidence les caractéristiques de la topographie autour de la faille et de quantifier les décalages des éléments topographiques.

(Modifié, d'après Ritz *et al.* 2006.)

méthodes, à différentes profondeurs, de la sub-surface jusqu'à plusieurs centaines de mètres. De ce fait, les plus superficielles seront perturbées par la présence de reliefs ou par la présence d'aménagements d'origine anthropique (mines, carrières, tunnels, etc.) qui rendent leur utilisation délicate. D'autre part, les mesures profondes peuvent être perturbées par le voisinage de discontinuités comme les failles. Toutes ces méthodes ne mesurent pas directement les contraintes mais des grandeurs qui sont dépendantes des variations de contraintes en faisant certaines hypothèses comme le comportement élastique des roches. Parmi les méthodes de mesures de contraintes *in situ*, l'ovalisation des trous de forage, la fracturation hydraulique, le sur-carottage ou la méthode du vérin plat sont les plus couramment mises en œuvre.

E. Ovalisation des trous de forage

Cette méthode permet de faire des mesures à grande profondeur, elle est basée sur les déformations des trous de forage sous l'effet des contraintes naturelles. Celles-ci provoquent la fracturation et l'effritement des parois du trou suivant la direction de la contrainte minimale horizontale. On mesure l'ovalisation à l'aide d'un diamétreur à patins. Cette méthode est d'utilisation courante dans le domaine pétrolier.

F. Fracturation hydraulique

La fracturation hydraulique provoquée est mise en œuvre à l'aide d'un compresseur qui sert à mettre en pression une portion de forage de dimension métrique délimitée par des obturateurs (*packers*). La montée en pression provoquera à partir d'une certaine valeur la néoformation de fractures ou l'ouverture de fractures préexistantes dont la direction indiquera celle de la contrainte horizontale maximum. La pression de rupture ou de réouverture permet de calculer les contraintes principales. Comme pour la méthode précédente on peut réaliser des mesures de contrainte à grande profondeur.

G. Sur-carottage

Le sur-carottage ne permet d'effectuer des mesures qu'à des profondeurs ne dépassant pas quelques mètres. Elles sont mises en œuvre le plus souvent lors d'études géotechniques. En fond de trou ou sur les parois d'un forage vertical de petit diamètre, des jauges de déformation orientées sont mises en place. Un nouveau forage, de diamètre plus important et coaxial au premier est réalisé (sur-carottage). Cette dernière opération permet la relaxation des contraintes qui se traduit par une déformation de la carotte que la jauge enregistre. En faisant l'hypothèse d'un comportement élastique des roches on peut calculer les contraintes.

H. Vérin plat

La méthode du vérin plat est une technique qui sert principalement en géotechnique pour mesurer les contraintes dans un massif rocheux (en galerie, sur un appui de barrage, etc.). La mise en œuvre consiste à réaliser à l'aide d'une scie circulaire une fente dont les parois se rapprocheront ou s'écarteront d'une quantité mesurée entre des plots fixés au préalable. Un vérin plat glissé dans la fente va tenter en le gonflant de revenir à l'état initial. On détermine ainsi la contrainte normale au plan de la saignée. En réalisant cette opération dans différentes directions de l'espace on peut reconstituer l'ellipsoïde de contraintes. Cette technique doit être utilisée avec beaucoup de prudence du fait de sa sensibilité aux facteurs locaux.

On peut se reporter à l'ouvrage spécialisé d'Amadei et Stephansson (1997) et aux travaux de Cornet et Valette (1984) et de Mayeur (1999) pour des informations plus complètes sur les différentes méthodes et leur utilisation.

8.2 MÉTHODES GÉOCHIMIQUES

8.2.1 Objets d'études

Des sources thermales sont souvent placées sur des failles (voir *figure 5.3 B*) ou à leur voisinage immédiat. Ce thermalisme peut être mis en relation avec l'activité sismotectonique, car il existe même dans des régions qui n'ont connu aucun épisode volcanique au cours de leur histoire géologique. C'est le cas ainsi au Venezuela, où les sources thermales sont considérées comme un indice à prendre en compte pour l'activité des failles. On peut en effet penser que la remontée des eaux se fait le long des zones de broyage occasionnées par les jeux des failles. Leur activité permet que des fentes et des fissures, peu à peu colmatées pas les dépôts hydrothermaux, continuent à s'ouvrir ou que de nouveaux espaces apparaissent. De manière générale, pour ces déformations, il semble que celles qui sont associées aux failles normales et aux décrochements soient les plus propices, les sources placées sur ou à proximité des failles inverses étant plus rares. Une activité sismique, même faible paraît suffisante pour cet « entretien » des circulations : ainsi en Languedoc, les sources thermales sont en majorité placées sur des failles presque méridiennes, dont le jeu récent est envisagé par les synthèses sismotectoniques (cf. § 9.3).

Depuis très longtemps, on a noté en outre, en relation avec des séismes, des variations de niveaux des puits, ainsi que des changements de débit ou de température de certaines sources. On a remarqué aussi que ces dernières pouvaient s'arrêter ou au contraire que de nouvelles sources apparaissaient. Ces phénomènes se déroulent parfois à des distances considérables (plusieurs centaines de kilomètres) des épicentres des séismes. Dans les régions où l'activité sismique est élevée, on s'est attaché à suivre aussi les changements hydrochimiques et isotopiques dans les aquifères. De nombreuses études ont été réalisées dans des pays comme la Russie, les États-Unis et principalement le Japon dans le but de mettre en évidence des anomalies pouvant servir de signaux précurseurs (§ 10.2.3).

8.2.2 Méthodes

Les sites d'observation privilégiés sont les forages profonds, les sources minérales et thermales. Des mesures sur les gaz hélium et radon (He et Rn) sont également réalisées à des profondeurs de un à deux mètres dans les sols et les formations superficielles au voisinage des failles actives. Les variations observées concernent principalement les concentrations des composants majeurs et des différents gaz présents dans les eaux ou les sols (CO_2, He, H_2, CH_4, N_2, Rn). Ces changements peuvent affecter également les rapports isotopiques, en particulier celui de l'hélium ($^3He/^4He$). Les anomalies relevées sont transitoires ou irréversibles et peuvent se manifester avant, pendant ou après un événement sismique quelle que soit la distance entre le lieu d'observation et l'épicentre du séisme ou la magnitude de celui-ci.

Dans certains cas, les anomalies hydrochimiques tout comme celles qui affectent les niveaux piézométriques ou encore la température des aquifères précèdent les événements sismiques. Dans ce cas, les variations observées concernent des paramètres indépendants et l'on peut les considérer comme des phénomènes précurseurs utilisables pour la prévision à court terme des séismes. De nombreux exemples montrent que les anomalies peuvent être associées aussi bien à des séismes locaux de faible magnitude qu'à des séismes majeurs situés à plusieurs centaines de kilomètres. L'hélium, le radon et les ions Cl^- font partie des éléments chimiques les plus utilisés dans ce genre d'étude, dont nous présentons ici quelques exemples.

a) Hélium

À partir de mesures réalisées sur un forage profond situé à plus de trois cents kilomètres de l'épicentre du séisme de Spitak en Arménie (1988), une chute de 40 % de la teneur initiale en He a été observée une dizaine de jours après le séisme et cette anomalie s'est prolongée sur plus de six mois. Des variations comparables ont été corrélées à d'autres séismes lointains de forte magnitude ($M \geqslant 6.8$) comme celui de Rudbar (1999) en Iran ou celui de Racha-Dzava en Géorgie (1991) (*figure 8.10*).

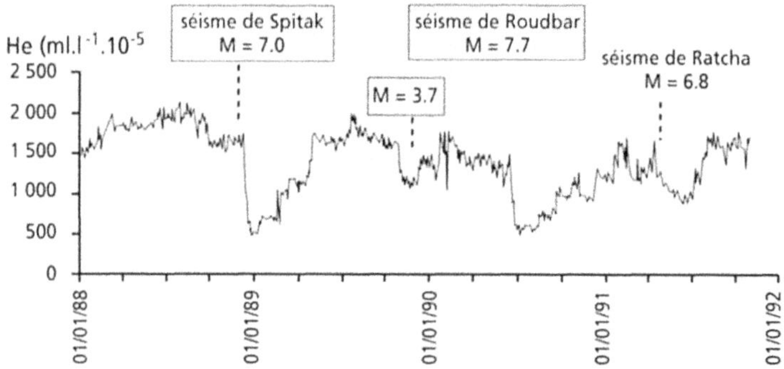

Figure 8.10 Variations des teneurs en gaz hélium de l'eau au forage de Kadjaran et les séismes de forte magnitude de la région.

(D'après Kharatian, 2000.)

Sur le même site de mesure, après un séisme local de faible magnitude (3.7), une baisse brutale de la teneur en He intervient cette fois vingt jours avant le séisme. Si on examine maintenant, non pas les concentrations, mais les variations des écarts moyens des concentrations en He sur plusieurs mois pour les séismes de forte magnitude (Spitak, Racha Dzava), on constate que celles-ci augmentent plusieurs mois avant le séisme avant de chuter brutalement après le séisme.

b) Chlore

Au Japon, le séisme de Kobe de 1995 (M 7.2) s'est manifesté plusieurs mois avant le séisme par une augmentation de la teneur en Cl^- (*figure 8.11*).

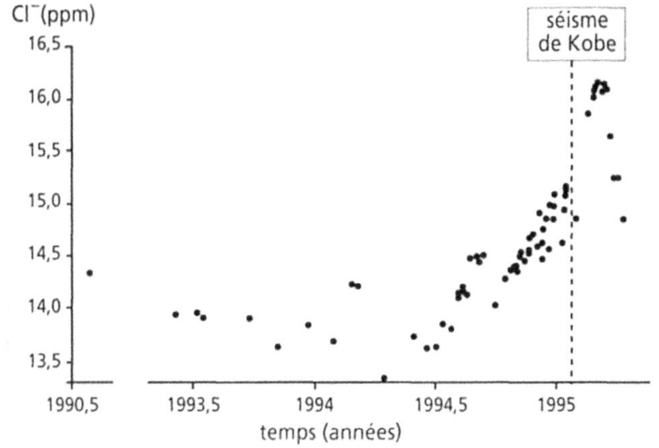

Figure 8.11 Variations de concentration du chlore entre avril 1993 et mars 1995 (plus un point vers mai 1990), précédant et suivant le séisme de Kobe, Japon, M = 6.9, 17/01/1995. (D'après Johansen *et al.*, 1996, simplifié.)

Pour des magnitudes plus faibles (cas du séisme de Saint-Paul-de-Fenouillet dans les Pyrénées du 18 février 1996, M 5.2) l'augmentation de la teneur en Cl^-, au niveau de la source d'Alet située à vingt-neuf kilomètres de l'épicentre, intervient cinq jours avant le séisme. Cette anomalie s'est prolongée treize jours après le séisme avant de retrouver des valeurs moyennes de la concentration initiale en Cl^- (*figure 8.12*). On peut signaler en outre qu'à cent kilomètres de l'épicentre, dans les Pyrénées espagnoles, on a constaté aussi des variations significatives de Cl^- et également de Ca^{2+} et HCO^{3-} avant le même séisme.

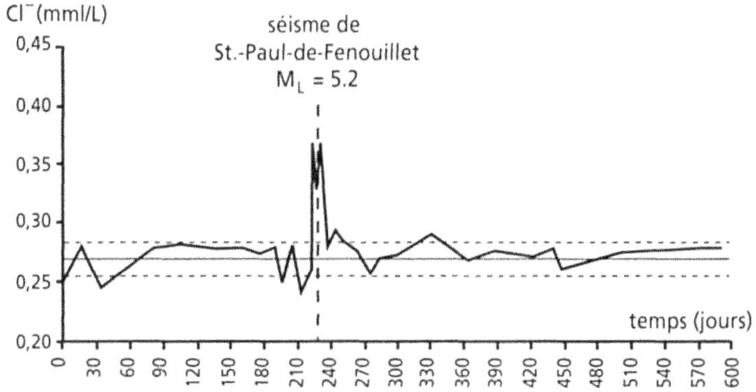

Figure 8.12 Variations des ions de chlore (en millimole par litre) de la source d'Alet, à 29 km de l'épicentre du séisme de Saint-Paul-de- Fenouillet (18/02/1996 ; jour 224).

Ligne continue : valeur moyenne, lignes pointillées : déviations standard pour les périodes présismique et post-sismique. (D'après Toutain *et al.*, 1997, © Elsevier.)

c) Radon

Pendant les trente dernières années, de nombreuses études ont été réalisées pour étudier dans l'air contenu dans les formations superficielles et les sols les variations de concentration en radon d'origine profonde associés à l'activité sismique. Ces mesures ont été effectuées en particulier au voisinage des failles actives. Le radon par ses propriétés intrinsèques est considéré comme un des meilleurs marqueurs de l'activité d'une faille, notamment par le fait que le processus de dégazage est largement contrôlé par la distribution des fractures nouvellement créées et donc par les variations de contrainte au voisinage des failles actives. Un exemple de relation avec un séisme est donné au chapitre 10 (*figure 10.2*).

d) Interprétation des anomalies

Les relations entre les changements plus ou moins rapides des concentrations en éléments chimiques dans les aquifères et les sols et les séismes ne sont pas encore totalement expliquées. On évoque le plus souvent des causes mécaniques liées aux différentes phases du cycle sismique (voir § 2.1.2) ou aux changements de la contrainte de Coulomb à distance, à la suite d'un séisme.

Scholz (1990) évoque les phénomènes de « dilatance-contractance » associés à la phase préparatoire d'un séisme (déformations pré-sismiques) dans la mesure où les variations observées sont localisées dans des sites proches de la zone épicentrale. L'ouverture de fractures augmentant la surface d'échange expliquerait les augmentations pré-sismiques de la concentration de certains éléments (Cl^-, He). Les changements co à post sismiques s'expliqueraient par des changements de la pression de pore qui se traduirait par la libération instantanée de gaz piégés dans les roches comme le radon. On peut aussi invoquer la mise en communication soudaine entre des aquifères différents qui s'accompagne alors de variations piézométriques. Ces explications s'accordent assez bien avec les modifications mécaniques pré, co ou post-sismiques qui se produisent à faible distance l'épicentre. Pour les séismes situés à plusieurs centaines de kilomètres de l'épicentre, les modifications sont généralement co à post-sismiques. Dans ce cas, l'explication serait à rechercher, comme cela l'a été pour expliquer l'augmentation de l'activité sismique à plus de mille kilomètres de l'épicentre après le séisme de Landers, dans l'interaction entre les déformations dynamiques qui accompagnent la propagation des ondes sismiques et les fluides contenus dans la croûte.

Chapitre 9

Synthèses sismotectoniques

Sous l'appellation « synthèse sismotectonique », il est souvent présenté des connaissances obtenues grâce à la seule sismologie : localisation de séismes et leurs mécanismes au foyer. Avec ces derniers, on connaît le type de fonctionnement des failles et l'on peut ainsi sur de vastes secteurs connaître les caractéristiques de la géodynamique actuelle. C'est toutefois se limiter dans le temps, alors que les données géologiques apportent le recul nécessaire pour comprendre la signification et l'évolution des phénomènes tectoniques actuels. Pour être complètes, les synthèses sismotectoniques globales doivent être étayées par des données néotectoniques et de paléosismologie, elles-mêmes bien situées par rapport aux caractéristiques géodynamiques récentes des régions étudiées.

Dans la recherche de la détermination du risque sismique, le recours aux différentes méthodes d'étude des séismes sera d'autant plus nécessaire que l'on se placera aux échelles régionale et locale. La localisation des failles sismogéniques est alors primordiale : sismologie historique, archéosismologie, paléosismologie et néotectonique viennent donc compléter les connaissances sismologiques. Aussi, dans ce chapitre, après avoir précisé comment ces méthodes se recouvrent et se complètent (§ 9.1), on examinera comment s'établissent leurs corrélations (§ 9.2), avant de fournir des exemples de synthèses sismotectoniques (§ 9.3).

9.1 PÉRIODES DE TEMPS DOCUMENTÉES PAR CHAQUE MÉTHODE

Le tableau (9.1) résume les caractéristiques des différentes méthodes utilisées en sismotectonique. Leurs objectifs et leurs objets d'étude sont rappelés avec en regard

Tableau 9.1 Caractéristiques des différentes méthodes utilisées en sismotectonique (d'après Geoter-Bousquet).

MÉTHODES D'ÉTUDE DES TREMBLEMENTS DE TERRE

ÉCHELLE DES TEMPS	OBJETS D'ÉTUDE	OBJECTIFS
HOLOCÈNE		
ACTUEL	**INVESTIGATIONS POST- SISMIQUES** Répliques. Ruptures tectoniques de surface. Modifications topographiques. Effets indirects (glissements, liquéfaction, etc.). Effets sur le bât.i.	Localisation de la faille sismique interprétation et modélisation de son fonctionnement. Acquisition de données en géotechnique (réponse des sols) et en construction parasismique
– 20 ans	**MÉTHODES GÉOPHYSIQUES** Géodésie spatiale ; interférométrie radar. Mesures de contraintes *in situ*,etc...	Déformation post et intersismique
	SISMOLOGIE INSTRUMENTALE Ondes sismiques.	Localisation et étude des séismes (réseaux de sismographes ; accélérographes). Mécanismes au foyer.
– 100 ans –1 000 ans Début de l'écriture	**SISMOLOGIE HISTORIQUE (*stricto sensu*)** Textes historiques (chroniques, registres paroissiaux, lettres, etc.)	Localisation et évaluation des effets des séismes historiques.
Début des constructions humaines	**ARCHÉOSISMOLOGIE** Désordres liés aux effets des séismes sur les vestiges archéologiques et le bâti ancien. Modes de construction anciens dans les régions sismiques.	Localisation et évaluation des effets des séismes de l'Antiquité. Étude des prémices de la construction parasismique.
PLÉISTOCÈNE –10 000 ans	**PALÉOSISMOLOGIE** Déformations des sols et des terrains du Pléistocène récent et de l'Holocène étudiées par tranchées. Désordres dans les grottes en pays calcaire (effondrements, décalages, spéléothèmes brisés...).	Localisation et évaluation des effets des séismes historiques ou plus anciens. Activité des failles et période de retour des séismes majeurs.
– 500 000 ans – 1,8 Ma IIIre	**NÉOTECTONIQUE** Déformations (failles, plis) des terrains du Pléistocène et du Néogène. Formes du relief (géomorphologie) associées à ces déformations.	Activité pléistocène des failles. Caractérisation et évolution des champs de contraintes (compression-distension). Cadre géodynamique récent.

les périodes de temps sur lesquelles elles s'exercent. Pour certaines méthodes, les limites temporelles sont assez précises. C'est ainsi le cas de la sismologie instrumentale qui a débuté à la fin du XIXe siècle, avec la construction des premiers sismographes, si l'on ne prend pas en compte les « sismoscopes » chinois du deuxième siècle avant Jésus-Christ. De même, les études de sismologie historique peuvent s'appuyer dans certains pays (Chine, pourtour méditerranéen) sur des documents qui remontent aux débuts de l'écriture. Au contraire, en Californie, comme en Amérique du Sud, c'est à partir de l'arrivée des Espagnols qu'il y a des mentions écrites de séismes. Pour les méthodes géologiques de la sismotectonique, il est plus délicat de savoir quelles périodes de temps elles couvrent. Ainsi, pour la néotectonique, il a été déjà souligné qu'elle n'était pas nécessairement cantonnée seulement au Pléistocène et que suivant les régions et leur évolution structurale, il était souhaitable d'examiner aussi les déformations de terrains d'âge tertiaire. Mais à l'opposé, en allant vers la période actuelle, quand cesse-t-on de faire de la néotectonique ? Du fait de son développement, le champ d'étude de la paléosismologie a été séparé de la néotectonique. Mais il est souhaitable que des néotectoniciens continuent à les mener à bien, leurs connaissances tant géologiques que géomorphologiques étant nécessaires tant pour le choix des sites de tranchées que pour l'interprétation de leurs résultats. Il en est de même lors des interventions post-séisme, pour étudier les ruptures de surface, comme pour comparer résultats sismologiques et observations géologiques.

9.2 CONFRONTATIONS ET CORRÉLATIONS ENTRE RÉSULTATS DES DIFFÉRENTES MÉTHODES

Lors de l'élaboration des synthèses sismotectoniques, différents problèmes se posent, propres à la pluridisciplinarité. Outre ceux du sens des mots et des concepts, qui peuvent différer suivant la discipline d'origine de celui qui les emploie (sismologue, géologue, géomorphologue, historien,...), il est nécessaire de connaître les incertitudes propres à chaque méthode. Ainsi, la sismologie historique ne livre qu'une image partielle de la sismicité d'une époque, avec une localisation qui sera d'autant moins précise que l'on remonte dans le temps (cf. § 6.2). Les complémentarités entre méthodes (par exemple entre sismologie historique et paléosismologie) permettent parfois de lever certaines lacunes dans les connaissances. De plus, il convient de bien apprécier les marges de précision dans les résultats de chaque méthode. Cela est particulièrement vrai pour corréler les données sismologiques avec celles qui sont obtenues par les géologues. Dans ce paragraphe, on examine donc en premier lieu (§ 9.2.1) les problèmes qui surgissent quand on cherche à corréler épicentres de séismes instrumentaux ou historiques et failles, dont le tracé est connu en surface. Ensuite, comme les néotectoniciens (par la microtectonique) et les géophysiciens (grâce aux mécanismes au foyer et aux mesures de contraintes *in situ*) cherchent à définir les champs de contraintes responsables du fonctionnement des failles, on aborde ici les problèmes qui découlent de l'utilisation conjointe de leurs résultats (§ 9.2.2). On prend en compte, enfin, les problèmes qui surgissent dans l'interprétation de données acquises du fait des sauts d'échelle que l'on est obligé de faire (§ 9.2.3).

9.2.1 Corrélations entre épicentres et tracés des failles

Sur des cartes sismotectoniques, on superpose souvent des données sismologiques et géologiques. Si ce procédé ne pose pas de problème pour les cartes à petite échelle, il n'en est pas de même pour celles aux échelles régionales et locales. En premier lieu, les sismologues fournissent très rarement des documents où les marges d'erreurs pour la localisation des épicentres soient indiquées. Elles apparaissent pourtant, comme on le constate même pour un séisme important (tableau 9.2), puisque, suivant les sources d'information, la localisation n'est pas similaire. Ceci tient au modèle de croûte utilisé, au nombre de stations dont on exploite les enregistrements et à leur disposition par rapport à l'épicentre. C'est pourquoi, les données qui précèdent les progrès techniques concernant les instruments et le développement des réseaux mondiaux (à partir des années 1960) sont maintenant jugées insuffisantes. Dans certains pays aussi, les réseaux sismologiques de surveillance locale ne sont pas encore assez développés. On peut rappeler que c'était la situation de la Californie dans l'immédiat après-guerre. À cette époque, la corrélation des épicentres avec le tracé de la faille de San Andreas n'apparaissait pas clairement sur les cartes de sismicité (Yeats *et al.*, 1997) ! Dans les régions à façade maritime, en l'absence de stations proches en mer, on peut aussi localiser des séismes avec une grande marge d'erreur, suivant la longitude ou la latitude.

Tableau 9.2 Variations dans la localisation, la profondeur et la magnitude du séisme de Saint-Paul-de-Fenouillet (18 février 1996), suivant différents réseaux (d'après Rigo *et al.* 1997).

Réseau	Latitude (N)	Longitude (E)	Profondeur (km)	Magnitude
Rigo *et al.* 1997	42° 47.81′	2° 32.30′	7.70	5.2
RéNaSS	42° 48.00′	2° 33.00′	6.00	5.6
OMP-SGC	42° 48.00′	2° 31.80′	8.00	5.2
LDG	42° 48.00′	2° 30.00′	11.00	5.6
IGN (Madrid)	42° 48.70′	2° 33.90′	11.00	5.0

RéNaSS : réseau national de surveillance sismique (Strasbourg) ; OMP-SGC : Observatoire Midi-Pyrénées (Toulouse) et Service géologique de Catalogne (Barcelone) ; LDG : Laboratoire de détection et de géophysique du Commissariat à l'énergie atomique (Bruyères-le-Châtel) ; IGN : Institut géographique national (Madrid). Pour les résultats fournis par Rigo *et al.* (1997), les marges d'erreur estimées pour la localisation et pour la profondeur sont respectivement de ±1,5 km et de ± 2,5 km.

La géologie, elle aussi, ne fournit pas des données toujours précises. Indépendamment, des secteurs recouverts de végétation très dense ou de dépôts superficiels masquant la faille, pour tenter une corrélation sûre avec des données sismologiques, les observations de surface peuvent se révéler insuffisantes. Souvent, en profondeur, la disposition des failles (pendage, direction, etc.) change, si bien qu'on devra se servir, si possible, des résultats de sondages ou de profils sismiques. Mais, les difficultés rencontrées dans les corrélations tiennent bien souvent simplement aux caractéristiques géométriques des failles normales, des failles inverses et des chevauchements. Du fait de l'inclinaison de ces types de faille, les épicentres, projections à la verticale des foyers sismiques, vont se trouver plus ou moins décalés par rapport au tracé en surface des failles. Or, si la région considérée est traversée par de nombreuses failles, il sera difficile d'attribuer tel épicentre à une faille plutôt qu'à une autre. Le problème sera d'autant plus aigu que la position de l'épicentre (instrumental et *a fortiori* historique) est en général connue avec une certaine imprécision. Dans la situation de la figure 9.1, si le mécanisme au foyer du séisme a été calculé, on pourra savoir qui, du décrochement ou de la faille inverse, a été actif.

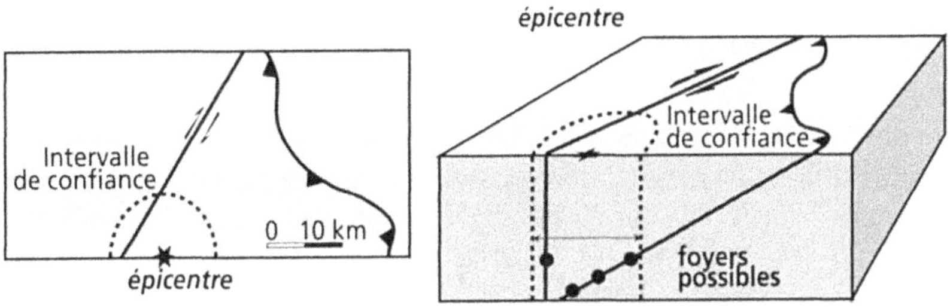

Figure 9.1 Corrélation épicentre et failles.
Malgré la proximité de son épicentre avec le décrochement, le séisme peut avoir été provoqué par le jeu de la faille inverse.

En ce qui concerne les décrochements, on constate souvent une assez bonne corrélation entre épicentres (historiques et instrumentaux) et leur tracé en surface quand leur plan de faille est vertical. Mais ce n'est pas toujours de règle, même pour les plus grands, comme la faille de San Andreas qui fonctionne alors avec un mouvement entre décrochement et faille inverse, comme lors du séisme de Loma-Prieta (1989) (voir fiche 3 page 298).

Pour les séismes historiques, la disposition générale des isoséistes allongées suivant la direction de la faille permet de faire une bonne corrélation (*figure 9.2 A*). Parfois aussi, des données géologiques (néotectoniques ou paléosismologiques) pourront départager deux failles (*figure 9.2 B*).

9.2.2 Corrélations entre données tectoniques et mécanismes au foyer

On les réalise suivant deux modalités qui ne s'excluent pas, et même se complètent. En premier lieu, on examine la cinématique des failles, en confrontant leurs caractéristiques néotectoniques avec leur fonctionnement actuel. En second lieu, on raisonne en

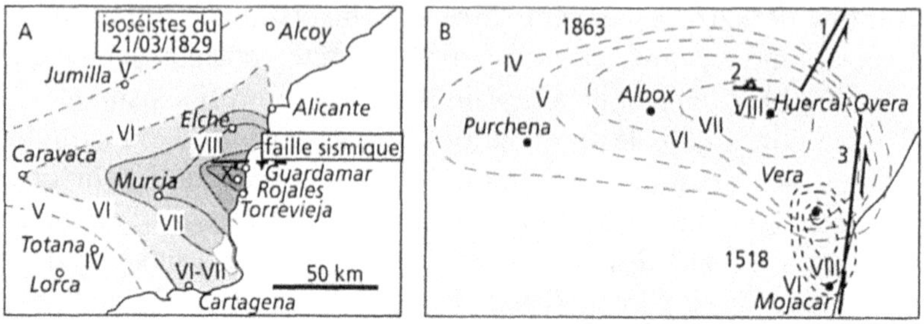

Figure 9.2 Corrélations épicentres de séisme historique et failles dans le Levant espagnol (localisation figure 5.3).

A : La disposition des isoséistes suggère que la faille responsable de ce séisme est la faille inverse de Guardamar, associée à des plis majeurs pléistocènes (cf. *figure 9.3*).

B : Les isoséistes de ces deux séismes historiques voisins sont allongées suivant deux directions presque orthogonales. Bien que proche de la terminaison de la faille d'Alhama-de-Murcia (1) (voir *figure 5.3*), celui de 1863 est plutôt à corréler à une faille inverse E-W, proche de petites failles inverses décalant des glacis du Pléistocène récent (2). Quant à celui de 1518, il peut être relié aux failles presque N-S de l'accident de Palomares (3), qui a fonctionné au cours du Pléistocène.

termes de contraintes. Cette option a été très largement choisie dans le domaine méditerranéen, où l'utilisation de la microtectonique en néotectonique a été développée. Quelques-uns des aspects des corrélations qui peuvent alors être faites sont résumés ici.

• Après un séisme, on observe parfois que certaines des ruptures de surface correspondent à des plans de faille portant des stries mécaniques qui correspondent aux vecteurs-glissement (*figure 4.11*). De plus, par la mesure de stries sur des failles récentes ou des formations géologiques avoisinantes et leur traitement par des méthodes appropriées (voir § 5.3.1) on calcule le tenseur des contraintes qui est à leur origine. Le mécanisme au foyer du séisme principal permet de déduire un axe P de pression et un axe T de tension (§ 7.3.4), que l'on considère généralement en première approximation comme la plus grande (Shmax) et la plus faible (Shmin) des contraintes principales (cf. § 5.3.2) On compare ces résultats sismologiques aux données tectoniques précédentes (voir § 9.3).

• Une confrontation plus directe peut parfois être faite : par un traitement inverse (voir § 7.3.4), il est possible de déterminer un tenseur des contraintes en utilisant des mécanismes au foyer de répliques (*figure 9.7*). On peut aussi traiter ensemble ceux que l'on obtient à partir de la sismicité, enregistrée lors de campagnes sismologiques pour l'étude d'une faille, ou bien même ceux de séismes proches, à l'échelle régionale.

• De plus, il est possible de compléter les analyses sismotectoniques dans des secteurs où l'on ne dispose pas de données géologiques ou géophysiques suffisantes. Ainsi, des mesures microtectoniques réalisées à proximité d'une grande faille peuvent permettre, à partir du tenseur de contrainte, de déterminer la cinématique probable de cet accident. On peut aussi calculer à partir de ces mêmes données un mécanisme au foyer pour un jeu de cette faille et le comparer au mécanisme au foyer d'un séisme majeur susceptible de lui être attribué. Il est même possible pour d'autres failles voisines de fournir les mécanismes de leurs futurs séismes !

9.2.3 Corrélations entre plissement et faille par modélisation

Outre des modélisations générales des déformations actuelles, comme cela a été tenté à l'échelle Inde-Eurasie, on peut signaler que l'on peut entreprendre aussi leur réalisation pour mieux comprendre le fonctionnement tectonique et sismique d'une faille. Cela a été fait pour la faille responsable du séisme d'El Asnam (Cisternas *et al.*, 1982) et pour mieux appréhender, dans le Levant espagnol, l'activité d'une faille supposée sismique (Taboada *et al.*, 1993). Dans le premier cas, la modélisation a été effectuée grâce aux données sismologiques, alors que dans le second cas, on est parti des caractéristiques de la géologie locale. Celle-ci est relativement plus complexe : des plis d'échelle kilométriques affectent des terrains miocènes et pliocènes (*figure 9.3 A*). Les terrains du Pléistocène ancien étant concordants avec ceux du Pliocène supérieur, parfois redressés à la verticale au flanc nord de plis, on peut considérer que ce plissement vigoureux est pléistocène. On a testé par la modélisation différentes hypothèses qui associent ce dernier à la déformation cosismique associée à une ou plusieurs failles. En retenant la plus plausible, celle d'une faille inverse aveugle, son pendage plus faible en surface entraîne la formation de plusieurs plis (*figure 9.3 B*). Pour cette faille, qui est sans doute (*figure 9.3 A*) à l'origine du séisme du 21 mars 1829 (I_0 M.S.K = X), les modélisations permettent de calculer les périodes de retour pour des magnitudes 6.7 et 7 : elles seraient comprises entre 2 000 et 1 000 ans, en fonction des déplacements maxima sur la faille en profondeur (1 à 1,50 m) et de l'âge présumé du plissement (2 à 1,5 MA). La validité d'une telle démarche est confortée par les résultats paléosismologiques sur des failles associées à des plis de même ampleur, pour lesquels on trouve une période de retour du même ordre : elle serait de 2 000 ans pour celle d'El Asnam, avec une magnitude de 7.3 (Meghraoui *et al.*, 1988).

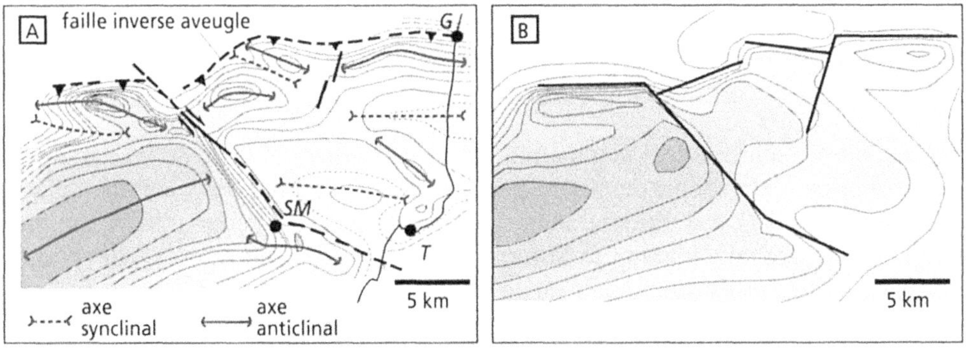

Figure 9.3 Exemple de modélisation.

A : Carte des déformations pléistocènes (contours de la base du Pliocène supérieur).
G : Guardamar, T : Torrevieja, S.M. : San Miguel.
B : Une des modélisations, pour une seule faille inverse aveugle ; localisation figure 5.3.
(Dessins modifiés, d'après Taboada *et al.*, 1993.)

9.2.4 Problèmes généraux posés par les corrélations

Lors des synthèses sismotectoniques, des divergences peuvent apparaître entre les données récoltées par une seule méthode et, plus encore, quand elles proviennent de différentes disciplines. Cela apparaît particulièrement en géologie et en néotectonique (*figure 9.4*), où l'on prend en compte aussi bien les grandes structures (failles plurikilométriques et plis) que les microstructures (micro failles, stries et stylolithes). Aussi, à toutes les échelles, on constate des déviations des directions des contraintes principales

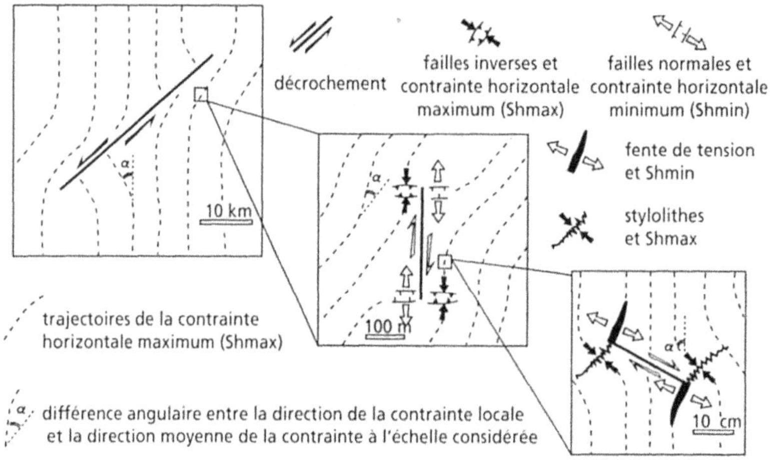

Figure 9.4 Variations des directions des contraintes horizontales maximale (Shmax) et minimale (Shmin), suivant l'échelle et les différents types de déformation. (D'après Rebaï, 1992, dessin modifié.)

Quel que soit leur mode d'acquisition, seul un nombre élevé de données disponibles permet de s'affranchir de ce qui peut apparaître comme des « anomalies ». À l'échelle d'un pays ou d'un continent, on constate que la direction moyenne de la contrainte horizontale maximum (Shmax) reste assez constante sur de grandes distances. Lors de ces synthèses, un lissage des données peut être effectué pour obtenir la direction moyenne de Shmax par calcul numérique. En gros (détails *in* Rebaï *et al.*, 1992), on procède de la manière suivante :

- on construit une grille aux éléments triangulaires, dont les nœuds sont choisis en fonction de la distribution des données ;
- on calcule la direction moyenne Shmax pour chacun des nœuds ;
- une interpolation est ensuite réalisée pour chacun des triangles.

Cette méthode a été appliquée (Rebaï *et al.*, 1992) à l'échelle de la Méditerranée et de la France (*figure 9.15*).

9.3 EXEMPLES DE SYNTHÈSES SISMOTECTONIQUES

On illustre ici comment les synthèses sismotectoniques sont établies à différentes échelles. En premier lieu (§ 9.3.1), la participation de géologues aux interventions qui suivent immédiatement et à celles qui sont programmées ensuite conduit à confronter et réunir leurs résultats avec ceux d'autres disciplines, lors d'une approche globale sismotectonique. D'autres synthèses traitent de régions plus ou moins vastes. On a choisi ici deux exemples, celui de la France métropolitaine (§ 9.3.2) et celui plus général du domaine méditerranéen (§ 9.3.3). On pourra ainsi comprendre quels sont les phénomènes géodynamiques qui gouvernent la répartition et le niveau de la sismicité, mais aussi voir à l'échelle d'un pays comment on peut y distinguer des provinces sismotectoniques, bases de la distinction de zones sismotectoniques, à utiliser pour les études d'aléa sismique (chapitre 11).

9.3.1 Synthèses entre données géologiques et données géophysiques

Il a été constaté qu'il pouvait y avoir un accord entre des données de sismologie et de géodésie et la géologie locale, connue au préalable (*figure 9.5)*.

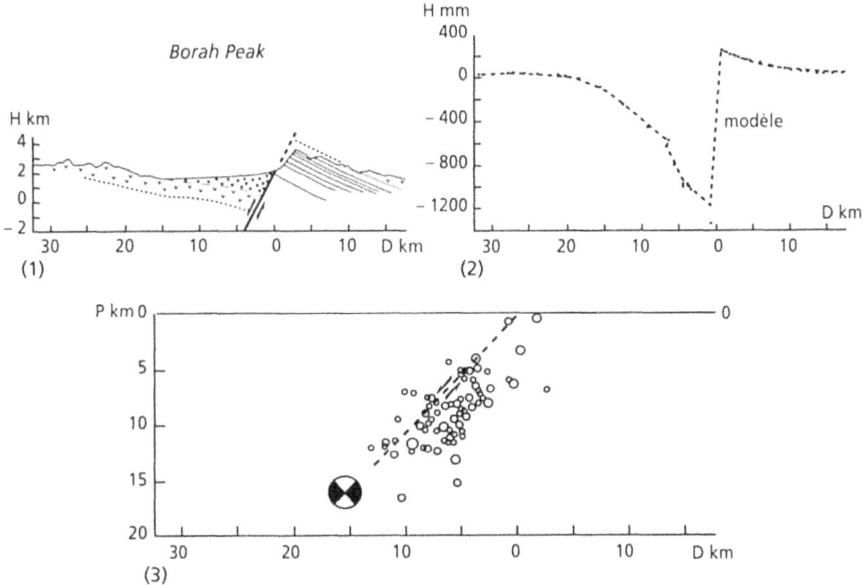

Figure 9.5 Après le séisme de Borah Peak (1983, Idaho États-Unis, M 7).
Corrélations entre résultats géologiques (1), géodésiques (2) et sismologiques (3) : répliques et mécanismes au foyer.
(D'après Stein et Barrientos, 1985 © American Geophysical Union.)

Comme cela a été démontré à l'occasion de forts séismes superficiels, les géologues peuvent fournir une contribution plus circonstanciée. Cela a été illustré tout au long de cet ouvrage pour l'étude des ruptures de surface, la néotectonique et la paléosismologie, en particulier lors de plusieurs séismes du domaine méditerranéen. Les interventions qui suivent un séisme (annexe 1) sont l'occasion de confronter les résultats de différentes disciplines des sciences de la Terre.

Pour la première fois, une telle démarche fut réalisée dans la zone épicentrale du séisme de Thessalonique (Grèce) de 1978 (Mercier *et al.*, 1983). Ces auteurs ont montré que les tenseurs de contraintes déduits des stries mesurées sur les failles ayant un jeu pléistocène dans la zone épicentrale et ceux déduits des vecteurs déplacement mesurés sur les failles qui ont rejoué lors du séisme étaient très comparables. D'autre part ces tenseurs étaient cohérents avec les mécanismes au foyer des séismes principaux et les mesures de contrainte *in situ* réalisées dans le même secteur, à faible profondeur (*figure 9.6*).

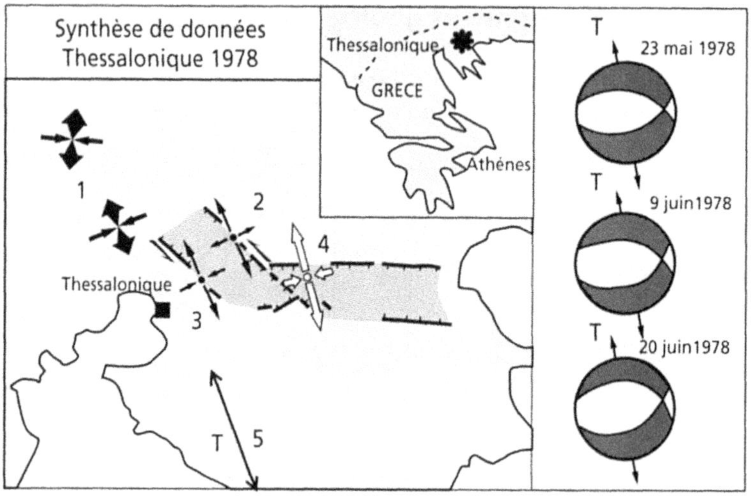

Figure 9.6 Correspondance entre les directions de la contrainte minimum obtenues par différentes méthodes :

(1) D'après les mesures de contraintes *in situ*. (2 et 3) Le traitement de populations de failles quaternaires. (4) Les mesures sur les ruptures de surface et (5) l'orientation moyenne de l'axe T des mécanismes au foyer, dans la région de la crise sismique de Thessalonique en 1978. (D'après Mercier *et al.*, 1983, dessin simplifié © American Geophysical Union.)

De même, le tenseur de contrainte calculé à partir des stries associées au séisme de Spitak (1988, Arménie) mesurées sur les plans de faille le long des ruptures de surface montre une compatibilité remarquable (*figure 9.7*) avec le tenseur calculé avec les mécanismes au foyer des répliques. Comme pour le séisme d'El Asnam (*figure 9.8*), grâce à l'étude pluridisciplinaire de ce tremblement de terre, une synthèse des résultats obtenus par les différents intervenants a pu être proposée (*figure 9.7*).

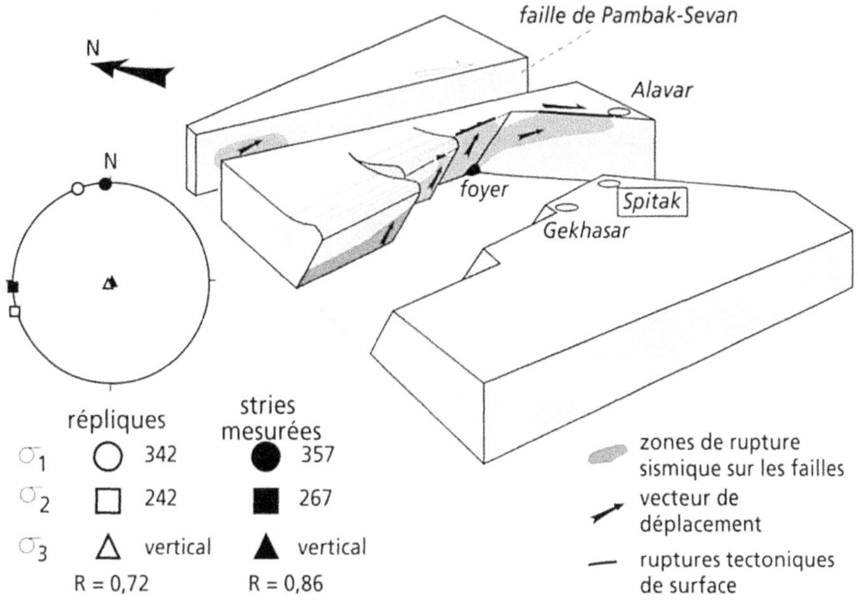

Figure 9.7 Comparaison des directions des contraintes principales et représentation synthétique de l'interprétation sismotectonique du séisme de Spitak (Arménie).

Elle prend en compte les résultats sismologiques (localisations et mécanismes au foyer du séisme principal et des répliques) et l'étude des ruptures de surface dans leur cadre géologique. (D'après Philip *et al.*, 1992 © American Geophysical Union.)

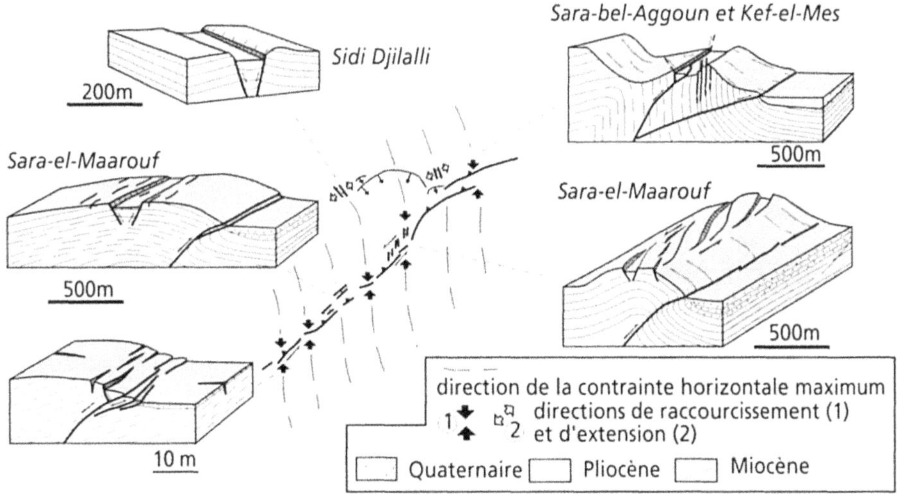

Figure 9.8 Interprétation sismotectonique du séisme d'El Asnam.

Interprétation en fonction des observations de terrain (contexte géologique, ruptures de surface, microtectonique) et des mécanismes au foyer. (D'après Philip et Meghraoui, 1983 © American Geophysical Union.)

9.3.2 Sismotectonique de la France métropolitaine

a) Données de sismicité historique et instrumentale

Quand on la compare avec celle d'autres pays, même proches comme l'Italie, l'Espagne ou la Grèce (cf. *figures 9.18* et *9.19*), la sismicité de la France métropolitaine (*figure 9.9*) paraît très modérée : les magnitudes, les plus fortes enregistrées ou estimées s'échelonnent de 5 à 6. Il n'en résulte pas moins qu'elle a subi depuis environ mille ans des tremblements de terre destructeurs dont certains ont atteint des intensités maxima de IX avec des épicentres dans son territoire ou à sa périphérie, comme ceux de Bâle (1356) et de Catalogne espagnole (1427 et 1428).

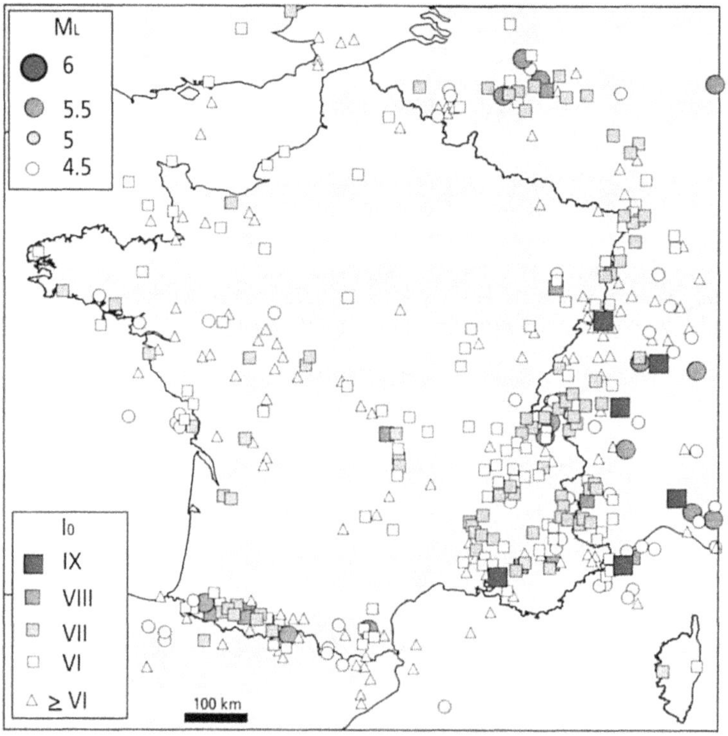

Figure 9.9 Sismicité de la France métropolitaine. État des connaissances en 2002.

Sources : pour la sismicité historique (mille ans), base de données Sisfrance en 2001 ; triangles : localisation incertaine ; pour la sismicité instrumentale de 1962 à 2002, CEA-LDG.

(D'après Scotti *et al.*, 2004.)

On peut se reporter à l'ouvrage *Les Tremblements de terre en France* (sous la direction de J. Lambert, éditions BRGM, 1997) ou au site Internet de Sisfrance, pour avoir un panorama complet de cette sismicité. Mentionnons ici seulement que, dans un passé proche, la Provence occidentale fut très durement touchée le 11 juin 1909 par le tremblement de terre de Lambesc (*figure 9.10*). Ressenti de Nice à Perpignan, il fit de nombreuses victimes, dont quarante-six morts et des dégâts considérables aux habitations, mettant en ruine plusieurs villages proches d'Aix-en-Provence et de Salon, villes aussi affectées par ce séisme (« quinze cents constructions à démolir ou nécessitant des travaux importants » à Salon ; Lambert, 1997). D'après les enregistrements sismologiques de l'époque, sa magnitude est évaluée à 6.2. Depuis, quelques autres séismes ont ébranlé différentes régions de France. En Béarn, deux tremblements de terre, ceux d'Arette (1967, village détruit à plus de 80 % ; un mort) et d'Arudy (1980), sont parmi les plus forts (respectivement M_L 5.7 et 5.1). À l'autre bout des Pyrénées, celui de Saint-Paul-de-Fenouillet (1996) est du même ordre de grandeur (M_L 5.2) ; plus profond (cf. tableau 9.2), il a fait moins de dommages. La même année celui de magnitude équivalente d'Annecy (ou d'Épagny) ne fit aucune victime, mais des dégâts pour plus de soixante et un million d'euros.

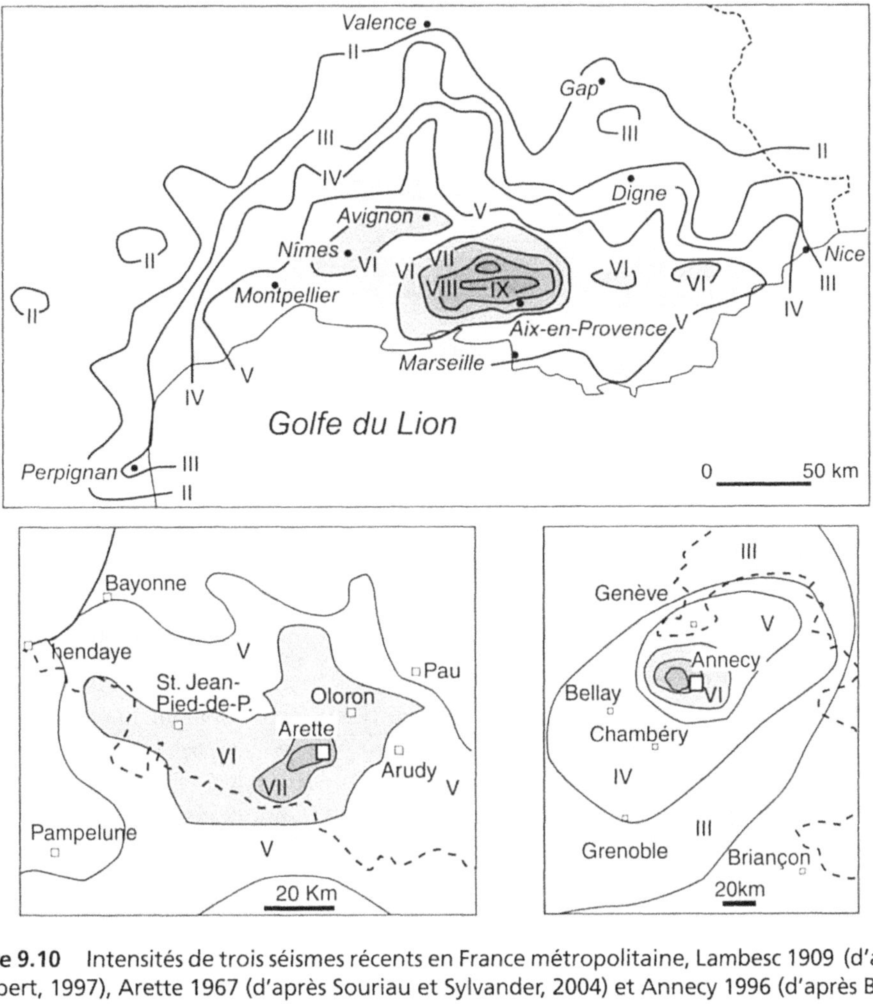

Figure 9.10 Intensités de trois séismes récents en France métropolitaine, Lambesc 1909 (d'après Lambert, 1997), Arette 1967 (d'après Souriau et Sylvander, 2004) et Annecy 1996 (d'après BSCF.)

Ces données ne font état que des séismes les plus remarqués en France pour leurs effets néfastes. Une sismicité plus faible et plus constante est régulièrement enregistrée, comme la figure 9.11 le montre.

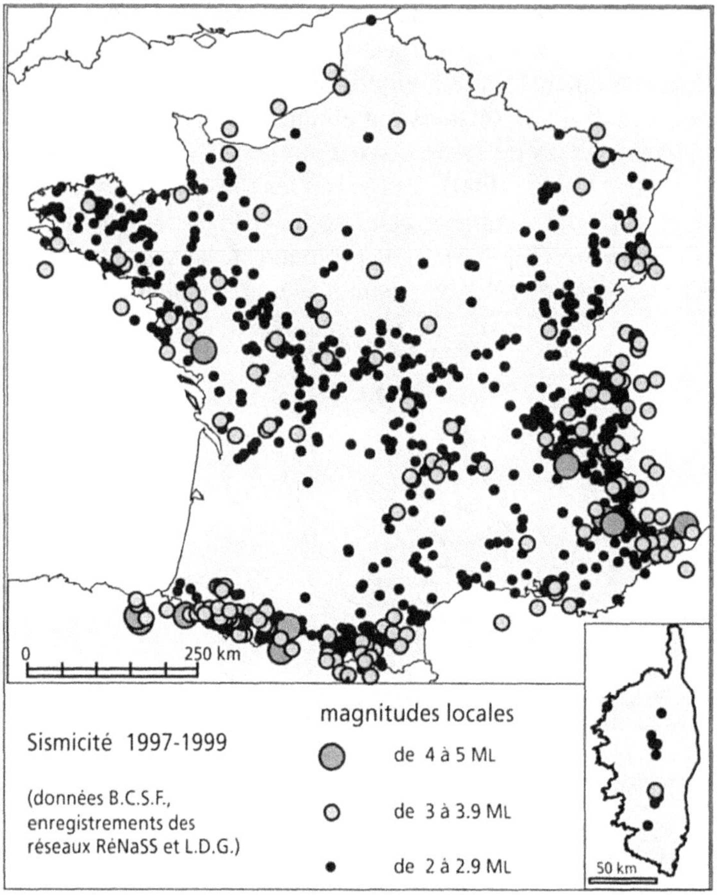

Figure 9.11 Sismicité instrumentale sur trois années pour le territoire métropolitain et ses marges (jusqu'à 50 km pour les séismes de magnitude supérieure à 3).
Source : Bureau central sismologique français.

Comme sur des cartes de sismicité historique ou bien sur celles qui comportent la sismicité instrumentale sur une plus longue durée, on constate une très inégale répartition des épicentres. Ils sont très concentrés sur les chaînes récentes (Pyrénées et Arc alpin), un peu moins sur les massifs anciens (massif Central, massif armoricain, Vosges) et absents de la majeure partie des grands bassins sédimentaires (bassins parisien et aquitain).

b) Recherche des failles sismiques

Malgré ces connaissances du passé sismique, il est possible dans peu de cas d'établir une corrélation entre des épicentres et une faille. Seul l'alignement des épicentres de séismes historiques sur le tracé de la faille de la moyenne Durance a été depuis longtemps remarqué (*figure 9.12*). Comme cela a été souligné plus haut (§ 9.2.1), cela s'explique par le fait qu'il s'agit d'un décrochement, alors que, dans ce secteur occidental de la Provence, de nombreuses autres failles sont inverses, dont l'inclinaison rend difficile les rapprochements avec la sismicité.

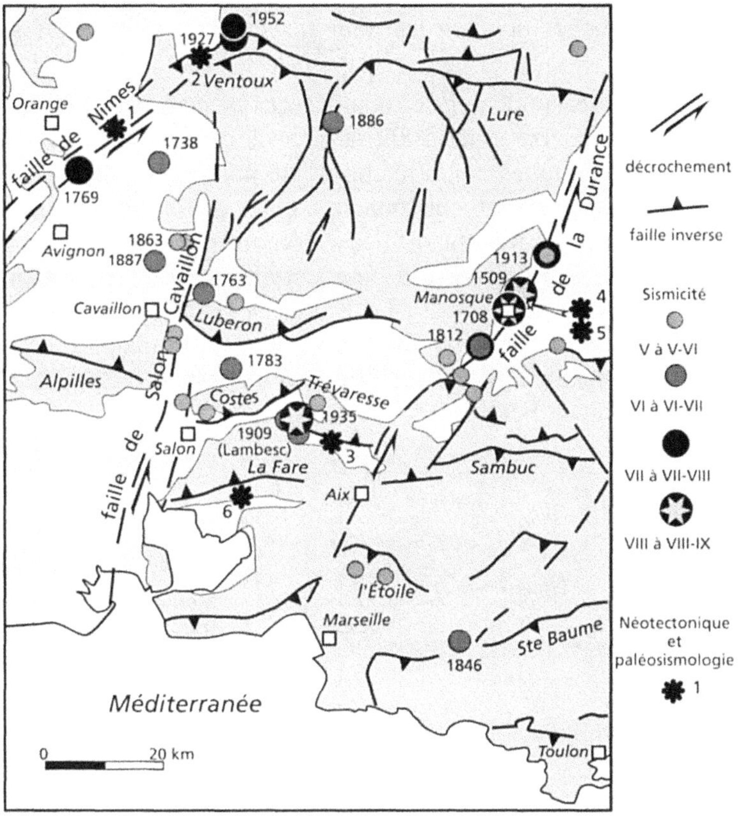

Figure 9.12 Esquisse sismotectonique de la Provence orientale, comportant les principales failles, les séismes d'intensité épicentrale égale ou supérieure à VI (à partir de documents P. Combes) et quelques observations remarquables de néotectonique et de paléosismologie.

1 : Courthezon (tranchées) failles inverses dans alluvions rissiennes et antérieures du Rhône. 2 : La Baume (Malaucène, front de carrière et tranchée), failles inverses dans cône alluvial würmien. 3 : La Fauchonne (tranchée), failles inverses dans cailloutis rissiens. 4 : La Brillanne (Manosque, tranchée), décrochement senestre-inverse (alluvions rissiennes de la Durance). 5 : Valveranne. (Manosque, tranchée), pli dans cailloutis würmiens. 6 : Coudoux (affleurement) failles inverses dans cailloutis würmiens.

Aussi, il faut se tourner vers les évidences de jeux récents de faille. Sur le territoire métropolitain, des observations ponctuelles de néotectonique ont tout d'abord été signalées sans la préoccupation d'effectuer un lien avec la sismicité, ni d'en comprendre la signification géodynamique. Depuis quelques décennies au contraire, les études de néotectonique se sont généralisées et à partir des années quatre-vingt-dix, ont été accompagnées de recherches de paléosismologie. En effet, à ce jour, contrairement à bien des pays du pourtour méditerranéen, la France métropolitaine n'a pas subi récemment de séisme accompagné de ruptures de surface, qui auraient pu être étudiées. Il fallait donc répondre à la question de savoir si des séismes anciens avaient été suffisamment forts et superficiels pour être accompagnés de ruptures en surface, ces dernières même faibles étant susceptibles d'endommager des constructions, par ailleurs conçues et réalisées pour résister aux plus fortes sollicitations dynamiques.

Dans ce dessein, un bilan récent des connaissances sur le territoire métropolitain et les régions proches (Baize *et al.* 2002) a recensé cent vingt indices (néotectoniques ou-et paléosismologiques), en a retenu trente pour un examen plus approfondi et considère que la moitié seulement sont sûrs. Dans ce lot, pour un seul cas (Bree, Belgique), ces auteurs considèrent qu'il est démontré l'origine cosismique de la déformation et qu'elle paraît possible pour certains d'entre eux (Courthézon, et Valveranne, localisations figure 9.12 ; La Balme-de-Sillingy en Savoie ; Jülich en Allemagne). La corrélation de ces indices avec une faille majeure est d'autre part probable pour Courthézon (faille de Nîmes), Valveranne (faille de la moyenne Durance) et Bree (faille de Feldbiss).

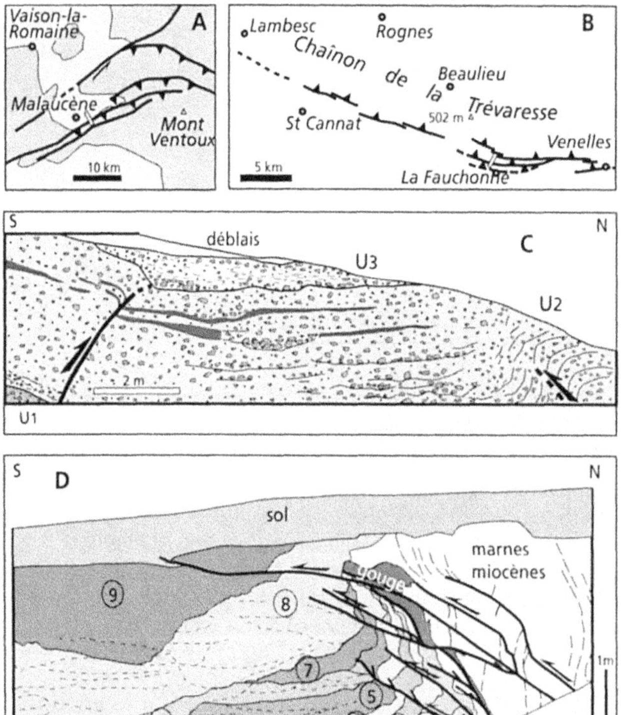

A : Localisation du site de Malaucène. B : Localisation des tranchées de La Fauchonne, au pied du chaînon de la Trévaresse. C : Faille inverse affectant le substratum oligocène et des dépôts würmiens d'un front de carrière, à Malaucène, au bas du versant nord du mont Ventoux (Provence occidentale) ; (redessiné d'après photographie, *in* Dutour *et al.*, 2002). U3 : Cailloutis à matrice jaunâtre. U2 : Cailloutis à matrice argileuse brune à brun rouge foncé, avec lentilles d'argiles et conglomérats (au niveau de la faille inverse antithétique) ; U1 : Cailloutis consolidés. D : Coins colluviaux (1 à 7) et dépôts alluviaux (8-9) affectés par des failles inverses dans une des tranchées de La Fauchonne. (Dessin simplifié d'après Chardon *et al.*, 2005.)

Figure 9.13 Exemples de paléosismologie en Provence occidentale.

Depuis, des études paléosismologiques ont complété ce bilan. Ainsi, en Provence occidentale, les sites de Malaucène et de La Fauchonne (*figure 9.13*) confirment le rôle sismotectonique important des failles inverses de cette région. Pour le dernier site, les tranchées effectuées ont permis pour la première fois en France de faire le rapprochement avec un séisme, celui de Lambesc de 1909 (Chardon *et al.*, 2005). Elles établissent que les décalages cosismiques de failles inverses sont liés à des séismes de magnitude Mw 6.2 à 6.4, dont la période de retour est estimée entre 700 et 5 000 ans.

c) Synthèse des données

Il se dégage de ces études et de ces bilans que la recherche des liens directs entre failles et séismes est une démarche délicate en France métropolitaine, compte tenu de la faiblesse des taux de déformation tectonique à long terme et celle de l'activité sismique associée. Il est nécessaire plus qu'ailleurs d'intégrer dans l'analyse sismotectonique des éléments qui apportent un recul chronologique. Il faut croiser les données tectoniques et néotectoniques avec celles de la tectonique actuelle, connue grâce aux mécanismes au foyer, les mesures de contrainte et la géodésie, pour définir les caractéristiques générales de la sismotectonique d'une région.

Ainsi, on distingue en France métropolitaine (*figures 9.14* et *9.15*) des secteurs qui sont caractérisés par des régimes tectoniques (cf. § 5.3.2) qui correspondent soit à de la compression ou à de l'extension pure soit le plus fréquemment à des régimes qui associent des décrochements aux failles normales ou inverses. En dehors des secteurs comme le Bassin parisien ou le bassin d'Aquitaine où l'activité sismique et les déformations tectoniques récentes sont faibles, on constate que les zones où domine la compression (compression pure ou compressive-décrochante) correspondent sans surprise aux chaînes récentes (Pyrénées, Alpes, Jura) et à leurs avant-pays (la Provence par exemple), alors que les zones en extension se superposent pour une part importante à celles associées à l'épisode de rifting oligo-miocène (Massif central, fossés de la vallée du Rhin).

Dans d'autres régions, comme le Massif armoricain, où l'activité tectonique et la sismicité sont plus modestes, les rares indices néotectoniques ainsi que les données de mesures de contrainte in situ et les mécanismes au foyer indiquent des régimes extensifs à distensif-décrochant (*figure 9.15*).

À une échelle plus vaste (*figure 9.15*), on peut synthétiser toutes ces données et constater alors la bonne concordance entre les directions principales des contraintes actuelles et la cinématique des structures (failles et plis) présentant des indices d'une activité récente.

Compte tenu que toutes ces données sont parfois partielles et en nombre faible, on peut les compléter avec tout l'arsenal des connaissances géologiques et géophysiques. Avec la préoccupation de bien cerner les caractéristiques de l'aléa sismique en France métropolitaine, c'est ce qui a été entrepris pour deux synthèses sismotectoniques.

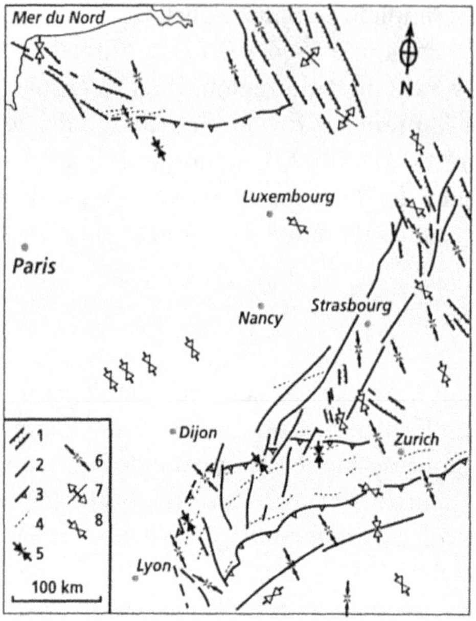

Figure 9.14 Exemple de compilation de données de tectonique récente et actuelle à l'échelle régionale (des Alpes à la mer du Nord).

1 : Fossés plio-pléistocènes. 2 : Décrochements. 3 : Failles inverses et front de chevauchement. 4 : Axes des plis. 5 : Direction de l'axe P de mécanisme au foyer en faille inverse. 6 : Idem en décrochement. 7 : Direction de l'axe T des mécanismes au foyer en faille normale. 8 : direction de la contrainte horizontale maximum, par mesures *in situ*. (D'après Philip, 1980.)

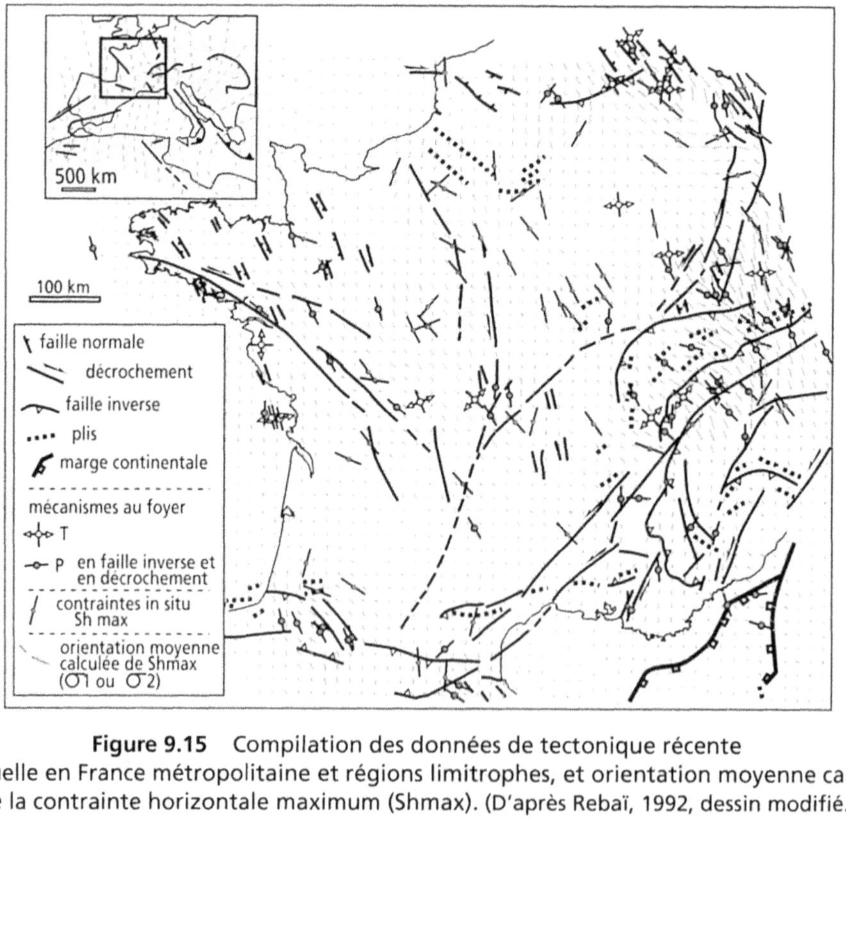

Figure 9.15 Compilation des données de tectonique récente et actuelle en France métropolitaine et régions limitrophes, et orientation moyenne calculée de la contrainte horizontale maximum (Shmax). (D'après Rebaï, 1992, dessin modifié.)

A. Première synthèse sismotectonique

Les exigences de sûreté imposées par le développement du programme nucléaire civil français dans les années soixante-dix ont motivé cette première réalisation. Confiée au BRGM, la réalisation de cette synthèse a été financée à partir de 1975 par le CEA, EDF, le Service central de sûreté nucléaire du ministère de l'Industrie et le BRGM. Faisant état des connaissances fin 1977, la carte finale au 1/1 000 000 (*figure 9.16*) et sa notice ont été présentées pour la première fois au Congrès géologique international de 1980 et publiée en 1981. L'état des connaissances ne permettait pas jusqu'alors de

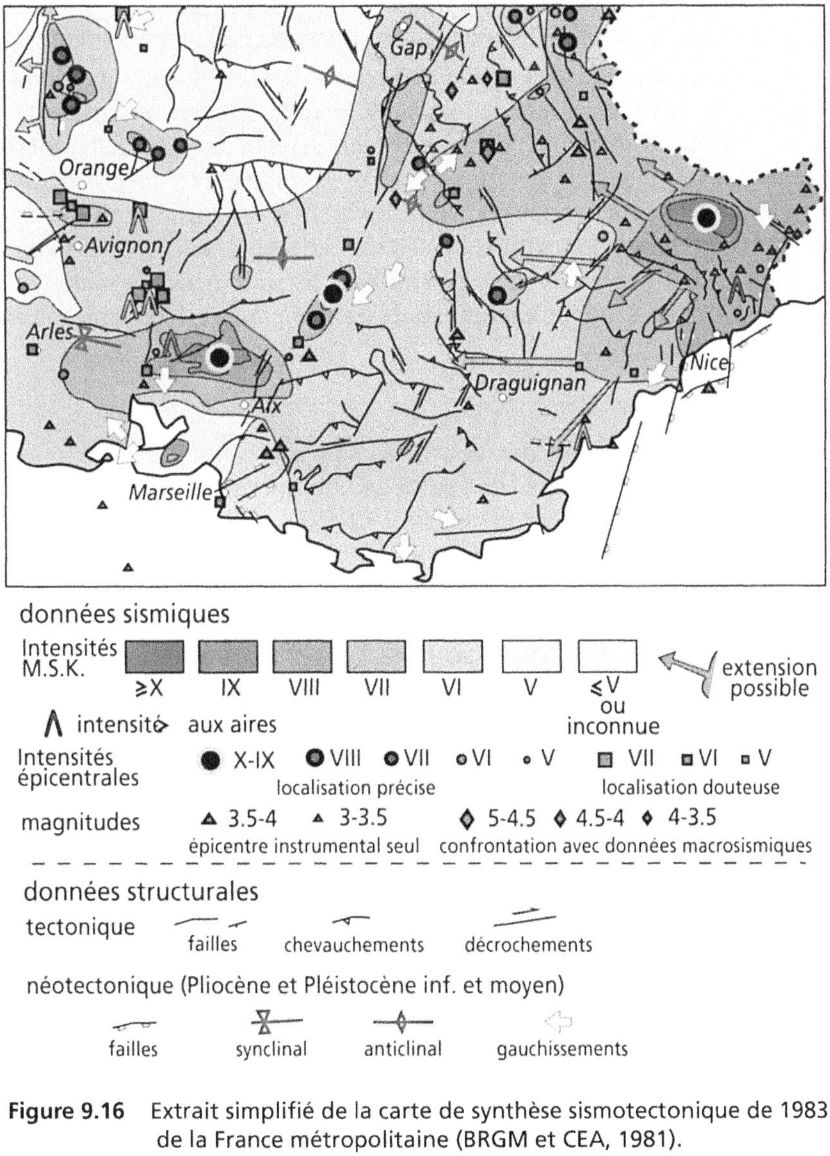

Figure 9.16 Extrait simplifié de la carte de synthèse sismotectonique de 1983 de la France métropolitaine (BRGM et CEA, 1981).

fournir une appréciation suffisante du risque sismique sur le territoire national. Compte tenu du faible niveau de la sismicité, une confrontation des données géologiques et géophysiques disponibles a été réalisée (*figure 9.16*) à partir de documents analytiques incluant sismicité historique et instrumentale (LDG), tectonique et néotectonique, discontinuités géophysiques et linéaments (imagerie satellite).

Cette synthèse a été l'occasion de faire une révision complète des données de sismicité historique et pour la première fois un inventaire très complet des données de néotectonique existantes sur l'ensemble du territoire de la France métropolitaine. Elle donnera une impulsion aux recherches dans le domaine de la tectonique active en France, avec en particulier le développement des réseaux sismologiques et des études néotectoniques et stimulera également les études dans le domaine de la géodésie (comparaison de nivellement), avant l'arrivée de la technologie GPS.

Ce premier état des lieux des connaissances de la sismotectonique de la France métropolitaine, au début des années soixante et dix, a permis en particulier : de mettre l'accent sur la difficulté d'identifier clairement les accidents sismogènes responsables des séismes les plus importants dans un contexte de sismicité faible à modérée. D'autre part les données disponibles alors n'ont pas permis de répondre à la question fondamentale de savoir si un séisme, suffisamment fort pour être associé à des ruptures en surface, pouvait se produire en France. Ainsi, la démarche suivie dans ce projet de carte sismotectonique de la France n'a pas débouché sur une carte de zonage sismotectonique.

B. Deuxième réalisation

Dix ans plus tard, l'évolution des connaissances a conduit à une réactualisation. Fruit de la collaboration du CEA, de GEOTER, du Laboratoire de géologie structurale de l'université Montpellier II, et de l'EOPG de Strasbourg, une deuxième synthèse est publiée en 1993 (Grellet *et al.*, 1993), avec vingt-trois cartes au 1/4 000 000 et une carte au 1/1 000 000. Devant servir de base à l'évaluation de l'aléa sismique, elle propose un zonage sismotectonique (*figure 9.17*), grâce aux connaissances nouvelles (nombreuses thèses) dans les domaines exploités précédemment. Elle s'appuie aussi sur l'utilisation des données qui permettent de reconstituer le champ de contraintes actuel (mécanismes au foyer de séisme, mesure de contrainte *in situ*), de régionaliser les différents types de déformation actuelle, indépendamment de leur intensité, et de proposer des types de mouvement potentiels sur les failles principales. Dans quelques cas, avec les mécanismes au foyer des séismes, on a vérifié la pertinence de ces extrapolations. Chaque zone sismotectonique est alors caractérisée par un même type de déformation récente et un champ de contrainte uniforme dans un domaine où la structuration de la croûte est homogène (zonage tectonique).

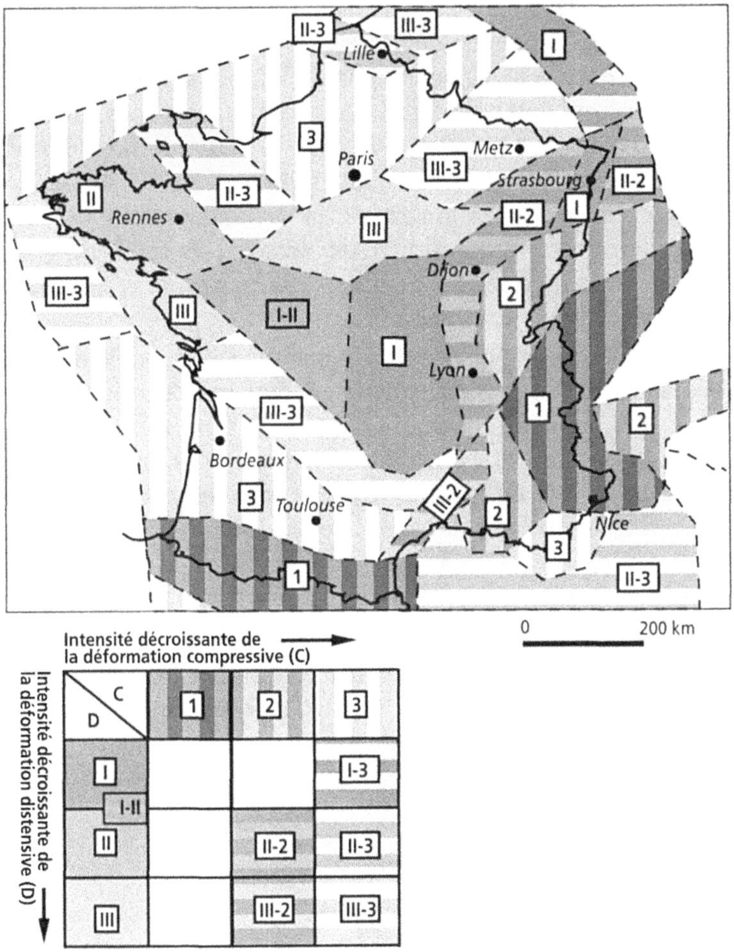

Figure 9.17 Zonage sismotectonique de la France métropolitaine.

Les zones sismotectoniques sont caractérisées par un même type de déformation récente et un champ de contrainte actuel uniforme dans un domaine où la structuration de la croûte est homogène. La définition de leurs limites intègre l'ensemble des données concernant l'héritage tectonique, la distribution de la sismicité et des mouvements récents ainsi que le champ de contrainte actuel. (D'après Grellet *et al.*, 1993, dessin modifié.)

9.3.3 Sismotectonique du domaine méditerranéen

Depuis l'essor de la tectonique des plaques, de nombreuses publications ont porté sur la géodynamique actuelle et récente du domaine méditerranéen. Beaucoup s'appuient sur les résultats sismologiques (répartition, profondeur et mécanismes au foyer des séismes majeurs). Très tôt, au début des années soixante-dix, on a considéré que malgré les connaissances géologiques accumulées depuis la fin du XIXe siècle, il était souvent difficile de faire le lien avec cette tectonique actuelle. Plusieurs grands programmes de néotectonique se chargèrent alors de compléter ces lacunes, tels ceux qui ont été réalisés dans l'Arc de Gibraltar, dans l'Arc égéen ou en Italie. Ils donnèrent une impulsion décisive à ce type de recherches. Le bien fondé des apports de la géologie à la sismotectonique fut confirmé ensuite à l'occasion de plusieurs séismes superficiels, avec ruptures de surface (Thessalonique 1978, El Asnam 1980, Irpinia 1980, Corinthe 1981,...). Depuis, de nombreuses thèses en sismologie, en néotectonique et maintenant en géodésie permettent de dresser des vues d'ensemble de la géodynamique et de la sismotectonique de cette extrémité occidentale du système orogénique alpin (*sensu lato*). Des cartes de synthèse ont été publiées à l'échelle de la Méditerranée (Philip, 1982 ; Armijo *et al.*, 1986 ; Barrier *et al.*, 2005) ou par pays (Italie, Espagne,...).

Compte tenu de l'énorme quantité de connaissances maintenant disponibles, on brossera ici seulement les grands traits de la géodynamique, principalement grâce à la sismicité historique et instrumentale (§ 9.3.3.*a)*). On examinera ensuite quelles sont les caractéristiques générales sismotectoniques du domaine méditerranéen, la néotectonique avec les mécanismes au foyer et les mesures de contraintes *in situ* permettant de caractériser différents modes de déformation (§ 9.3.3.*b)*).

a) Géodynamique

Le domaine méditerranéen se présente comme une juxtaposition de domaines continentaux et océaniques relativement petits d'origine et d'âge très différents (*figure 9.20*). Ils révèlent une histoire géodynamique complexe, commencée au début de l'ère secondaire. Actuellement, avec les séismes majeurs, la distribution et la nature du volcanisme encore actif sont des guides pour comprendre les phénomènes qui s'y déroulent.

A. Caractéristiques générales de la sismicité

La sismicité est connue grâce aux données de sismicité historique qui remontent, avec plus ou moins de précision (*figure 9.18*), à un peu plus de deux mille ans, et à une sismicité enregistrée depuis les prémices de la sismologie instrumentale. Dans les deux cas, la répartition générale est assez similaire, mais cette dernière discipline fournit de plus la position en profondeur des séismes. Les plus profonds (*figure 9.19*) sont rapportés aux subductions océaniques limitées de l'arc tyrrhénien et de l'arc égéen et à d'éventuelles subductions continentales comme dans les Carpates.

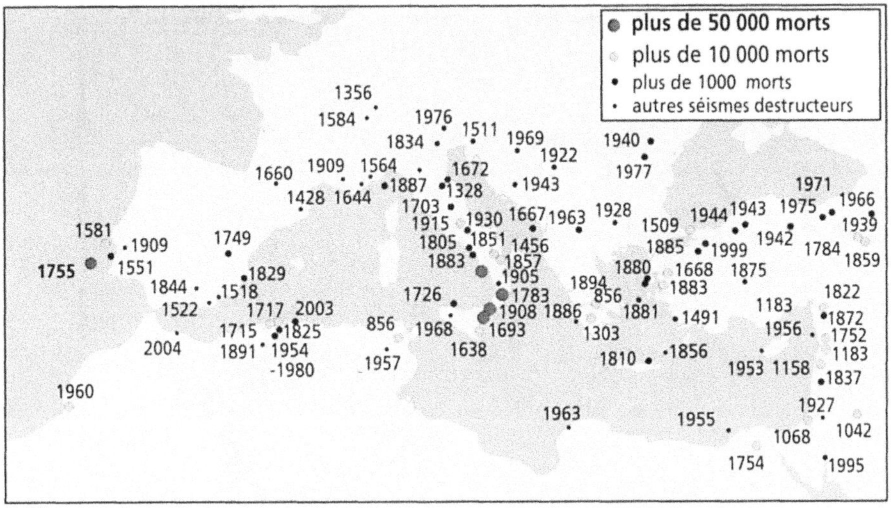

Figure 9.18 Principaux séismes historiques et récents destructeurs du domaine méditerranéen.

Certains séismes ne figurent pas sur ce document faute d'une localisation suffisamment précise.

La carte de la figure 9.18 montre surtout l'impact de la sismicité du domaine méditerranéen sur sa population. Les plus destructeurs ne sont pas forcément les plus élevés pour leur magnitude : la profondeur, la localisation et d'autres facteurs intervenant aussi (par exemple séisme d'Agadir de 1960, responsable d'environ 12 000 décès, malgré une magnitude de 5.9).

En ce qui concerne donc les intensités et les magnitudes atteintes, les données sont les suivantes : pour le passé, en dehors du séisme de Lisbonne de localisation incertaine – mais dont on estime que la magnitude a pu atteindre Mw 9 – il est possible que certains séismes aient pu arriver à une magnitude au moins égale à 8. Ce niveau a été seulement presque atteint en Turquie (séisme d'Erzincan, 1939, M 7.9). Mais l'on doit garder à l'esprit que, par exemple, avant 1980, on ne pensait pas qu'en Afrique du Nord on puisse subir un séisme de magnitude > à 7, comme celui d'El Asnam (Ms 7.3).

B. Limites de plaque

Comme seuls quelques séismes de magnitude égale ou légèrement supérieure à 7 ont été pour le moment enregistrés, il n'est pas évident de tracer des limites de plaque en Méditerranée. De nombreux modèles ont été proposés, aucun ne faisant à ce jour l'unanimité. L'accord est général pour distinguer au moins trois plaques (eurasiatique, africaine et arabe), mais on ajoute parfois d'autres plaques (anatolienne, adriatique, ibérique, d'Alboran,...). Faute de limites nettes actuelles sur tout leur pourtour, il semble préférable de considérer qu'il s'agit de blocs aux mêmes caractéristiques géodynamiques, plutôt que de véritables plaques. Le schéma

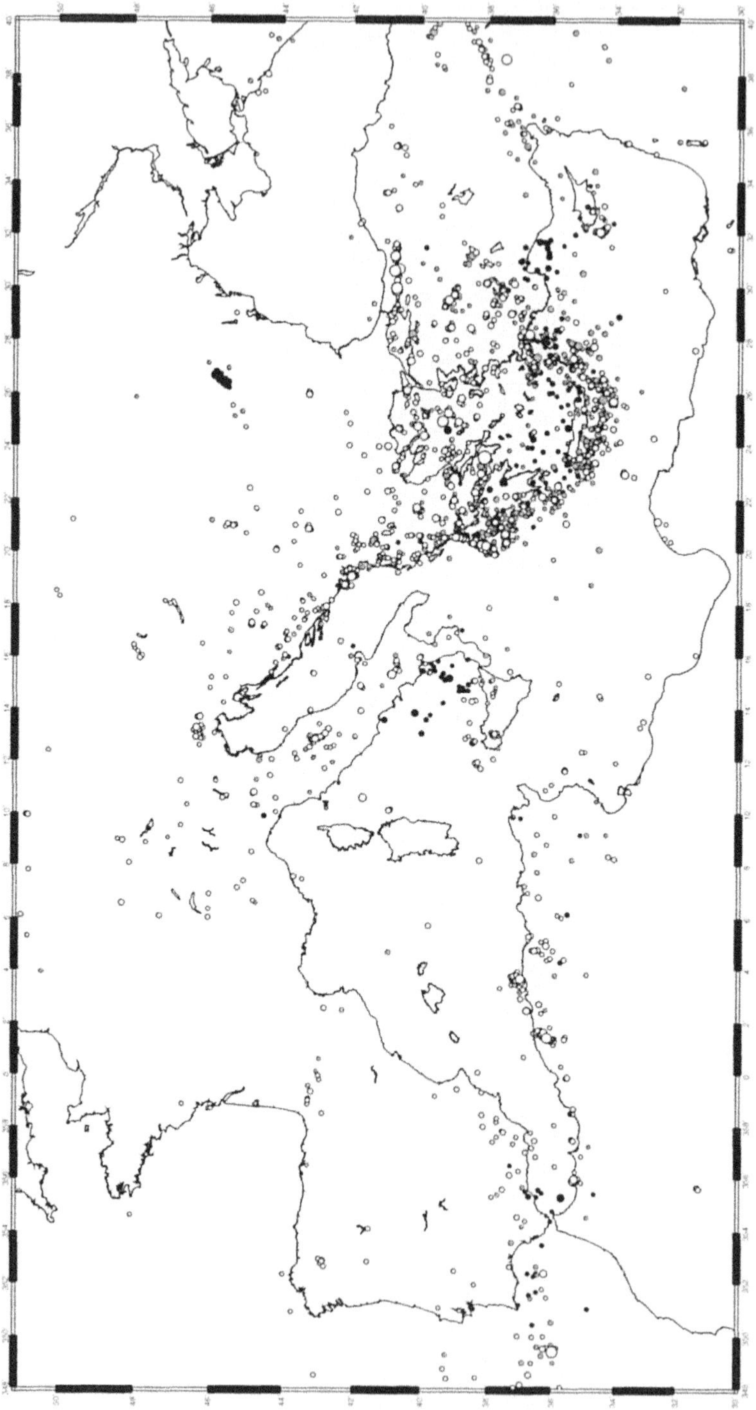

Figure 9.19 Sismicité instrumentale du domaine méditerranéen (1964-2006, magnitude ⩾ 5).

D'après catalogue IRIS (document Dominguez, 2006.)

présenté ici (*figure 9.20*) reprend les grands traits de ceux qui sont réalisés en tenant compte, en complément de la sismicité, des caractéristiques de la néotectonique (Bousquet et Philip 1981, Philip 1987).

La convergence actuelle entre la plaque eurasienne et la plaque africaine selon une direction N-S à NNW-SSE augmente d'ouest en est : elle est de 3 à 4 mm/an au niveau de l'arc de Gibraltar et elle atteint 1 cm/an en Méditerranée orientale. Plus à l'Est, le mouvement relatif N-S de la plaque arabe par rapport à l'Eurasie est associé depuis quinze millions d'années à l'ouverture de la mer Rouge. Cette ouverture confère à la plaque arabe une vitesse qui s'ajoute à celle de l'ensemble plaque africaine-plaque arabe. La vitesse de convergence de cette dernière par rapport à l'Eurasie varie d'ouest en est de 15 à 28 mm/an.

La limite entre les plaques Afrique et eurasiatique est assez bien localisée dans l'Atlantique. Elle correspond, d'ouest en est, à une dorsale, puis, avec de très forts séismes (M $\geqslant$ à 8), à un décrochement et une zone de failles inverses, qui pourrait être à l'origine du séisme de Lisbonne de 1755. Ensuite en Méditerranée, on remarque tout d'abord l'absence de séisme dans certaines zones océaniques, qu'elles soient mésozoïques (mer Ionienne, mer du Levant et mer noire) ou cénozoïques (bassin algéro-provençal). En effet, les lithosphères océaniques résistent mieux à la déformation principalement parce qu'elles sont peu fracturées comparativement aux lithosphères continentales situées à leur périphérie et qui « concentrent » déformation et sismicité.

On constate ensuite un contraste entre la Méditerranée centrale et orientale, où l'activité sismique est élevée, et la Méditerranée occidentale, où elle est beaucoup plus faible. Cette différence est à mettre en rapport avec la présence de zones de subduction actives au niveau de l'arc calabrais, de l'arc égéen et de Chypre, mais aussi avec un taux de convergence Afrique-Eurasie supérieur vers l'Est. Cette subduction de la lithosphère océanique de la plaque africaine, sous la plaque eurasiatique est accompagnée de volcanisme de deux bassins d'arrière arc, celui de la mer Tyrrhénienne (îles éoliennes) et celui de la mer Égée. Cette dernière se trouve sur une croûte continentale amincie. À l'est comme à l'ouest, la zone de subduction est limitée par deux grands systèmes de faille, jouant le rôle de faille transformante (faille du Levant et système de faille éoliano-maltais). Au nord, l'importance de la faille nord-anatolienne et les déplacements suggérés par la géodésie conduisent à la considérer aussi comme la limite septentrionale d'une plaque anatolienne. Mais celle-ci n'a pas de limite nette vers l'ouest, au niveau de la Grèce du Nord.

Dans la partie occidentale du domaine méditerranéen, la sismicité a une répartition relativement diffuse, depuis le Haut Atlas marocain jusqu'en Europe du Nord ce qui ne permet pas, contrairement à la Méditerranée centrale et orientale, de localiser une limite de plaque entre Afrique et Eurasie, bien que les séismes les plus forts soient plus fréquents au sud, dans les cordillères Bétiques et le long des chaînes du Maghreb. Comme au niveau de la collision de la plaque arabe et de l'Eurasie, c'est de fait toute une zone qui se déforme quand les croûtes continentales des plaques s'affrontent. Par contre, il est possible qu'au niveau de l'Algérie, une subduction s'amorce là où la plaque eurasiatique possède une croûte océanique (partie méridionale du bassin algéro-provençal). De même, il a été envisagé que la convergence provoque « l'expulsion » d'un bloc ibérique vers l'Atlantique et une subduction naissante de celui-ci.

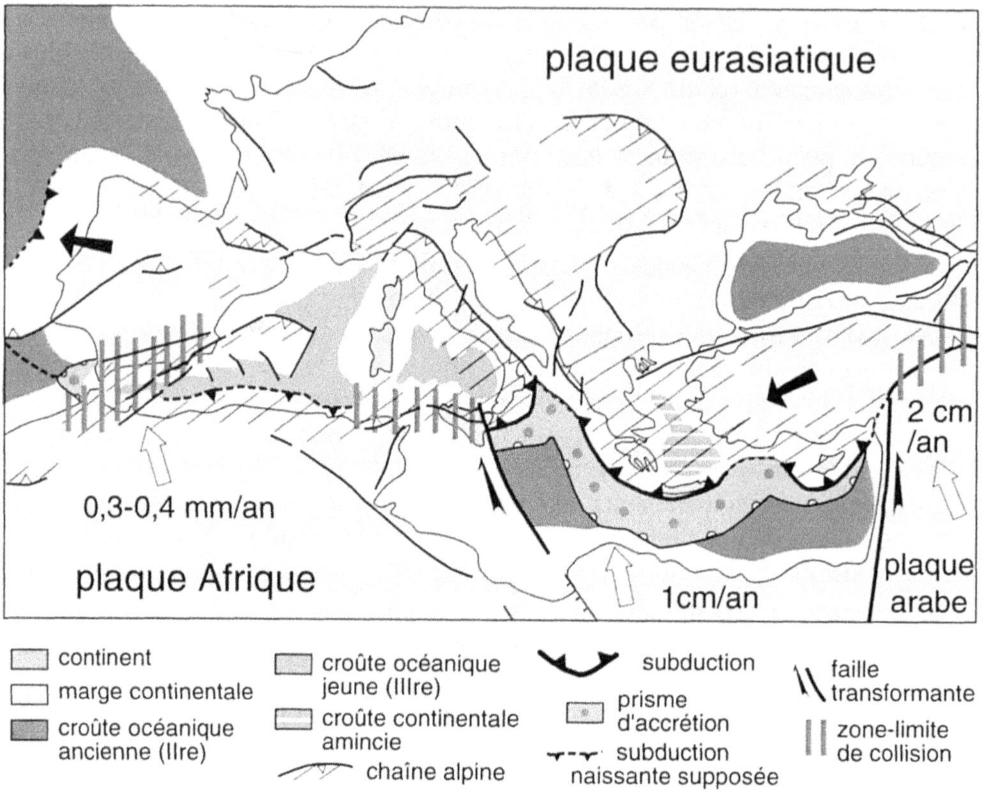

Figure 9.20 Limites de plaque de la Méditerranée.

b) Grands traits de la sismotectonique

A. Domaine occidental

Le contexte tectonique associé à la sismicité est à dominante compressive (failles inverses et décrochements) avec des directions de raccourcissement proches de NNW-SSE, parallèles à la direction de convergence Afrique-Eurasie. Dans certains secteurs bien localisés, caractérisés par des failles normales et souvent associés à de grands décrochements et/ou à du volcanisme récent (zone des fossés oligo-miocènes ouest-européens), la tectonique active se manifeste par de l'extension perpendiculaire à la direction de convergence. Dans ces régions de l'ouest de la Méditerranée, les caractères de la tectonique active suggèrent un contexte géodynamique de collision continentale.

B. Domaine central et oriental

Les subductions méditerranéennes se caractérisent par un couplage de plaque faible ce que semble indiquer le peu de séismes intermédiaires de forte magnitude. Pour expliquer cette particularité on invoque le plus souvent un phénomène de *roll back* (retrait de la plaque subduite par intervention des forces de gravité qui s'exercent sur elle). Sur le bord externe de l'arc égéen ou tyrrhénien ce sont les séismes en faille inverses qui dominent. Ils sont particulièrement importants à l'ouest de l'arc égéen dans les îles ioniennes. Les déformations actuelles des rides méditerranéenne et calabraise qui correspondent aux prismes d'accrétion des subductions égéenne et tyrrhénienne sont pratiquement asismiques ce que l'on peut expliquer par la présence de niveaux de décollement à la base des prismes et un comportement plastique des sédiments non consolidés. Les bassins extensifs d'arrière arc sont particulièrement bien développés (mer Égée et mer Tyrrhénienne) et sont par contre le siège d'une importante sismicité avec des séismes dont les magnitudes peuvent atteindre 7 et plus. La tectonique distensive du bassin égéen ne peut pas être dissociée de celle de la faille Nord-Anatolienne qui correspond à un décrochement dextre très actif (20 mm/an), dont les déplacements sont absorbés à l'ouest par l'extension qui affecte l'Ouest de l'Anatolie et le Nord du bassin égéen. Ce dispositif explique en particulier la sismicité importante de ces régions.

Les structures de la ride calabraise se rejoignent en mer ionienne, à l'extrémité de la péninsule italienne et se prolongent vers le nord-ouest, au pied des Apennins jusque dans la plaine du Pô (*figure 9.20*), où elles correspondent aux chevauchements imbriqués du bassin d'avant chaîne des Apennins. Cette continuité des structures, l'âge miocène à pléistocène des sédiments impliqués dans la tectonique, la présence d'un volcanisme d'arc mio-pliocène dans l'Apennin central indiquent que la subduction tyrrhénienne se prolongeait jusque dans la plaine du Pô encore au Pliocène avant que ne soit absorbé totalement le prolongement NE de la lithosphère océanique du bassin ionien. Le blocage de la subduction s'est produit progressivement du NW au SE. Le contexte géodynamique de l'Apennin correspond donc à une situation intermédiaire entre la subduction océanique qui a cessé et un début de subduction continentale au cours de la fin de l'ère tertiaire. Le régime sismotectonique de la péninsule italienne correspond à de la compression à la limite entre la chaîne et le bassin d'avant chaîne, et à de l'extension perpendiculaire à la chaîne dans les Apennins. Dans l'Apennin central et méridional, les séismes en faille normale sont fréquents avec des magnitudes qui dépassent quelquefois 7. La sismicité est plus faible sur la bordure orientale des Apennins, là où les mécanismes au foyer sont en faille inverse.

C. Zonation sismotectonique

Comme cela a été envisagé au niveau de la France métropolitaine (§ 9.3.2), on peut constater, en faisant la synthèse des données à disposition sur la tectonique actuelle (mécanismes au foyer et contraintes *in situ*) et récente en Méditerranée, que différents modes de régimes tectoniques y coexistent (Bousquet et Philip, 1981 et 1986 ; Philip, 1987). Ils sont ici plus nombreux (*figure 9.21*), compte tenu de la présence de subductions encore actives.

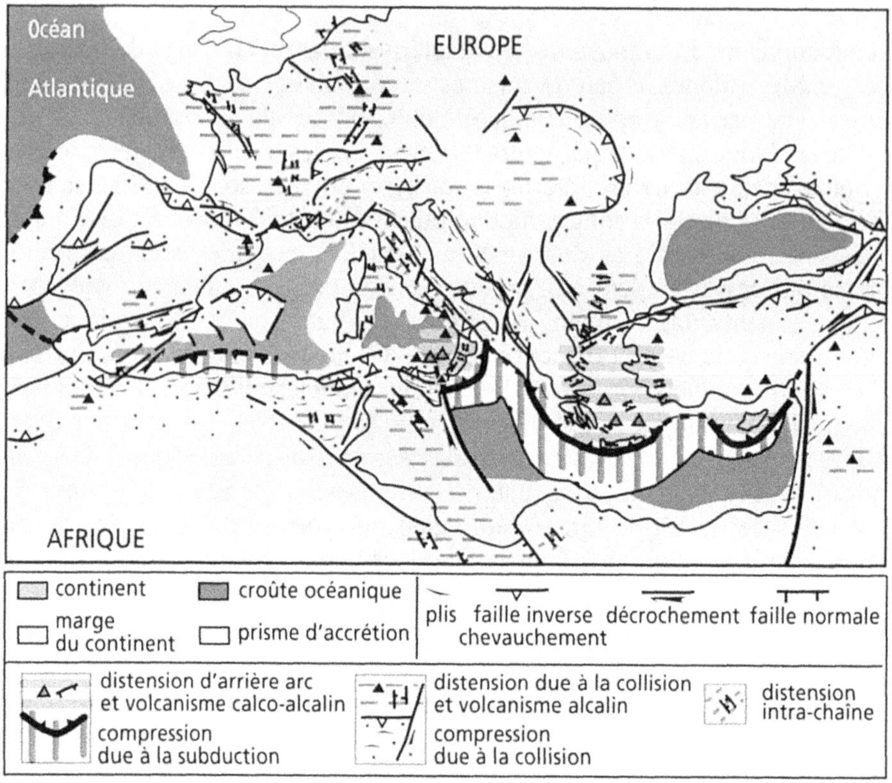

Figure 9.21 Zonation sismotectonique du domaine méditerranéen.

On distingue ainsi, pour l'arc tyrrhénien et l'arc égéen, une distension d'arrière arc qui est du type « extension radiale » (cf. § 5.3.2), alors qu'au front de l'arc, les déformations compressives dominent.

Ailleurs, la convergence presque méridienne entre les plaques induit une tectonique de collision qui se traduit par des régimes tectoniques en compression et en distension, intimement associés géographiquement ou chronologiquement, à plusieurs échelles, depuis celle d'un séisme (exemple d'El Asnam, *figure 9.8*), jusqu'à celle d'une région (*figures 9.14* et *9.15*). L'extension est alors perpendiculaire au raccourcissement, et en termes de contraintes Shmax garde la même direction (en général proche de N-S) et correspond respectivement à $\sigma 2$ et à $\sigma 1$. La néotectonique et la tectonique active de ces secteurs se caractérisent par des décrochements dextres NW-SE et sénestres NE-SW et des failles inverses E-W (cf. *figure 5.3*) ou par des failles normales associées à un volcanisme alcalin. La cinématique et l'orientation de toutes ces structures sont compatibles avec la direction générale de convergence N-S.

Enfin, certains secteurs au sein de chaînes récentes (Apennins, *figures 2.20* et *2.21* ; Alpes…) présentent un cas différent d'extension, cette dernière pouvant être parallèle à la direction de raccourcissement général, cette dernière se traduisant par des séismes en compression, en particulier sur les chevauchements les plus externes.

Annexe 1

Interventions post-séismes

Chaque grand séisme est l'occasion de progresser dans la connaissance des phénomènes sismotectoniques et de leurs conséquences et sur la façon d'y remédier. Dans ce domaine, presque à chaque fois, le tremblement de terre apporte son lot de mauvaises surprises. Cela a été le cas de plusieurs séismes récents, comme ceux de Mexico (1985), Spitak (1988), Loma Prieta (1989), Northridge (1994) ou Kobe (1995), qui présentèrent à chaque fois des aspects inattendus dans de nombreux domaines (géologie, sismologie, génie parasismique,...) (Collectif, 1998).

Aussi, dès l'annonce de séismes majeurs, des missions d'experts sont envoyées sur place. Ils appartiennent au pays touché, mais, comme pour les secours, une coopération internationale s'instaure en général au niveau scientifique et technique. Elle dépend d'organismes internationaux ou bien elle est organisée à la suite d'accords de coopération entre pays ou de demandes spécifiques à l'événement. La collaboration avec le pays hôte s'établit en premier lieu pour obtenir l'appui logistique nécessaire pour pouvoir opérer au milieu d'une région sinistrée. Cette aide locale porte sur l'acheminement du matériel (sismologie, géodésie) et son dédouanement, les moyens de déplacement et d'hébergement, la mise à disposition d'interprètes ou de guides locaux, la fourniture de cartes et éventuellement de photographies aériennes. Outre leur rôle pour le repérage de l'étendue et de l'ampleur des sinistres et pour l'acheminement des secours, des vols en hélicoptères ou en avion sont souhaitables pour fournir de nouvelles prises de vue. Elles sont nécessaires pour établir des cartographies précises de géologie et de géomorphologie, pour lesquelles le travail des spécialistes sera facilité par la participation à ces reconnaissances aériennes.

Certains objectifs nécessitent d'intervenir sans délai (§ I) : c'est le cas en sismologie, en géodésie, en géologie et en génie parasismique. Pour compléter les éléments scientifiques et techniques recueillis pendant l'intervention immédiate, la coopération peut se poursuivre ensuite avec des programmes d'étude différés (§ II) en particulier en géologie, où des observations de néotectonique et tranchées de paléosismologie viennent compléter la connaissance du cadre sismotectonique du secteur.

Les apports scientifiques et techniques sont l'objet de rapports, puis de publications et de colloques, qui font le point sur les éléments recueillis et les enseignements à en tirer. Certaines permettent de mieux appréhender au plan régional et local l'aléa sismique : elles fixent un cadre à la reconstruction et aux actions ultérieures de prévision et de prévention. Élaborées dans une démarche de pluridisciplinarité, les synthèses des données recueillies ont bien souvent un intérêt général, comme les interventions qui ont suivi les séismes d'El Asnam, d'Irpinia et de Spitak ont en été, parmi les premières, les illustrations les plus probantes.

Outre ces aspects sismotectoniques et techniques, il faut mentionner de plus que d'autres enseignements sont recueillis à la suite d'un tremblement de terre : ils concernent en particulier les comportements des communautés face à la catastrophe, pendant et après celle-ci (voir § 12.4) et ses conséquences économiques. Ainsi, des sociologues peuvent faire des études de cas sur le terrain, immédiatement après un séisme catastrophique.

I INTERVENTIONS IMMÉDIATES

Elles concernent différentes disciplines dont les modalités d'intervention et les objectifs sont résumés dans le tableau A.1.

TABLEAU A.1 INTERVENTIONS POST-SÉISMES IMMÉDIATES.

Interventions immédiates			
Disciplines	**Instruments, moyens mis en œuvre**	**Éléments étudiés et résultats**	**Applications générales et locales**
Sismologie	– Réseaux de sismométrie d'accéléro-mètres – cartographie des effets macro-sismiques	– Localisation des répliques et géométrie précise de la faille sismique – effets de site – tracé des isoséistes	– Aléa sismique – Éléments pour l'interprétation sismotectonique – Microzonage – Aléa sismique
Géodésie	– Mesures de nivellement GPS et classique	– Mouvements verticaux et horizontaux	– Données pour la modélisation et l'interprétation sismotectonique
Géologie	– Observations sur le terrain, prises de vue aériennes	– Ruptures de surface : caractéristiques de la faille en surface, vecteurs-déplacement, segmentation	– Indications pour la localisation du réseau temporaire ; – Éléments pour l'interprétation sismo-tectonique
Géomorphologie, géotechnique	– Cartographie	– Ampleur et localisation des effets induits : glissement, éboulement, liquéfaction etc.	– Éléments pour le microzonage
Génie parasismique, architecture	– Observations du bâti et des modes de construction	– Ampleur et localisation des dégâts	– Éléments pour guider démolition, renforcement et reconstruction ; – Progrès de la conception du bâti parasismique

1. Enregistrements sismologiques et géodésie

Après un séisme, on installe un réseau temporaire de stations sismiques légères, déployé en fonction des conditions géologiques (voir § suivant) et topographiques, de façon à enregistrer au mieux les répliques du tremblement de terre (*figure A.1*). La distribution spatiale de celles-ci et leurs mécanismes au foyer permettent de mieux comprendre les caractéristiques sismotectoniques du secteur. En outre, avec ces enregistrements, on suit l'activité sismique, qui peut se prolonger suivant différentes modalités (décroissance temporelle en nombre et en magnitude des répliques, crise sismique, etc., cf. § 2.2). La durée de fonctionnement de tels réseaux temporaires est assez variable puisqu'elle va dépendre de nombreux facteurs aussi bien matériels que sismologiques.

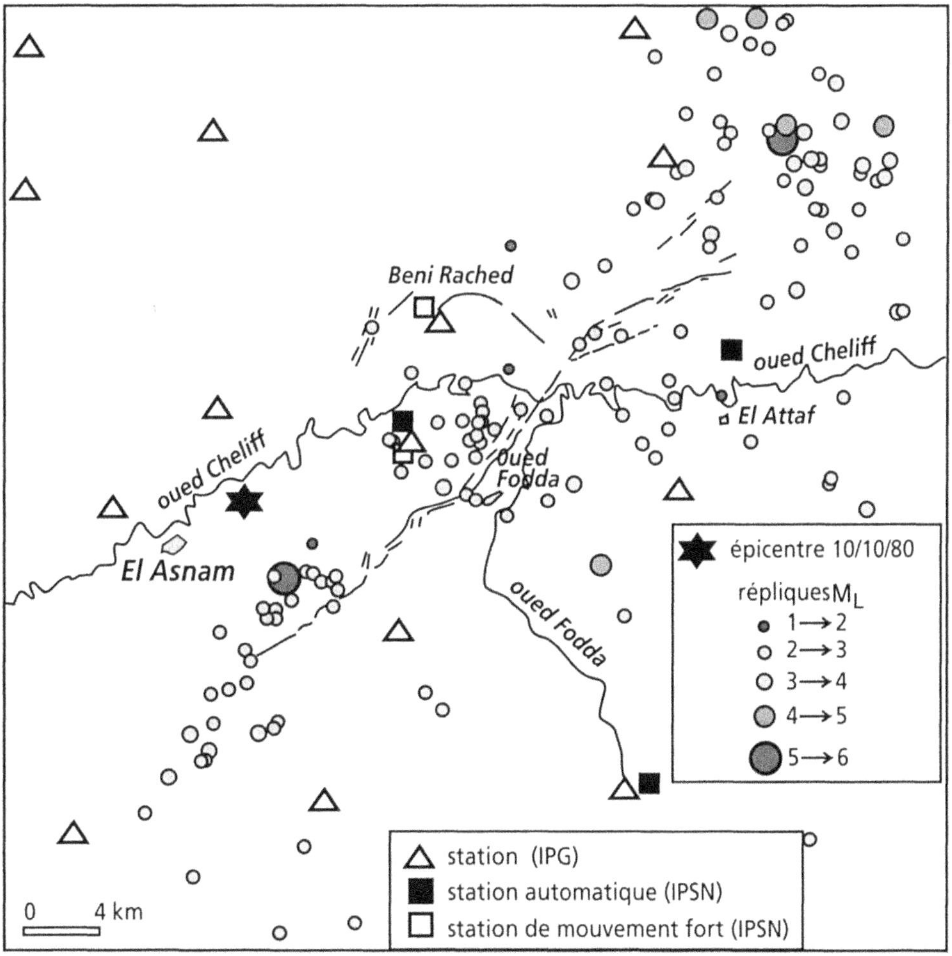

Figure A.1 Réseau sismologique installé après le séisme d'El Asnam (1980) et les répliques enregistrées.

Des accéléromètres et autres appareils de mesure pour enregistrer les mouvements forts du sol sont également installés (*figure A.1*) pour recueillir leurs caractéristiques nécessaires au génie parasismique.

Certaines modifications topographiques sont en relation directe avec les déformations sismotectoniques. Leur quantification se fait par comparaison entre mesures antérieures et postérieures au séisme. Elles sont effectuées par des méthodes classiques de nivellement (*figure 4.13*) ou bien grâce au GPS (*figure 2.8*).

2. Observations géologiques

La participation de géologues à des observations et des missions post-séisme remonte au moins à la période des prémices de la sismotectonique, comme le démontrent les « Études relatives au tremblement de terre du 25 décembre 1884 et à la constitution géologique du sol ébranlé par les secousses », par la mission d'Andalousie de l'Académie des sciences (1889). On peut citer également le remarquable travail de Lawson (1906), décrivant les ruptures de surface le long de la faille de San Andreas, après le tremblement de terre de San Francisco de 1906. Par la suite quelques géologues continuèrent à examiner les aspects géologiques des séismes, mais parfois des tremblements de terre importants ne furent suivis d'aucune observation, ou bien celles-ci furent incomplètes, car le fait de personnes non spécialisées en sismotectonique.

À l'heure actuelle, ces études sont basées sur des observations minutieuses de terrain, qui nécessitent de posséder des cartes topographiques à grande échelle (1/5 000 à 1/10 000). Les levés pourront aussi s'effectuer sur des photos aériennes prises aussitôt après le séisme. Un survol (petit avion ou mieux hélicoptère) par les géologues permettra une reconnaissance rapide des secteurs à étudier.

Grâce aux ruptures de surface accompagnant des séismes superficiels (§ 4.1), le premier apport de la géologie consiste à localiser la faille sismique. En effet lors d'un séisme, la position de l'épicentre est immédiatement connue grâce aux enregistrements de réseaux sismologiques nationaux ou même mondiaux, ce qui ne permet pas une précision suffisante pour installer au mieux un réseau portable. Ensuite, les géologues s'attachent à caractériser la nature et l'ampleur des mouvements en suivant et en cartographiant les ruptures de surface (cf. *figure 4.2*). L'étude de celles-ci est réalisée aussitôt après le séisme, car elles sont détruites ou modifiées rapidement par l'activité humaine. D'autre part, suivant les latitudes et les saisons, des pluies qui surviennent ensuite altèrent et érodent les ruptures dans les sols et les formations meubles.

Lorsqu'on aura identifié les ruptures de surface qui correspondent à la faille principale, leur cartographie détaillée fournit une estimation de la longueur totale de la faille ayant bougé et met éventuellement en évidence une segmentation de la rupture (voir *figures 4.4* et *4.5*). Les observations tectoniques et les mesures microtectoniques recueillies seront comparées aux mécanismes au foyer obtenus avec le séisme principal et ses répliques les plus fortes (*figures 9.7* et *9.8*).

3. Observations géotechniques et géomorphologiques

Elles concernent les effets induits (§ 4.2) provoqués par les secousses sismiques. Parmi ceux-ci, on s'attachera à repérer les traces de liquéfaction (craterlets, fissures, effondrements...), car comme certaines ruptures de surface, elles peuvent être effacées assez rapidement. Tous ces désordres seront repérés, en préambule aux études plus complètes de géotechnique nécessaires pour le microzonage qui suivra le séisme (§ 9.2.4).

4. Observations sur le bâti

La résistance du bâti (constructions, ponts, barrages, etc.) aux secousses sismiques fait l'objet de recherches en laboratoire, mais un séisme majeur est l'occasion de la tester sur le terrain, avec un intérêt tout particulier pour les constructions modernes. On constate en effet que, même dans les zones sismiques où une réglementation parasismique a été suivie, des dégâts parfois considérables sont constatés. Ainsi, le séisme d'El Asnam de 1980 détruisit en grande partie la ville reconstruite après le séisme d'Orléansville en 1954, comme peut le constater par exemple grâce à l'article de Davidovici (1985), illustré par de nombreuses photos des dommages aux constructions d'El Asnam.

Il est donc important d'analyser pour chaque séisme quelles sont les causes des désordres constatés, suivant chaque type de construction. Des missions d'experts se rendent sur place aussitôt après le tremblement de terre, avant les travaux de démolition des constructions à supprimer ou les travaux de renforcement, masquant les dégâts. En France, l'association française de génie parasismique (A.F.PS.) est intervenue après de nombreux séismes récents (Mexico, 1985 ; Spitak, 1988 ; Loma Prieta, 1989, Northridge, 1994 ; Kobe, 1995 ; etc.) et fournit des comptes rendus de ses missions post-séisme. En dehors des problèmes posés par les effets de site (amplification ou atténuation des mouvements sismiques), les dégâts subis par le bâti peuvent avoir différentes causes que l'on cherchera à déterminer. Elles peuvent résulter de la sous-évaluation de l'importance des secousses envisagées et en particulier de l'accélération escomptée, prise en compte d'après la réglementation au moment de la construction. On constate aussi bien souvent que l'on doit se tourner vers des problèmes de conception ou/et de réalisation de la construction (choix des matériaux et mauvaise qualité de l'exécution) pour expliquer la sévérité des destructions. Les enseignements retirés des observations de terrain permettent de faire progresser l'art de concevoir des bâtiments parasismiques (voir § 12.1) et de conseiller les interventions de consolidation et de reconstruction, ainsi que les opérations de renforcement préventives. Notons que ces préoccupations ne sont pas nouvelles, puisqu'une commission technique pour la reconstruction fut créée à la suite du séisme en Andalousie (25/12/1884).

5. Enquête macrosismique

Les éléments recueillis sur les dégâts aux différents types de constructions sont utilisables pour dresser la carte des isoséistes du tremblement de terre (voir par exemple figure 9.10). On complète ces informations par des questionnaires. En France, c'est le Bureau central sismologique français (université de Strasbourg) qui est chargé de recueillir ces données. Elles servent aussi pour prendre la décision de classement en « catastrophe naturelle » pour une région délimitée et valider les demandes d'indemnisation des dommages.

II INTERVENTIONS DIFFÉRÉES

Ne nécessitant pas une réalisation immédiate, elles peuvent se dérouler dans de meilleures conditions matérielles (programmation de la mise en œuvre pour les intervenants et leurs moyens, choix de la saison, etc.).

TABLEAU A.2 INTERVENTIONS POST-SÉISMES DIFFÉRÉES.

Interventions différés			
Disciplines	Instruments, moyens mis en œuvre	Éléments étudiés et résultats	Applications générales et locales
Géologie	– Observations sur le terrain, prises de vue aériennes	– Cadre géologique ; néotectonique	– Données pour l'interprétation sismotectonique
Paléosismologie	– Tranchées	– Récurrence de l'activité antérieure de la faille	– Aléa sismique local et régional
Géotechnique	– Cartographie – Récolte d'échantillons – Tests – Forages	– Caractéristiques géotechniques des sols, des formations superficielles et des roches	– Microzonage

1. Cadre géologique et néotectonique

Suivant le niveau de connaissance sur la région, il sera nécessaire ou non d'entreprendre de nouvelles observations de terrain en géologie. Bien souvent, si la géologie générale est assez bien documentée, il n'en est pas de même pour la néotectonique. Ses caractéristiques fournissent le cadre à l'interprétation sismotectonique du séisme. Il faut donc parfois chercher si la faille sismique avait fonctionné précédemment au cours du Pléistocène. La présence ou l'absence de déformations récentes, révélées par des preuves directes ou indirectes (formes du relief), est quoi qu'il en soit riche d'enseignement. Cela sera un guide pour rechercher d'autres failles actives ou des failles capables et ainsi préciser le niveau d'aléa sismique de la région.

2. Tranchées de paléosismologie

Outre les observations de terrain réalisées par les néotectoniciens sur la morphologie de certains escarpements de faille, on entreprend le creusement de tranchées pour préciser la récurrence des séismes. La cartographie précise des ruptures de surface facilitera le choix du ou des sites permettant à coup sûr de recouper la faille sismique. Comme ces interventions demandent d'importants moyens, en particulier des engins de chantier utilisés auparavant à d'autres tâches immédiatement après le séisme, elles seront planifiées avec les autorités locales. Celles-ci devront dans certains cas intervenir pour régler les questions administratives d'autorisation et de sécurité.

3. Cartographie pour un microzonage (reconstruction post-séisme)

En fonction des éléments recueillis immédiatement après le séisme, on décidera s'il est nécessaire d'effectuer des études complémentaires. Celles-ci ne devront pas être trop différées si la reconstruction est rapidement envisagée puis démarrée. Elles fournissent en effet des documents pour l'établissement d'un « microzonage » (voir § 12.4), qui va guider cette dernière. À la cartographie des effets induits (glissement de terrain, éboulements, liquéfaction, zone touchée par un tsunami,...) déclenchés par le séisme, on ajoute celle des caractéristiques géotechniques du sol et du sous-sol, que certaines méthodes géophysiques et des forages permettent de mieux connaître. La prise d'échantillons permet des mesures et des tests en laboratoire. Avec les données réunies par le réseau d'accéléromètres, cette meilleure connaissance du sol et du sous-sol est utile pour comprendre les particularités locales (effets de site : amplification ou atténuation des mouvements sismiques), constatées par l'inégale répartition des dommages au bâti. Dans ce domaine aussi, chaque séisme majeur est l'occasion de confirmer des connaissances et d'établir de nouveaux acquis.

PARTIE 3

RISQUE ET ALÉA SISMIQUE

« Ce n'est qu'à Lisbonne que l'on s'émeut des tremblements de terre, alors que l'on ne peut douter qu'il ne s'en forme aussi dans les déserts. Convenez que si la nature n'avait point rassemblé là vingt mille maisons de six à sept étages et que, si les habitants de cette grande ville eussent été dispersés plus également et plus légèrement logés, le dégât eût été beaucoup moindre et peut-être nul. »

J.-J. Rousseau, lettre à Voltaire après le tremblement de terre de 1755. (Cité par Veyret-Mekdjian, 2001).

Cette dernière partie a pour objectif de préciser comment les acquis recueillis par la mise en œuvre des méthodes de la sismotectonique (partie II) vont avoir une application pratique. Celle-ci est située dans le champ de tout ce que l'on peut entreprendre pour chercher à diminuer le nombre des victimes des séismes et les pertes économiques qu'ils engendrent. En premier lieu, il est nécessaire de connaître d'abord quel est le niveau du danger sismique, son importance au cours du temps et ensuite sur quel environnement humain il est susceptible de frapper. En second lieu, qu'est-ce que l'on peut faire pour restreindre l'impact de ce risque naturel ? On examinera donc comment on cherche à prévoir quelles peuvent être les caractéristiques de la sismicité attendue à court terme (chapitre 10) et à moyen et long terme (chapitre 11). Face à ce risque naturel, on peut anticiper pour en diminuer les effets (chapitre 12). En plus de l'architecture (normes de construction en régions sismiques), des domaines aussi divers que l'éducation et l'organisation des secours vont alors intervenir. Ainsi, comme dans la deuxième partie, la sismologie et la géologie ne sont pas les seules disciplines concernées. Il est donc nécessaire de bien s'entendre sur les définitions des termes utilisés.

Aléa, vulnérabilité, risque

Ces termes ne sont pas propres au domaine des tremblements de terre, ni même aux seuls phénomènes naturels. Les catastrophes de toute origine ont un impact économique et social qui déclenche l'intervention de personnes de formation et de compétence très différentes (administratifs, politiques, assureurs,...), si bien que le sens qui est donné à ces mots et les notions qui s'y attachent peut varier. Dans le domaine de la sismotectonique et du risque sismique, cette polysémie se rencontre également, les spécialistes concernés allant du sismologue à l'historien et à l'architecte. Aussi, il ne sera question ici que des acceptations les plus communément admises de ces termes en sismotectonique, en renvoyant à des articles et ouvrages pour de plus larges commentaires (Godefroy et Levret, 1985 ; Slejko, 1993 ; Lefèvre et Schneider, 2002).

L'*aléa sismique* A (*seismic hazard*) est fonction des caractéristiques de la sismicité, qui sont acquises par les différentes méthodes de la sismologie et de la géologie, examinées précédemment. Suivant l'étendue de la région pour laquelle on cherche à le définir, c'est-à-dire aux échelles locales, régionales et globales, les objectifs et les méthodes ne seront pas toujours similaires, comme on le constatera au chapitre 11. À l'échelle régionale et locale, cela revient à quantifier la possibilité pour un site ou une région de subir un séisme sismique de caractéristiques données, exprimées pour une utilisation en génie parasismique (intensité macrosismique et paramètres de mouvement du sol).

La *vulnérabilité* V (*vulnerability*) évalue les conséquences néfastes que pourrait avoir un séisme, sur le plan humain (décès, blessés) comme sur le plan économique (dégâts matériels, pertes économiques,...), pour une ville, un site ou une région particulière. Là également, il est nécessaire de fixer au préalable l'importance du séisme, car pour des intensités inférieures à VI, elle est négligeable, alors qu'elle peut atteindre 100 % pour une intensité égale à XI ou XII. Pour le bâti, elle dépend du type de construction et correspond au rapport du coût des dommages au coût des constructions.

Le *risque sismique* R (*seismic risk*) découle des deux évaluations précédentes. Il correspond donc à la probabilité de pertes et dommages sur un secteur en fonction d'un certain aléa sismique au cours d'une période donnée, ce que l'on exprime généralement par : $R = A \times V$. Reprenant en quelque sorte ce qu'écrivait J.-J. Rousseau, il est commun de dire qu'ainsi dans le désert, le risque est nul quelle que soit l'importance de l'aléa, puisque la vulnérabilité est nulle. De ce fait, on voit que l'expression « risque naturel », couramment employée, est de ce fait impropre. Par ailleurs, face à un phénomène comme les tremblements de terre où l'on ne peut contraindre l'aléa, on ne peut diminuer le risque qu'en réduisant la vulnérabilité. Cela passe par une prise de conscience de l'étendue du risque et par la prise de décisions adaptées par les sociétés humaines.

Prévision, prédiction, prévention

Bien que plus généraux, ces autres termes traitent des mêmes préoccupations et sont souvent employés quand on parle des risques sismiques. La prévision sous-entend que, face à ceux-ci, on cherche à mieux les connaître et à prendre les mesures adéquates. On doit en fait, distinguer les prévisions à court terme ou prédictions et celles à moyen ou long terme. Les premières visent à déterminer précisément le lieu et le jour d'un futur séisme d'une certaine magnitude, alors que les secondes s'appuient sur la connaissance de l'aléa sismique. Malgré les espoirs fournis par certaines prédictions (cf. chapitre suivant, 10), celles-ci n'éviteront pas les conséquences néfastes des séismes. Il convient donc de toute façon, à partir de prévisions plus générales, de chercher à diminuer les conséquences des tremblements de terre (pertes humaines et dommages) par des actions de prévention. On rejoint donc là le domaine de la vulnérabilité, où l'on intervient en premier lieu au niveau du bâti en édifiant des constructions parasismiques.

Chapitre **10**

Prédiction

« Par suite du dérèglement des sismographes du Parc de Saint-Maur, le tremblement de terre qui devait avoir lieu aujourd'hui est reporté à une secousse ultérieure. » (Pierre Dac, 1938)

10.1 PRÉVISION ET PRÉDICTION

Lorsque l'on parle de prévision, il faut tout d'abord préciser la période de temps sur laquelle elle s'applique. On parle de prévision long terme lorsqu'on annonce l'occurrence d'un séisme dans un lieu donné et de magnitude donnée dans une fourchette de temps couvrant plusieurs années à plusieurs dizaines d'années. Elle s'appuie sur des analyses sismotectoniques (sismicité instrumentale et historique, tectonique,...). Ainsi, la méthode des lacunes sismiques, appliquée souvent aux zones de subduction mais aussi utilisable sur toutes les grandes failles actives, qui consiste à dire que les prochains gros séismes auront lieu là où il n'y en a pas eu récemment, est une méthode de prévision à long terme. C'est une méthode qui a, de façon évidente fait ses preuves. Les prévisions à moyen terme concernent des intervalles de temps de quelques semaines à quelques années. Pour une faille, elles sont basées sur un fonctionnement à espaces de temps réguliers (*figure 10.1*), ce qui n'est pas généralement le cas (cf. § 2.1.2, *figure 2.12*). Les prévisions à long et moyen terme seront examinées dans le chapitre suivant, consacré à l'aléa sismique.

Enfin, les prévisions à court terme, appelées également « prédiction » consistent à annoncer un séisme dans un lieu donné et de magnitude donnée dans un intervalle de temps de quelques heures à quelques jours.

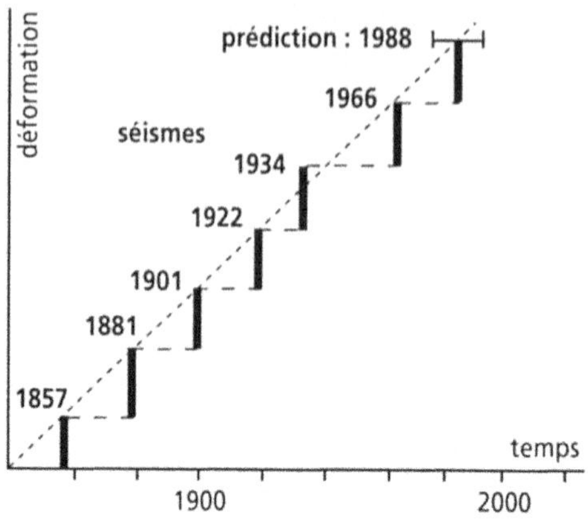

Figure 10.1 Prévision à moyen terme de Parkfield (Californie).
La séquence assez régulière de séismes (récurrence entre 15 et 25 ans) avait fait prédire un séisme pour 1988, mais il n'est pas survenu.

10.2 PRÉDICTION ET RECHERCHE DES PRÉCURSEURS

Prédire un séisme reste beaucoup plus problématique que d'estimer l'aléa sismique dans une région. Pour effectuer une prédiction correcte, il est nécessaire d'avoir à la fois une bonne connaissance des processus physiques en jeu et de l'histoire passée de l'accumulation de contrainte ou, si cela n'est pas possible, d'observer des signes précurseurs, c'est-à-dire des signes avant-coureurs annonçant le séisme. Comme notre connaissance de la mécanique des failles et du déclenchement des séismes est encore limitée, la plupart des tentatives de prédiction de séismes sont basées sur la recherche de précurseurs. Jusqu'ici, on peut le dire immédiatement, cette recherche de précurseurs s'est révélée faillible. À l'heure actuelle, il est même proposé que la nature même des séismes empêche tout type de prédiction efficace. Ainsi, la tendance actuelle est de considérer que tous les séismes, petits ou grands, sont initiés de la même façon. Mais à cause des processus aléatoires à l'origine de la rupture sismique, seuls quelques-uns conduisent à des événements majeurs. Dans cette hypothèse, même s'il est possible de mettre en évidence des signes précurseurs, il n'y a aucune raison pour qu'ils permettent de différencier petits et grands séismes. Aussi, dans le cadre de cet ouvrage, on rappellera simplement quelques-uns des domaines explorés jusqu'à maintenant pour faire des prédictions. On peut se reporter à l'ouvrage de Pascal Bernard (2003), qui fait plus amplement le point sur le sujet.

Aucun précurseur incontestable des séismes n'a été mis en évidence jusqu'ici. Ce qui explique que de nombreuses pistes ont été explorées. Certaines se sont révélées pertinentes dans certains cas, mais aucune ne s'est révélée généralisable à l'ensemble des séismes. Il peut être quelquefois tentant, sur la base d'une observation, de suggérer qu'un séisme aurait pu être prédit. Beaucoup d'espoirs ont été ainsi fondés dans les années soixante-dix sur des précurseurs liés aux comportements des roches sous contraintes (dilatance) et des méthodes de prédiction ont été par la suite proposées, comme la méthode VAN. Mais pour qu'un précurseur soit considéré comme tel et utilisable de façon rigoureuse, il faut qu'il soit validé sur un grand nombre de séismes et que des tests montrent que la corrélation entre le précurseur et les séismes est toujours significative.

10.2.1 Précurseurs sismiques

Nous avons déjà évoqué (§ 2.2.1) les précurseurs sismiques (*foreshocks*). Il s'agit des séismes qui se produisent avant le choc principal. De nombreux séismes majeurs ont succédé à des périodes de sismicité anormale. Il s'agit généralement d'une microsismicité intensive supérieure à la moyenne. D'autres séismes majeurs, à l'inverse, n'ont pas été précédés de précurseurs sismiques. De plus, des failles ont souvent montré des périodes de forte microsismicité non suivie d'un gros séisme. Il n'est donc pas possible, à partir des fluctuations de la microsismicité, de prédire un gros séisme.

D'autre part, il a été souligné (§ 2.2) que le cas du séisme majeur unique était un cas parmi d'autres, et qu'il était donc simplement difficile de prévoir ce qui pouvait se passer après un premier choc important : diminution progressive, puis retour à la normale de l'activité microsismique, ou bien doublet, multiplet (crise sismique) ou encore séismes associés sur des failles voisines ou éloignées.

10.2.2 Modification des propriétés physiques des roches

Il a aussi été proposé qu'avant les séismes, les propriétés physiques des roches changent. Par exemple, il a été montré que, dans certains cas, le rapport entre vitesse des ondes P et vitesse des ondes S diminue avant le séisme. Des variations de l'ordre de 10 % ont été signalées. Elles seraient confirmées par des expériences de laboratoire et auraient pour origine l'ouverture de microfissures dans la roche, due à l'augmentation de la contrainte. Ce phénomène, décrit sous l'appellation de « dilatance », n'a pas pu être généralisé à tous les séismes. De la même façon, et probablement pour les mêmes causes, des variations de résistivité électrique ont été observées avant quelques séismes. Mais, la méthode VAN, basée sur des mesures de courant électrique dans le sol, a été critiquée et maintenant abandonnée.

10.2.3 Précurseurs géochimiques

On a déjà mentionné (§ 8.2) les relations observées entre séismes et comportement des puits et des aquifères, ainsi qu'avec des changements hydrochimiques et isotopiques de certains éléments et gaz, comme le radon. Avant le séisme, la formation de microfissures dans les roches permettrait l'échappement de radon, entraînant une augmentation de la concentration de ce gaz, mesurable en surface. Au Japon, des mesures de plusieurs paramètres ont montré notamment une forte augmentation de la teneur en radon plusieurs semaines avant le séisme principal (*figure 10.2*).

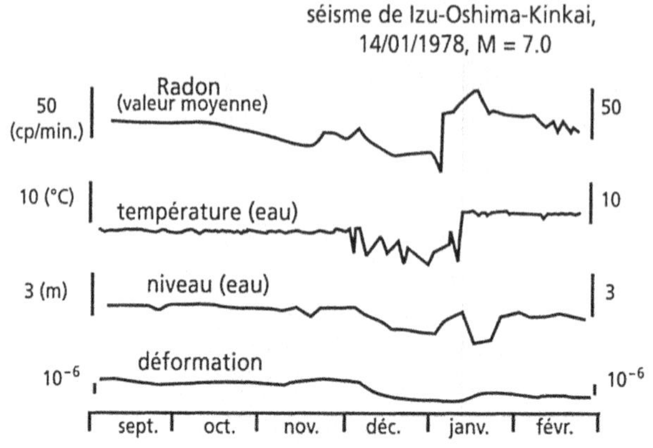

Figure 10.2 Mesures de paramètres.

Variations de plusieurs paramètres (déformation, niveau piézométrique, température de l'eau et concentration en radon) à vingt-cinq kilomètres de l'épicentre du séisme d'Izu-Oshima-Kinkai de 1978 (M 7.0). (D'après Wakita, 1988.)

Dans la plupart des enregistrements de variation d'émission radon, on constate qu'il n'y a pas de corrélation entre l'amplitude des anomalies et la magnitude des séismes auquel on les rattache et que d'autre part toutes les variations observées sont réversibles, après la perturbation, on retourne toujours à l'état initial. Le type d'anomalie, peut correspondre soit à une diminution, c'est le cas le moins fréquent, soit correspondre à une augmentation qui se situe soit pendant, soit encore, le plus souvent, immédiatement après le séisme, soit avant le séisme. Ce dernier cas a été nettement observé dans le cadre du séisme de Kobe de 1995 au Japon. Le taux de radon augmente régulièrement au cours des deux mois qui ont précédé le séisme, avant de revenir à son niveau normal deux semaines avant le séisme.

Des variations significatives avant un séisme des teneurs en hélium et en chlore dans des eaux ont été aussi signalées (cf. § 8.2).

10.2.4 Déformation du sol

Il a aussi été proposé que des déformations du sol précèdent les séismes (*figure 10.2*). Ce fut sans doute le cas lors du séisme d'El Asnam, précédé semble-t-il par le début du soulèvement du pli associé à la faille inverse sismique (*figure 4.13*). Mais en Californie, le soulèvement du secteur de Palmdale, proche de la faille de San Andreas, avait fortement fait craindre un séisme qui ne s'est pas produit. Jusqu'ici aucune étude, incluant les techniques modernes de positionnement et de détection des mouvements telles que le GPS ou l'InSAR, n'a pu mettre en évidence de tels phénomènes. De même les mesures de déformation en forage n'ont rien donné.

10.2.5 Comportement des animaux

Il a aussi souvent été dit que les animaux montraient un comportement anormal avant les séismes, dont la cause (bruit haute fréquence, champs électromagnétiques, émissions de gaz) n'a pas été clairement établie. En outre, comme il est difficile de distinguer le comportement anormal d'un animal de la large variété de comportement des animaux, ces phénomènes ont souvent été reportés après les séismes et non avant.

10.3 QUELQUES SUCCÈS, DE NOMBREUX ÉCHECS

En dépit des nombreuses réserves et difficultés exprimées ci-dessus, certains ont essayé de faire des prévisions en utilisant les précurseurs. Il semble que les Chinois ont prédit avec succès en 1975 un séisme de magnitude 7.4. Ils ont fait évacuer à temps la ville de Haicheng qui a été détruite à plus de 90 %. Ils auraient utilisé un vaste ensemble de précurseurs (déformation du sol, niveau d'eau, précurseurs sismiques, comportement des animaux...). Malheureusement, dans l'année qui a suivi, le séisme de Tangshan, assez proche, se produisit sans précurseur et fit des centaines de milliers de morts. Inversement, dans les mois qui suivirent, une alerte intempestive fit dormir les gens deux mois sous les tentes pour rien.

On peut dire que pour le moment il n'y a pas de méthode de prévision à court ou même à moyen terme des séismes. Mais l'enjeu est tel que, en dépit des doutes existants sur la possibilité de trouver une méthode fiable, la recherche de méthodes pour prédire les séismes continue. Il convient de souligner que, si on arrive à des prédictions fiables à 100 %, basées sur l'enregistrement de précurseurs à proximité d'une faille, il faudra au préalable que celle-ci soit déjà repérée comme une faille active ou capable (§ 11.3.1.*a*)) et équipée en conséquence. Cela n'est concevable, scientifiquement et économiquement, que pour des failles dont on sait qu'elles ont un taux d'activité sismique extrêmement élevée, comme en Californie. Seules des méthodes spatiales de détection de précurseurs fiables permettront peut-être un jour de s'affranchir de ces contingences. Quoi qu'il en soit, les conséquences de prédictions réussies ont été étudiées, tant au plan des pertes humaines que des coûts économiques. Si les premières en étaient diminuées bien évidemment, on peut penser que les seconds pourraient au contraire être majorés. Dès l'annonce d'une prédiction, l'activité d'un secteur serait bien évidemment fortement perturbée. De plus, on ne doit pas oublier, que dans tous les cas, les conséquences d'un séisme peuvent être diminuées par toutes les actions de prévention, qui resteront tout aussi valables quand les prédictions seront vraiment opérationnelles.

Chapitre 11

Aléa sismique

11.1 LES OBJECTIFS ET LES ÉTAPES DE L'ÉVALUATION DE L'ALÉA SISMIQUE

Les objectifs sont de prévoir quand (années, décennies, siècles), où et avec quelle importance (magnitude, intensité, accélération,...), on peut s'attendre à subir un séisme. Alors que pour la prédiction (ou prévention à court terme) on s'appuie sur l'interprétation de variables considérées comme des précurseurs, dans le domaine de la prévision à moyen et long terme, on se base principalement sur les enseignements du passé. On fait donc appel aux acquis sur le niveau de sismicité qui sont recueillis par la sismicité historique et la sismicité instrumentale. À partir de ces seules informations, on a pendant longtemps déterminé l'aléa sismique. Le développement d'approches géologiques (néotectonique et paléosismologie) a permis de compléter les données, en permettant surtout une meilleure localisation des failles responsables de la sismicité superficielle, dans un cadre chronologique plus étendu.

Ces connaissances sont nécessaires pour délimiter les régions pour lesquelles on définira des règles parasismiques pour la construction d'ouvrages. Cela implique que soient cartographiés au préalable les secteurs qui sont susceptibles d'être exposés aux effets sismiques d'un certain niveau (intensité, mouvements du sol, etc.). La démarche générale conduisant à l'estimation de cette agression sismique est désignée sous le terme « d'évaluation de l'aléa sismique ». Elle passe par trois étapes obligées, réalisées à différentes échelles (tableau 11.1), qui visent à définir *in fine* le mouvement du sol sous un site. Celui-ci se matérialisera par un *spectre de réponse* (*figures 11.7, 11.13, 11.16* et *12.1*) calculé à partir d'accélérogrammes qui permettent de connaître les accélérations maximales auxquelles seront soumises les structures implantées sur le site en fonction des fréquences (ou des périodes) de vibrations propres de chaque structure. Ces accélérations permettront ensuite de calculer les efforts internes que subiront ces structures sous l'action sismique. Il sera nécessaire d'autre part d'évaluer l'exposition de ce site à des effets induits (liquéfaction, glissements, etc.).

On examine donc quels sont les éléments pris en compte, en passant par l'échelle globale (§ 11.2), où le niveau général de l'aléa est fixé en rapport avec le contexte géodynamique. Ensuite, à l'échelle régionale (§ 11.3), on procède en deux temps.

• Tout d'abord (§ 11.3.1), on identifie au mieux les sources sismiques et on délimite des zones qui ont les mêmes caractéristiques sismotectoniques. Comme dans bien des cas, des séismes historiques ou instrumentaux ne peuvent être rapportés à une faille particulière (voir § 9.2), on se servira parfois du concept de « zone source ».

• Ensuite, après avoir défini une loi d'atténuation (§ 11.3.2), on évalue (§ 11.3.3) quels seront les mouvements du sol envisageables en un point ou dans un secteur, compte tenu des caractéristiques sismiques régionales. Deux démarches sont possibles ; tout en utilisant les mêmes données, elles diffèrent et sont qualifiées respectivement de déterministe et probabiliste.

Enfin, on passe dans une dernière étape à l'échelle locale (§ 11.4), où différents facteurs qui sont propres au site interviennent ; certains produisent des « effets de site », pouvant modifier le niveau de l'aléa.

TABLEAU 11.1 ÉLÉMENTS SISMOTECTONIQUES PRIS EN COMPTE POUR L'EXAMEN DE L'ALÉA SISMIQUE À DIFFÉRENTES ÉCHELLES.

Aléa sismique			
Échelle	**Contexte**	**Éléments examinés**	**Cartes**
Échelle globale	Contexte géodynamique	Caractéristiques générales des séismes : localisation, profondeur magnitudes maximum, récurrence.	Cartes globales
Échelle régionale	Contexte sismotectonique régional	Caractérisation des sources sismiques (failles actives) ; lois d'atténuation ; définition du mouvement sismique de référence (au rocher).	Zonage sismo-tectonique et sismique
Échelle locale	Contexte intra-zone sismotectonique	Caractéristiques sismiques, géologiques, géomorphologiques géotechniques : présence ou absence des failles actives ; effets de site, effets induits.	Cartes de micro-zonage

11.2 LES ÉLÉMENTS D'ÉVALUATION DE L'ALÉA À L'ÉCHELLE GLOBALE

Pour évaluer l'aléa sismique sur un site, il convient de s'intéresser aux caractères généraux de l'activité sismique spécifique au domaine géodynamique dans lequel il se trouve. À partir des années soixante, le développement important des réseaux sismologiques (en particulier celui du réseau mondial WWSSN) a permis d'augmenter de façon considérable la précision de localisation des séismes, améliorant ainsi l'image de la répartition des zones actives du monde (voir *figure 1.1*). Grâce aux caractères spécifiques des séismes (profondeur, magnitude, mécanisme à la source...), on distingue ainsi différents domaines.

11.2.1 Aléa sismique des marges actives et des arcs insulaires

Placés au bord des limites de plaques en subduction, les marges actives des continents et les arcs insulaires sont les régions du monde les plus sismiques, tant au niveau des magnitudes atteintes (voir § 1.2), que de la fréquence des tremblements de terre. Elles subissent les effets de séismes d'origine différente : ceux directement liés à la subduction et ceux qui sont provoqués par les déformations de la plaque supérieure.

Pour les séismes les plus importants de subduction, la nucléation se produit vers cinquante kilomètres de profondeur et la rupture se propage sur plusieurs centaines de kilomètres le long de la zone de contact entre les deux lithosphères (fiche n° 4, page 300). Les déplacements peuvent dans certains cas dépasser la dizaine de mètres. On peut établir une corrélation entre la taille des séismes les plus importants et l'importance du couplage mécanique entre les plaques, qui dépend lui-même de l'âge de la lithosphère subduite et de la vitesse de convergence. Ainsi les séismes de subduction majeurs se produisent sur la façade-est du Pacifique le long des côtes de l'Amérique du Sud et plus au Nord jusque dans l'archipel des Aléoutiennes et le Kamtchatka, là où les lithosphères subduites sont les plus jeunes et les taux de convergence élevés. Ces séismes représentent donc les événements dominants de l'évaluation de l'aléa sismique dans les régions proches des zones de subduction. Toutefois les séismes plus profonds, avec des hypocentres jusqu'à plusieurs centaines de kilomètres de profondeur, peuvent atteindre parfois des magnitudes supérieures à 8. Ils sont rarement destructeurs, leur distance à la surface permettant une atténuation de leurs effets. Quant aux séismes de la plaque supérieure, moins fréquents et beaucoup plus rarement de magnitude supérieure à 8, comme ils sont plus superficiels, leurs effets sont désastreux dans les régions peuplées.

Connaissant la vitesse de convergence au niveau d'une zone de subduction, ainsi que la date et la magnitude (et donc le déplacement co-sismique) du dernier séisme important, on peut évaluer approximativement la période de retour des séismes en faisant l'approximation d'une restitution totale des mouvements inter-sismiques. En simplifiant, avec une vitesse de convergence de dix centimètres par an et un déplacement co-sismique de dix mètres, on obtient une période de retour de cent ans. Cela est vérifié par exemple au niveau du nord du Japon où, pour des séismes avec des magnitudes comprises entre 7.2 et 8.5 (Mw) et avec un taux de convergence moindre, on constate une récurrence comprise approximativement entre cinquante et cent ans (*figure 11.1 A*).

A : Récurrence des séismes de magnitude > 7 au nord du Japon.
(Dessin modifié, d'après K. Satake, 2004.)

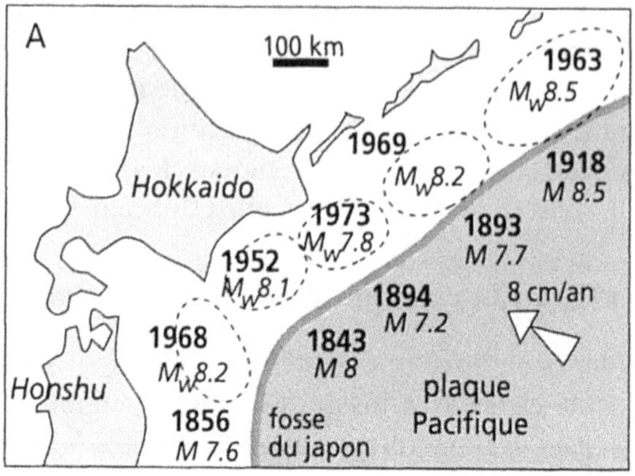

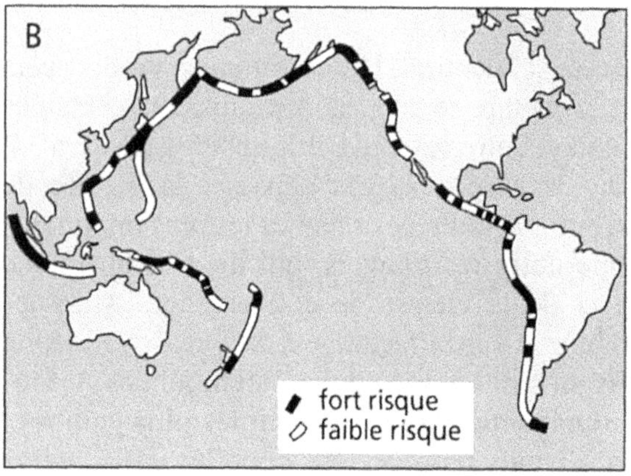

B : Carte simplifiée des principales lacunes sismiques du Pacifique et de l'océan Indien, d'après travaux de Sykes et collaborateurs, mise à jour en 1989 (*in* Madariaga et Perrier, 1991). On remarquera que ce document est antérieur au séisme d'Andaman-Sumatra de 2004, dont la zone était considérée, à juste titre, comme à fort risque.

Figure 11.1 Récurrence et lacunes sismiques en subduction.

Aussi, comme les vitesses de convergence au niveau d'une zone de subduction sont constantes à l'échelle géologique, on peut admettre que les zones qui n'ont pas cassé lors de séismes récents sont celles qui présentent la plus forte probabilité d'occurrence d'un séisme dans un futur proche. Ces zones sont appelées lacunes sismiques (*seismic gaps*). C'est le chercheur russe Fedotov qui en 1965 (avant la tectonique des plaques) a esquissé le premier cette théorie des « gaps » à partir des séquences de séismes le long de la zone de subduction des Aléoutiennes. Par la suite, pour ce type de frontières de plaque, une étude systématique a été réalisée à l'échelle mondiale. Depuis, plusieurs séismes majeurs ont eu lieu dans ces gaps (*figure 11.1 B*). D'autres sont à venir, comme sur la marge du Nord-Chili (*figure 11.2*) : les deux derniers grands séismes remontent à la fin du XIXe, ce qui, compte tenu du temps de récurrence possible, permet d'envisager avec une forte probabilité des événements importants (Mw $\geq$ 9).

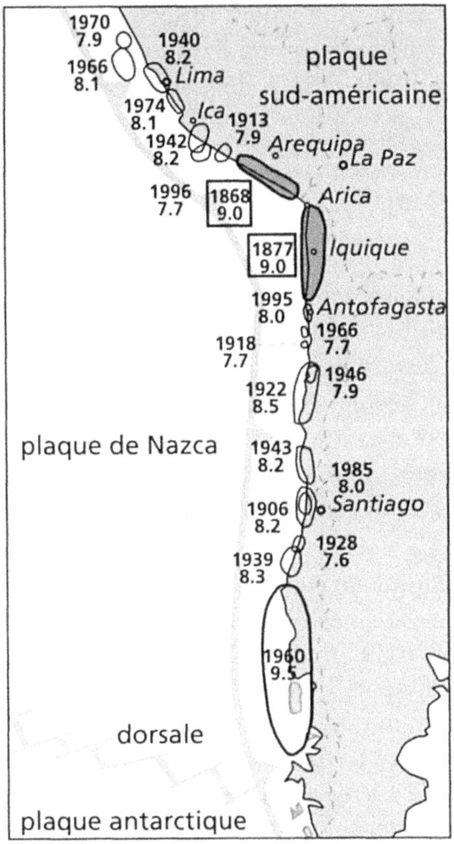

Figure 11.2 Sismicité de subduction et le gap de sismicité du nord du Chili et du sud du Pérou.

Il s'agit de la plus longue lacune sismique, les deux derniers séismes majeurs remontant à plus d'un siècle (1868 et 1877, en grisé). (D'après Cisternas *et al.*, 1997.)

11.2.2 Aléa sismique des dorsales et de failles transformantes océaniques

Les caractéristiques des séismes des dorsales océaniques sont dictées principalement par les valeurs relativement élevées du flux géothermique. Pour cette raison, la part sismique de l'extension dans les dorsales est faible, 20 % pour les dorsales lentes et seulement 5 % pour les dorsales rapides. La zone de transition fragile-ductile à proximité des dorsales est très superficielle ce qui explique que les hypocentres des séismes sont situés le plus souvent à seulement 2 à 3 kilomètres de profondeur. En conséquence, les magnitudes de ces séismes sont relativement faibles, elles dépassent en effet rarement la magnitude 6. En termes d'aléa, ces zones n'intéressent que quelques régions dans le monde comme l'Islande. Les séismes avec les magnitudes les plus élevées se localisent en fait sur les failles transformantes, qui relient les segments de dorsales, là où le flux géothermique est plus faible.

Limite entre les plaques euro-asiatique et africaine, la faille transformante des Açores est un cas particulier. Conformément aux modèles cinématiques globaux et aux mécanismes aux foyers, elle change de caractéristiques d'ouest en est : rift en extension, à proximité du point triple des Açores, puis faille transformante (avec séismes de M. > 7), et enfin zone de chevauchements. C'est dans ce secteur que l'on place l'épicentre du tremblement de terre de Lisbonne, ressenti dans toute l'Europe en 1755. On considère à l'heure actuelle qu'il est l'équivalent d'un séisme de magnitude Mw supérieure à 9.

11.2.3 Aléa sismique des failles transformantes du domaine continental

Les failles transformantes du domaine continental comme la faille de San Andreas en Californie (*figure 1.6*), l'Alpine Fault en Nouvelle-Zélande ou encore la faille Nord-Anatolienne en Turquie correspondent à des limites de plaque. Les caractéristiques de l'activité de ces failles sont assez proches de celles des zones de subduction, notamment par les vitesses de déplacement élevées (plusieurs centimètres par an) et donc par des périodes de retour des séismes important relativement courtes. Leurs magnitudes restent inférieures à celles atteintes par les plus forts séismes de certaines zones de subduction (9-9.5).

Ainsi on considère que sur la faille Nord anatolienne avec une vitesse long terme de 24 mm/an la période de retour moyenne des séismes de forte magnitude est de 450 ans. Mais cette faille a fonctionné depuis 1939 (*figure 2.22*) en donnant une séquence exceptionnelle de séismes de magnitude ≥ 7. Aussi pour cette faille, il semble très probable qu'un séisme de forte magnitude se produise sur le « gap » sismique localisé en mer de Marmara à l'ouest de la rupture du séisme d'Izmit de 1999. Dans la mesure où ce séisme se produirait sur une faille continue jusqu'à la faille de Ganos lieu de la rupture du séisme de 1912, en rompant la totalité de la faille, il atteindrait une magnitude de 7,6, ce qui aurait pour conséquences des destructions et des pertes considérables en vies humaines dans la région d'Istanbul qui est la plus peuplée de toute la Turquie.

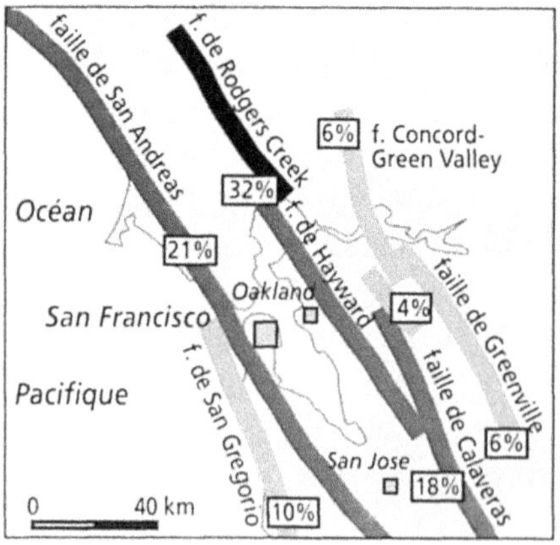

Figure 11.3 Probabilités pour qu'au moins un séisme de magnitude Mw ≥ 6.7 ait lieu entre 2000 et 2030 pour chacune des failles majeures de la région de San Francisco (marge d'erreur 5 à 10 %). Pour l'ensemble de la région, probabilité de 70 % (± 10 %), en incorporant 9 % de chances sur des failles non indiquées.

(D'après Working Group on California Earthquake Probabilities,1999, dessin simplifié.)

11.2.4 Aléa sismique des continents

Bien que l'essentiel de l'énergie sismique relaxée à la surface du globe le soit au niveau des subductions, un certain nombre de séismes importants se produisent en dehors des limites de plaques. Ils ont lieu principalement dans les chaînes de montagnes récentes, avec une répartition diffuse, et le long des rifts continentaux. Mais, des séismes de fortes magnitudes affectent aussi le cœur de cratons réputés stables, comme les ceux d'Australie et du Brésil.

Les séismes intra-continentaux se caractérisent également par des périodes de retour importantes, car à la différence les séismes en limite de plaque, ceux qui se produisent à l'intérieur des continents se localisent sur des failles caractérisées par des taux de déplacement beaucoup plus faibles, ce qui implique un fonctionnement très espacé. En effet, en limite de plaque, les vitesses de déplacement sont généralement supérieures à 1 cm/an avec des temps de récurrence de quelques centaines d'années, alors que les vitesses sont comprises entre 0,1 et 10 mm dans les zones intra-plaques les plus actives avec des temps de récurrence de quelques siècles à quelques millénaires. Loin des zones actives, les vitesses sont beaucoup plus faibles, le plus souvent très inférieures à 0,1 mm/an et les temps de récurrence peuvent alors dépasser plusieurs dizaines de millier d'années.

En domaine intra-continental, on peut différencier :

• *Les chaînes récentes* : elles comprennent le système alpin, depuis les régions méditerranéennes jusqu'aux chaînes d'Asie, mais aussi les Cordillères sud et nord-américaines, se caractérisent par une répartition relativement diffuse de la sismicité. On note tout de même une plus forte concentration de séismes associée aux chevauchements les plus externes des chaînes. La profondeur des séismes varie pour les plus importants entre 10 et 20 kilomètres. Leurs magnitudes, sans atteindre des valeurs aussi élevées que dans les zones de subduction, dépassent quelques fois 8, comme dans les chaînes d'Asie où ils sont associés à de grands décrochements (*figure 11.4*).

• *Les rifts continentaux* : ces grands fossés comme celui du Baïkal et ceux des rifts africains sont le lieu d'une tectonique en extension, associée à une activité volcanique et à un amincissement à l'échelle de la lithosphère. En conséquence, en fonction de l'importance du flux de chaleur, ils sont caractérisés par des séismes dont la nucléation se situe entre 6 et 12 kilomètres de profondeur. Ces derniers se produisent sur des failles qui ont des pendages d'une cinquantaine de degrés. Les plus actives sont celles qui sont situées les plus près de l'axe du rift. Les séismes dont la magnitude dépasse 7 ne sont pas exceptionnels.

• *Les zones intra-cratoniques* : la plupart de ces zones continentales formées de roches très vieilles sont le siège de séismes qui, bien que rares, peuvent atteindre des magnitudes supérieures à 7, comme dans les cratons australien et indien. Ces séismes sont associés à des structures anciennes, où généralement l'absence d'évidence morphologique de mouvements récents suggère des périodes de retour extrêmement longues.

• *Les marges dites passives*, transition entre lithosphères océaniques et continentales, sont caractérisées par des failles normales listriques héritées de l'épisode syn-

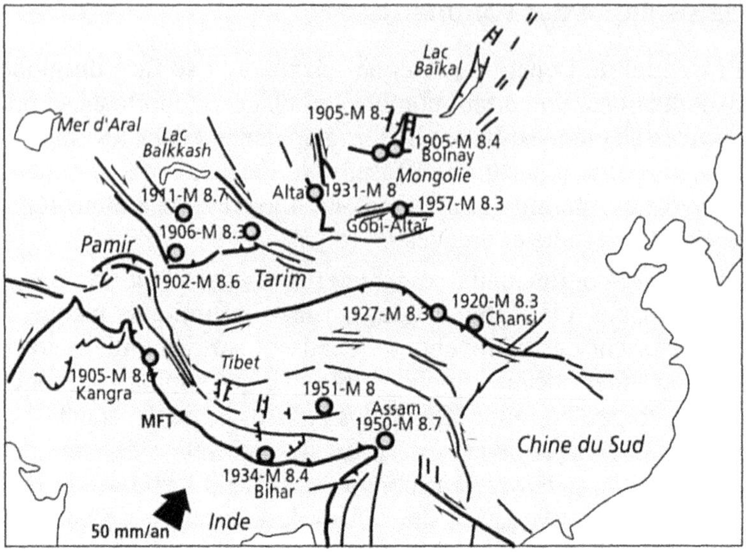

Figure 11.4 Séismes de magnitude supérieure à 8.
Ils sont dus à la collision des plaques indienne et eurasiatique, au XXe siècle.
(D'après Ritz *et al.*, 1995, dessin modifié.)

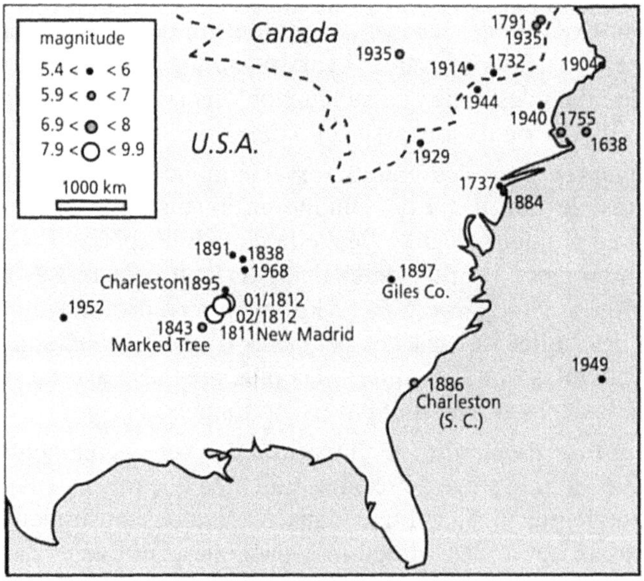

Figure 11.5 Sismicité intraplaque de l'Est des États-Unis et du sud-est du Canada.
(Voir aussi figure 2.24 pour les séismes de New Madrid).
(Dessin modifié d'après Hays, 1997.)

rift, premier stade de l'évolution d'un rift vers la création d'un océan. Ces zones sont réputées inactives. Toutefois de nombreux exemples montrent que ces failles peuvent être réactivées et associées à des séismes qui sont paradoxalement le plus souvent en faille inverse. Les marges passives atlantiques ne sont pas exemptes de séismes et plusieurs se sont produits au large des côtes brésiliennes ou de l'Amérique du Nord. Ainsi, le séisme de Grand Bank de 1929 est localisé sur la marge atlantique du Canada. C'est aussi le cas de plusieurs séismes en Méditerranée, comme ceux en mer Ligure (1963 et 1989), localisé sur la marge passive septentrionale du bassin algéro-provençal. Comme la plupart des séismes localisés sur les marges passives méditerranéennes, ils correspondent à un mécanisme en faille inverse, la convergence récente et actuelle entraînant ici aussi une inversion tectonique.

Il se dégage donc de l'analyse des caractères généraux des séismes dans les différents contextes géodynamiques une différence notable entre les secteurs au voisinage de subductions et ceux qui sont à l'intérieur des continents. C'est en particulier le cas de régions comme la France où le niveau de sismicité et faible ou modéré. Dans les zones intra-continentales, la théorie des « gaps » ne peut pas s'appliquer, le problème étant plus complexe du fait de la répartition diffuse de la déformation et donc de la sismicité. Le comportement spécifique des failles intra-continentales demande des études très détaillées à l'échelle régionale, en particulier sur des périodes de temps bien supérieures à celles couvertes par la sismicité historique. Il est difficile d'identifier les failles potentiellement sismiques et de caractériser leur faible activité (magnitude, récurrence). C'est pour ces raisons qu'un programme de coopération scientifique (projet SAFE = *Slow Active Faults in Europe*) a été entrepris en Europe occidentale, pour mieux les identifier et mieux comprendre leur fonctionnement, de façon multidisciplinaire (sismologie, néotectonique et géomorphologie, paléosismologie, modélisation, système expert, etc.).

11.3 LES ÉLÉMENTS D'ÉVALUATION DE L'ALÉA À L'ÉCHELLE RÉGIONALE

L'évaluation de l'aléa sismique à cette échelle permet de subdiviser une région en secteurs caractérisés par des comportements similaires par rapport aux paramètres déterminants de l'intensité des mouvements du sol d'origine sismique. Cette démarche conduit à la délimitation de zones pour lesquelles on édictera des règles de construction parasismiques (voir § 12.2). On précise les caractéristiques de l'aléa par une intensité ou par une accélération (et par dérivation la vitesse et le déplacement) qui sont susceptibles d'affecter cette zone au cours d'une période de temps donnée. Le mouvement sismique sera déterminé par des valeurs « au rocher horizontal », c'est-à-dire que l'on se place dans le cas de l'absence de formations superficielles. La prise en compte du rôle de ces dernières se fera si nécessaire à l'échelle locale.

Dans cette étape de l'évaluation de l'aléa, les objectifs poursuivis sont :

– d'identifier et de localiser les sources sismiques, proches ou lointaines capables d'affecter la région et caractériser l'activité de ces sources, c'est-à-dire évaluer les magnitudes et les périodes de retour (récurrences) des séismes (§ 11.3.1) ;

– d'évaluer l'atténuation de l'énergie rayonnée de chacune des sources en fonction de la distance épicentrale, de la magnitude et des caractéristiques du milieu traversé (§ 11.3.2).

On procède ensuite à l'évaluation proprement dite de l'aléa, par des méthodes déterministe et probabiliste (§ 11.3.3), qui diffèrent dans leur façon de prendre en compte les éléments préalablement recueillis.

11.3.1 Localisation et caractérisation des sources sismiques

a) Failles actives et failles capables

Cette démarche relève de l'analyse sismotectonique : elle comprend donc une forte implication de spécialistes géologues, en collaboration avec les sismologues lors des études qui seront menées. Elle n'est pas toujours chose aisée, principalement en domaine intra-continental, où même si les failles sont connues, leur potentiel sismogène reste souvent difficile à apprécier. Rappelons ici le délicat problème de l'identification des failles sismogènes cachées (voir § 4.1).

À partir de synthèses sismotectoniques, la démarche pour évaluer l'aléa sismique consistera non seulement à prendre en compte les « failles actives » mais aussi celles qui sont susceptibles de le devenir, d'où par extension la notion de « faille capable ». Si l'on prend les définitions de l'*U.S. Nuclear Regulatory Commission* qui sont assez contraignantes dans ce domaine, ces failles doivent correspondre à un ou plusieurs des critères suivants :

a) présenter en surface ou en sub-surface au moins un déplacement dans les derniers 35 000 ans, ou plusieurs déplacements depuis 500 000 ans ;

b) présence d'un séisme majeur enregistré avec une précision suffisante pour être associé indiscutablement à une faille ;

c) faille dont on peut démontrer la relation avec une faille présentant les critères définis en a) ou b) de telle façon que le mouvement sur l'une puisse être supposé sur l'autre.

Ces critères semblent bien adaptés dans des secteurs où la sismicité actuelle et la tectonique récente sont bien connues, comme l'Ouest des États-Unis où les possibilités de datation des mouvements sur les failles sont effectives. D'autre part (voir § 9.2), concernant le critère b), celui-ci est relativement plus simple à appliquer avec des failles verticales (décrochements) qu'avec des failles faiblement inclinées (chevauchements). La notion de faille capable nécessite d'autre part une connaissance très détaillée de la sismotectonique régionale. Compte tenu de ces remarques, l'identification des failles actives devra s'appuyer sur des approches combinées incluant : sismicité instrumentale et historique, géodésie, tectonique (relations structurales) et néotectonique, pour pouvoir évaluer le taux d'activité des failles.

Connaissant ce dernier, on pourra déterminer pour une magnitude donnée, le temps de récurrence (*figure 11.6*).

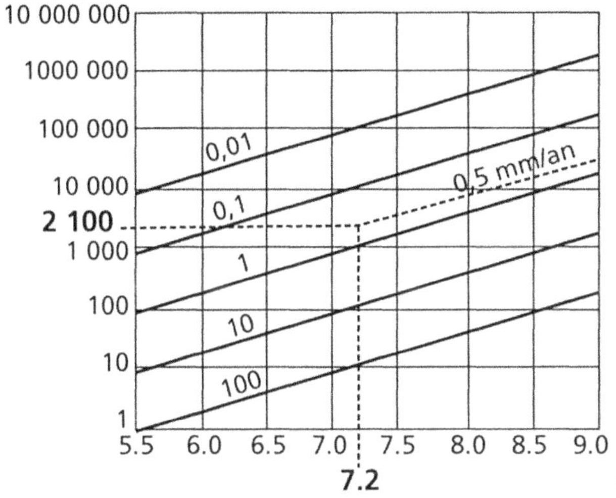

Figure 11.6 Classification des failles d'après leur taux d'activité et détermination du temps de récurrence pour une magnitude donnée. (D'après Slemmons et de Polo, 1986.)

b) *Zone sismotectonique*

La notion de « zone sismotectonique » ou de « province sismotectonique » a été introduite pour la première fois par l'*US Nuclear Regulatory Commission* pour essayer de définir dans l'Est et le Centre des États-Unis, en l'absence de sources sismiques parfaitement localisées, des secteurs de comportement sismotectonique homogène et donc avec un niveau d'aléa donné. Une telle approche est particulièrement bien adaptée pour le cas de la France métropolitaine où la plupart des séismes ne sont pas systématiquement reliés à une faille connue. Toutefois la notion de province sismotectonique ne correspond pas à une définition universelle, elle est le plus souvent définie par des critères structuraux susceptibles de différentier des « zones structurales » dont les éléments ont *a priori* un lien avec l'activité sismique. Malgré les difficultés que l'on rencontre dans la pratique pour définir les provinces sismotectoniques, ce concept reste un outil indispensable pour les évaluations de l'aléa sismique, notamment dans les régions où l'on a des difficultés à faire le lien entre séismes et faille.

11.3.2 Atténuation de l'énergie rayonnée

La quantification des mouvements sismiques du sol est nécessaire pour le calcul dynamique des structures des ouvrages qui sont susceptibles d'être implantés sur un site. L'évaluation du mouvement sismique en un point est fonction de l'énergie rayonnée par les sources sismiques et des modalités de propagation des vibrations à travers les différentes couches géologiques quelles rencontrent (loi d'atténuation). Elle pose le plus de problèmes, compte tenu de la complexité des phénomènes qui interviennent pour modifier le mouvement sismique entre la source et le site. Aussi, on a recours le plus souvent à des évaluations empiriques des paramètres qui définissent le mouvement sismique « au rocher horizontal », c'est-à-dire celui produit en l'absence de formation superficielle.

La méthode la plus couramment utilisée pour définir le mouvement de référence au rocher consiste à utiliser une « loi d'atténuation » obtenue le plus souvent empiriquement à partir d'observations ou, dans les cas les meilleurs, par des enregistrements accélérométriques réalisés lors de séismes passés.

Ces lois d'atténuation sont dépendantes des caractéristiques de la source, de la longueur du trajet des ondes sismiques entre la source et le site mais aussi des caractéristiques géo-mécaniques des formations géologiques traversées. En effet, les ondes sismiques sont altérées en traversant les roches en profondeur par réflexion, réfraction ou encore à cause de la fracturation du milieu rocheux, ce qui aura en particulier comme effet de filtrer les hautes fréquences. Dans le cas général, l'amplitude des ondes diminuera en fonction de la distance (atténuation). Les données accélérométriques sont relativement documentées dans la plupart des pays où le risque sismique est élevé comme l'Ouest des États-Unis ou le Japon grâce à l'implantation de réseaux d'accélérographes. Dans ce cas, on peut construire, à partir d'accélérogrammes, des spectres qui donnent les valeurs de l'accélération horizontale au rocher (*Pic Ground Acceleration*) en fonction des périodes propres et pour différentes sources sismiques (*figure 11.7*).

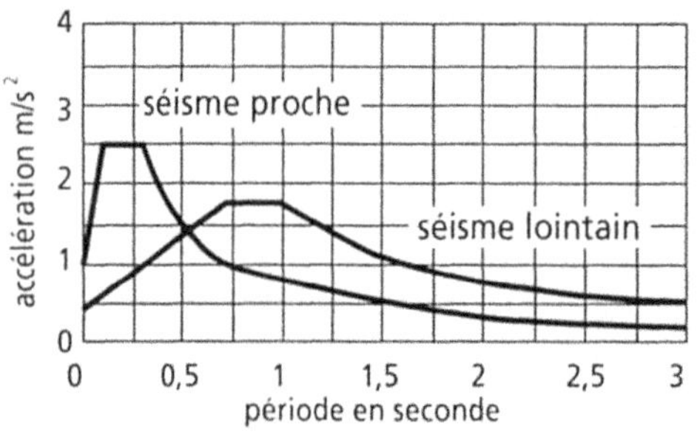

Figure 11.7 Spectres au rocher pour des séismes proche et lointain.

D'autre part, les accélérogrammes fournissent d'autres données essentielles comme l'accélération moyenne, le contenu fréquentiel ou la durée du signal sismique. Faute de données accélérométriques sur le site, la pratique en génie parasismique consiste à adopter une forme standard du « spectre de réponse au rocher ». Celui-ci est alors déduit des enregistrements effectués sur le substratum rocheux dans une zone proche s'ils existent. Plus fréquemment, les spectres sont déduits de lois d'atténuation correspondant à des formules empiriques qui relient intensité et accélération ou accélération et distance à la source et magnitude. Ainsi, pour les séismes superficiels en Grèce (Papazachos et Papazachou, 1997), on utilise les relations :

$$I = 6{,}59 + 1{,}18\ .\ M. - 4{,}5 \log(\Delta + 17)$$

$$\mathrm{Log}\ \gamma_m = 1{,}77 + 0{,}49\ .\ M. - 1{,}65 \log(\Delta + 15)$$

$$\text{Log}\ \gamma_m = 0{,}29\ .\ I + 0{,}21$$
$$\text{Log}\ V_m = 0{,}34\ .\ I - 1{,}32$$

où I est l'intensité macrosismique ; M. la magnitude ; Δ la distance épicentrale ; γ_m l'accélération et V_m la vitesse.

Ce qui donne pour les intensités macrosismiques correspondantes à des séismes superficiels destructeurs :

Intensité	γ_m cm/s²	V_m cm/s
VI	90	5
VII	170	12
VIII	340	25
IX	660	55
X	1 290	120

Ainsi pour une intensité de VI (échelle MSK), l'accélération est de 90 cm/s², soit environ 0,09 g.

L'évaluation de l'accélération maximale au rocher permettra d'accéder au *spectre de réponse au rocher*, puis aux spectres de réponse correspondant aux différentes situations et aux différents types de sol (voir plus loin au § 12.4).

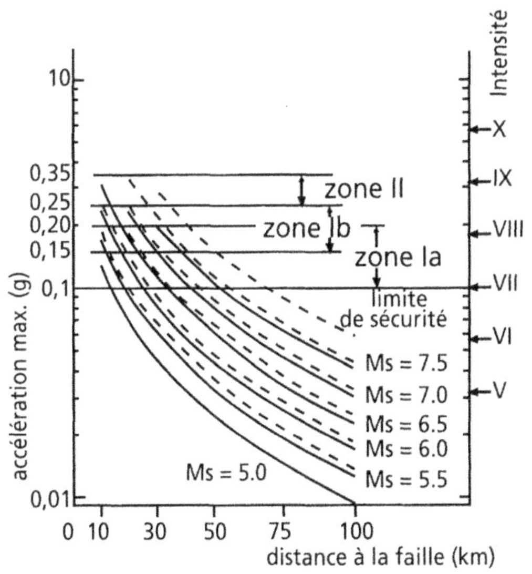

Sont reportées sur ce diagramme les valeurs des intensités qui correspondent au zonage sismique de la France (voir § 12.2.1).
(D'après Madariaga et Perrier, 1991.)

Figure 11.8 Pour différentes magnitudes, lois de décroissance de la valeur de l'accélération horizontale maximale en fonction de la distance à la source mesurée pour plusieurs séismes californiens (trait plein) et (en tirets) une loi moyenne issue de différentes données.

Ces relations ne s'appliquent que lorsque le site est situé au-delà d'une certaine distance à source, distance qui peut varier de quelques kilomètres à quelques dizaines de kilomètres suivant la taille de la source et donc de la magnitude du séisme. En effet, l'expérience a montré que l'on ne pouvait pas extrapoler les corrélations obtenues à partir de sources lointaines pour calculer le mouvement lorsque la source sismique est très proche. Ainsi, si on peut vérifier qu'en champ proche l'accélération est fréquemment saturée ou même réduite. Quelques exemples d'enregistrements montrent une saturation des composantes horizontales de l'accélération que les auteurs attribuent à un comportement non linéaire du sol.

11.3.3 Méthodes d'évaluation de l'aléa

Une fois tous les éléments régionaux nécessaires à l'évaluation réunis, deux approches sont possibles pour évaluer l'aléa en un point donné.

a) Méthode déterministe

La démarche générale de l'évaluation déterministe de l'aléa sismique passe par la détermination du « séisme maximal plausible » qui nécessite *a priori* une très bonne connaissance de la localisation et des caractéristiques des sources sismiques, ce qui est rarement le cas dans des régions comme la France où l'on contourne la difficulté en ayant recours à la définition de provinces sismotectoniques (§ 11.3.1b).

Dans la pratique on estime le séisme maximal plausible à partir du séisme maximal historique connu. Faute de séismes bien documentés pendant la période historique, on déduit la magnitude à partir des relations qui relient les caractéristiques géométriques et cinématiques d'une faille active à la magnitude (longueur de rupture, déplacement co-sismique) (*figure 11.9*).

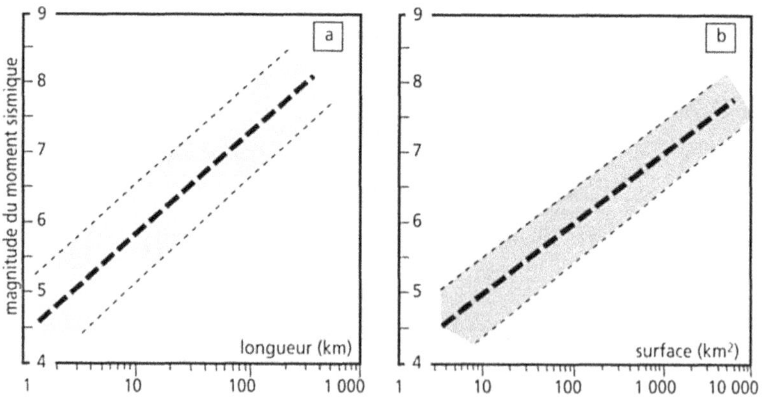

Figure 11.9 Relations magnitude Mw

longueur de rupture (a) et – surface de rupture – (b). En grisé zones contenant les données utilisées pour tracer les moyennes.

(D'après Wells et Coppersmith, 1994 ; dessin simplifié.)

À partir de l'ensemble des séismes susceptibles d'affecter le site on définit les « séismes de référence » caractérisés chacun par la magnitude (ou l'intensité épicentrale), la profondeur focale, la distance minimale entre le foyer et le site, les paramètres à la source et les spectres de référence sur le site (*figure 11.10*). En France, l'approche déterministe est utilisée pour l'évaluation de l'aléa sismique pour les installations nucléaires, les barrages et les industries chimiques à haut risque (ouvrages dits à *risque spécial* de la réglementation française, voir 12.2.1).

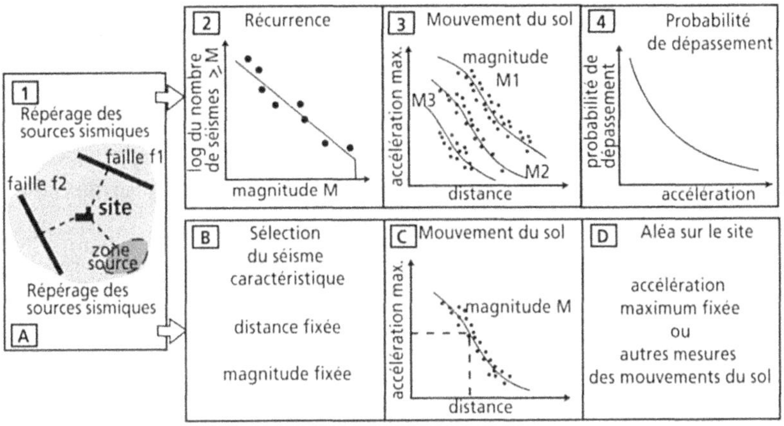

Figure 11.10 Étapes des évaluations de l'aléa sismique par les approches déterministe (1 à 4) et probabiliste (A à D).

(D'après Reiter, 1990, modifié.)

Dans le cas du nucléaire et des industries à haut risque, l'évaluation se fait en se plaçant dans le cas le plus pénalisant pour l'installation, c'est-à-dire en déplaçant les foyers des séismes de référence au plus près du site, voire sous le site (*figure 11.11*). Cette approche a l'inconvénient de ne pas prendre en compte la fréquence des événements sismiques et, suivant les cas, elle peut conduire à une surestimation ou à une sous-estimation de l'aléa.

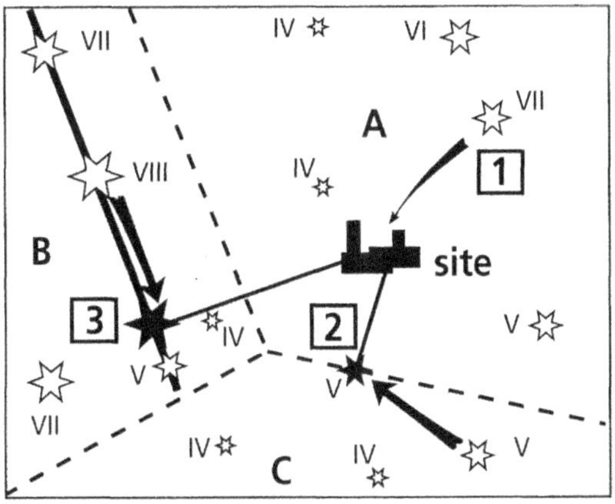

Figure 11.11 Approche déterministe de l'aléa sismique, appliqué pour les centrales nucléaires et les industries à haut risque.

Étoiles : séismes avec leur intensité ; trait noir épais : faille active ; 1, 2, 3 : séismes de référence pris en compte pour le calcul de l'aléa ; A, B, C = provinces sismotectoniques.

b) Méthode probabiliste

On établit (*figure 11.10*) une loi qui donne la probabilité de dépassement de différentes valeurs caractérisant le mouvement du sol (intensité macrosismique, accélération), pour une période donnée (100, 500 ans...). Avec cette approche de l'évaluation de l'aléa, on introduit donc un calcul d'incertitude. Le principal problème de cette méthode est la représentativité de l'échantillon des données de sismicité surtout dans les régions où l'activité sismique est faible ou modérée. De la même façon, se pose le problème de la représentativité de la loi fréquence-magnitude pour les événements de fortes magnitudes, caractérisés par de très longues périodes de retour notamment en domaine intracontinental. Les développements de l'archéosismologie et de la paléosismologie tendent à combler ce manque d'information (voir chapitre 6).

L'application des calculs de probabilité sur une grille à l'échelle d'une ville ou d'un pays conduit à élaborer des cartes d'aléa sous différentes formes :

• carte en isovaleur de la probabilité annuelle d'atteindre ou de dépasser une certaine intensité (accélération) ou bien encore d'exprimer cette probabilité par son inverse assorti d'une période de retour ;

• carte d'isovaleur d'intensité susceptible d'être atteinte ou dépassée pour une période de retour fixée.

Dans tous les cas, quelle que soit la méthode d'évaluation, la qualité des résultats dépendra de celle des données utilisées. De plus en plus l'approche probabiliste est encouragée par les organismes internationaux comme l'Agence internationale de l'énergie atomique de l'ONU (AIEA).

11.4 LES ÉLÉMENTS D'ÉVALUATION DE L'ALÉA À L'ÉCHELLE LOCALE (MICROZONAGE)

La première préoccupation d'un constructeur doit rouler sur le choix du site et dès le début, on va se heurter à des difficultés résultant de l'extrême complexité du problème ;... Toutes choses égales par ailleurs, il est d'observation courante et ancienne que les sols mous et peu cohérents sont plus dangereux que les terrains compacts et résistants, quoique certains cas particuliers aient parfois permis d'affirmer le contraire.

De Montessus de Ballore, La Science séismologique, chapitre XIV, 1907.

L'application directe des méthodes déterministes ou probabilistes pour le calcul de l'aléa s'avère insuffisante pour décrire les effets prévisibles d'une secousse sismique à l'échelle locale. En effet, pour celui qui visite une zone affectée par un fort séisme, en particulier dans les zones urbaines, ce qui le frappe en premier lieu c'est la disparité, suivant les secteurs, du degré des dommages et des destructions des bâtiments.

Effets de site : historique

Comme le soulignait de Montessus de Ballore, le choix d'un site pour la construction n'est pas simple, étant donné le rôle des effets locaux, appelés communément « effets de site ». Mais, la documentation historique montre que bien avant le XXe siècle, après d'importants séismes, il avait déjà été constaté l'inégale répartition des destructions et que les secousses étaient généralement plus importantes sur les sols « meubles » des plaines que sur les sols « durs » dans les montagnes. Ainsi, à la suite du séisme d'Istanbul de 1509, le Sultan Bayazid II interdisait la construction de maisons en zone côtière sur les sols meubles. Plus tard, dans les rapports scientifiques qui suivirent l'important séisme qui frappa l'Andalousie en 1884, il est remarqué que les dégâts furent moindres dans certains villages construits sur des terrains cristallins anciens, pourtant plus proches de l'épicentre que certains quartiers de Malaga, construits sur des argiles pliocènes. De même, De Montessus de Ballore mentionne qu'à Nice, d'après un rapport établi après le séisme du 23 février 1887, « les dégâts les plus importants se restreignirent aux quartiers neufs, construits depuis 1860 dans un terrain marécageux et alluvionnaire ». Milne fut le premier à confirmer par la sismologie les différences entre « sol dur » et « sol mou », grâce à des enregistrements de 1884 à Tokyo. Au début du XXe siècle, les séismes de Calabre (1905 et 1908) et de San Francisco (1906) donnèrent encore l'occasion de constater les effets de site. Ainsi, au bord du détroit de Messine, les constructions du village de Scilla sur le rocher résistèrent mieux en 1908, que celles construites sur les terrasses pléistocènes. Pour ce village, des constatations analogues avaient déjà été faites après le tremblement de terre de 1783.

Ces observations réalisées à la suite de séismes majeurs (*figure 11.17*) soulignent l'importance des modifications que subissent les vibrations en fonction des propriétés mécaniques des différents milieux (roches dures du substratum, sols peu cohésifs, etc.) qu'elles traversent dans les parties les plus superficielles avant d'atteindre la surface. Ces variations sont également liées aux conditions locales du site : topographie, géométrie des structures géologiques superficielles (*effets de site*). Ces phénomènes qui entrent en jeu dans les modifications des ébranlements peuvent se combiner, ce qui rend d'autant plus complexe leur analyse.

Au-delà des effets de l'amplification dynamique et des modifications du contenu fréquentiel du mouvement du sol par les facteurs locaux, l'identification de failles actives et des déformations associées, capables d'affecter directement le site, sera également nécessaire en adoptant la même démarche que celle suivie pour évaluer l'aléa à l'échelle régionale (§ 11.2.3).

Pour définir l'aléa à l'échelle locale on prendra en compte :

– les failles actives à proximité du site ;

– les effets topographiques ;

– les effets dus aux caractéristiques mécaniques des formations superficielles et à la géométrie des interfaces entre les formations géologiques ;

– les effets induits (liquéfaction, glissement, etc.).

11.4.1 Failles actives à proximité du site

On a vu au paragraphe 4.1 que lorsqu'un séisme de forte magnitude se produit, la rupture peut atteindre la surface et occasionner des déplacements permanents du sol qui atteignent parfois plusieurs mètres. Ces déplacements (photos 11.1 et 11.2) peuvent affecter les voies de communication, les ouvrages d'art comme les ponts ou les barrages à l'image de celui Schyr Kang qui a été partiellement détruit par la rupture associée au séisme de Chichi (Taïwan) en septembre 1999. C'est aussi le cas pour des habitations à l'exemple du séisme d'Izmit (Turquie) d'août 1999, où la rupture s'est propagée dans des zones très urbanisées comme la ville Gölcük, en décalant horizontalement de plus de cinq mètres certains immeubles.

Photos 11.1 et 11.2 Conséquences des ruptures de surface sur des ouvrages. 11.1 : Canal d'irrigation coupé et décalé par la faille inverse-senestre du séisme d'El Asnam (1980). 11.2 : Pont routier détruit par le jeu vertical (cinq mètres) de la faille inverse du séisme de Chichi, ayant créé l'escarpement (cascade) au niveau de la rivière (Taïwan, 1999).

Pour la cartographie de l'aléa local, la prise en compte des failles actives n'est pas sans poser des problèmes notamment en ce qui concerne la localisation précise des failles dans des terrains meubles ou dans le cas de failles inverses qui sont très souvent associées à des ruptures secondaires sur des distances pouvant atteindre plusieurs centaines de mètres (voir l'exemple du séisme d'El Asnam). Dans bien des cas, le taux d'activité de la faille ne pourra être défini avec précision, et on devra discriminer les cas douteux de ceux qui sont plus sûrs. Du fait de ces remarques, le zonage devra définir une bande de part et d'autre de la trace supposée de la faille qui pourra atteindre quelques dizaines à quelques centaines de mètres de large suivant les cas, et dans laquelle on exclura certaines activités et toutes constructions qui ne correspondent pas à un niveau de résistance suffisant.

11.4.2 Effets de la topographie seule

Lors des séismes de Lambesc en 1909 (*figure 11.12*), de San Fernando en 1971 ou de l'Irpinia en 1980, il a été constaté que les dégâts sur les bâtiments avaient été beaucoup plus importants sur le sommet de reliefs topographiques que dans les zones plus basses. Ces observations ont été vérifiées de façon expérimentale par des enregistrements sismologiques. Cela a été le cas avec des enregistrements de répliques du séisme de San Fernando en Californie de 1971 par deux stations qui montrent que le mouvement sismique est plus important au sommet du relief qu'à son pied. Il apparaît que l'amplification du mouvement est plus sensible sur la composante horizontale que sur la composante verticale et qu'elle se manifeste sur des plages de fréquence où la longueur d'onde est voisine de la dimension horizontale du relief. Cet effet de la topographie semble d'autre part indépendant des caractéristiques de la source sismique et les amplifications peuvent dépasser un facteur de vingt dans le domaine spectral et cinq dans le domaine temporel (Bard, 1985).

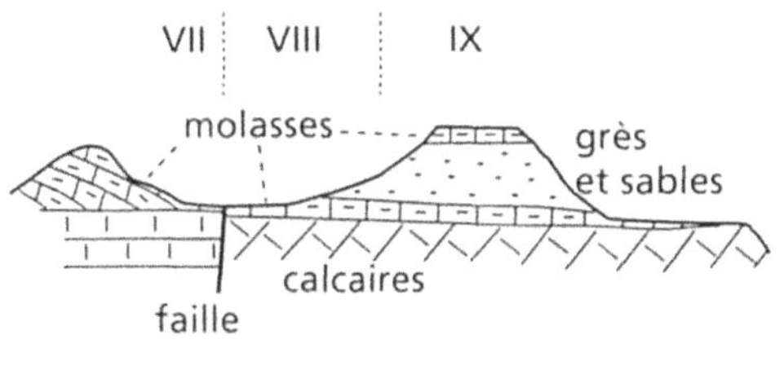

Figure 11.12 Effet de site constaté lors du séisme de Lambesc (1909), au niveau du village de Rognes.

11.4.3 Effets dus aux caractéristiques mécaniques des formations superficielles et de la géométrie des interfaces entre les formations géologiques

Les propriétés géomécaniques des remplissages sédimentaires (bassins et vallées) et des substratums rocheux sont généralement très contrastées (fort contraste d'*impédance*). Les couches superficielles se comportent aux mouvements sismiques comme des oscillateurs dont la réponse dépendra essentiellement des caractères du signal sismique incident, de la géométrie des couches sédimentaires en profondeur et de leurs propriétés mécaniques intrinsèques. Vis-à-vis du signal sismique incident, les formations superficielles jouent le rôle de filtre, notamment avec un écrêtage dans les hautes fréquences (périodes autour de 0,2-0,5 s), et par contre avec une amplification dans les fréquences plus basses (*figure 11.13*).

D'autre part les formations superficielles sont à l'origine de nombreux phénomènes de réflexion et de réfraction et peuvent servir de guide d'ondes avec la création fréquente d'ondes de surface. Ces phénomènes donnent lieu à des mouvements sismiques en surface dont l'amplitude et la durée sont nettement supérieures à celles enregistrées à faible distance sur un substratum rocheux (*figure 11.14*). Au niveau d'un remplissage alluvionnaire, les phénomènes de résonance dominent largement dans les modifications que subit le signal sismique incident, en particulier dans les fréquences qui correspondent à la période fondamentale de la couche d'alluvions.

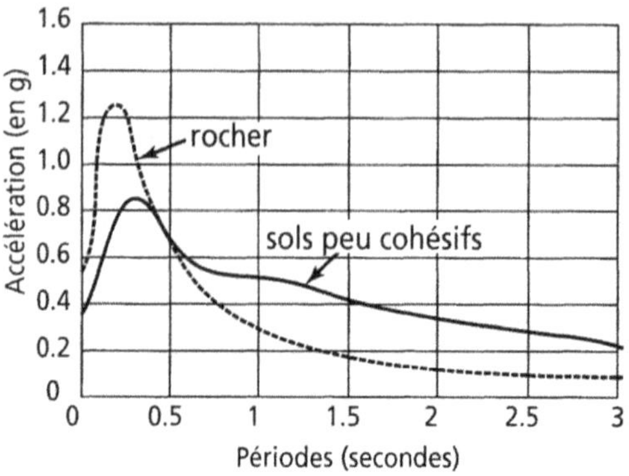

Figure 11.13 Spectre de réponse moyen d'un sol peu cohésif et d'un substratum rocheux pour un séisme de M. 6,5 situé à 8 kilomètres. (Modifié d'après Seed *et al.*, 1976 © Seismological Society of America.)

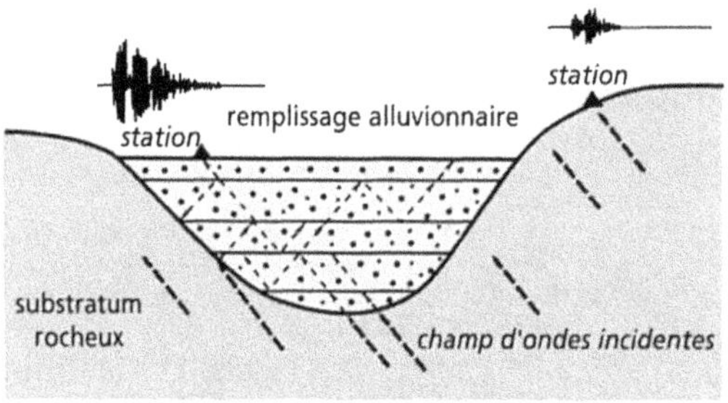

Figure 11.14 Effet du remplissage alluvionnaire d'une vallée sur le mouvement sismique en surface. (D'après Lacave, 2003.)

Si on considère le cas le plus simple d'un site (sans faire intervenir ici un rapport de forme du bassin ou de la vallée) correspondant à un milieu rocheux caractérisé par une masse volumique ρ_1 et une vitesse des ondes transversales V_1 recouvert par une formation superficielle monocouche d'épaisseur h, de masse volumique ρ_2 et avec une vitesse des ondes transversales V_2, l'amplification à la résonance sera donnée par :

$$\rho_1 \cdot V_1/\rho_2 \cdot V_2$$

et la fréquence de résonance fondamentale f_0 sera donnée par la relation :

$$f_0 = V_2/4h$$

Ainsi, pour une couche d'alluvions d'épaisseur h = 100 m, avec $\rho_2 = 1{,}7$ g/cm^3 et $V_2 = 600$ m/s reposant sur un substrat caractérisé par : $\rho_1 = 2{,}5$ g/cm^3 et $V_1 = 2\,100$ m/s, l'amplification à la résonance est de 5,15 pour la fréquence fondamentale de 1,5 Hz. On remarquera que l'on se trouve dans une gamme de fréquence où les ondes sont les plus destructrices.

Cette évaluation ne tient pas compte de la géométrie du bassin sédimentaire ou de la vallée, aussi il sera nécessaire de réaliser une modélisation 2D qui prend en compte notamment le rapport de forme h/L, où h est la profondeur et L la demi-largeur du bassin (*figure 11.15*). Au centre du bassin, où l'amplification maximale correspond à la fréquence de résonance fondamentale, celle-ci deviendra :

$$f_0 = V_2/4h \cdot \sqrt{1 + h^2/L^2}$$

L'effet du rapport h/L sera d'autant plus important si le bassin est étroit et profond.

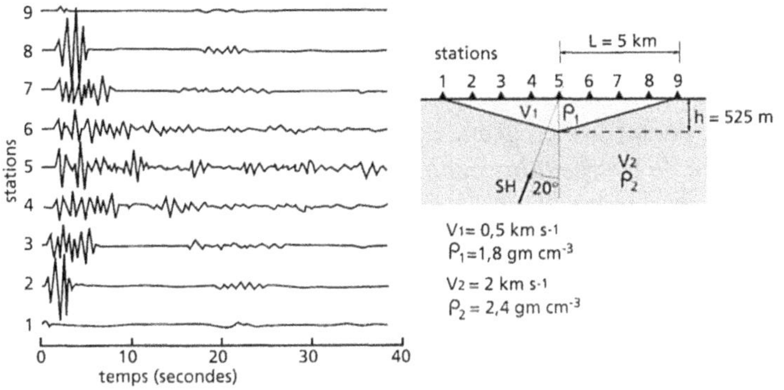

Figure 11.15 Effet de la géométrie d'une vallée ou d'un bassin sur l'amplification du mouvement sismique. (D'après Sanchez-Sesma, 1988.)

Ainsi, à partir de l'aléa déterminé sur les roches du substratum (*au rocher*) obtenues à partir des données sismologiques fournies à l'échelle régionale pour chacune des sources sismiques, on peut, au moyen de simulations numériques 2D, calculer l'amplification le long de profils. On propose des *spectres de réponse* (*figure 11.16*) pour chacune des zones et des différents types de sol (au rocher, bord ou centre de bassins ou de vallées), qui seront pris en compte pour le dimensionnement du bâti dans les projets de constructions parasismiques (voir § 12.1).

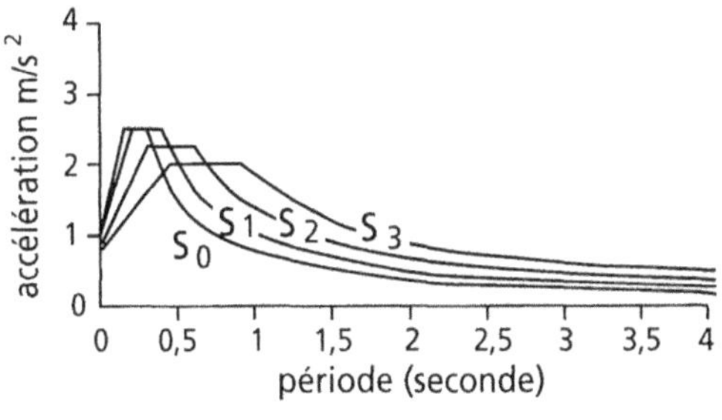

Figure 11.16 Spectres de réponse pour le rocher (S_0) et pour différents types de sol (S_3 : sol le moins cohésif).

11.4.4 Les effets induits

Les effets induits ou indirects ont été décrits au chapitre 4.2. La fréquence de ces phénomènes est très variable suivant les sites, elle dépend essentiellement pour chacun d'eux de conditions liées à l'environnement géographique (montagne, bord de mer, plaine alluviale, etc.), mais aussi au climat et à la géologie locale. Ainsi, les phénomènes de liquéfaction seront associés aux zones littorales et de plaines alluviales, alors que les chutes de blocs et les glissements de terrain seront plus fréquents dans les régions de relief accentué, et un climat humide constituera un facteur aggravant pour ces derniers.

La liquéfaction : ce phénomène est fréquemment observé dans les zones épicentrales des forts séismes et il peut prendre une place prépondérante parmi les causes de destruction sur le bâti. Cela a été tout particulièrement constaté et rendu célèbre lors du séisme de Niigata, en 1964 au Japon, où des immeubles de trois étages se sont couchés jusqu'à l'horizontale. De même, lors du séisme de Kobe (1995, magnitude 7.2), la ville, construite en grande partie sur les sédiments récents d'une grande baie marine, a subi de lourds dommages à cause de leur liquéfaction. La présence de phénomènes de liquéfaction dépend essentiellement, pour un mouvement sismique de référence, du degré de saturation des sols et de la granulométrie du sédiment. Des essais géotechniques in situ ou en laboratoire peuvent permettre de définir une potentialité du sol à ce phénomène et de dresser des cartes de susceptibilité à la liquéfaction.

Les glissements : comme pour la liquéfaction, les glissements peuvent constituer l'élément le plus destructeur d'un séisme. Ils correspondent soit à la réactivation de glissements actifs en dehors de la sollicitation sismique (glissements typiques), soit à des glissements spécifiques d'une sollicitation sismique (glissements atypiques). Dans le premier cas, où la secousse sismique a un effet de déclenchement, le « coefficient de sécurité statique[1] » du glissement est proche de 1. Dans le deuxième cas, malgré un coefficient de sécurité statique > 1, la rupture se produira uniquement sous l'effet dynamique du séisme (cas de celui de Beni Rached, cf. § 4.2.1). La prise en compte des glissements dans le microzonage est très délicate compte tenu du nombre de paramètres qui interviennent dans la stabilité d'un versant, en particulier pour les glissements atypiques. Il existe quelques méthodes que l'on peut utiliser lorsque les paramètres sont connus avec précision pour étudier la stabilité des versants en effectuant une analyse comparative à partir de versants types dont le comportement aux sollicitations sismiques est connu.

Les éboulements et les effondrements : on cartographie les corniches et les crêts d'où des blocs de roches cohérentes peuvent se détacher, en estimant le risque de chute en fonction de l'importance des dénivelés et des surplombs. On tient compte aussi de la plus ou moins grande fracturation des roches et sa disposition. La largeur de la zone, où des constructions seront atteintes par des chutes de blocs et par le dévalement de ceux-ci, sera fonction de leur volume et de leur forme, ainsi que du pourcentage de la pente parcourue. Les habitations construites au bord de ces reliefs courent le risque de s'effondrer en cas de séisme. Cette situation dangereuse est aussi fréquente pour des villages ou des villes construites sur des terrasses alluviales dominant un cours d'eau. Soumis à une érosion les fragilisant, le bord de celles-ci est de plus une situation favorable à l'amplification des ondes sismiques. Sur des terrains plus anciens, mais également faits de galets peu ou pas cimentés, comme les

1. Rapport entre les forces qui résistent au glissement (friction) et celles qui tentent à le provoquer (gravité).

conglomérats pliocènes de la vallée du Var, il est aussi préférable de ne pas construire au bord des vallons qui les dissèquent.

Les tsunamis : la délimitation des bandes littorales susceptibles d'être balayées par les vagues d'un tsunami se fera en fonction, soit des hauteurs maxima déjà atteintes historiquement, soit de modélisations. Ces dernières évalueront la magnitude des tsunamis, en fonction des séismes qui peuvent déclencher ce type de risque et de la bathymétrie littorale.

Ainsi, l'estimation de l'aléa à cette échelle passe par une connaissance approfondie des caractéristiques locales géologiques, géomorphologiques et géotechnique. Les études qui seront menées devront comprendre :

- l'établissement d'un modèle numérique de terrain détaillé (au pas de deux mètres) ;
- une carte à 1/5 000 des formations superficielles et du substratum ;
- une compilation des données de forage, indiquant les épaisseurs et la nature des différentes formations rencontrées ainsi que leurs propriétés géotechniques (colonnes de sols) ;
- des mesures géophysiques (installation de réseaux sismologiques et accélérométriques temporaires sur le site) permettant de déterminer les paramètres sismiques des formations géologiques et en particulier ceux qui permettent de connaître la fréquence de résonance fondamentale, c'est-à-dire la fréquence en deçà de laquelle il n'y a pas d'amplification par effet de site ;
- une analyse géomorphologique et géotechnique des zones susceptibles d'être affectées par des mouvements de terrain induits (liquéfaction, glissement, tassement, etc.) ;
- une carte des destructions associées à un séisme passé (*figure 11.17 C*).

Les études de microzonage seront plus ou moins approfondies (niveaux A, B ou C des recommandations de l'AFPS) suivant le niveau de risque défini par la réglementation relative à la prévention du risque sismique (§ 12.2, tableau 12.3).

11.4.5 Cartographie

Des cartes d'aléa à l'échelle locale sont réalisées au 1/1 000 ou au 1/10 000. Elles rendent compte des variations spatiales des phénomènes locaux en définissant des zones qui réagiront chacune de façon homogène vis-à-vis d'une sollicitation sismique donnée. Ces documents doivent contribuer, par exemple pour une agglomération, à la préparation de plans d'aménagement, ou, pour une commune, à la réalisation d'un zonage réglementaire dans le cadre d'un plan de prévention du risque sismique, qui sera joint au plan d'occupation des sols (en France PPR sismique, § 12.2 et POS).

Les cartes de microzonage peuvent se présenter sous plusieurs formes, car rien n'est réellement fixé dans ce domaine. On peut citer les différences tendances :

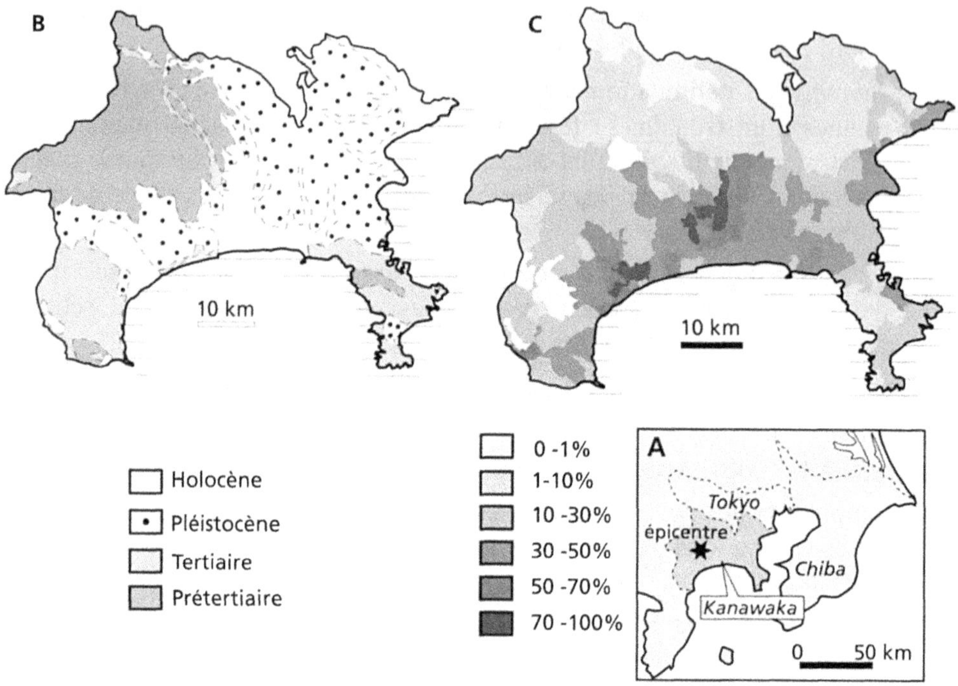

Figure 11.17 Nature du sous-sol et destructions, d'après le cas du séisme de Kanto (M. = 7.9, 1923), pour la zone de la préfecture de Kanawaga.

A : Localisation.

B : Carte géologique.

C : Distribution des dommages (en % d'effondrements) aux constructions en bois.

Les zones les plus touchées sont sur les terrains holocènes et pléistocènes, constitués de dépôts alluviaux et littoraux. (Dessins modifiés, d'après Midorikawa, 2002.)

- carte en courbes d'iso-valeurs de l'accélération maximale ou de la période propre de résonance du sol, ou bien carte avec une délimitation de zones qui possèdent des caractères homogènes vis-à-vis d'une sollicitation sismique donnée ;
- carte issue des données établies lors de l'évaluation de l'aléa à l'échelle régionale. À partir de l'intensité maximale évaluée, on modulera cette intensité par zone en intensité locale et en fonction des instabilités des sols et des valeurs de l'accélération maximale de référence ;
- cartes synthétisant en un seul document les effets de l'amplification et des effets induits (liquéfaction, mouvements de terrain). Dans certains cas, les résultats seront présentés sur des documents séparés ;
- cartes de zones d'aptitude à certaines occupations du sol, jointes aux cartes de microzonage. Ces cartes sont les prémisses d'une cartographie des aptitudes à telle ou telle occupation du sol en vue d'une réglementation dans le cadre d'un plan d'urbanisme par exemple ou d'un PPR sismique.

En France métropolitaine, la région de Nice est l'une des régions les plus exposée au risque sismique (zone II du zonage sismique de la France). Plusieurs études pilotes ont été réalisées depuis les années 1980, incluant des études de microzonage, de vulnérabilité et l'élaboration de d'une méthodologie de scénario sismique adaptée à la région (Projet Gemgep, Geminis, Risk-UE). Une synthèse des résultats pour le projet Gemgep a été publiée en 2005. Des cartes d'iso-fréquence, d'amplitudes et d'accélérations maximales ont été réalisées pour les deux accélérogrammes de référence retenus, ce qui a permis d'identifier huit zones homogènes vis-à-vis des sollicitations sismiques. À partir de lois d'atténuation empiriques pour les séismes de référence des spectres de réponse ont été obtenus. Des cartes de susceptibilité à la liquéfaction et d'aléa des mouvements de terrain en dynamique (en tenant compte du rôle du mouvement sismique) ont été également réalisées.

Chapitre 12

Prévention

Même si des prédictions réussies peuvent un jour diminuer les pertes humaines, la prévention n'en restera pas moins à l'ordre du jour. Elle consiste principalement, en fonction du niveau de l'aléa sismique, à agir pour diminuer la vulnérabilité. Sauf cas particuliers (tsunamis, éboulements et glissements de terrain), lors d'un tremblement de terre, ce sont les dommages aux constructions qui entraînent la mort de nombreuses personnes. Il convient donc de construire (§ 12.1) en suivant certaines normes. Elles ont été établies en fonction d'observations consécutives à des séismes, mais aussi de calculs et de simulations du comportement des structures soumises aux sollicitations sismiques. En fonction du niveau de l'aléa sismique, la prévention du risque s'appuie donc surtout sur l'application des règles de construction parasismique. À ce *comment construire ?*, s'ajoute le *où construire ?*, en suivant les règles de construction, imposées par un zonage réglementaire (§ 12.2).

De plus pour diminuer encore l'impact possible d'un séisme, il est possible d'anticiper sur l'événement à venir en prenant une série de mesures de planification du risque (§ 12.3) qui ne concernent pas seulement l'impact sur le bâti. Dans cette optique, à partir souvent des enseignements du passé, des simulations (§ 12.3.1) définissent quels pourraient être le scénario de la catastrophe, les destructions et le nombre de victimes possibles, ainsi que les coûts économiques. De telles évaluations participent à la prise de conscience par les responsables locaux de l'étendue du risque. Selon l'importance de ce dernier, des mesures de planification doivent suivre. Elles concernent l'urbanisme (§ 12.3.2), l'application des prescriptions du microzonage devant être accompagnée d'une prise en compte générale de l'organisation urbaine. On peut aussi se préparer pour intervenir dans les meilleures conditions, la rapidité des secours dans la zone sinistrée étant primordiale pour sauver des vies humaines (§ 12.3.3).

Toutes ces mesures seront d'autant plus suivies et efficaces qu'elles seront accompagnées de l'information des populations. Une véritable éducation doit aussi être entreprise. Ces deux démarches de prévention portent sur la connaissance du risque et sur les conduites à tenir avant, pendant et après un séisme (§ 12.4).

12.1 CONSTRUCTION PARASISMIQUE

Le souci de construire des habitations résistantes aux tremblements de terre est une préoccupation ancienne de l'humanité (voir chapitre 6.3). Mentionnons ici qu'elle s'est traduite parfois même par des prescriptions réglementaires relatives aux constructions, comme celles édictées par le Bey d'Alger, après le séisme de Blida (13/2/1716), ou celles du Marquis de Plombal, après celui de Lisbonne (1/11/1755). À l'heure actuelle, on regroupe sous le terme de « génie parasismique », toutes les approches qui visent à diminuer les dommages aux constructions. On peut se reporter à l'ouvrage *Génie parasismique* sous la direction de V. Davidovici (1985) ainsi qu'aux publications plus récentes de M. Zacek (1996), V. Davidovici (1999) et Betbeder-Matibet (2003).

Il s'agit de construire pour que des bâtiments résistent aux sollicitations dynamiques dues aux ondes sismiques, pour rester indemnes ou en subissant des dommages ne mettant pas en péril la vie de ses occupants. Aux connaissances apportées par le calcul et les modélisations s'ajoutent les enseignements que les spécialistes du génie parasismique retirent des missions sur le terrain après un séisme (cf. chapitre Annexe 1). La bonne tenue de certains grands édifices construits en suivant des préceptes parasismiques les conforte dans leur démarche, alors qu'au contraire les destructions de bâtiments, en général plus traditionnels, leur font mesurer parfois le chemin qui reste encore à faire en ce domaine. Ainsi, avec des magnitudes comparables, les séismes de Spitak en Arménie de 1988 (M. 6.9) et de Loma Prieta en Californie de 1989 (M. 7.1) ont fait respectivement 25 000 victimes (50 000 suivant certaines estimations) et 63 victimes. La différence considérable entre ces chiffres s'explique en grande partie par la qualité des constructions et l'application de règles parasismiques strictes en Californie.

L'objectif de cet ouvrage étant de faire mieux comprendre les phénomènes associés aux tremblements de terre dans le cadre d'une approche sismotectonique, on se contentera ici d'indiquer quelques principes de la construction parasismique (§ 12.1), puis les mesures réglementaires imposées en France dans le cadre de la prévention dans les zones à risque sismique (§ 12.2). L'association française du génie parasismique a édité un *Guide de la conception parasismique des bâtiments* (AFPS, 2004) auquel nous empruntons les grandes lignes de ce chapitre.

Le préalable à la construction en zone sismique est de bien comprendre à quel type de sollicitation dynamique le site peut être soumis (cf. chapitre 11). L'application de règles de construction parasismiques sera alors d'autant plus efficace que dès le début de la conception d'un projet, celui-ci sera élaboré en tenant compte des paramètres de l'aléa et de certains principes architecturaux conçus pour résister à l'agression sismique ainsi établie. Une telle démarche devra être suivie d'une exécution de qualité, avec de bons matériaux utilisés suivant les règles de l'art. La conception d'une construction parasismique passe donc par plusieurs étapes.

12.1.1 Prise en compte de la nature du sol

La première démarche consiste à s'assurer que les caractéristiques géologiques et géotechniques du site conviennent pour recevoir le bâtiment projeté. En particulier il faut prendre en compte les phénomènes capables d'amplifier les mouvements vibratoires du sol (effets de site, sols mous de fortes épaisseurs) et les effets induits (mouvements de masse, liquéfaction…). On peut, lorsqu'elle existe, se baser sur une étude de *microzonage* (voir chapitre 11) afin de connaître précisément les paramètres de l'aléa local sur le site.

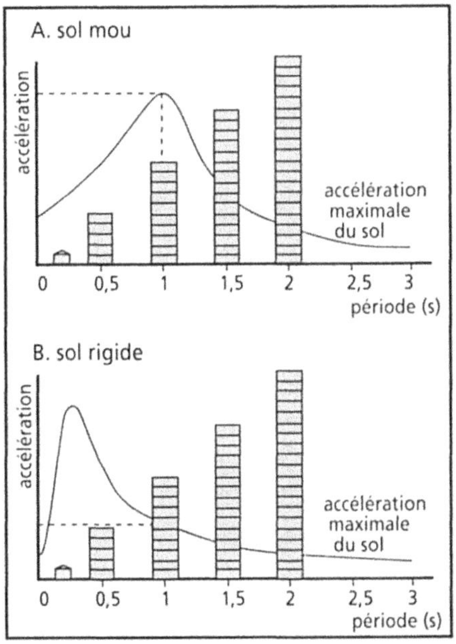

Figure 12.1 Importance de la nature du sol et de la période propre des bâtiments.

Ceux dont la période propre est de l'ordre d'une seconde sont soumis à la plus forte accélération dans le cas d'un sol « mou », alors qu'ils sont moins sollicités sur sol rigide.

(D'après AFPS, 2004 © Eyrolles éditeur.)

L'oscillation en phase du sol et du bâtiment, ou « résonance », a comme conséquence une augmentation de l'amplitude des oscillations qui peut se traduire, lors d'un séisme, par des dégâts très graves sur la construction (*figure 12.1*). La période d'oscillation propre d'un immeuble de N étages est donnée approximativement par T = N/10. Pour un immeuble de cinq étages la période de résonance est T = 0,5 s (f = 2 Hz). Le constructeur pourra ne pas se trouver dans cette configuration en réduisant la période d'oscillation propre du bâtiment, en rigidifiant le bâtiment par des contreventements supplémentaires ou/et en diminuant le nombre d'étage. Le constructeur peut aussi opter pour une solution qui vise, au contraire, à allonger la période propre de l'immeuble en diminuant sa rigidité par une ossature « flexible » et par une augmentation de sa hauteur. Mais de façon générale, il est recommandé de réserver les constructions élevées sur les sols durs, par contre les constructions basses s'accommodent plus facilement sur des sols moins consolidés.

12.1.2 Prise en compte de l'environnement construit

À l'occasion de forts séismes, on a constaté que les destructions sur certains immeubles n'étaient pas dues à une mauvaise conception du bâtiment lui-même mais à l'action d'une construction voisine. Ces dommages sont occasionnés par :

- des éléments d'architecture s'effondrant sur le bâtiment voisin ;
- deux bâtiments voisins qui se heurtent sous l'effet de leurs oscillations propres différentes ;
- un bâtiment juxtaposé qui empêche les déplacements du bâtiment voisin, créant ainsi des zones de concentration de contraintes à l'origine des dommages.

On choisira différentes démarches architecturales et de construction suivant que les immeubles sont plus ou moins distants ou limitrophes, en adoptant des joints parasismiques bien dimensionnés entre les bâtiments et en excluant les constructions au voisinage de bâtiments très vulnérables ou en renforçant les murs limitrophes.

12.1.3 Choix architecturaux

a) Formes et dimensions des bâtiments

La règle générale en matière de construction parasismique est de rechercher la simplicité et la régularité des formes architecturales car ce sont elles qui résistent le mieux aux sollicitations sismiques. Il est d'autre part nécessaire de veiller à une bonne répartition des masses pour s'assurer d'une oscillation en phase de l'ensemble et de s'assurer d'une bonne rigidité de la structure du bâtiment par l'utilisation d'éléments capables de limiter l'amplitude du mouvement (contreventement par exemple).

La simplicité des formes en plan permet d'écarter la juxtaposition d'éléments ayant des rigidités différentes entraînant des oscillations différentielles qui conduisent à des concentrations de contraintes à l'origine de dommages, comme par exemple les angles rentrants. La solution pour certaines constructions de conception architecturale trop complexe est le fractionnement du bâtiment en formes simples séparées par des joints parasismiques. Malgré cela, cette solution n'est pas à conseiller pour des bâtiments élevés.

En élévation, les règles seront les mêmes concernant la recherche de formes simples. On recherchera également à abaisser au maximum le centre de gravité du bâtiment en élargissant sa base. Fréquents en rez-de-chaussée (commerces, parkings), les niveaux « transparents » (sans contreventements) sont à éviter absolument, car ils peuvent subir des déformations importantes jusqu'à provoquer l'effondrement du bâtiment (déversement des éléments porteurs verticaux). La vulnérabilité de ces dispositifs est accentuée lorsque le bâtiment est construit sur une pente.

b) Choix des systèmes de construction et contreventements

Plusieurs systèmes porteurs courants sont possibles : les *systèmes en murs porteurs* conviennent pour les bâtiments cloisonnés (habitations courantes), alors que les *systèmes à ossature*, sont utilisés dans les bâtiments où un minimum d'éléments porteurs verticaux sont requis. Les systèmes de construction mixtes mur-ossature (murs porteurs en maçonnerie avec ossature en acier ou béton par exemple) sont à proscrire car ils localisent des dommages graves à leurs interfaces. D'autres systèmes basés sur une conception de structures légères seront adoptés pour des bâtiments comme les salles de sports ou les pavillons d'exposition qui nécessitent de grandes portées. L'objectif principal pour une construction parasismique est de réduire au maximum l'amplitude des oscillations par dissipation de l'énergie, ce qui se réalise avec des *matériaux ductiles* comme l'acier et le béton armé.

La règle générale est de choisir la régularité structurale qui détermine une meilleure répartition des efforts sur les éléments porteurs en optant pour des travées régulières, pour la superposition des éléments porteurs et pour une rigidité horizontale identique des différents niveaux. Une rigidité accrue des liaisons entre les éléments porteurs de la construction assure une meilleure tenue de l'ouvrage. Il est également important de veiller à ce que les éléments constituant les différents niveaux aient une rigidité comparable.

Les contreventements s'opposent aux charges latérales qui s'exercent sur un ouvrage (vent, séisme...), en raidissant la construction pour ne pas subir des déformations excessives. L'absence ou l'insuffisance de contreventement est à l'origine de fréquents dommages importants sur les bâtiments lors de séismes. On distingue des contreventements horizontaux ou diaphragmes (planchers en béton armé ou en bois, d'un seul tenant pour tout un niveau) et des contreventements verticaux (murs, tirants croisés, portiques).

c) Éléments d'architecture

Malgré une bonne conception d'ensemble, lors de séismes majeurs, des dégâts importants peuvent se produire au niveau des éléments constructifs et architecturaux, comme les angles qui constituent des zones de faiblesse qu'il convient donc de renforcer en zone sismique. Les ouvertures, principalement celles opérées dans les éléments de contreventement, constituent aussi des zones de faiblesse, à l'origine d'effondrements de façade. Il faut donc suivre quelques règles simples : limiter leur surface, superposer les ouvertures sur des bâtiments à plusieurs niveaux, éloigner les ouvertures des angles, prévoir des encadrements reliés aux chaînages, etc.

Les éléments en porte-à-faux comme les balcons et les auvents sont très vulnérables aussi des dispositions spécifiques sont à prendre, comme la limitation de leur masse et la réduction de la portée du porte-à-faux. Les escaliers placés en extérieur peuvent remplacer les trémies dans les planchers qui constituent des zones faibles. Les cages d'escalier rigides, à condition d'être disposées de façon à assurer une symétrie de rigidité de l'ensemble du bâtiment, peuvent jouer le rôle d'élément de contreventement.

d) Liaisons entre éléments

Les liaisons entre éléments jouent un rôle majeur dans la sauvegarde du système porteur soit par une liaison rigide, soit au contraire en assurant des rotations entre les éléments par des articulations ou des liaisons mobiles. Dans tous les cas, si la rupture des liaisons se produit, on recherchera à obtenir un comportement ductile des liaisons pour leur rôle dissipatif (fonction de liaison maintenue malgré les endommagements), ce qui réduit ainsi l'amplitude des oscillations.

12.1.4 Isolation parasismique

Son objectif est d'isoler au maximum la construction des oscillations du sol, réduisant ainsi la charge sismique sur les structures. Ainsi, cette stratégie va au-delà de l'application de règles parasismiques, puisqu'elle vise non seulement à sauvegarder un maximum de vies humaines mais aussi à conserver l'intégrité du bâtiment. Ces dispositifs sont à recommander notamment pour les bâtiments essentiels pour la gestion de crise (casernes de pompiers, hôpitaux, etc.). Le principe de l'isolation parasismique consiste à placer entre les fondations et la structure des appareils d'appuis (isolateurs) dont la rigidité horizontale est plus faible que celle de la structure : ils permettent des déplacements relatifs et donc un découplage entre la superstructure et la partie de l'ouvrage solidaire du sol.

12.2 RÉGLEMENTATIONS DE LA CONSTRUCTION PARASISMIQUE

La plupart des pays industrialisés, dont les territoires sont exposés à un risque sismique fort ou modéré, mènent une politique de prévention qui vise à réduire ce risque. En France, cette politique s'exerce dans plusieurs directions avec l'information auprès du public et des collectivités ; la formation des professionnels de la construction ; des actions de recherche pour approfondir la connaissance du risque et de l'aléa et enfin un volet législatif qui fixe les règles en matière de construction parasismique (l'ensemble des textes officiels réglementaires est disponible sur le site Légifrance).

12.2.1 Zonage réglementaire à l'échelle de la France

Les différentes dispositions prises en matière de prévention du risque sismique par la puissance publique sont réunies dans le décret n° 91-461 du 14 mai 1991, complété par celui du 29 mai 1997. Ces textes législatifs, qui ont pour objectif de sauvegarder un maximum de vies humaines et de biens, concernent les règles particulières parasismiques à appliquer aux bâtiments et aux installations dans les régions particulièrement exposées au risque sismique (règles PS 69/82, modifiées par la norme dite PS 92 de l'arrêté du 29 mai 1999).

Les bâtiments et les installations sont répartis en deux catégories :

– la catégorie dite à *risque normal* qui comprend les bâtiments, les équipements et les installations pour lesquels les dommages éventuels sont limités à leurs habitants et à leur voisinage immédiat ;

– la catégorie dite à *risque spécial* pour laquelle les dommages éventuels vont au-delà de l'environnement immédiat. C'est le cas pour les installations nucléaires, l'industrie chimique à haut risque, les barrages, les installations pétrolières, etc., pour lesquels il existe des règles parasismiques spécifiques.

a) La catégorie à risque normal

Dans cette catégorie, les bâtiments, équipements et installations sont répartis en quatre classes.

• Classe A : bâtiments sans activité humaine de longue durée (hangars agricoles, garages, etc.) et non visés par les autres classes.

• Classe B : habitations individuelles et habitations collectives ou à usage de bureaux ne dépassant pas 28 mètres de haut ; les bâtiments abritant des parcs publics de stationnement ; les usines, les bureaux, les ateliers occupés par moins de 300 personnes.

• Classe C : habitations collectives ou à usage de bureaux dépassant 28 mètres de haut ; bâtiments précédents occupés par plus de 300 personnes et les établissements recevant du public (enseignement, stades, salles de spectacles, etc.).

• Classe D : bâtiments dont la protection est primordiale pour les besoins de la sécurité civile, de la défense nationale et de l'ordre public ; bâtiments contribuant au maintien des communications (télécommunication, contrôle aérien, etc.) ; les bâtiments de production et de stockage de l'eau ; les bâtiments des établissements publics de santé ; les centres météorologiques.

Pour appliquer des mesures de prévention du risque sismique aux différentes classes des bâtiments, équipements et installations de la catégorie dite à *risque normal*, le territoire national a été subdivisé en cinq zones correspondant chacune à un niveau d'aléa différent (dans l'ordre croissant : 0, Ia, Ib, II et III). Ce zonage de type *statistique et déterministe* a été élaboré à partir d'une base de données de sismicité historique et instrumentale comprenant plus de 7 500 séismes (tableau 12.1).

Seuls les départements des Antilles (Martinique et Guadeloupe) appartiennent à la zone III, où l'aléa est spécifique à un contexte de limite de plaque (subduction). La figure 12.2 A montre le zonage réglementaire pour la France métropolitaine. On constate qu'une partie des Alpes est placée en zone 0, en fonction d'une sismicité faible à négligeable, alors qu'un zonage sismotectonique (*figure 9.7*) ne la différencie pas du reste de la chaîne. De même, la carte basée sur les valeurs de l'accélération (*figure 12.2 B*) indique des valeurs faibles à modérées pour ce secteur. Dans les deux cas, le choix qui a été fait s'est donc appuyé prioritairement sur les données sismologiques et non sur les synthèses sismotectoniques. Celles-ci sont pourtant judicieuses dans les régions de sismicité modérée, où les seules données sismologiques ne fournissent qu'une information partielle, puisque les failles possèdent des périodes de retour importantes.

TABLEAU 12.1 DÉMARCHE SUIVIE POUR L'ÉLABORATION DU ZONAGE SISMIQUE DE LA FRANCE (D'après Goula et Godefroy, in Génie Parasismique, page 219.)

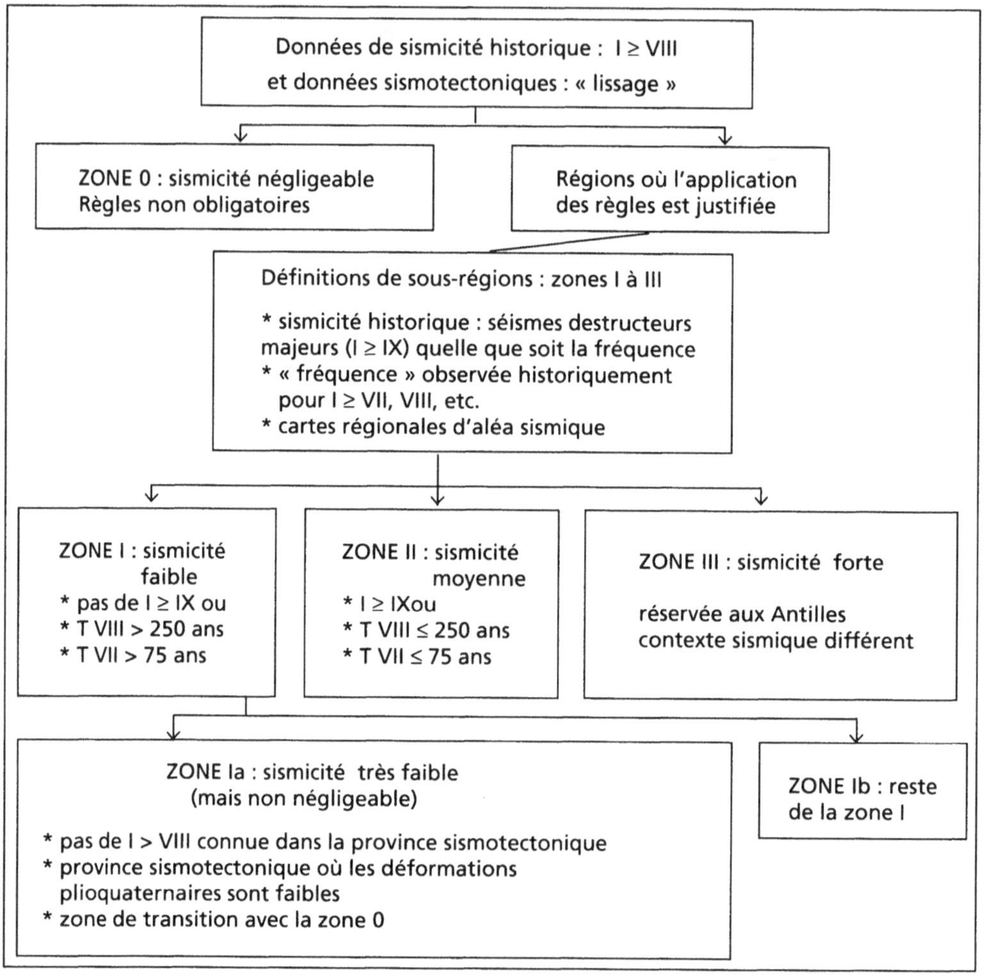

La réglementation fixe un niveau minimal de protection à partir de l'accélération nominale ($\mathbf{a_n}$) correspondant à chaque type de bâtiment pour les différentes zones (tableau 12.2). Le niveau d'agression fixé par zone et pour chaque classe de bâtiments doit garantir la sauvegarde des habitants même en cas de dommages irréparables. La réglementation en vigueur (décret du 14 mai 1991) donne la liste des départements, des cantons et des communes concernées.

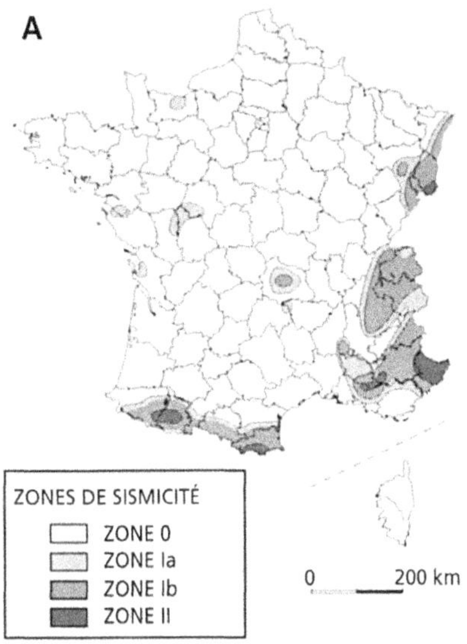

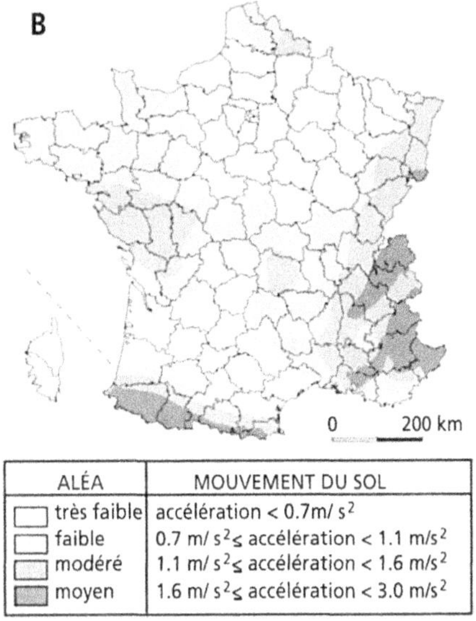

Figure 12.2 A : Carte du zonage sismique de la France métropolitaine (1985)

Zone 0 : Sismicité négligeable : Pas de règle.

Zone Ia : Sismicité très faible : I < VIII.

Zone Ib : Sismicité faible : I < IX ; T VIII > 250 ans, TVII > 75 ans.

Zone II : Sismicité moyenne : un séisme I > IX ou T VII < 250 ans ou T VIII < 75 ans.

T est la période de retour des séismes pour ces intensités.

Figure 12.2 B : Carte des valeurs de l'accélération horizontale pour une période de retour de 475 ans.

Cela correspond à une probabilité de dépassement de 10 % sur une période de 500 ans pour les ouvrages courants de classe B (durée de vie de 50 ans).

TABLEAU 12.2 ACCÉLÉRATION NOMINALE (a_n) et intensité nominale (I_n) EN FONCTION DE LA CLASSE DES BÂTIMENTS ET DU ZONAGE SISMIQUE DE LA FRANCE (d'après les règles parasismiques PS 69/82)

Zones	Classe A	Classe B	Classe C	Classe D
0	–	–	–	–
Ia	–	a_n : 0,10 g I_n : VII	0,15 g VII	0,20 g VII-VIII
Ib	–	0,15 g VII	0,20 g VII-VIII	0,25 g VIII
II	–	0,25 g VIII	0,30 g VIII+	0,35 g VIII-IX
III	–	0,35 g VIII-IX	0,40 g IX	0,45 g IX

L'ensemble de la réglementation visant à réduire le risque sismique en France est amené à évoluer. En effet, un programme national de prévention du risque sismique a été lancé par l'État sur une période de cinq ans (2005-2010). Ce programme permettra d'harmoniser, en prenant en compte les dernières avancées des connaissances dans ce domaine, la réglementation française (règles PS 92) avec les recommandations européennes de l'*Eurocode 8*. Pour devenir applicable, ce dernier, actuellement sous sa forme expérimentale, devra faire l'objet d'un document d'application nationale (DAN). Cette nouvelle réglementation, en cours d'évaluation, s'appuiera en partie sur un nouveau zonage sismique réglementaire de la France qui devrait voir le jour dès 2006. Dans cette optique, une carte (*figure 12.2B*), basée sur une approche probabiliste de l'aléa, a déjà été réalisée.

b) La catégorie à risque spécial

Pour les ouvrages dits à *risque spécial*, la réglementation est fixée par arrêtés, pris conjointement par les ministres chargés de la prévention des risques majeurs et les ministres de tutelle concernés. Ces dispositions réglementaires indiquent les mesures techniques à apporter aux bâtiments et installations ainsi que les niveaux d'agression sismique à prendre en compte et elles engagent la responsabilité de l'État (DRIRE) et de l'industriel (EDF pour les centrales nucléaires par exemple). Les règles parasismiques applicables aux installations classées ont été fixées par l'arrêté 10 mai 1993, qui s'inspire largement des pratiques suivies dans le domaine du nucléaire. Elles ont été établies depuis 1974 avec la *règle fondamentale de sûreté* (RFS). La RFS en vigueur n° 2001-01, qui reprend et modifie la RFS n° 1-2-c, introduit en terme d'aléa le concept de *séisme maximal historiquement vraisemblable* (SMHV) assorti d'un *séisme majoré de sécurité* (SMS) obtenu en majorant le niveau d'intensité du SMHV d'une unité. La démarche générale est basée sur l'analyse sismotectonique et elle débouche sur une évaluation *déterministe* de l'aléa sismique.

Le SMHV est le plus fort séisme ayant été ressenti dans la *province sismotectonique* à laquelle le site appartient. On déplacera virtuellement le séisme le long de la faille auquel il est associé de façon à ce que le foyer soit au plus proche du site, voire sous le site, c'est-à-dire avec une configuration la plus pénalisante pour celui-ci (*figure 11.11*). On associe aux séismes des spectres de dimensionnement qui prennent en compte de façon forfaitaire les effets de site.

12.2.2 Zonage réglementaire à l'échelle d'une commune (*Plan de prévention des risques naturels sismiques ou PPRs*)

À cette échelle, à la réglementation issue du zonage sismique de la France, il faut ajouter les particularités de l'environnement topographique et géologique dont on a vu qu'ils pouvaient aggraver dans certains cas considérablement le risque (§ 11.4). De même, cette réglementation générale ne prend pas en compte des particularités régionales des constructions. Les plans de prévention des risques naturels élaborés à l'échelle communale permettent de prendre des dispositions réglementaires qui sont mieux adaptées au contexte local. La finalité d'un PPR sismique est de délimiter et de réglementer des zones qui sont soumises chacune à des aléas sismiques différents et dont les paramètres sont définis dans certains cas à partir d'un microzonage plus ou moins élaboré (voir plus loin et tableau 12.3). La prescription d'un PPR passe au préalable par l'élaboration de *scénarios départementaux de risque sismique* (SDRS) qui hiérarchisent les PPR à élaborer et de définir les cahiers des charges en précisant si des études complémentaires sont nécessaires ou non. Les SDRS sont mis en place sous l'autorité du préfet en priorité dans les départements les plus exposés (zones II et III du zonage réglementaire national).

Pour la réalisation d'un PPR sismique, l'AFPS (Guide méthodologique, 1993) recommande trois niveaux d'étude A, B ou C suivant les zones et les enjeux (tableau 12.3). Le choix du niveau d'étude est défini par croisement du zonage sismique à l'échelle de la France avec les enjeux du périmètre d'étude (démographie et économie).

TABLEAU **12.3** MODALITÉS DE RÉALISATION D'UN PLAN DE PRÉVENTION DU RISQUE SISMIQUE (PPRS).

	Niveau A	**Niveau B**	**Niveau C**
Type de commune	Agglomérations importantes en zone Ib et communes en II ou III	Agglomérations importantes en Ib, moyennes en II et III	Agglomérations importantes en zone II ou III
Niveau d'investigation	Données existantes, pas d'investigation supplémentaire	Données existantes, plus quelques études supplémentaires	Investigations supplémentaires obligatoires
Séisme de référence	Accélération nominale du zonage sismique	Idem niveau A ou études existantes	Définition du séisme de référence et calcul du spectre au rocher
Type de spectre de réponse à appliquer	En référence au type de sol	Spectres alternatifs aux spectres réglementaires	Calcul de spectres adaptés au site
Échelle optimum des cartes d'aléa	1/25 000	1/10 000 à 1/25 000	1/5 000 à 1/10 000
Précision du tracé des contours	Hectométrique	Pluri-décamétrique à hectométrique	Décamétrique
Durée de l'étude	Moins de 3 mois	De 3 mois à un an	Un an minimum

Sur le territoire national, on compte neuf villes importantes en zone Ia, vingt-deux en zone Ib, trois en zone II et trois en zone III. Parmi ces deux dernières catégories, Nice, Schoelcher, Fort-de-France et Pointe-à-Pitre ont fait l'objet d'études détaillées de l'aléa et de la vulnérabilité des enjeux. Un croisement de la cartographie des aléas et de la vulnérabilité devrait déboucher sur des PPR sismiques conduisant à des dispositions réglementaires mieux adaptées au contexte local que la réglementation nationale. La réglementation parasismique en vigueur ne prend pas en compte le bâti existant, elle ne s'applique qu'aux constructions neuves. Seuls les PPR permettent d'imposer des mesures de renforcement sur les constructions et les aménagements existants (voir le guide méthodologique : Plans de prévention des risques naturels (PPR) sismiques, 2002).

12.3 SIMULATION ET PLANIFICATION

Visant à diminuer la vulnérabilité, la planification des actions de prévention doit s'appuyer sur la connaissance du risque sismique la plus complète possible. À l'échelle d'une région ou d'une commune, des simulations des conséquences d'un séisme important conduisent à en cerner tous les aspects (12.3.1). Pour diminuer les effets catastrophiques prévisibles, on établit ensuite les mesures à prendre dans le domaine de l'urbanisme (12.3.2) et dans celui de l'organisation des secours (12.3.3).

12.3.1 Simulations et scénarios du risque

Il s'agit d'évaluations détaillées du risque sismique pour une ville et ses abords ou pour une région. En fonction de la sismicité (instrumentale et/ou historique), on suppose pour l'événement à venir un certain *scénario* pour lequel on choisit une localisation de la source (épicentres ou failles actives) et des caractéristiques sismologiques (magnitude, durée, intensités, accélération). On cherche ensuite à en évaluer le plus précisément possible les conséquences, en se servant dans bien des cas des effets connus de précédents séismes.

Appelées aussi *simulations*, ces évaluations sont mises en œuvre en général dans les régions les plus susceptibles de souffrir des effets d'un séisme dans un futur proche. C'est pourquoi de telles démarches ont été entreprises en premier lieu dans des pays comme la Californie et le Japon. En Provence, une simulation a été réalisée pour le secteur touché par le séisme de Lambesc (1909). Plus récemment, des études du même type (programme Gemitis) ont été menées aux Antilles et pour la ville de Nice. À l'échelle d'une région, le projet transfrontalier franco-italien GE.RI.A. (*Gestione dei Rischi Ambientali*) analyse en particulier le risque sismique, dans une zone touchée par le séisme ligure de 1887 (intensité EMS 98 maximale à terre X, magnitude estimée 6.3). On peut également mentionner l'étude qui a concerné le secteur touché par le séisme de 1428, en Catalogne espagnole.

Pour situer les problèmes posés par ces approches et leurs résultats, on exposera ici surtout la méthodologie, qui avait été élaborée pour le cas du séisme provençal de Lambesc du 11 juin 1909 (Bastet *et al.*, 1985). Le tableau 12.5 détaille les quatre principales étapes des simulations.

a) Données de base

Il convient en premier lieu de choisir un séisme de référence aux caractéristiques connues. Puis, on doit fixer une date à l'événement similaire virtuel. Pour permettre les comparaisons, on peut choisir le même jour de la semaine et la même heure. Ces similitudes ne sont pas superflues : dans le recensement de la population, la population de passage (touristes, saisonniers, utilisateurs de résidences secondaires) est prise en compte et varie suivant les mois ou les jours de la semaine (week-end) ; l'heure a aussi son importance, comme on l'a encore[1] malheureusement constaté. En

1. Lors du séisme de Spitak, survenu à 11 h 41, dans certains villages de paysans, les enfants qui étaient encore à l'école furent les principales victimes, alors que les parents étaient dans les champs.

général, les conséquences des séismes sont plus graves de nuit que de jour. Les évaluations dans le projet franco-italien GE.RI.A. aboutissent ainsi, côté français, à un nombre environ quatre fois plus grand de victimes (morts et blessés graves) de nuit que de jour, pour il est vrai un taux de population exposée dans les habitations presque trois fois supérieur (tableau 12.4).

TABLEAU **12.4** ÉVALUATION DES PRÉJUDICES HUMAINS ENTRE VILLEFRANCHE-SUR-MER ET LA FRONTIÈRE, POUR UN SÉISME DE MAGNITUDE 6.3, SITUÉ EN MER, IDENTIQUE À CELUI DE 1887. (source projet franco-italien GE.RI.A.)

Préjudices humains	De nuit	De jour
Morts et blessés graves	400-700	100-160
Blessés légers hospitalisés et non hospitalisés	1 200-1 600	500-600
Sans-abri (bâtiments exposés : 25 488)	17 000-21 000	17 000-21 000
Population exposée dans les habitations (données INSEE 1999)	144 000	51 740

b) Inventaires mis en œuvre pour la simulation

Ils concernent le patrimoine et la population et sont réalisés en tenant compte de leur répartition géographique puisque l'intensité de l'événement n'est pas uniforme dans la région considérée. On peut choisir de procéder en suivant des limites administratives (communes par exemple), ou en adoptant un « maillage », qui facilite ensuite un traitement informatique, ou bien même en fonction des zones entre les lignes isoséistes. On entend par patrimoine, différentes choses qui vont des infrastructures aux richesses culturelles et artistiques historiques ou non. Pour le bâti, l'inventaire est fait par classes de construction de vulnérabilité différente. En ce qui concerne le recensement de la population, les données statistiques de l'INSEE sont précieuses. Comme souligné précédemment, on sépare la population résidante de celle de passage.

c) Scénario de la catastrophe

Grâce aux caractéristiques (intensité, jour, heure) du séisme de référence, on détermine dans les grandes lignes quels seront ses effets. On prend en compte les enseignements du passé, mais on peut y ajouter aussi ceux propres à d'autres séismes destructeurs, survenus ailleurs. Bien qu'il soit difficile de prévoir leur importance, une attention particulière est ainsi portée aux possibilités d'explosions de gaz et d'incendie, dues aux dégâts, aux constructions individuelles ou aux bâtiments de stockage de produits inflammables. Outre les effets généraux dus au passage des ondes sismiques, on peut de plus introduire dans un scénario catastrophe des effets plus localisés, tels que glissement de terrain, éboulement, liquéfaction ou, pour une zone littorale, tsunami. Les uns et les autres peuvent avoir des conséquences directes (destructions et victimes) mais aussi indirectes, en provoquant par exemple des interruptions des moyens de communication ou des réseaux d'alimen-

TABLEAU 12.5 LES QUATRE ÉTAPES D'UNE SIMULATION.

1 - DONNÉES DE BASE

SÉISME DE RÉFÉRENCE
- magnitude
- profondeur
- intensité
- accélération
- date, heure

CONNAISSANCE DE LA RÉGION
- géologique
- géomorphologique
- géotechnique
- bilan des effets de précédents séismes

TABLES DE RÉFÉRENCE
- correspondance magnitude-intensité
- pourcentage d'endommagement par classe de bâtiment et par degré d'intensité
- pourcentage de victimes par classe de bâtiment et par degré d'intensité

2 - INVENTAIRES

PATRIMOINE
- infrastructures
  voies de communication (route, fer, eau, air),
  réseaux (eau, électricité, gaz, pétrole),
  lignes de télécommunications.
- constructions
  habitat rural et urbain,
  locaux industriels et agricoles,
  établissements recevant le public (ERP), etc.
- équipements et matériels
- richesses économiques (stocks et production).
- richesses culturelles, artistiques et historiques.

POPULATION
- résidents
- population de passage

ACTIVITÉ ÉCONOMIQUE
- nature
- nombre d'emplois
- chiffre d'affaire

3 - SCÉNARIO ET ESTIMATIONS

SCÉNARIO
- effets sismiques : comportement des ouvrages et du bâti
- effets géologiques et géomorphologiques : éboulements, glissements de terrain, etc.
- effets induits : incendies, explosions, inondations
- effents différés : baisse de l'activité économique

ESTIMATIONS
- dommages
- nombre de victimes
- coûts de reconstitution du patrimoine
- conséquences économiques

4 - BILAN
- connaissance approfondie du risque sismique
- moyens nécéssaires à l'organisaton des secours
- sensibilisation de la population
- résultats utilisables pour les autorités, les décideurs, les assurances

tation (eau, gaz, électricité) et de télécommunications. Leur prise en compte demande au préalable une étude géomorphologique et géotechnique de la région considérée. De même, la connaissance de la faille sismique permet de situer avec précision le lieu de rupture de surface. Elle se produit si la magnitude retenue est suffisante (cf. § 4.1) et elle peut recouper alors tous les ouvrages et canalisations placés sur le tracé de la faille, avec parfois de graves conséquences (photos 11.1 et 11.2).

d) Conséquences et évaluations des dommages et des coûts économiques

Une attention toute particulière est portée aux dommages aux bâtiments, qui seront très variables selon les types de construction et le site où elles se trouvent. Dans le cas de Lambesc, l'évaluation a été réalisée en fonction des zones d'intensité du séisme de 1909 pour cinq types de bâtiments. On peut se référer à des caractéristiques sismiques plus précises (valeur de l'accélération, effets de site et amplification), mais certaines sont difficilement prévisibles (doublet ou crise sismique, augmentant considérablement les dégâts). Pour l'estimation du nombre de victimes, on peut séparer les victimes qui sont « directes et instantanées », provoquées par l'écroulement des constructions, de celles qui sont dues à d'autres causes (incendie, panique, épidémies,...). Pour les premières, le nombre de morts est proportionnel aux pourcentages de bâtiments les plus endommagés avec effondrements de leurs planchers. Il faut de plus tenir compte du nombre de personnes présentes dans les habitations et les autres constructions (commerces, bâtiments industriels,...) en fonction de leurs activités et du jour et de l'heure du séisme. Pour les coûts économiques, une grande partie d'entre eux découle également des évaluations portant sur les dommages aux constructions. On distinguera les coûts directs (réparation et reconstruction du patrimoine) et indirects (répercussions sur l'économie). Les conséquences économiques immédiates seront bien sûr plus faciles à établir que celles différées (chômage ou manque de main-d'œuvre, baisse de production, inflation,...).

e) Bilans et cartographie

Par rapport à des séismes anciens, les conséquences humaines sont en général majorées, à cause de l'accroissement des populations. Ce dernier est souvent considérable. Lors du dernier séisme destructif de Tokyo en 1923 (séisme de Kanto, M. = 7.9 ; *figure 11.17*), la population était d'un plus de deux millions d'habitants, alors qu'elle atteint maintenant 27 millions. On estime que pour un séisme similaire, la zone métropolitaine de Tokyo (préfectures de Tokyo, Kanagawa, Saitama et Chiba) le coût serait de deux trillions de dollars (soit dix fois plus que Kobe, 1995). En France, de même, la simulation pour un séisme analogue à celui de Lambesc prévoit entre 400 et 970 morts, 1 850 à 5 650 blessés, et 716 millions d'euros de coûts directs, alors qu'en 1909, on déplora 46 morts, 250 blessés, avec 230 à 380 millions d'euros de dégâts (estimation 1982). À titre de comparaison, le territoire métropolitain ayant jusqu'à maintenant été affecté par des séismes approchant au plus la magnitude 6, les conséquences du séisme d'Athènes (7/09/1999 ; M. 5.8-5.9 ; 143 morts, environ 500 blessés et 20 000 sans-abri ; 2,3 milliards d'euros de dégâts.) indiquent aussi, selon Fabriol et Garry (2002), ce qui pourrait se produire dans les zones actuellement classées Ib et II.

Toutefois, dans des pays comme la Californie (tableau 12.6), où ces actions de prévention sont depuis longtemps mises en œuvre, les simulations prévoient proportionnellement moins de victimes, alors que les coûts économiques sont considérablement majorés.

TABLEAU 12.6 CONSÉQUENCES PRÉVISIBLES DU « BIG ONE », PAR RAPPORT AUX SÉISMES DE 1906 (SAN FRANCISCO) ET 1989 (LOMA PRIETA).

d'après Veyret-Mekdjian, 2001.

Dates	Magnitude	Population totale de la baie	Morts	Coûts économiques des pertes humaines et matérielles (en dollars)
1906	≈ 7.9	700 000	800	5 000 000
1989	7	7 000 000	63	7 000 000 000
« Big one »	8	10 000 000	1 000	100 000 000 000

Les résultats sont donnés avec une marge d'incertitude, de nombreux facteurs pouvant majorer ou minorer les effets directs et indirects des séismes. Ainsi, le nombre de victimes peut être considérablement réduit si le séisme se produit à une heure favorable, avec des secousses prémonitoires et dans des pays où la conduite à tenir est connue des populations. À l'heure actuelle, on cherche à quantifier au mieux les éléments du risque en calculant des indices (de pertes humaines, d'endommagements potentiels suivant le type de bâtiments,...). On peut les définir suivant une maille géographique qui permet ensuite leur représentation en utilisant les systèmes d'information cartographique (SIG). Une telle démarche a été entreprise en Martinique dans le cadre du programme Gemitis (Leone, 2004).

Ces estimations présentent de façon concrète les conséquences humaines et économiques d'un séisme possible dans une région. Ce type de démarche est tout à fait nécessaire : dans le domaine de la prévention, il concourt à la sensibilisation non seulement des populations concernées, mais aussi des autorités, des administrations, des décideurs. La prise de conscience générale facilite l'application aux constructions des normes parasismiques et le renforcement ou même le déplacement de certains bâtiments ou installations. De même, elle pousse à se pencher sur l'organisation ou l'amélioration des secours et des mesures d'urgence, celles-ci pouvant concerner les zones limitrophes.

12.3.2 Planification

a) Urbanisme

Comme cela a été examiné précédemment (§ 12.2), la diminution de la vulnérabilité du bâti passe par l'application des règles de construction parasismique. À l'échelle d'une ville ou d'une commune, un microzonage fixe un cadre général et délimite des zones, en fonction de caractéristiques sismologiques et géotechniques du sol et du sous-sol et des effets induits qui en résultent. On peut compléter ces mesures nécessaires en se penchant sur l'organisation générale d'une ville, soit immédiatement après un séisme pour sa reconstruction, soit en fonction de son développement et de la prévention d'un niveau donné de risque. Cette planification urbaine peut présenter différents aspects.

En premier lieu, il est nécessaire d'intervenir sur tout ce qui pourrait diminuer ou empêcher l'efficacité des secours, en s'assurant en particulier de la bonne résistance des bâtiments nécessaires en cas de crise (PC, moyens de secours, hôpitaux, etc.). Les mesures de prévention incluent le renforcement ou même le déplacement de ces bâtiments particuliers (appartenant en France à la classe D des règles de construction parasismique). Il faut se préoccuper du maintien de leurs moyens de communication, de leur fonctionnement et de leur accessibilité.

En second lieu, dans les régions à risque sismique élevé, on peut entreprendre des actions d'inventaire du bâti, comme cela a été fait aux Antilles pour le programme Gemitis. Dans les parties les plus anciennes des cités, bien des maisons n'ont pas été réalisées suivant les normes de la construction parasismique ainsi que certains édifices recevant le public, dont les locaux d'enseignement. Les plans d'urbanisme qui accompagnent le développement des villes doivent alors en tenir compte et prévoir différentes actions : renforcement (par exemple pour des édifices historiques) ou destruction, et ouverture ou élargissement de voies, création d'espaces non construits (ceci en particulier dans les zones le long des rivières et des fleuves, aux alluvions, susceptibles de liquéfaction et d'amplification, cf. § 11.4).

On peut aussi se soucier du risque d'incendie. Celui-ci aggrava la destruction des villes de Lisbonne (1755), de San Francisco (1906), de Tokyo (séisme de Kanto, 1923) et plus récemment de Kobe (1995), où dans certains districts 80 % des habitations en bois furent détruites. Lors du séisme de Kanto, un incendie toucha la plus grande partie du centre de cette ville. Un plan de reconstruction fut ensuite établi avec la création de parcs et de terrains de jeux et l'ouverture de rues et de boulevards (largeur 22 à 73 mètres, longueur totale 117 kilomètres), pour limiter la propagation des incendies et fournir des zones de refuge. La ville de Kobe comportait 367 parcs dont 176 furent utilisés après le séisme. La diminution de ce type de risque porte aussi sur aussi sur l'organisation et la qualité des réseaux de distribution (gaz, électricité), l'emplacement des stocks de matières inflammables (Ishikawa, 2002).

b) Secours et systèmes d'alerte

> *« Je suis tout à fait d'accord pour que nous collaborions, nous les Italiens vous les Français : vous fournissez les unités de secours, les informations et nous fournissons les séismes annuels. »*
>
> F. Barberi, cité *in* « Le risque sismique dans le Sud-Est de la France, mythe ou réalité ? », 1985.

Pour diminuer l'impact des séismes sur les populations, la gestion générale des secours est primordiale. En l'absence de possibilités de prédiction fiable, ce risque naturel reste le plus soudain et le plus inattendu. Ici, pas d'avis d'alerte météo (cyclones, inondations, avalanches), pas de signes précurseurs bien identifiés (volcans), les réseaux de surveillance sismique donnent l'alerte une fois que le séisme a frappé. La seule anticipation des risques sismiques concerne les tsunamis, dans les régions du globe où des systèmes d'alerte sont opérationnels. Pour les côtes près de l'épicentre, le danger du tsunami est presque immédiat : les vagues arrivent quelques minutes après, alors que des rivages lointains sont touchés parfois plusieurs heures après (cf. *figure 4.19*).

Après un séisme, généralement, l'alerte déclenche l'envoi de secours depuis l'extérieur de la zone sinistrée. Dans celle-ci, la désorganisation, qui résulte des destructions, des victimes et parfois de la panique qui en découle, sera d'autant plus importante que rien n'aura été envisagé en cas de catastrophe. Parfois, l'état des routes, effondrées ou barrées par des chutes de pierre et des glissements, accroît les difficultés des secours, surtout dans les secteurs montagneux, comme ce fut encore le cas au Cachemire en 2005.

Il est donc nécessaire de prévoir la gestion de cette situation. Elle se fera à différents niveaux de responsabilité et de compétences des collectivités publiques et des services qui en dépendent, dont les actions devront être coordonnées. Pour ce faire, des plans d'intervention planifient l'organisation des secours, dont la rapidité d'intervention est primordiale. La prévision ne concerne pas que la gestion des victimes (morts et blessés), la recherche et le dégagement de survivants. En attendant un retour à une vie normale, il est nécessaire d'héberger et nourrir la population dans des lieux (parcs, jardins, etc.) et avec des moyens prévus. Il faut en outre établir des contrôles sanitaires, car les problèmes de santé publique (risque d'épidémie) peuvent apparaître. En France métropolitaine, dès la détection d'un séisme de magnitude $\geqslant$ à 3.5 par les réseaux de surveillance (voir § 7.1.3), le Bureau central sismologique français envoie un avis d'alerte aux services de l'état concernés, avec sa localisation et sa magnitude. Comme un séisme destructeur touche en général plusieurs communes, le déclenchement des interventions (plan Orsec, plan rouge) et l'organisation des secours se fait au niveau de la préfecture qui coordonne l'action des services opérationnels départementaux avec ceux des collectivités locales. Dans les régions les plus exposées, comme les Antilles, il existe un plan de secours spécialisé « séisme » (PPS « S »), qui prévoit de plus des exercices réguliers de répétition des interventions de secours.

12.4 ÉDUCATION ET INFORMATION

« La prise de conscience est un stimulant nécessaire, mais non suffisant pour inciter à l'action. »

Edgar L. Jackson et Ian Burton, 1980.

La perception du risque sismique et la préparation à ses dangers sont très variables. Elles dépendent en premier lieu du niveau de l'aléa : elles ne seront pas similaires dans des régions où, en l'espace d'une génération, un ou plusieurs séismes auront occasionné des pertes en vies humaines et dans des régions de beaucoup plus faible sismicité. En second lieu, suivant les pays la sensibilisation à ce risque variera largement. Dans les sociétés modernes actuelles, en même temps que se développent les connaissances sur la réalité de l'aléa, sa perception est de moins en moins marquée par le fatalisme et les actions qui peuvent diminuer ses conséquences désastreuses de mieux en mieux reconnues, acceptées et mises en œuvre. Elles sont l'objet de préoccupations constantes dans des pays comme le Japon et les États de l'Ouest des États-unis, mais également de pays de sismicité moindre.

Outre celles qui ont été examinées aux paragraphes précédents (planifications de la construction parasismique et des secours), on peut entreprendre des actions de sensibilisation et d'éducation pour participer à la diminution du risque. Elles peuvent s'adresser à différents publics : des personnes pouvant avoir l'occasion d'agir sur la diminution du risque, comme les responsables politiques et les décideurs de l'administration publique, les acteurs de la construction et ceux de la protection civile, et ensuite, plus généralement, les personnes vivant dans des zones sismiques.

Le message à faire passer porte sur différents points : tout d'abord sur la connaissance de l'aléa sismique, c'est-à-dire son niveau et ses modalités ; ensuite sur les actions qui diminuent le risque. Cela consiste à faire comprendre, et donc accepter, quelles sont les mesures à suivre, tant au plan des réglementations parasismiques qu'à celui des comportements personnels. Ce dernier aspect porte principalement sur les mesures individuelles de prévention et les conduites à tenir avant, pendant et après le séisme (tableau 12.7).

TABLEAU 12.7 CONSIGNES DE SÉCURITÉ EN CAS DE SÉISME.
(d'après le Bureau central sismologique français, 1999.)

AVANT LE SÉISME

• Faire construire sa maison suivant les normes parasismiques. S'informer des risques encourus et des consignes de sauvegarde.

• Repérer les points de coupure de gaz, d'eau et d'électricité chez soi. Disposer d'un poste de radio à piles, d'une torche électrique et d'un nécessaire de premier secours. Apprendre le secourisme. Repérer un endroit où l'on pourra se mettre à l'abri.

• Fixer les appareils lourds au plancher et les meubles lourds aux murs. Ne pas placer d'objets lourds sur les étagères hautes.

• Dans les écoles, demander que la direction et les enseignants expliquent aux élèves la conduite à tenir en cas de séisme.

PENDANT LE SÉISME

À l'intérieur : garder son calme. Rester à l'intérieur. Se mettre à l'abri près d'un mur, d'une colonne porteuse ou sous des meubles solides (tables, bureaux...), loin des fenêtres et des portes extérieures. N'allumer aucune flamme nue.

À l'extérieur : garder son calme. Rester à l'extérieur. S'éloigner de ce qui peut s'effondrer (cheminées, ponts, lignes électriques).

En voiture : arrêter la voiture. Si possible ne pas s'arrêter sous un pont, sous des lignes électriques, sur un passage supérieur ou à proximité de bâtiments qui pourraient s'écrouler. Rester à l'intérieur du véhicule. Garder son calme. Ne pas descendre de la voiture avant la fin des secousses.

APRÈS LE SÉISME

• Garder son calme. Regarder si l'on est blessé. Donner les premiers soins aux blessés et aider les personnes prises sous les débris.

• Couper l'eau, l'électricité, le gaz. Ne pas allumer de bougies. Ne pas fumer.

• Ne pas téléphoner (il faut réserver le téléphone aux messages hautement prioritaires).

• Évacuer le plus rapidement possible les bâtiments en faisant attention à d'éventuelles autres secousses consécutives à des répliques. Ne pas prendre l'ascenseur.

• Ne pas toucher aux fils électriques tombés à terre. Mettre des souliers pour se protéger des vitres cassées et des bris de verre.

• Se méfier des répliques qui peuvent causer des dégâts supplémentaires. S'éloigner des zones côtières même longtemps après la fin des secousses en raison d'éventuels raz-de-marée.

• Ne pas aller chercher ses enfants ; l'école s'occupe de tout. Se diriger vers les espaces libres (parcs, stades...).

• Ne pas pénétrer dans la zone sinistrée sans autorisation. Écouter la radio pour connaître les consignes et les suivre.

La transmission du message éducatif est variée et revêt plusieurs formes, dont les différentes modalités ne s'excluent pas. Elle peut se faire grâce à des campagnes nationales ou d'actions plus locales, comme les simulations de l'organisation des secours, avec participation de la population. Ces dernières sont très exemplaires, les médias leur donnant une large publicité. Elles concernent généralement les situations rencontrées après un séisme dont l'importance et le niveau d'impact (magnitude, intensités, étendues des zones touchées) seront déterminés au préalable. Dans les pays soumis au risque de tsunami, des programmes d'éducation et de préparation à ce danger voient conjointement le jour. On effectue des simulations avec la population, qui doit répéter alors les conduites à tenir en cas de déclenchement d'une alerte : en fonction des hauteurs prévisibles, d'après des enseignements du passé, les personnes des zones littorales doivent en particulier se rendre en des endroits plus élevés, repérés à cet effet au préalable.

On peut également organiser des manifestations pour des dates « anniversaires », comme cela a été fait en 2003 au Japon pour le 80e anniversaire du grand tremblement de terre de Kanto (M. 7.9), et plus récemment en Californie pour le séisme de San Francisco de 1906. De manière plus régulière, des publications (brochures, ouvrages de vulgarisation), ainsi que des sites d'information sur Internet sont également utiles. Au niveau de l'enseignement scolaire, où tectonique des plaques, volcans et tremblements de terre font partie des programmes, les aspects plus directement liés au risque sismique doivent être abordés avec un esprit pratique, qui peut aller jusqu'à la participation à des simulations d'évacuation. La sensibilisation des enseignants à ces problèmes spécifiques peut elle-même être l'objet de mesures d'information. Pour celles-ci, on peut faire appel à différents intervenants, depuis les scientifiques et les professionnels d'organismes et de bureaux d'études spécialisés en risque sismique, jusqu'aux acteurs de la protection civile ayant réalisé des interventions sur des zones sinistrées. Ayant vu de près les effets désastreux d'un séisme, les personnes concernées s'impliquent volontiers fortement dans la communication et l'éducation. Celle-ci peut être même organisée, comme en Californie (Californian Earthquake Education Program) ou bien en Italie, où a été créé un groupe d'éducation inclus dans le « Gruppo Nazionale per la difesa dai Terremoti ». Les buts et les résultats de ces deux démarches ont été comparés (Thier et Midoro, 1993), mettant en évidence les différences et les similarités de réaction à l'éducation dans deux pays aux contextes sismique et sociologique différents. On peut retenir qu'en Californie, la difficulté principale est de faire passer la population de l'intention de se préparer pour le prochain tremblement de terre à l'action. Alors qu'en Italie, la population est sensible au problème juste après un séisme, mais ensuite l'intérêt pour l'éducation et la préparation reste faible.

Les réactions humaines aux risques sismiques dépendent donc de nombreux facteurs psychologiques, sociaux, politiques et économiques, comme le précisent des enquêtes et des recherches de plus en plus nombreuses. Une sociologie des catastrophes s'est développée qui examine les comportements des groupes humains aux différents stades du désastre. Aussi les programmes d'information et d'éducation doivent-ils en tenir compte et s'adapter en conséquence. Un domaine particulier est celui de l'information qui suit immédiatement une catastrophe sismique. L'improvisation dans ce domaine est à proscrire, de fausses annonces entraînant immédiatement une perte de crédibilité. Après un séisme, les scientifiques doivent se garder en particulier de dire que le pire est passé et que l'activité sismique ne va pas cesser de décroître. Cette situation fréquente n'est pas malheureusement la seule possible, comme de nombreux séismes l'ont démontrée (voir § 2.2).

À la suite des espoirs fondés dans la prédiction (chapitre 10) dans les années 1980, on a cherché aussi à examiner les conséquences d'une alerte comme d'une fausse alerte, aussi bien sur les plans psychologique et sociologique (réactions des autorités, évacuation désorganisée, panique,...) qu'au niveau de l'économie (assurances, départs et arrêt préalable de l'activité, suspension des investissements,...), dans des régions particulièrement développées comme en Californie. Dans cette région, près de Los Angeles, le soulèvement du sol à Palmdale déclencha en 1975 une fausse alerte au tremblement de terre et ce fut l'occasion de constater comment cela est ressenti et mémorisé. À l'heure actuelle, on considère que seuls les systèmes d'alerte pour les tsunamis sont véritablement fiables. Si la prédiction devient vraiment opérationnelle dans le futur, elle ne devra pas créer un sentiment de fausse sécurité. La prévention, dont l'éducation au risque fait partie, restera de toute façon primordiale.

Annexe 2

FICHE 1

Séisme d'El Asnam du 10 octobre 1980, magnitude 7.3 (Ms) ; I_0 X
(actuellement Ech Cheliff et anciennement Orléansville ; Algérie)

Par sa magnitude élevée, jusqu'alors jamais enregistrée en Afrique du nord, et l'importance de ses effets de surface, ce séisme a été une étape importante dans le développement de la sismotectonique. Il a été l'occasion d'une collaboration étroite entre géologues et sismologues et l'objet de nombreux travaux. Associant une faille inverse et un pli anticlinal, il est devenu depuis un « cas d'école » pour de nombreux traités récents. Cette fiche indique ses traits les plus généraux, de nombreux autres aspects de ce séisme étant exposés et illustrés dans cet ouvrage.

Caractéristiques générales (figure 1)

Il a eu lieu dans un secteur de l'Algérie déjà éprouvé en 1954 (Orléansville, M 6.7) et en 1934 (Carnot, actuellement El Abadia ; mb 5). En 1980, trois heures après la secousse principale, une réplique de magnitude Ms 6.2 a ébranlé à nouveau de façon catastrophique la région, dans laquelle on eut à déplorer environ 3 500 victimes. Accompagné de ruptures de surface sur 35 km de long, il s'agit d'un séisme superficiel (– 14 kilomètres).

Ruptures de surface

La déformation majeure correspond au jeu d'une faille inverse, à composante horizontale senestre, associée au pli anticlinal de Sara-el-Maarouf. Les ruptures de surface se suivaient sur quarante kilomètres, parfois sur une largeur de huit cents mètres. Leur étude a mis en évidence leur complexité et la difficulté de les séparer de structures d'origine gravitaire de grande dimension, comme le glissement de Beni-Rached (*figure 4.18*), déjà activé en 1954. Les structures observées en surface correspondaient à des failles inverses, des décrochements et des failles normales, ainsi qu'à des bourrelets compressifs et à des fentes d'extension. Leur cartographie de détail (Philip et Megrahoui, 1983) a permis de comprendre leur cohérence, en les situant par rapport aux structures tectoniques antérieures (*figures 4.2* et *4.3*).

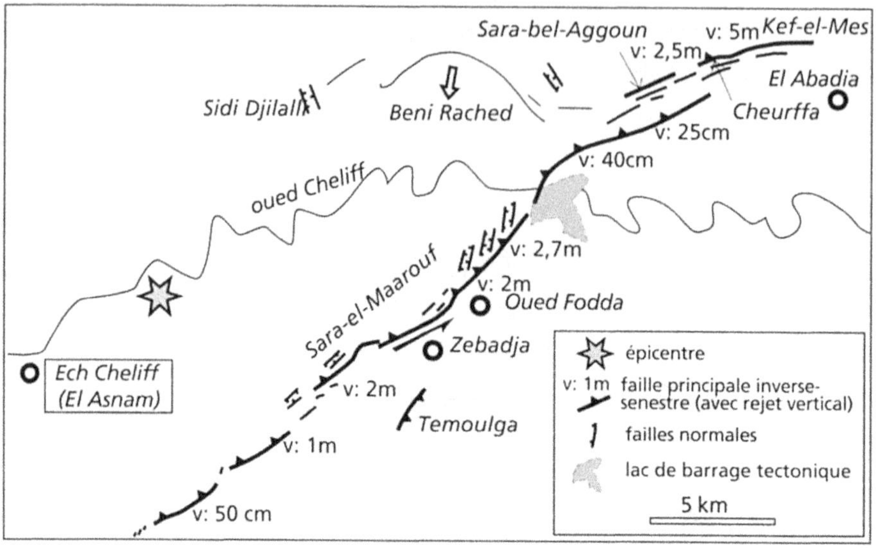

Figure 1. Localisation et nature des ruptures de surface, avec leurs variations du rejet vertical, lors du séisme d'El Asnam.

(D'après Philip et Meghraoui, 1983.)

Elles rentrent dans quatre catégories :

- des ruptures de surface (tectoniques), expressions directes du jeu de la faille sismique, accompagnées par d'autres déformations permanentes (poursuite du plissement de l'anticlinal de Sara-el-Marouff, révélée aussi par géodésie (*figure 4.13*) ;
- des ruptures de surface (tectoniques) associées : faille inverse antithétique de la faille principale (Temoulga) ; failles normales de Sidi Djilali (*figure 1*). Déjà actives en 1954, elles limitent un petit graben avec une extension en cohérence avec la direction générale de raccourcissement (*figure 10.8*) ;
- des ruptures de surface (tectoniques) induites ou subordonnées : failles normales à l'extrados d'un anticlinal (*figure 4.2*), glissements banc sur banc (*figure 4.3 d*) ;
- des ruptures de surface non-tectoniques provoquées par des glissements de terrain et les tassements dus à la liquéfaction (le long de l'oued Cheliff).

Dans certains secteurs, la faille majeure elle-même, en se redressant en surface, peut apparaître comme normale (*figure 4.3 b*). Les rejets verticaux mesurés sur la faille inverse majeure varient entre 50 centimètres et 5 mètres. La valeur maxima des mouvements horizontaux atteint 1,30 m dans la partie centrale de la faille (décrochement sénestre). Le rejet vertical sur les failles normales a été au maximum de l'ordre du mètre.

Effets induits

Ils ont été importants : barrage tectonique de l'Oued Chéliff provoqué par le jeu de la faille principale et inondation d'un vaste secteur à l'amont des gorges de cette rivière ; nombreux glissements de terrain dans des terrains argileux ; liquéfaction et effondrements d'alluvions récentes ; éboulements rares vu la faible présence de roches cohérentes.

Cadre sismotectonique

Les mécanismes au foyer de la secousse principale et des répliques ont confirmé que le champ de contraintes était compressif, avec une direction de la contrainte horizontale maximum orientée NNW-SSE. Les mesures géodésiques (*figure 4-13*) ont mis en évidence un soulèvement de près de 6 mètres du compartiment au-dessus de la faille majeure et un abaissement local de 70 centimètres, dans le compartiment chevauché. Ainsi la formation des plis associés à la faille inverse se poursuit. Comme le plissement affecte des terrains marins du Pliocène, après l'émersion du Villafranchien, l'anticlinal s'est développé au cours du Pléistocène. La disposition des terrains néogènes, présents dans le compartiment chevauchant, alors que le substratum plus ancien affleure dans le compartiment chevauché, permet de supposer que la faille inverse était auparavant une faille normale limitant un bassin néogène (phénomène d'inversion tectonique)

Depuis 1980, l'Algérie a été touchée par plusieurs séismes correspondant également au jeu de failles inverses ou de décrochement. Ils s'expliquent aussi dans le cadre général de ce secteur du pourtour méditerranéen (figure 10-21). À ce niveau, la convergence des plaques entraîne la déformation de l'ancienne marge passive méridionale du bassin algéro-provençale, qui se fait majoritairement par des failles inverses associées ou non à des plis et des décrochements. Plus rarement des failles normales, comme celles de Sidi Djilali (figure 1), correspondent à une extension orthogonale. Des structures analogues compressives et distensives sont connues aussi bien à l'est, en Tunisie, qu'à l'ouest, dans l'arc de Gibraltar, du Nord du Maroc au Levant espagnol (figure 10-21). Dans ces régions, des plis pléistocènes de la même importance que celui d'El Asnam, sont présents et à prendre en compte pour l'évaluation de l'aléa sismique.

FICHE 2

La séquence de séismes de Corinthe de 1981, Ms 6,7, 6,4, 6,6 ; I_0 IX

Parce qu'elle est associée à des ruptures qui se sont propagées jusqu'en surface la séquence de séismes de Corinthe de 1981 représente l'un des meilleurs exemples de séisme en faille normale de ces dernières décennies en Méditerranée. Cette séquence qui a été très largement étudiée sur le plan sismologique et géologique s'est produite sur plusieurs failles qui appartiennent au réseau de failles qui bordent le Rift de Corinthe. Ce rift est l'une des structures majeures les plus actives du domaine égéen.

D'autre part le secteur de Corinthe a été choisi pour créer un Laboratoire Européen (Corinth Rift Laboratory : http://www.corinth-rift-lab.org) réunissant géologues, géophysiciens, géochimistes et ingénieurs pour étudier *in situ* la mécanique des failles depuis la surface par de nombreuses observations et expériences et jusqu'en profondeur à partir de forages recoupant les zones de failles actives.

Caractéristiques générales

Les deux premiers séismes se sont produits pendant la nuit du 24 au 25 février 1981 (Ms 6,7 et 6,4) et le troisième sept jours plus tard le 4 mars (Ms 6,6). Cette séquence de séismes a provoqué des dégâts considérables dans toute la région y compris à Athènes située à 77 km plus à l'Est. On a déploré au total 19 morts, 410 blessés et de nombreux dégâts sur le bâti. L'intensité de IX a été atteinte en plusieurs points. Il s'agit de séismes superficiels avec des foyers situés entre 5 et 10 km de profondeur. La même région avait connu un séisme destructeur en 1928. Depuis 1981, deux séismes importants ont affecté la partie nord occidentale du rift en 1992 et 1995 (séisme d'Aigion, Ms 6,2).

Ruptures de surface (figure 1)

Les deux premiers séismes ont leurs épicentres situés en mer et ils sont associés à des segments de faille d'une vingtaine de kilomètres de long à pendage vers le Nord (une faille située au large, la faille de Pisia et d'Alepochori). Le troisième séisme correspond au fonctionnement d'une faille antithétique (faille de Kaparelli) à pendage Sud. Les déplacements mesurés sur les segments peuvent atteindre 1,5 mètre en accord avec les mouvements de subsidences enregistrés le long de la côte.

Une étude paléosismologique a été réalisée dans le cadre du Laboratoire du Rift de Corinthe sur la faille d'Aigion, sur la rive sud du golfe. Une première estimation du taux de déplacement vertical qui le situe entre 1,6 et 4,3 mm/an. Les trois paléoséismes mis en évidence indiquent un intervalle de récurrence maximum de 360 ans.

Contexte géodynamique

Le rift de Corinthe appartient au domaine extensif du bassin égéen. Il présente en coupe une structure dissymétrique en demi-graben orienté N 130, les failles présentant les plus forts rejets étant situées sur sa bordure sud. Les failles ont de forts pendages (55-70°) jusqu'à 5 km de profondeur se raccordent à un plan faiblement incliné (20-40°) vers le Nord entre 5 et 10 km de profondeur. Les séismes les plus forts sont localisés sur la partie à fort pendage alors que la partie à faible pendage concentre une activité intense mais de faible magnitude. Ce dispositif qui suggère la présence d'une faille de détachement semble confirmé par les mécanismes au foyer dont les plus profonds présentent un plan nodal à faible pendage. Le rift de Corinthe qui serait actif depuis le Pliocène concentre une grande partie de l'extension du domaine égéen avec des vitesses d'ouverture mesurées par la géodésie GPS qui atteignent 15 mm/an.

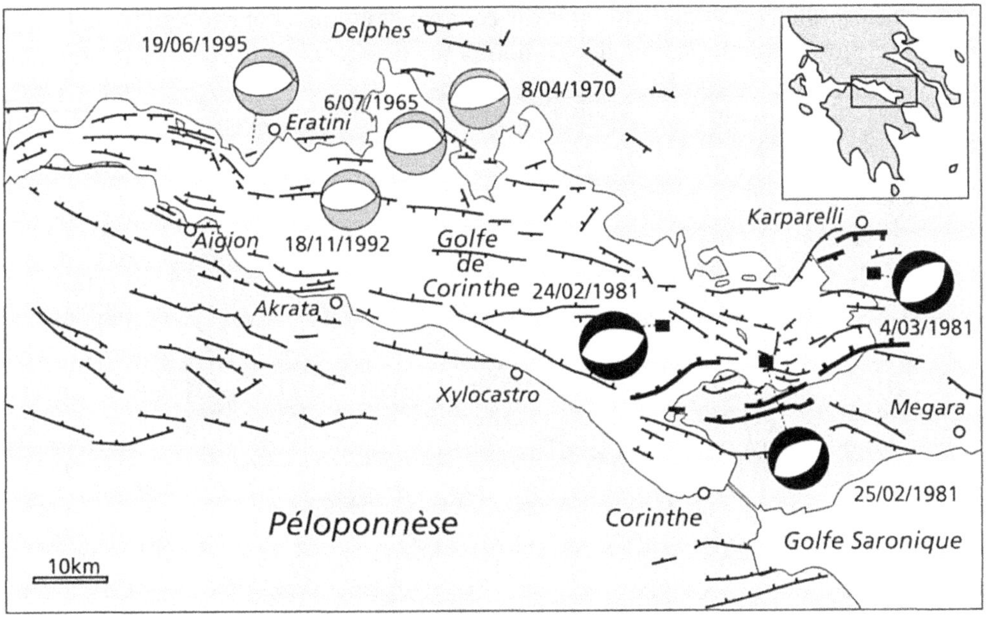

Figure 1. Carte sismotectonique du golfe de Corinthe. Les failles normales en gras ont fonctionné lors de la crise sismique de 1981.

FICHE 3

Séisme de Loma Prieta (Californie) du 17 octobre 1989, magnitude M_L 7.0 (Berkeley), M_S 7.1 (NEIS)

Caractéristiques générales (figure 1)

Ce séisme est le plus important ayant touché le Nord de la Californie, depuis celui de San Francisco en 1906. Comme ce dernier, il s'est produit sur la faille de San Andreas, mais au lieu d'un jeu purement décrochant dextre, celle-ci a fonctionné, avec un jeu dextre-inverse sur une longueur de quarante kilomètres. Cet évènement majeur est survenu dans une région particulièrement équipée et étudiée pour répondre au niveau élevé du risque sismique, si bien que de nombreux enseignements peuvent en être tirés.

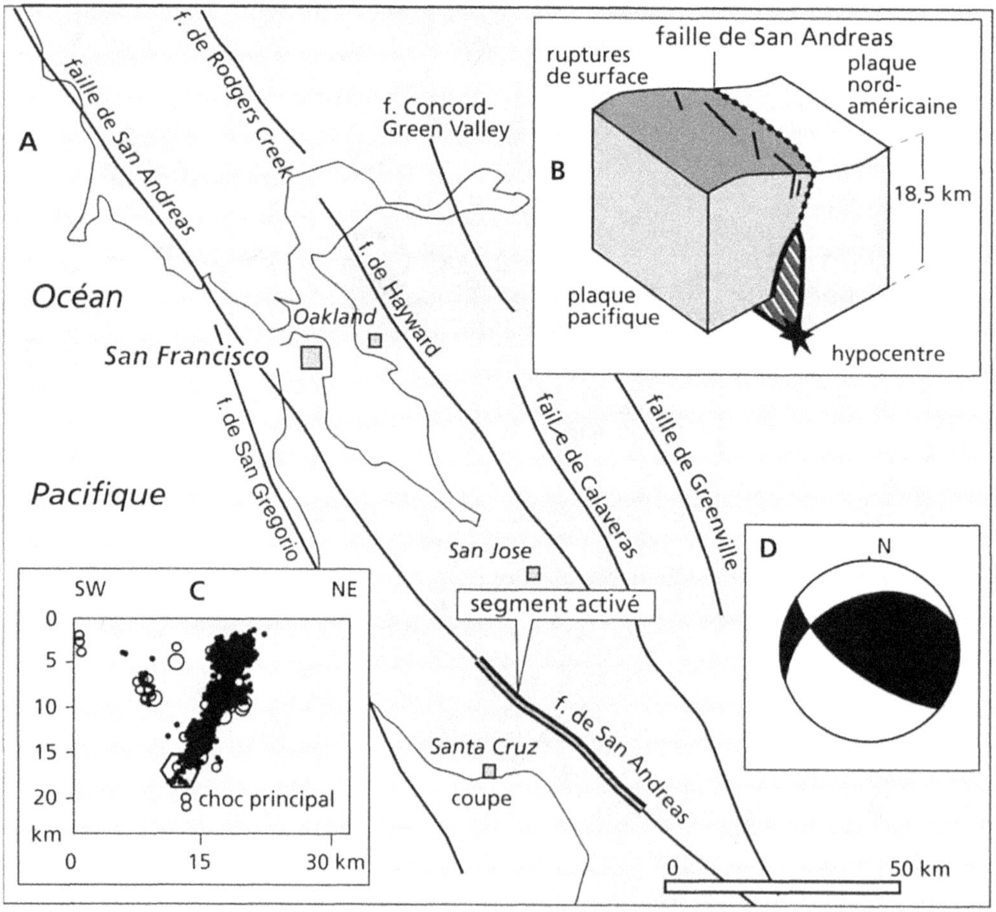

Figure 1 Le séisme de Loma Prieta.

A : localisation ; B : interprétation (simplifié d'après U.S. Geological Survey) ; C : répliques et choc majeur en coupe ; D : mécanisme au foyer (d'après Université de Californie de Berkeley).

Effets induits – Bilan des victimes et des dégâts

Des glissements de terrain ont été déclenchés dans la zone épicentrale, mais l'on a remarqué principalement des tassements des sols et des manifestations de la liquéfaction. Comme cela avait été prévu par des études antérieures, ces derniers phénomènes ont été fréquents sur le pourtour de la baie de San Francisco, aux sols alluvionnaires ou formés de boues, parfois surmontés de remblais.

Ayant touché une région très peuplée (près de six millions d'habitants), on peut considérer que ce séisme n'a fait que peu de victimes (63 morts et 3 757 blessés), comparativement à un séisme de même magnitude, comme celui de Spitak (M 6.9, 1988 ; au moins 25 000 morts). Près de l'épicentre, à Santa Cruz, on a déploré 6 morts et 600 blessés, alors que les dégâts les plus importants ont eu lieu quatre-vingts à cent kilomètres plus au nord, à San Francisco et Oakland. Des effondrements partiels de ponts et viaducs autoroutiers ont eu des conséquences catastrophiques. Au total, plus de 20 000 bâtiments ayant été endommagés, l'ensemble des dommages s'élève à plus de six milliards de dollars (évaluation 1989). Mais, aussi bien pour les ouvrages d'art (près de 1 500 ponts) que pour les constructions, il est à souligner leur bon comportement général. Les bâtiments modernes construits suivant les règles parasismiques n'ont pas été endommagés, alors que des constructions anciennes en béton ou en maçonnerie ont présenté quelques dégâts dus à leur mauvaise conception. C'est sur le bord de la baie, que se trouvaient les bâtiments les plus affectés. Une grande partie était réalisée en bois et certains ont été complètement détruits par des incendies. Cette importance des dégâts de ce secteur provient des phénomènes de tassement et de liquéfaction, liés à des phénomènes d'amplification confirmés par l'important réseau d'accéléromètre installé dans cette région.

Sismotectonique

Alors que d'après la géodésie, le mouvement serait d'environ deux mètres horizontalement et d'un mètre quarante verticalement, les mécanismes au foyer calculés pour le choc majeur indiquent une composante verticale plus forte (*figure 1 D*). Ce jeu en faille inverse est en accord avec la disposition des répliques (*figure 1 C*) qui se répartissent surtout suivant un plan plongeant de 70° au SO et, de façon accessoire, sur un plan incliné au NE, qui indiquerait la présence d'une faille antithétique. Il a été noté des ruptures de surface dans le compartiment soulevé, mais pas sur la faille elle-même. On envisage donc (*figure 1 B*) que la rupture sismique ne s'est pas propagée jusqu'en surface, étant donné la profondeur de l'hypocentre.

Préalablement à cet événement, des études avaient proposé des évaluations de l'aléa sur la faille de San Andreas. La probabilité d'un séisme de magnitude 6.5 pour la période 1988-2018 avait été estimée à 30 % pour le secteur de Santa Cruz. De façon très nette, les enregistrements sismologiques de la période 1969-1984 des séismes de magnitude > 2 (*figure 2*) indiquaient un « gap » de sismicité qui fut très exactement comblé par le séisme et ses répliques.

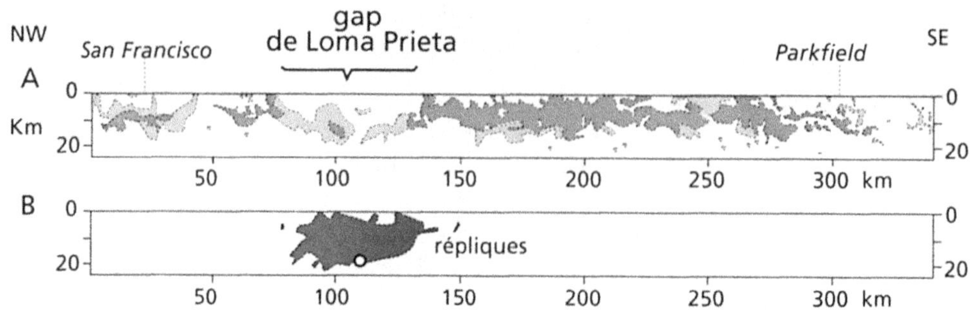

Figure 2. Données sismologiques.

A : Répartition de la sismicité M > 2 en projection sur le plan de la faille de San Andreas et gap ;

B : Séisme de Loma Prieta et ses répliques (dessin simplifié, d'après U.S. Geological Survey.)

FICHE 4

Les séismes de subduction de Sumatra

Avec une magnitude Mw de 9,0, le tremblement de terre de Sumatra, qui s'est produit le 26 décembre 2004, est le plus gros séisme observé depuis plus de 40 ans. Il a produit un tsunami dévastateur d'une amplitude inédite jusqu'ici, qui a touché une grande partie des côtes de l'Océan indien (*figure 4.19 A*). Comme les séismes de taille comparable, tel celui du Chili en 1960 (Mw 9,5) ou celui d'Alaska en 1964 (Mw 9,2), il correspond à un séisme de subduction (cf. § 1.2.3). Ces séismes géants mettent en jeu le plan de subduction sur plus de 1 000 km de long, avec des glissements qui dépassent la dizaine de mètres. Ils apportent donc une contribution au mouvement des plaques qui domine très largement celle des séismes de magnitude inférieure. La rupture du séisme de Sumatra qui s'est propagée sur 1 200 à 1 300 km le long d'une zone de subduction légèrement courbée a été suivie le 28 mars 2005 par un second séisme dont la rupture, adjacente à celle du premier séisme, s'est propagée sur 300 km. Ces deux séismes sont les plus grands événements sismiques jamais produits depuis le déploiement des réseaux globaux sismologiques large bande d'une part et géodésiques GPS d'autre part. Ils représentent donc un cas d'étude unique.

Cadre sismotectonique (figure 1)

Les deux séismes se sont produits à la frontière entre la plaque indo-australienne, qui converge vers le NNE à une vitesse de 40 à 50 mm/an, et la partie sud de la plaque Eurasie qui correspond ici au bloc de la Sonde. À l'Est de l'Himalaya, la limite entre ces plaques traverse la Birmanie suivant une direction nord-sud et se prolonge plus au Sud dans l'Océan indien où elle correspond à une subduction le long des îles Andaman et Nicobar puis, puis le long de Sumatra et de Java où elle acquiert progressivement une direction est-ouest. Le mouvement convergent entre la plaque indo-australienne et eurasienne est oblique par rapport à la fosse : il se décompose en un mouvement principalement chevauchant au niveau de la fosse avec un taux de convergence d'environ 14 mm/an et un mouvement décrochant sur la faille de Sumatra (g.f.s.). Dans la mer d'Andaman, un bassin d'arrière-arc accommode le reste du mouvement, reliant la faille de Sumatra, au sud, avec la faille de Sagaing (f.s.), au nord.

Sismicité historique

Plusieurs grands séismes de subduction se sont produits le long de cette limite de plaque depuis le dix-huitième siècle. Les plus gros se sont produits en 1797 (M ~ 8.4), en 1833 (M~ 9) et 1861 (M~ 8.5). Un séisme plus petit (M~ 7.8) s'est produit en 1907 juste au sud de la rupture de 2004 produisant des dégâts importants aussi bien du fait du séisme que du tsunami qui a suivi. Tous ces séismes se sont produits au sud-est de la rupture de 2004. Le séisme de 2005 a rompu le même segment que les séismes de 1861 et 1907.

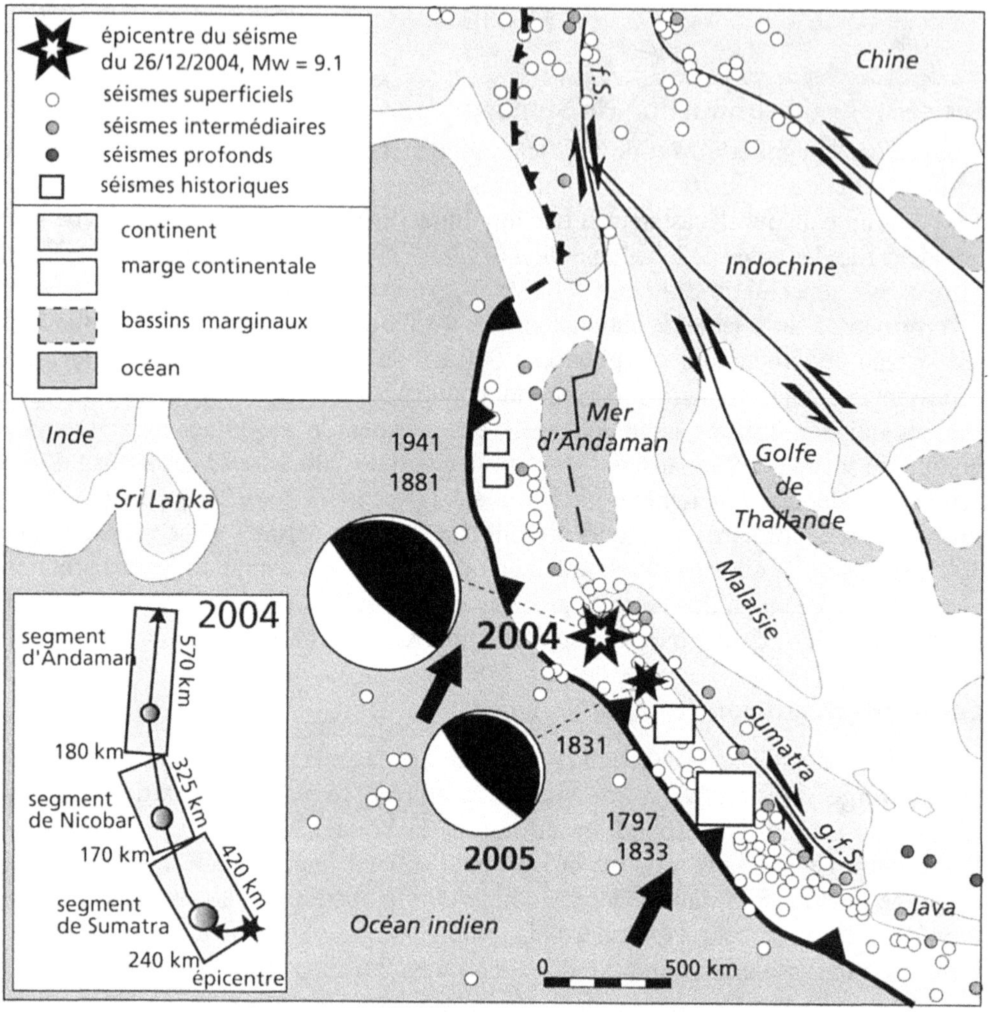

Figure 1 Contexte sismotectonique des séismes de subduction de Sumatra de 2004 et 2005. En cartouche : modélisation de la rupture de 2004.

Des séismes historiques plus petits se sont aussi produits près des îles Nicobar en 1881 (M ~7.9) et près des îles Andaman (M ~7.9) en 1941. Mais il n'y a pas d'exemple historique de séisme ayant produit un aussi gros tsunami que celui de 2004 dans le golfe du Bengale.

Les séismes majeurs de 2004 et 2005 et leurs répliques

La rupture du séisme de 2004 s'est initiée à une profondeur de 30 km. Le mécanisme au foyer indique une faille inverse plongeant faiblement (8°) orienté N110°. Le glissement apparaît plus proche de la perpendiculaire au plan de subduction que de la direction de convergence des plaques, ce qui semble cohérent avec un partitionnement long terme entre la subduction et la faille décrochante dextre de

Sumatra. La distribution des répliques entre le 27 et le 30 janvier 2005 donne une indication sur l'étendue de la rupture qui s'étale sur 1 300 km, entre le nord-ouest de Sumatra et les îles Andaman. Les répliques les plus remarquables qui se sont produites dans le bassin d'arrière-arc de la mer d'Andaman correspondent à des mécanismes décrochants ou en extension (plus de 150 séismes de magnitude supérieure à 5).

La rupture du séisme de 2005, initiée à une profondeur de 30 km, correspond aussi à un déplacement en faille inverse de faible pendage (7°). Les répliques s'étendent sur 300 km.

Magnitude et intensité

Le moment sismique du séisme du 26 décembre 2004 a été évalué à partir d'ondes de surface de période 300 à 500 s à Mo = 4.0 10^{22} Nm (solution Harvard CMT). Ceci est comparable à la somme des moments sismiques de tous les séismes s'étant produit pendant la décennie précédente, ce qui correspond à une magnitude Mw = 9.0. Le moment sismique du séisme de 2005 a été évalué à Mo = 1.1 10^{22} Nm, soit une magnitude Mw = 8.6. Des intensités de IX ont été évaluées à Sumatra autour de Banda Aceh, VII à Port Blair dans les îles Andaman et entre II et IV tout autour du golfe du Bengale.

Modèle de glissement

La rupture du séisme de 2004 s'est propagée du sud vers le nord sur une distance de 1 200 km à une vitesse comprise entre 2 et 3 km/s. Elle a donc duré au moins 500 s, ce qui en fait la plus longue jamais mesurée dans l'histoire de la sismologie. Les modèles basés sur des données sismologiques montrent que la plus grande part du glissement s'est concentrée sur la moitié sud de la rupture. Dans cette partie, certains segments ont glissé de plus de 20 m. On peut diviser la zone de rupture en trois parties (voir *figure 1*).

Mais, les observations géodésiques montrent deux à trois fois plus de glissement dans la partie nord de la rupture que ce que laissent supposer les modèles basés uniquement sur les données sismologiques. Ceci suggère que la rupture de la partie nord s'est produite sous forme de séisme lent, avec pas ou peu d'émission d'ondes sismiques. Des données inclinométriques à Andaman conduisent ainsi à proposer un glissement lent de 10 m dans la moitié nord de la rupture. Des résultats comparables peuvent être obtenus à partir de l'étude des mouvements permanents observés sur l'ensemble des stations GPS de la région.

EXERCICES

Exercice 1

À partir de la figure 2.8, retrouvez les principales caractéristiques du séisme d'Izmit :

1. Quel est le mécanisme dominant lors du séisme : normal, inverse, décrochant dextre ou décrochant sénestre ?

2. Quel est l'ordre de grandeur du déplacement moyen observé sur la faille ?

3. En observant l'ensemble des déplacements cosismiques, estimer approximativement la longueur de la rupture.

4. En prenant une profondeur de rupture de 10 km et une rigidité $\mu = 3\ 10^{10}$ Pa.s, calculer le moment sismique du séisme.

5. En déduire sa magnitude Mw.

Solution

1. Décrochant dextre

2. Environ 2 m .

3. Environ 150 km .

4. $M_0 = \mu Ad = 3\ .\ 10^{10} \times (150\ .10^3 \times 10\ .10^3) \times 2 = 0.9\ 10^{20}$ Nm (chapitre 3).

5. $M_w = 7.3$ car $M_w = \dfrac{2}{3}\ \log_{10} M_0 - 6.0$ (chapitre 3).

Exercice 2

À partir de la figure 2.9, profil P2, il est possible d'estimer le déplacement cosismique en fonction de la distance à la faille.

1. Vérifier que l'on trouve approximativement, sur le segment sud, le résultat suivant :

Distance à la faille (en km)	Déplacement (en cm)
10	50
20	30
30	20
40	13
50	10

2. Vérifier que cela est compatible avec une profondeur de rupture de 10 km et un glissement de 2 m. Pour le calcul, on fera l'hypothèse d'une faille infinie.

3. Quelles valeurs obtiendrait-on si on prenait une profondeur de glissement de 5 km ? de 15 km ?

Solutions

2. On utilise la formule : $u(y) = \pm D/2 - (D/\pi).\tan^{-1}(y/W)$ (voir chapitre 2)

3. On utilise la même formule avec W = 5 km puis W = 15 km. On vérifie que l'ajustement est moins bon.

Exercice 3

Les données GPS de la figure 2.11 et de la figure ci-dessous (Burgman *et al.*, 2002) ont été collectées avant le séisme de Izmit autour de la faille nord Anatolienne. En déduire :

1. La vitesse de la faille.

2. La profondeur de blocage de la faille.

3. Sachant que les séismes historiques se produisant sur cette faille sont semblables au séisme de Izmit décrit dans l'exercice 1, quel peut être l'intervalle de récurrence ?

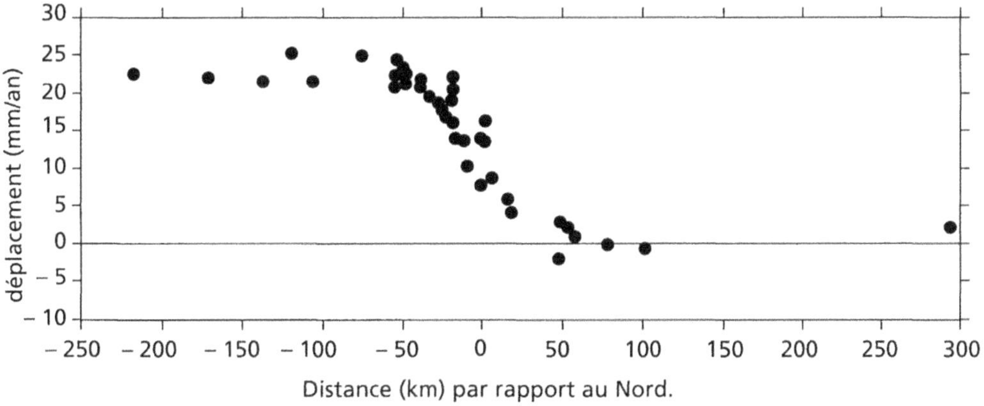

Solutions

1. 2.2 cm/an.

2. 10 km.

3. Si on prend M_w 7.3, $\mu = 3\,.10^{10}$ Pa.s, la surface rompue $150\,.10^3 \times 10\,.10^3$ m^2, alors

$\text{Log}_{10}(M_0) = (7.3 + 6.0) \times 3/2 = 19.95$

$d = M_0/\mu A = 8.91\,.10^{19} / (3\ 10^{10} \times 150\ 10^3 \times 10\ 10^3) = 1{,}98$ m

$T_{\text{récurrence}} \sim 198 / 2.2 \sim 90$ ans.

Exercice 4

Le 22 février 2003 s'est produit près de Rambervillers dans les Vosges un séisme de magnitude Ml = 5.4. Afin d'étudier les répliques de ce séisme, un réseau sismologique temporaire a été installé. De nombreuses répliques ont été enregistrées. Sont présentés dans les figures ci-dessous ; 1. une carte du réseau et 2. un exemple d'enregistrement. Pour chaque station sont présentées les 2 composantes horizontale (en haut et au milieu) et la composante verticale (en bas).

1. Quelle est la station la plus proche du foyer ?

2. Si on considère que l'épicentre du séisme est à mi-distance entre BRU et BDF, à quelle profondeur peut-on estimer l'hypocentre du séisme ? On prendra $V_p = 6$ km/s et $V_p/V_s = 1{,}73$ et on utilisera la relation qui relie t_s-t_p à la distance au séisme.

3. Vérifier que la position proposée est compatible avec les temps d'arrivées observés à DOM et HAR.

4. Pointer les polarités des premières arrivées. Ci-dessous sont donnés pour chaque station l'azimut de la station par rapport à l'épicentre et l'angle de départ du rai (de 0 à 180° par rapport à la verticale descendante). Reporter les polarités sur le canevas de Schmidt ci-dessous. Déterminer le mécanisme au foyer.

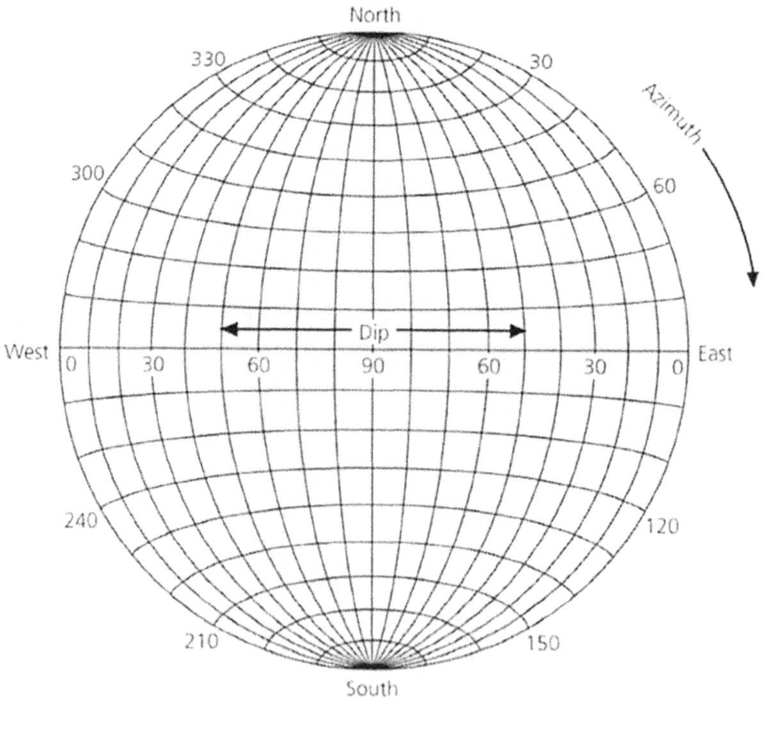

Station	Azimut	Incidence
BAD	255	129
BDF	145	165
BEG	38	147
BRU	349	170
CBR	120	139
CHB	86	145
DFG	149	132
DOM	225	136
HAR	308	136
NOS	355	147

Note : Le mécanisme au foyer est assez proche de celui du séisme principal donné par le LDG (un premier plan avec un azimut 300° et un pendage 43°, un second plan avec un azimut de 168° et un pendage de 58° donnant une faille normale très légèrement décrochante).

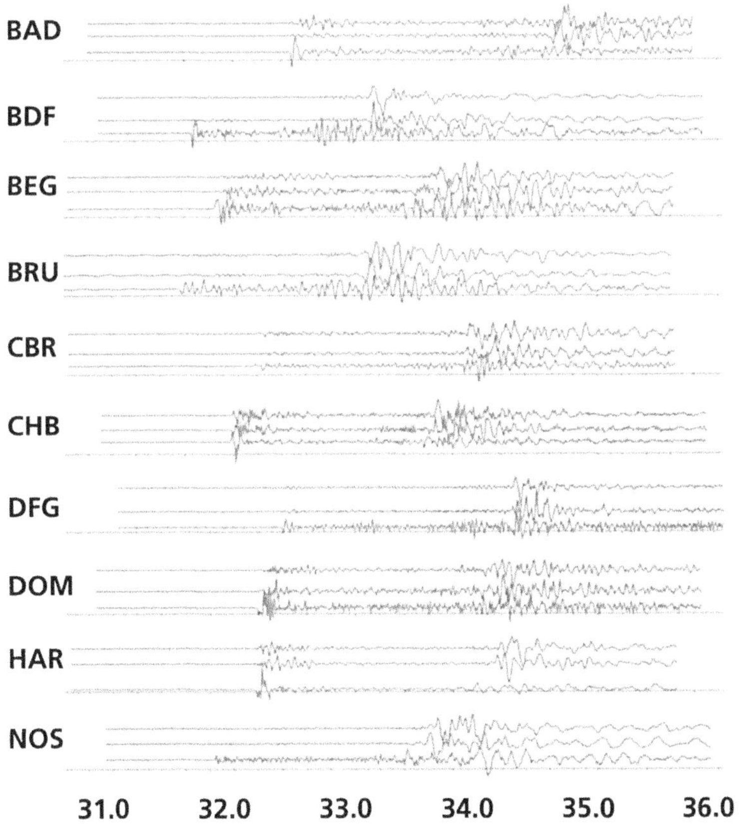

Solutions

1. BRU. **2.** Environ 12 km.

3. Les pointés et polarités sont :

Station	Temps P (en s)	Temps S (en s)	Polarité
BAD	32.67	34.83	–
BDF	31.86	33.31	–
BEG	32.04	33.82	+
BRU	31.76	33.27	–
CBR	32.36	34.11	+
CHB	32.17	33.82	+
DFG	32.60	34.51	–
DOM	32.39	34.06	–
HAR	32.37	34.27	–
NOS	32.04	33.72	+

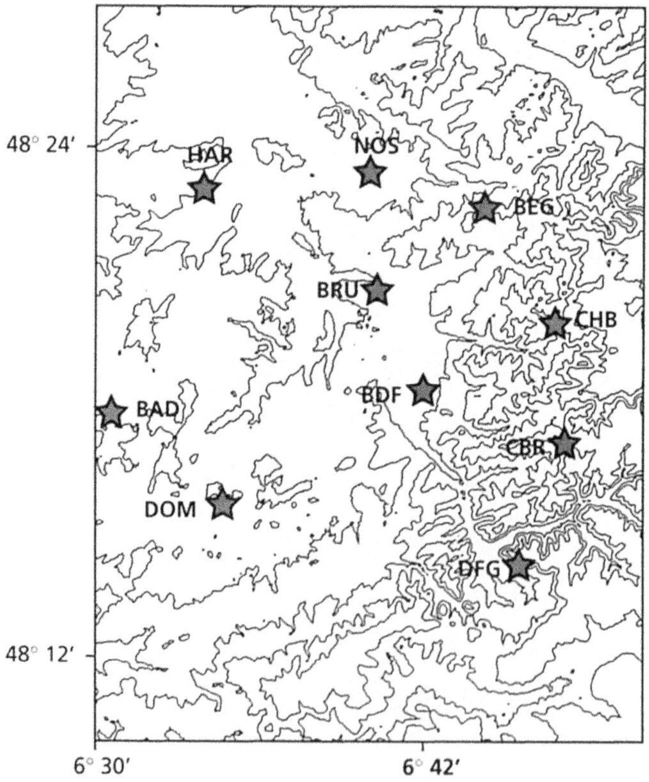

La solution calculée par un logiciel de localisation est :

Latitude : 48N19.582. Longitude : 6E40.661. Profondeur : 11.5 km.

4. L'un des plans est relativement bien contraint (azimut 145°, pendage 78°). L'autre est mal contraint, mais une solution qui se rapproche du séisme principal est azimut 302°, pendage 13°.

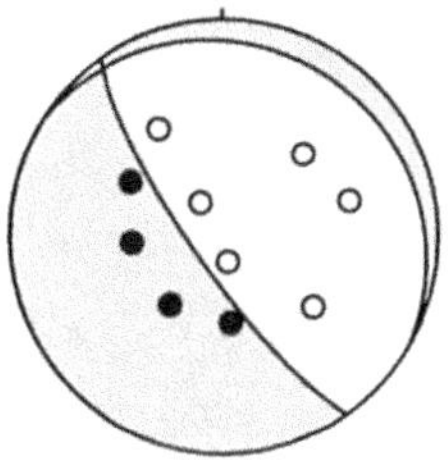

Exercice 5

La rupture de surface associée au dernier séisme non daté qui se soit produit sur une faille proche de la faille de San Andreas (secteur proche du séisme de Loma Prieta) correspond à la création d'un escarpement qui a décalé horizontalement et verticalement un talweg. Ce décalage est à l'origine de la formation d'un lac de barrage tectonique (sag pond). La rupture se suit su 45 mm de long.

Une tranchée réalisée dans les sédiments du lac complètement comblé a atteint à 1,2 mètres le fond du remplissage sédimentaire (A) (figure). L'analyse des sédiments a mis en évidence deux niveaux B et C qui contiennent de la matière organique. C est situé à 10 cm de profondeur et B à 40 cm. La matière organique a été datée par la méthode C 14 en donnant après calibration : un age de 800 ans BP pour B et un age de 200 ans BP pour C.

Questions

1. En faisant une hypothèse simple, trouver l'âge BP du séisme.

2. Pouvez-vous estimer le vecteur glissement de ce séisme ?

3. Calculez la magnitude du séisme. À partir du temps écoulé depuis le séisme, on peut évaluer une vitesse de glissement maximale. Est-elle compatible avec les vitesses mesurées sur système de faille de San Andreas ?

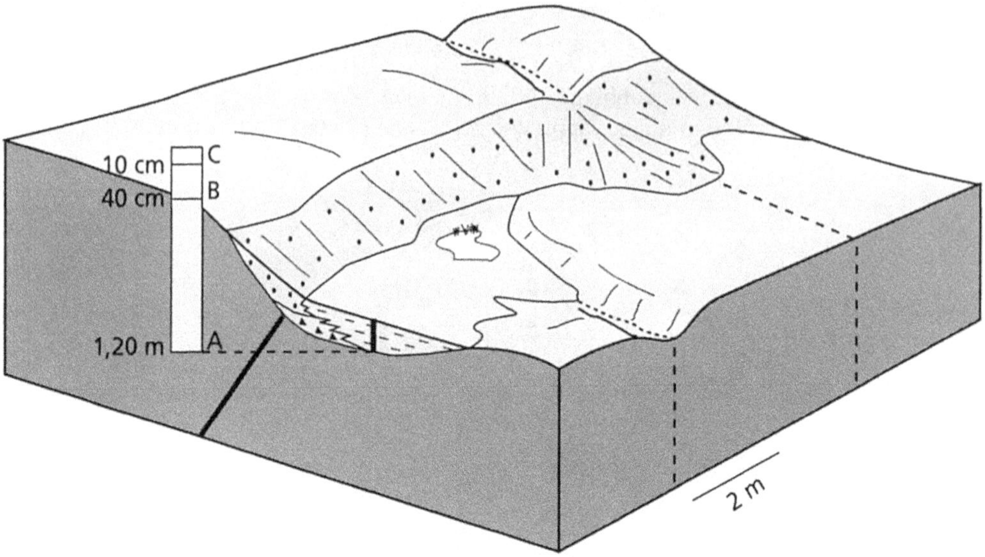

Solutions

1. Entre B et C il y a 300 mm et la différence d'âge est de 600 ans. La vitesse de sédimentation est donc de 300 mm/600 ans = 0,5 mm/an. En faisant l'hypothèse d'une vitesse de sédimentation constante le point A correspond à un âge de 1 200 / 0,5 = 2400 ans BP.

2. Le déplacement vertical est le double de l'épaisseur maximale du coin colluvial (chapitre 6) soit $1,2 \times 2 = 2,4$ m. Le déplacement horizontal est de 4 mètres environ d'après la figure. Le vecteur déplacement d peut être obtenu par la relation : $d^2 = 2,4^2 + 4^2 = 21,76$.

$$d = \sqrt{21,76} = 4,66 \text{ m}$$

3. Le moment sismique est donné par la relation : $M_0 = \mu \,.\, D_m \,.\, A$, et la magnitude du moment sismique par : $M_w = 2/3 \log M_0 - 10,7$.

On prendra un coefficient de rigidité $\mu = 3,3 \,.\, 10^{11}$ dynes/cm^2 pour la croûte continentale. Dans le secteur de Loma Prieta (voir fiche), la profondeur des séismes importants est voisine de 20 km : $A = 45 \times 20 = 900$ km^2

$$M_0 = 3,3 \,.10^{11} \times 4\,66 \times 900.10^{10} = 1,38 \,.\, 10^{27}$$

D'où, $\log M_0 = 27,13$

$Mw = 2/3 \,.\, 27,13 - 10,7 = 7,39$

La vitesse horizontale maximale est de 4000 mm en 2400 ans soit 1,67 mm/ an, ce qui est une vitesse très faible comparée aux vitesses pluri centimétriques du réseau de failles de San Andréas. La vitesse trouvée caractériserait plutôt une faille intracontinentale qu'une limite de plaque.

Exercice 6

Le dernier séisme historique associé à une faille orientées N 045 E, s'est produit en 1845. Il a occasionné des ruptures de surface dont on peut encore observer la trace sur 35 kilomètres avec un déplacement vertical moyen de 1,5 mètre. La sismicité instrumentale dans cette région indique que les séismes se situent à des profondeurs comprises entre 15 et 5 kilomètres.

Une étude paléosismologique a été réalisée sur cette faille, notamment avec le creusement d'une tranchée réalisée perpendiculairement à la faille. La figure correspond au levé de la coupe du mur NE de la tranchée qui a permis d'observer :

1. Le plan de faille qui plonge vers le NW de 50° et porte des stries qui font sur le plan de faille un angle de 60° avec l'horizontale.

2. Dans le compartiment SE, une succession de niveaux sédimentaires et de sols contenant des éléments qui ont permis d'en dater certains avec différentes techniques. Les âges indiqués sont des ages BP (Before Present) ; conventionnellement, on compte ces âges à partir de 1950. Les coins colluviaux I à IV ont des épaisseurs maximales identiques d'un mètre.

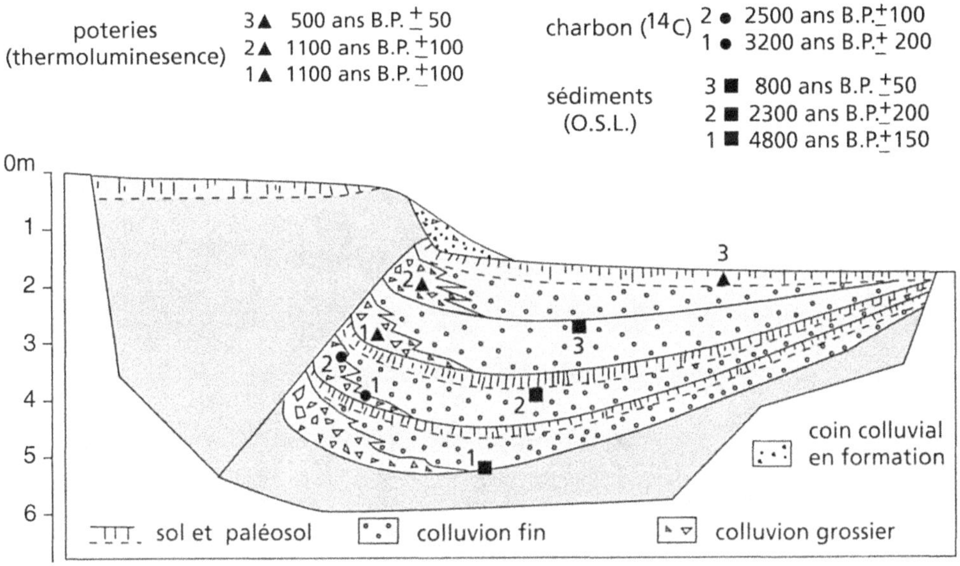

Questions

1. Calculer (a) la composante horizontale du vecteur glissement et (b) le vecteur glissement du séisme de 1845.

2. Bien qu'il s'agisse d'un séisme historique, pouvez-vous calculer le mécanisme au foyer probable de ce séisme ? (utiliser un diagramme stéréographique)

3. Peut-on estimer sa magnitude ?

4. Quel est le nombre de séismes que révèle l'analyse de la coupe ?

5. Peut-on en estimer les magnitudes ? (Voir chapitre 6).

6. Dater les paléoséismes (fournir la fourchette de temps).

7. Estimer la vitesse de déplacement moyenne de la faille.

8. Tracer un diagramme déplacements cumulés/temps. Que peut-on dire du comportement sismique de la faille ?

Solutions

1. Avec un déplacement vertical de 1,5 mètres et une strie inclinée de 60° par rapport à l'horizontale sur le plan de faille, le vecteur glissement est égal à ; 1,5 / sin 60 = 1,74 mètres et la composante horizontale ; 1,74 × cos 60 = **0,87 mètres**.

2. Utiliser un canevas stéréographique identique à celui d'exercices précédents.

3. Les relations empiriques de Wells et Coppersmith (chapitre 11.3.3, *figure 11.9*) permettent d'évaluer la magnitude à partir de la longueur de la rupture ou de sa surface ou encore à partir du déplacement moyen. La surface de rupture estimée est de 15 × 35 =525 km^2 ce qui indique une magnitude très **proche de 7**.

On peut aussi la préciser en calculant la magnitude du moment sismique (chapitre 3.2.2):

Le moment sismique est donné par la relation : $M_0 = \mu \, . \, D_m \, . \, A$

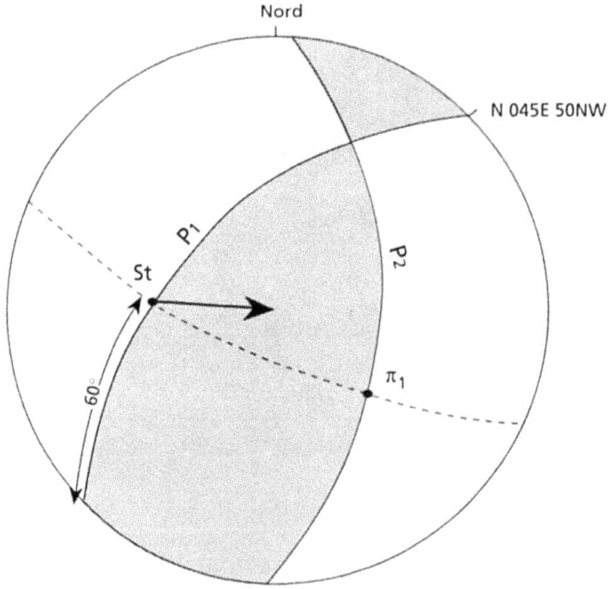

et la magnitude du moment sismique par : $M_w = 2/3 \log M_0 - 10,7$.

Avec un coefficient de rigidité $\mu = 3,3 \, . \, 10^{11}$ dynes/cm^2 pour la croûte continentale,

$$M_0 = 3,3 \, . \, 10^{11} \, . \, 174 \, . \, 525 \, . \, 10^{10} = 3,01 \, . \, 10^{26}$$

On trouve donc

$$\log M_0 = 26,47$$

$$\mathbf{Mw = 6,92}$$

4. La présence de **5** coins colluviaux indique tout simplement que cinq séismes se sont produits entre 1 845 et 4 800 ans. Ils ont des magnitudes comparables compte tenu que l'épaisseur des coins colluviaux est identique.

5. D'après les modèles de dégradation, les escarpements de faille associés aux coins colluviaux ont une hauteur (qu'on assimilera à la composante verticale du déplacement) qui est le double de l'épaisseur maximale des coins colluviaux (voir le chapitre 6). Ainsi les quatre coins colluviaux dont les épaisseurs sont de 1 mètre correspondent à des déplacements verticaux de 2 mètres. On procède ensuite comme pour la question 3.

Pour un déplacement vertical de 2 mètres, le vecteur glissement est de 2,33 m. Le moment sismique est : $M_0 = 3,3 \cdot 10^{11} \cdot 233 \cdot 525 \cdot 10^{10} = 4,3 \cdot 10^{26}$, et la magnitude du moment correspondante **Mw = 7,02.**

6. On dessine un log sur lequel on reporte les données stratigraphiques et les datations. Ces dernières permettent compte tenu des barres d'erreurs de donner les intervalles de temps minimaux, maximaux pendant lequel se sont produits les séismes.

7. Ces séismes totalisent un déplacement vertical de 4 × 2 m + 1,5 m = 9,5 m. Les 9,5 mètres de déplacements se font en 4 800 – 105 = 4 695 ans ce qui donne une vitesse verticale moyenne $\mathbf{V_v} = 9,5 \cdot 10^3 / 4\,695 =$ **2,02 mm/an** et selon la direction de glissement le déplacement = 4 × 2,33 + 1,74 = 11,06 m d'où, $\mathbf{Vg} = 11,06 \cdot 10^3 / 2\,955 =$ **2,35 mm/an.**

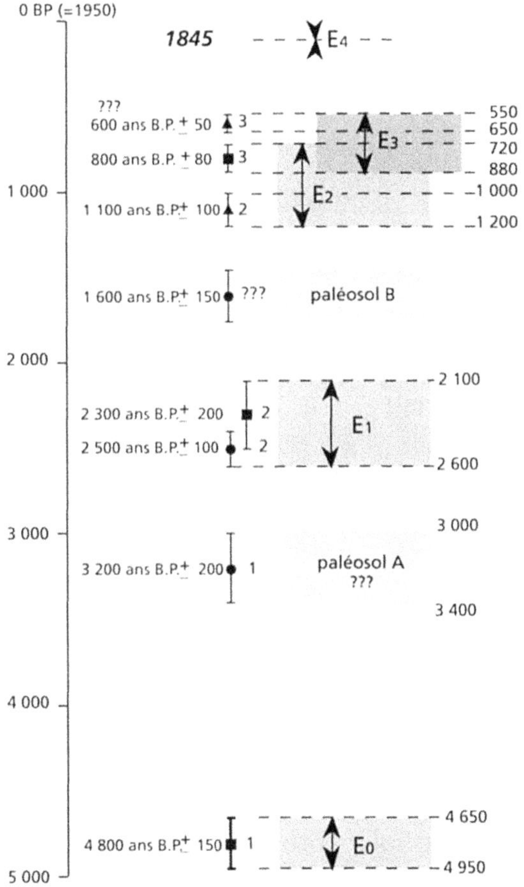

8. Le diagramme permet de constater une variation du temps de récurrence entre les séismes depuis 4 800 ans. Ce changement qui se traduit par une augmentation de la vitesse de déplacement intervient approximativement entre 1 200 et 1 500 BP. Entre 4 800 et 1 500 BP, la vitesse de déplacement vertical est de 1,4 mm/an environ et depuis 1 500 BP elle est de 2,7 mm/an. Le comportement sismique de cette faille est donc épisodique.

Ce résultat est cohérent avec l'absence de sol entre les coins colluviaux correspondant aux séismes 2 et 3. La période de retour entre ces deux événements a été trop courte pour qu'un sol ait le temps de se former.

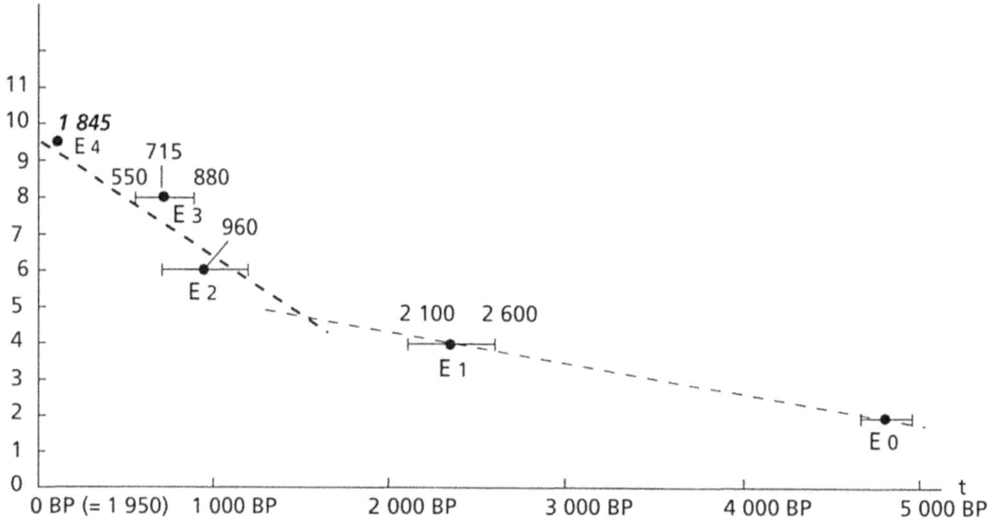

Exercice 7

Un décochement actif dextre décale un cône volcanique de 700 mètres. Cet appareil volcanique a été daté par la méthode K-Ar à 1,4 Ma. Une coulée plus récente qui traverse la zone de faille a été datée à 12 ka. La faille traverse un site archéologique et décale horizontalement de 2 mètres un mur antique daté à 2 ka BP. D'autre part la documentation historique ne fait pas état de séisme depuis 1 500 ans.

On fera les hypothèses suivantes : a) la faille fonctionne avec une vitesse long terme constante ; b) Elle a un comportement régulier et on considère qu'il n'y a pas de glissement asismique (creep); c) Les séismes majeurs qui se produisent sur cette faille ont la même magnitude (séismes caractéristiques).

Questions

1. Quelle est la vitesse moyenne long terme de la faille ? Il s'agit d'une vitesse minimale, pourquoi ?

2. Combien de séismes se sont produits depuis 1,4 Ma ?

3. Combien de séismes se sont produits depuis 12 ka ?

4. Peut-on dater le dernier séisme et évaluer la période pendant laquelle se produira le prochain séisme ?

Solutions

1. Vm = 7 .10^5 / 1,4 .10^6 = 0,5 mm/an. Elle est minimale car on considère ici que la faille a fonctionné juste après l'édification du volcan.

2. Le déplacement d = 0,5 × 12 . 10^3 = 6 . 10^3 mm, soit 6 mètres.

Le dernier séisme qui se soit produit correspond à un déplacement de 2 mètres. Trois séisme se sont donc produits depuis 12 Ka. La récurrence est donc approximativement de 4 Ka.

3. Le dernier séisme s'est produit entre 1 500 et 2 000 ans BP. Avec une récurrence de 4 Ka le prochain séisme devrait donc se produire dans 2 Ka.

Exercice 8

Dans l'Est des Pyrénées (*figure 1*), on cherche à établir quelles sont les failles qui fonctionnent actuellement et qui sont responsables des séismes majeurs.

Après le plissement pyrénéen du début du tertiaire, des bassins néogènes (Cerdagne, Conflent, Roussillon) se forment et sont limités par des failles normales E-W à NE-SW avec une direction d'extension NNW. Au Pliocène, les failles NE-SW jouent en décrochements senestre-normaux, et sont associées à des failles normales NNE-SSW. Pour la période suivante, on constate que des failles normales NNW-SSE recoupent des terrains pliocènes (Roussillon) et que des failles NW-SE (Ampurdan) sont associées à un volcanisme alcalin, au Pléistocène supérieur et à l'Holocène. D'autre part, on a relevé en plusieurs points, sur affleurements (1,3) ou en tranchées (2), des coupes où le Pléistocène est affecté par des failles (*figure 2*). Le séisme récent de Saint-Paul-de-Fenouillet a permis de calculer des mécanismes au foyer du choc principal et de certaines de ses répliques (*figure 1*).

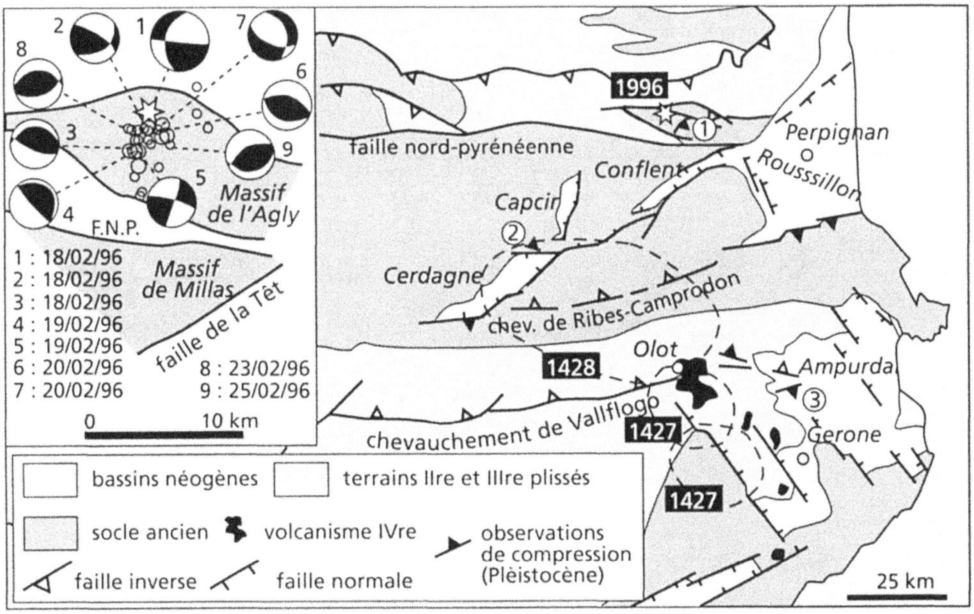

Figure 1 Schéma sismotectonique de l'Est des Pyrénées et mécanismes au foyer du séisme de Saint-Paul-de-Fenouillet (M 5.2).

À partir de ces données, établir :

• Quel est le (ou les) régime tectonique auquel est soumise la région depuis la période miocène ?

• Suel est le (ou les) régime tectonique actuel ?

• Quelles sont les failles qui pourraient être responsables des séismes (les deux de 1427 et celui de 1428) dont les isoséistes ont été tracés ?

Dans la même région, on a observé le long d'une faille limitant un bassin néogène, un escarpement présentant à sa base des facettes. Quels sont les termes géomorphologiques qui définissent cette situation ? Peut-on considérer, en conséquence que cette faille pourrait être encore active au Pléistocène ?

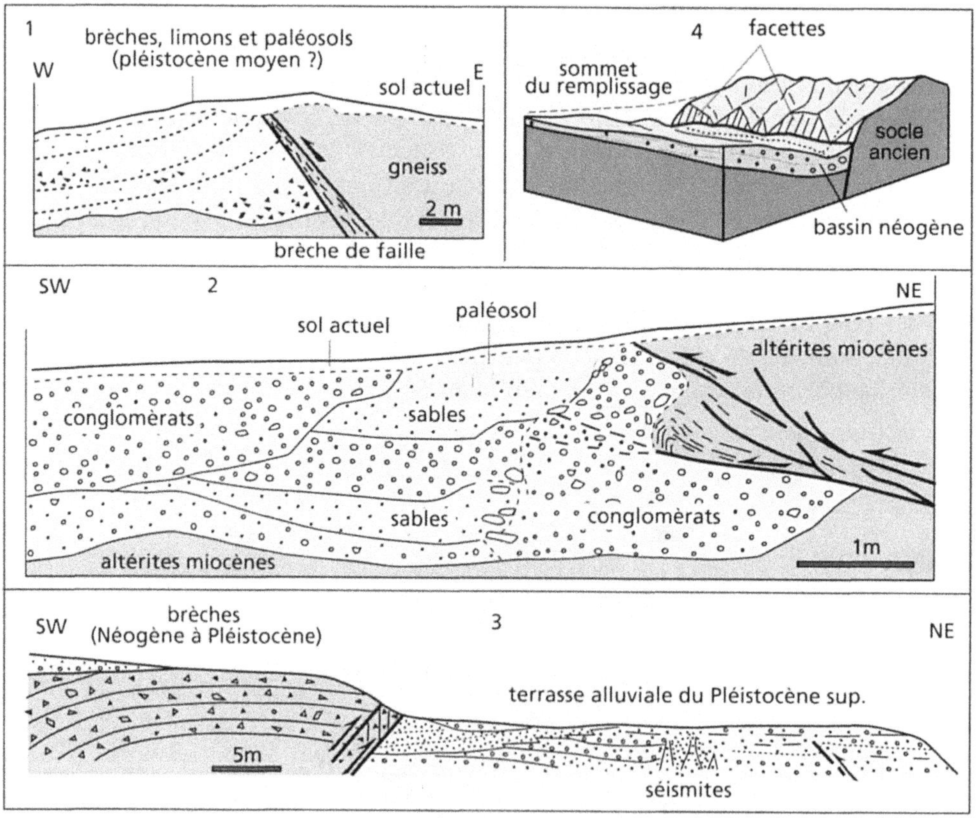

Figure 2. Exemples de néotectonique et bloc-diagramme à interpréter.

Solutions

Après l'extension NNW, le jeu des failles produit une extension différente au Pliocène, (grosso-modo WSW). Ensuite, les failles observées jouent en faille inverse (coupe 1,2 et 3), alors que des failles normales affectent des secteurs proches. On est devant le cas (cf.§ 10.3), où compression et extension se produisent suivant des directions orthogonales (en l'occurrence extension SW-NE et compression NW-SE). Pour la période actuelle, on est dans la même logique, même à l'échelle du séisme de 1996, avec un jeu en décrochement senestre sur une faille E-W, alors que des répliques sont majoritairement en failles inverses, avec toutefois un mécanisme en faille normale suivant une direction orthogonale. La direction générale de la compression peut être la même que précédemment, des déviations des contraintes à proximité d'une faille étant souvent constatées.

Pour les séismes historiques, d'après leur localisation, il est probable que ceux de 1427 sont liés aux failles normales de la région d'Olot, alors que 1428 peut avoir été provoqué par la grande faille de chevauchement de Vallflogona, à proximité de laquelle des déformations pléistocènes en compression ont été observées (coupe 3).

Les facettes observées étant en-dessous du niveau de remplissage du bassin néogène, elles se trouvent sur un escarpement de ligne de faille, l'érosion différentielle ayant révélé le plan de la faille qui a fonctionné au Néogène. Au-dessus, il s'agit par contre d'un escarpement de faille hérité, l'escarpement créé par la tectonique ayant peu à peu reculé (cf. *figure 5.9* B2 et B3, § 5.4.1.*a)*). Au total, il s'agit donc d'un escarpement composite. Dans ce cas, la présence de facettes ne peut donc être un indice de fonctionnement récent (pléistocène) de la faille.

BIBLIOGRAPHIE

ALEXANDRE P. – « Les séismes en Europe occidentale de 394 à 1259. Nouveau catalogue critique ». In *Publ. Observatoire royal de Belgique, série géophysique*, hors-série, Bruxelles, 1990.

AMBRASEYS N. N. – « Engineering sismology : earthquake engineering and structural dynamiques ». In *J. Int. Assoc. Earthquake Eng.*, 17, 1-105, 1988.

ANGELIER J., CADET J.-P., DELIBRIAS G., FOURNIQUET J., GIGOUT M., GUILLEMIN M., HOGREL M. T., LALOU C., PIERRE G. – « Les déformations du Quaternaire marin, indicateurs néotectoniques, quelques exemples méditerranéens ». In *Rev. Géogr. Phys. Géol. Dyn.*, 13, 427-428, 1976.

ARMIJO R., DESCHAMPS A. et POIRIER J.-P. – « Carte sismotectonique Europe et bassin méditerranéen ». *Publication IPG Paris,* 1986.

BAIZE S., CUSHING M., LEMEILLE F., GRANIER T., GRELLET B., CARBON D., COMBES P., HIBSCH C. – « Inventaire des indices de rupture affectant le Quaternaire en relation avec les grandes structures connues en France métropolitaine et dans les régions limitrophes ». In *Mém. Soc. géol., France*, hors série, 175, 142 p., 2002.

BANDA E., CORREIG A.-M. – « The catalan earthquake of February 2, 1428 ». In *Engineering Geology*, 20, 89-97, 1984.

BARD P.-Y. – « Les effets de site d'origine structurale : principaux résultats expérimentaux et théoriques ». In *Génie parasismique*, sous la direction de V. Davidovici, Presses de l'École des Ponts et Chaussées. 223-238, 1985.

BARKA A. – « Slip distribution along the rupture zones of the 1939-1967 large earthquake migration in the North Anatolian fault », *Bull. Seis. Soc. Am.,* 86, 5, 1238-1254, 1996.

BARRIER E., CHAMOT-ROOKE N., GIORDANO G., MORELLI A., BROUILLET J.-F – et coll., *Carte géodynamique de Méditerranée.* Commission de la Carte géologique du Monde, Paris, 1/13 000 000, 2 feuilles, 2005.

BASTET J.-C., DOURY J.-L., DURVILLE J.-L. – « Simulation de l'action d'un séisme à l'échelle d'une ville et de la région avoisinante ». In *Génie parasismique*, sous la direction de V. Davidovici, Presses de l'École des Ponts et Chaussées. 1021-1032, 1985.

BERNARD P. et ZOLLO A. – « The Irpinia 1980 earthquake : Detailed analysis of a complex normal faulting ». In *Jour. of Geoph. Res.*, 94, 1631- 1647, 1989.

BINI A., QUINIF Y., SULES O. et RUGGERI A. – « Les mouvements tectoniques récents dans les grottes du Monte Campo dei Fiori (Lombardie, Italie) ». In *Karstologia*, n° 19, 23-30, 1992.

BOLT B. A. – « Nuclear explosions and earthquake. Earthquake a Primer ». Freeman and Company Editor., 1978.

BOTT M.H.P. – « The mechanics of oblique faulting ». In *Geol. Mag.*, 96, 109-117, 1959.

BOUDIAF A., RITZ J.-F., PHILIP H. – « Drainage diversions as evidence of propagating active faults : exemple of the El Asnam and Thenia faults, Algeria ». In *Terra Nova*, 10, 236-244, 1998.

BOUSQUET J.-C. – « Quaternary strike-slip faults in southeastern Spain ». In *Tectonophysics*, 52, 279-286, 1979.

BOUSQUET J.-C. et PHILIP H. – « Les caractéristiques néotectoniques en Méditerranée occidentale ». In *Sedimentary Basins of Mediterranean Margins,* Wezel edi., Tecnoprint, Bologna, 389- 405, 1981.

BOUSQUET J.-C. et PHILIP H. – « Neotectonics of the Calabrian arc and Apennines (Italy) : an exemple of plio-quaternary evolution from Island arcs to collisionnal stages ». In *The Origin of Arcs*, Wezel edi., Elsevier Sc. Publishers B. V., Amsterdam, 305-326, 1986.

BOUSQUET J.-C. et PHILIP H. – « Géologie et Risque sismique. Les enseignements du séisme de Spitak ». *Bull. Soc. Lang. de Géographie*, fasc. I-II, 61-77, 1990.

BOUTIN C. et SOULOUMIAC R. – « Ouvrages spéciaux ; monuments historiques, temples en pierre ». In *Le séisme de Latur (Inde) du 30 septembre 1993*. Rapport de mission post-sismique A.F.P.S., 1993.

BRGM – « Carte sismotectonique de la France au 1/1000 000e », Mémoire du BRGM n° 111, 1981.

BROWN Jr. R. D. – Quaternary deformation . In *The San Andreas Fault system, California, U. S. Geol. Survey Prof. Paper* 1515, 83-113, 1990.

Bureau de Recherches géologiques et minières et Laboratoire de détection géophysique du C.E.A., « Carte sismotectonique de la France ». In *Mémoire du B.R.G.M.*, 111, 1981.

CHABELLARD J.-G. – « Évolution tectonique du secteur N.E. du détroit de Messine dans le cadre de l'arc tyrrhénien ». *Thèse 3e cycle, Univ. de Montpellier II,* 1984.

CHAPRON E., C. BECK, M. POURCHET et DECONINCK J.-F. – « 1822 earthquake-trigerred homogenite in Lake Le Bourget (NW Alps) ». In *Terra Nova*, 11, n° 2/3, 86-92, 1999.

CHARDON D., HERMITTE D., NGUYEN F., BELLIER O. – « First paleoseismological constrains on the strongest french earthquake of the 20 th century. (Provence) ». In *Geology*, 33, n° 11, 901-904, 2005.

CISTERNAS A., DOREL J. et GAULON R. – « Models of the complex source of the El Asnam Earthquake ». In *Bull. Seismol. Soc. Am.*, 72 (6), 2245-2266, 1982.

CISTERNAS A., PHILIP H., BOUSQUET J.-C. *et al.*, – « The Spitak (Armenia) earthquake of 7 december 1988 : field observations, seismology and tectonics ». In *Nature*, 339, 675-679. 1989.

CISTERNAS A., DORBATH L., DELOUIS B., PHILIP H. – « La préparation d'un grand séisme ». In *Pour la Science*, 242, 42-48, 1997.

Collectif, « Post-Earthquake studies and Risk management ». In *Seismic zonation. A framework for linking earthquake risk assessment and earthquake risk management »*, édit. by W. Hays, B. Mohammadioun et J. Mohammadioun. Ouest éditions Presses académiques, 3, 37-41, 1998.

COMBES P. – *La tectonique récente de la Provence occidentale. Microtectonique, caractéristiques dynamiques et cinématiques. Méthodologie de zonation tectonique et relation avec la sismicité.* Thèse Univ. Louis-Pasteur, Strasbourg, 1984.

COMBES P., FABRE G., FICHES J.-L., GAZENBEEK M., PAILLET J.-L. – « L'aqueduc romain de Nîmes et l'enregistrement d'événements sismiques ». In *Archéologie et sismicité. Autour d'un grand monument, le Pont du Gard.* Éditions APDCA, 75-123, 1997.

CORNET F.H. et VALETTE B. – « In situ stress determination from injection test data ». In *J. Geophys. Res.*, 89, B13, 11527-11537, 1984.

DAVIDOVICI V. – « Enseignements tirés des séismes ». In *Génie Parasismique*, 665-693, 1985.

DELOUIS B., CISTERNAS A., DORBATH L., RIVERA L. and E. KAUSSEL, – « The andean subduction zone between 22 and 25°S (Northern Chile) : Precise geometry and state of stress ». *Tectonophysics,* 259, 1-3,80-100, 1996.

DELOUIS B., GIARDINI D., LUNDGREN P., SALICHON J. – « Joint inversion of Insar, GPS, Teleseismic and strong motion data for spatial and temporal distribution of earthquake slip : application to the Izmit mainshock ». In *Bull. Seismol. Soc. Am.*, 92, 278-299, 2002.

DE MARTINI P. M., PANTOSTI D., PALYVOS N., LEMEILLE F., MCNEILL L., COLLIER R. – « Slip rates of the Aigion and Eliki Faults from uplifted marine terrasses, Corinth Gulf, Greece ». In *C. R. Géosciences, Acad. Sc. Paris*, 336, fasc. 4-5, 325-334, 2004.

DE METS C., GORDON R. G., ARGUS D. F. et STEIN S. – « Current Plate Motions ». In *Geophys. J. Int.,* 101, 425-478, 1990.

DUFAURE J.-J. et PÉCHOUX J.-Y. – *in* « La mobilité des paysages méditerranéens », *Revue Géog. Des Pyrénées et du Sud-Ouest*, travaux II, Toulouse 1984.

DUMAS B., *Le Levant espagnol*, Thèse, Univ. Paris, 1977.

DUMAS B., GUÉRÉMY P., LHÉNAFF R., RAFFY R. – « Périodicités de temps long et de temps court, depuis 400 000 ans, dans l'étagement des terrasses marines en Calabre méridionale (Italie) ». In *Géomorphologie : relief, processus, environnement*, 1, 25-44, 2000.

DUMAS B. et RAFFY J. – « Late Pleistocene tectonic activity deduced fro uplifted marine terraces in Calabria, facing the strait of Messina ». *In* Quaternaria nova, VIII, 79-99, 2004.

DUTOUR A., PHILIP H., JAURAND E., COMBES P. – « Mise en évidence de déformations en faille inverse avec ruptures de surface cosismiques dans des dépôts colluviaux würmiens du versant nord du mont Ventoux (Provence occidentale, France) ». In *C. R. Acad. Sc. Paris*, 334, 849-856, 2002.

ETCHECOPAR A., VASSEUR G. et DAIGNÈRES M. – « An inverse problem in microtectonics for the determination of stress stensor from fault striation analysis ». In *J. Struct. Geol.,* 3, 51-65, 1981.

ETCHECOPAR A. – *Les relations contraintes-déformations dans le domaine fragile*, thèse d'État, USTL, Montpellier, 1984.

FABRE G. et LEVRET A. – « L'aqueduc de Nîmes, un cas d'étude pluridisciplinaire en archéosismicité ». *Archéosismicité et vulnérabilité du bâti ancien. Actes des IVe Rencontres du Groupe APS,* 209-227, 1999.

FEIGL K. – « Estimating earthquake source parameters from geodetic measurements ». In *International handbook of earthquake and engineering seismology,* 81A, 2002.

FUENZALIDA H., DORBATH L., CISTERNAS A., EYDOGAN H., BARKA A., RIVERA L., HASSLER H., PHILIP H. et LYBERIS N. – « Mechanism of the 1992 Erzincan earthquake an its aftershoks, tectonics of the Erzincan Bassin and decoupling of the Anatolian fault ». *Geophys. J. I.*, 129, 1-28, 1997.

GASPARINI C., IANNACONE I. et SCARPA R. – « Seismotectonics of the Calabrian Arc earthquakes ». In *Tectonophysics*, 84, 267-286, 1982.

GAUDEMER Y., TAPPONIER P., TURCOTTE D. – « River offsets across active strike-slip faults ». *Annales Tectonicae*, III, 55-76, 1989.

GAUYAU F., BAYER R., BOUSQUET J.-C., LACHAUD J.-C., LESQUER A., MONTENAT C. – « Le prolongement de l'accident d'Alhama-de-Murcia entre Murcia et Alicante (Espagne méridionale). Résultats d'une étude géophysique ». In *Bull. Soc. géol., France,* XIX, 3, 623-629, 1977.

GEMGEP, *Le risque sismique à Nice, apport méthodologique, résultats et perspectives opérationnelles*. Rapport final, 52 p., 2005.

GHARIB A., NECIOGLU A. et AL-AMRI A. – « Sismicity reevaluation of the northern Red Sea ». In *Geophys. Journ. Int.*, 130, 335-348, 1997.

GILLI E. – « Glacial causes of damage and difficulties to use speleothems as palaeoseismic indicators ». In *Geodinamica Acta*, 17/3, 229-240, 2004.

GORDON F.R. et LEWIS J. D. – « The Meckering and Calingiri earthquakes October 1968 and March 1970 ». In *Geological Survey of Western Australia Bull.*, 126, 229 p., 1980.

GOULA X. et GODEFROY P. – « Évaluation de l'aléa sismique régional, zonage à petite échelle ». In *Génie Parasismique*, sous la direction de V. Davidovici, Presses de l'École des Ponts et Chaussées, 207-221, 1985.

GRELLET B., COMBES P., GRANIER T. et PHILIP H. – « Sismotectonique de la France métropolitaine dans son cadre géologique et géophysique ». In *Mém. Soc. géol. Fr.,* N.S., 164, 1993.

GUEREMY P. – « Instabilité climatique, variations du niveau de la mer et géomorphologie au cours du dernier interglaciaire et de la dernière glaciation : état de la question ». In *Géomorphologie : relief, processus, environnement*, 2, 63-82, 2003.

GUIDOBONI E. et COMASTRI A. – « The large earthquake of 8 August 1303 in Crete : seismic scenario and tsunami in the Mediterranean area ». In *Journal of Seismology*, 1, 55-72, 1997.

GILBERT G.K. – « A theory of earthquakees of Great Bassin with practical application ». *Am. J. Sc.* XXVII, 49-54, 1884.

GODEFROY P. et LEVRET A. – « Nature et définition de l'aléa sismique, in Génie Parasismique », direction V. Davidovici, Presse des Ponts et Chaussées, 159-177, 1985.

HAYS W. W. – « Assessing earthquake hazards in the Central and Eastern United States ». In *Earthquake hazard assessement in intraplate régions : Central and Eastern United States and Western Europe, Proceedings of the second France-United states workshop, Nice 1995,* G. Mohammadioun edit. ; Ouest Éditions Presses Académiques, 15-19, 1997.

HELLY B. – « Observations à la présentation de G. Poursoulis ». In *Archéosismicité & vulnérabilité du bâti ancien. Actes des IVe rencontres du Groupe APS*, Perpignan 1999, p. 150, 2000.

HERNANDEZ B., COCCO M., COTTON F., STRAMONDO S., SCOTTI O., COURBOULEX F., CAMPILLO M. – « Rupture history of the Umbria-Marche (Central Italy) main shocks from the inversion of GPS, DInSAR and near field strong motion data ». In *Annals of Geoph.*, 47, n° 4, 1355-1376, 2004.

HOUGH S. E. – « Scientific overview and historical context of the 1811-1812 New Madrid earthquake sequence ». In *Annals of Geophys.*, 47, n° 2/3, 523-537, 2004.

ISHIKAWA M. – « Landscape planing for a safe city ». In *Annals of Geophysics*, 45, n° 6, 833-841, 2002.

JEANNIN P. Y. – « Néotectonique dans le karst du nord du lac de Thoune (Suisse) ». In *Eclogae geol. Helv.*, n° 83/2, 323-324, 1990.

JOHANSEN A. – SALEUR H., SORNETTE D., « New Evidence of Earthquake Precursory Phenomena in the 17 Jan. 1995 Kobe Earthquake, Japan ». In *Eur. Phys. Journ. B.*, 15, n° 3, 551-555, 2000.

KANAMORI H. et ANDERSON D.L. – « Theoretical basis of some empirical relations in seismology ». In *Bull. Seismol. Soc. Am.*, 65- 5, 1975.

KHARATIAN K. – *« Comportement chimique et isotopique des eaux souterraines en zone sismique. Bassin de l'Arax et de Sevan (Arménie) »*. Thèse Université d'Avignon et des Pays du Vaucluse.

KEEFER D. K. – « Landslides caused by earthquakes ». In *Geol. Soc. of America Bull.*, v. 95, 406-421, 1984.

KHILKO S. D., KURUSHIN R. A., KOCHETKOV V. M., BALZHINNYAM I., MONKOO D. – « Strong earthquake, paleosismological and macroseismic data, in earthquakes and the bases for seismic zoning of Mongolia ». In *Transactions 41, the Joint Soviet-Mongolian scientific geological research expedition : Moscou, Nauka,* 19-83, 1985.

LACAVE C. – *Aléa sismique et microzonage dans le canton de Fribourg, Suisse*, 2003.

LAJOIE K. – « Coastal tectonics ». In *Active Tectonics*, Wallace edit., Studies in Geophysics National Academic Press, 95-124, 1986.

LAWSON A. C. – « The Californian earthquake ». In *Science*, 23 961- 23967, 1906.

LEMEILLE F., CUSHING M, CARBON D., GRELLET B., BITTERLI T., FLEHOC C., INNOCENT Ch., – « Co-seismic ruptures and déformations recorded by speleothems in the epicentral zone of the Basel earthquake ». In *Geodinamica Acta*, 12/3-4, 179-191, 1999.

LEONE F. – « Une approche quantitative de la cartographie des risques naturels : application expérimentale au patrimoine bâti de la Martinique (Antilles françaises) ». In *Géomorphologie : relief, processus, environnement*, 2, 117-126, 2004.

LEVRET A. – « Histoire et aléa sismique ». In *Archéosismicité et sismicité historique, Actes des IVe rencontre du Groupe APS*, 107-118, 2000.

LEVRET A. et VOLANT P – Sur la trace des séismes du passé. In *Séismes. La Terre sur écoute. Découverte*, n° 318, , 39-49, 2004.

LIPPMANN M. – « Le rôle des séismes dans la morphogenèse des versants en Italie méridionale d'après les enseignements du séisme irpinien du 23.11.80 ». In *Méditerranée*, 1-2, 11-17, 1984.

MAERCKLIN N. BEDROSIAN P. A., HABERLAND C., RITTER O., RYBERG T., WEBER M., WECKMANN U. – « Characterizing a large shear-zone with seismic and magnetotelluric methods : The case of the Dead Sea Transform ». In *Geophysical Research Letters*, 32, L15303, 2005.

MAYEUR B. – « Mesure et modélisation des contraintes naturelles dans un massif rocheux alpin ». Thèse Université Joseph Fourier, Grenoble I, 1999.

MERCIER J., MOUYARIS N., SIMEAKIS C., ROUNDOYANNIS T., ANGELIDHIS C. – « Structural analysis of recent and active faults and regional state of stress in the epicentral area of the 1978 Thessaloniki earthquakes (northern Greece) ». In *Tectonics,* vol. 2, 6, 577-600, 1983.

MEGHRAOUI M., PHILIP H., ALBARÈDE F. et CISTERNAS A. – « Trench investigation through the trace of the 1980 El Asnam thrust fault : evidence of paleosismicity ». In *Bull. Seismol. Soc. Am.*, 78, 979-999, 1988.

MIDORIKAWA S. – « Importance of damage data from destructive earthquakes for seismic zoning. Damage distribution during the 1923 Kanto, Japan earthquake ».In *Annals of Geophysics*, 45, n° 6, 769-778, 2002.

Mission d'Andalousie de l'Académie des Sciences, « Études relatives au tremblement de terre du 25 décembre 1884 et à la constitution géologique du sol ébranlé par les secousses ». In *Mém. Acad. Sc. Paris*, 30, n° 2, 1889.

MUTO K., A. – « Study of the displacements of triangulation points ». In *Bull. Earthq. Res. Inst., Univ. Tokyo*, 10, 384-392, 1932.

NAKAMURA K. – « Volcanoes as possible indicators of tectonic stress orientation – principle and proposal ». In *Jour. Volcanol. Geotherm. Res.*, 2, 1-16, 1977.

OUYED M., YIELDING G.,HATZFELD D., KING G. C. P. – « An aftershock study of the El Asnam (Algeria) earthquake of 1980 ». In *Geophysical Journal royal Astr. Society*, 73, 605-639, 1983.

PAILLET J.-L., COMBES P. – avec la collaboration de Celié M., Hervé M.-L., Urban M., « Des traces de l'activité de la faille de Nîmes sur l'*Augusteum* de Nîmes ». *Archéologie et sismicité. Autour d'un grand monument, le Pont du Gard.* Éditions APDCA, 63-73, 1997.

PANTOSTI D. et VALENSISE G. – « Source geometry and long-term behavior of the 1980, Irpinia earthquake fault based on field geologic observations ». In *Annali di geofisica, spécial issue on the meeting « Irpinia dieci anni dopo »*, XXXVI, 1,41-49, 1993.

PETERSON M. D. et WESNOUSKY S. G. – Fault slip rates and earthquake histories for active faults in southern California ». In *Seismological Soc. of America Bull.*, 84, 1608, 1649, 1994.

PHILIP H. – « Tectonique récente et sismicité de la France : caractéristiques géodynamiques ». In *Évolution géologique de la France, Mémoire B.R.G.M.*, 107, 42-46, 1980.

PHILIP H. – *Carte de la tectonique actuelle et récente du domaine méditerranéen et de la chaîne alpine au 1/2 500 000.* Public. INSU-CNRS et laboratoire de Géologie structurale, Univ. Montpellier II, 2 feuilles, 1982.

PHILIP H. et MEGHRAOUI M. – « Structural analysis and interpretation of the surface deformations of the El Asnam earthquake of October 10, 1980 ». In *Tectonics*, 2, (1), 17-49, 1983.

PHILIP H. – « Plio-quaternary evolution of the stress field in Mediterranean zones of subduction and collision ». In *Annales Geoph.*, 3, 301- 320, 1987.

PHILIP H., ROGOZHIN, CISTERNAS A., BOUSQUET J.-C., BORISOFF B., KARAKHANIAN A. – « The Armenian earthquake of December 7, 1988 : faulting and folding, Neotectonics and paleosismicity ». In *Geophys. J. Int.*, 110, 106-140, 1992.

PHILIP H., ESCUER J., FLETA J., GOULA X. et B. GRELLET. – « Présence de failles inverses d'age quaternaire dans l'Est des Pyrénées : Implications sismotectoniques ». *C. R. Acad. Sc. Paris*, 314,1239-1245, 1992.

PHILIP H., RITZ J.-F. – « Gigantic paleolandslide associated with active faulting along the Bogd fault (Gobi-Altay, Mongolia) ». In *Geology*, 27, n° 3, 211-214, 1999.

PHILIP H. et KARAKHANIAN A. – « Tremblements de terre et archéologie ». In *Pour la Science*, 261, 36-40, 1999.

PHILIP H., AVAGYAN A., KARAKHANIAN A., RITZ J.-F., REBAÏ S. – « Estimating slip rates and recurrence intervals for strong earthquakes along an intracontinental fault : exemple of the Pamback-Sevan-Sunik fault (Armenia) ». In *Tectonophysics*, 343, 205-212, 2001.

PIRAZZOLI P. A, LABOREL J., STIROS S. C. – « Earthquake clustering in th Eastern Mediterranean during historical times ». In *Jour. of Geoph. Res.,* 101 B3, 6083-6097, 1996.

PLAFKER G. – « Tectonics of the March 27, 1964 Alaska Earthquake ». In *Geological Survey Prof. Paper*, 541-I, 174 p., 1969.

PLAZIAT J.-C., PURSER B. H., PHILOBBOS E. – « Seismic déformations structures (seismites) in the syn-rift sédiments of the NW Red Sea (Egypt) ». In *Bull. Soc. géol., France*, VI, n° 3, 419-434, 1990.

POURSOULIS G. – « Des techniques sismo-résistantes dans les édifices de l'Âge du Bronze en Crète ». *Archéosismicité & vulnérabilité du bâti ancien. Actes des IVe rencontres du Groupe APS*, Perpignan 1999, 127-152, 2000.

POSTPISCHL D., AGOSTINI S., FORTI P. and QUINIF Y. – « Paleoseismicity from karst sediments : the « Grotta del Cervo » cave case study (Central Italy) ». In : *Tectonophysics, Investigations of Historical Earthquakes in Europe*, M. Stucchi, D. Postpischl and D. Slejko (Editors), 193, 33-44, 1991.

REBAÏ S. – « *Sismotectonique et champ de contrainte dans les chaînes alpines et les plateformes de l'Europe, d'Afrique du Nord et du Moyen-Orient* ». Thèse université Montpellier II, 1992.

REBAÏ S., PHILIP H. et TABOADA A. – « Modern tectonic stress field in the mediterranean region : evidence for variation in stress direction at differents scale ». In *Geophys. J. Int.*, 110, 106-140, 1992.

RÉBÉ I. et MARICHAL R. – « Recherche sur l'identification des séismes dans les constructions publiques et privées du Xe siècle à nos jours en Cerdagne (Pyrénées-Orientales), France ». In *Archéosismicité & vulnérabilité du bâti ancien. Actes des IVe rencontre du Groupe APS,* 21-24, 2000.

REID H.F. – « The mechanism of earthquake. In The California Earthquake of April 18 1906 », *Report of the State Earthquake Investigation Commission.* Vol. 2, Washington, D.C. : Carnegie Institution, pp. 1-192, 1910.

RIGO A., PAUCHET H., SOURIAU A., GRÉSILLAUD A., NICOLAS M., OLIVERA C. et FIGUERAS S. – « The february 1996 earthquake sequence in the eastern Pyrenees : first results ». In *Journal of Seimology*, I, 3-14, 1997.

RITZ J.-F. – *Évolution du champ de contraintes dans les Alpes du Sud depuis la fin de l'Oligocène. Implications sismotectoniques.* Thèse Univ. Montpellier II, 119 p., 1991.

RITZ J.-F., PHILIP H., SCHLUPP A. – « Naissance d'une chaîne en Mongolie ». In *Pour la Science*, hors série, 65-66, 1995.

RITZ J.-F., NAZARI H., GHASSEMI A., SALAMATI R., SHAFEI A., SOLAYMA N. VERNANT P. – « Active transtension in Central Alborz : a new insight of the Northern Iran-Southern Caspian Geodynamics ». *In* Geology, 34, 477-480, 2006.

RIUSCETTI M. et SCHICK R. – « Earthquakes and tectonics in Southern Italy, ». In *Boll. Geof. Teor. Ed Applic*, XVII, 65, 59-78, 1975.

RIVERA L. et CISTERNAS A. – « Stress tensor and fault plane solutions for a population of earthquakes ». In *Bull. Seismol. Soc. Am.*, 80 (3), 600-614, 1990.

ROCKWELL T.K., KELLER E.A. et DEMBROFF G.R. – « Quaternary rate of folding of the Ventura Avenue anticline, Western Transverse Ranges, Southern California ». In *Geological. Soc. America Bull.*, 100, 850-858, 1988.

ROTHÉ J.-P. – « Sismicité des Alpes occidentales ». In *Bull. Soc. géol., France*, 2, 295-320, 1942.

RUEGG J.-C., KASSER M., TARANTOLA A., LEPINE C. et CHOUIKRAT B. – « Deformations associated with the El Asnam earthquake of 10 October, 1980 : geodetic determination of vertical and horizontal mouvements ». In *Bull. seismological Society of America*, 72, (6), 2227-2244, 1982.

SANCHEZ-SESMA F.J. – « On the seismic response of alluvial valley ». In *Seismic Hazard in Mediterranean Regions*, J. Bonnin *et al.* edit., Kluwer Acad. Publishers, 85-104,1988.

SATAKE K. – « Detection of Kuril subduction zone earthquakes from remote historic records in Honshu, Japan, between 1656 and 1867 ». In *Annals of Geophysics*, 47, n° 2/3, 369-378, 2004.

SAURET B. et BOUSQUET J.-C. – « Manifestation de l'instabilité du sol dans la zone épicentrale du séisme de Messine de 1908, le rôle de la liquéfaction ». In *Mouvements de terrains, Colloque Caen 1984, Publ. Série Documents du B.R.G.M.*, 63-74, 1985.

SAVAGE J. C., BURFORD R. O., KINOSHITA W.T. – « Earth mouvements from geodetic measurements ». In *California Division of Mines and Geology Bull.*, 196, 175-186, 1975.

SCOTTI O., BAUMONT D., QUENET G. et LEVRET A. – « The French macroseismic database SISFRANCE : objectives, results and perspectives ». In *Investigating the records of past earthquakes. Annals of Geophysics*, 47, n° 2/3, 571-581, 2004.

SEED H.B., MURARKA R., LYSMER J. IDRISS I.M. – « Relationship of maximum acceleration, maximum velocity, distance from source,and local site conditions for moderately strong earthquake ». In *Bull. Seismol. Soc. Am.*, 66, n° 4, 1323-1342, 1976.

SIBSON R. H. – « Continental fault structure and the shallow earthquake source ». In *Journ. Geophys. Res.*, 140, 741-767, 1983.

SIEH K. E. – « Prehistoric large earthquakes produced by slips on the San Andreas fault at Pellet Creek ». In *California journal of Geophysical research*, 82, n° 88, 1977.

SIMS J. D. – 1973, « Earthquake-induced structures in sédiments of Van Norman lake, San Fernando, California ». In *Science*, 182, 161-163.

SLEJKO D. – « Considerations on the seismic risk » ; *Annali di Geofisica* , vol. XXXVI, 169-175, 1993.

SLEMMONS D.B. and DEPOLO C.M. – « Evaluation of active faulting and related hazards ». In *Studies in Geophysics*, R.E. Wallace chairman, Nat. Acad.Press, Washington, DC., 45-62, 1986.

STEIN R. S. – « Reverse slip on a burried fault during the 2 May 1983 Coalinga earthquake : evidence from geodetic elevation change, in The 1983 Coalinga earthquake, California earthquake ». J.H. Benett and R.W. Sherburne, edits. *Calif. Div. Mines and Geol.*, 66, 151-164, 1983.

STEIN R.S., BARRIENTOS S. E. – « Planar high-angle faulting in the Basin and Range : geodetic analysis of the 1983 Borah Peak, Idaho, earthquake ». In *Jour. of Geoph. Res.*, 90, 11 355-11 366, 1985.

STEIN R. S., KING G. C. P. et LIN J. – « Change in Failure Stress on the Southern San Andreas Fault system Caused by the 1992 Magnitude = 7.4 Landers Earthquake ». In *Science*, 258, 1328-1332, 1992.

STEIN R. S. – « Conversations entre séismes ». In *Pour la Science*, 306, 26-33, 2003.

STIHLER S. D., STONE D. B., BEGET J. E. – « Varve counting versus tephrochronology, 135Cs and ^{210}Pb dating : a comparative test at Skilak lake, Alaska ». In *Geology*, 20, 1019-1022, 1992.

STRAUB C. et KHALE H. – « Active crustal deformation in the Marmara sea region, NW Anatolia, from GPS measurement ». In Geophys. Res. Letters, 22, 2533-2536, 1995.

TABOADA A., BOUSQUET J.-C. et PHILIP H. – « Coseismic elastic models of folds above blind thrusts in the Betic Cordilleras (Spain) and evaluation of seismic hazard ». In *Tectonophysics*, 220, 223-241, 1993.

TCHALENKO J. S. – « Similarities between shear zones of different magnitudes ». In *Geol. Soc. Am. Bull.*, 81, 1625-1640,1970.

TASAROVA Z., GOTZE H.-J – *et al.*, « Small-scale gravity modeling of upper-crustal structures in the Araba valley along the Dead Sea Transform ». Geochimistry, Geophysics, Geosystems, 7, American Geophysical Union.

THIER H. D. et MIDORO V. – « Seimic education : two expériences compared ». *In* Annali di Geofisica, XXXVI, n° 1, 219-235, 1993.

TOUTAIN J.-P., MUNOZ M., POITRASSON F., LIENARD A. C. – « Springwater chloride ion anomalie prior to a $M_L = 5.2$ Pyrenean earthquake ». In *Earth and Planetary Sciences Letters*, 149, 113-119, 1997.

TSE S. and RICE J. – « Crustal earthquake instability in relation to the depth variation of frictional slip properties ». *J. Geophys. R*es., 91, 9452-9472, 1986.

VIGNY C., CHERY J., DUQUESNOY T., JOUANNE F., AMMANN J., ANZIDEI M., AVOUAC J.P., BARLIER F., BAYER R., BRIOLE P., CALAIS E., COTTON F., DUQUENNE F., FEIGL K., FERHAT G., FLOUZAT M., GAMOND J.-F., GEIGER A., HARMEL A., KASSER M., LAPLANCHE M., LE PAPE M., MARTINOD J., MENARD G., MEYER B., RUEGG J.C., SCHEUBEL J.M., SCOTTI O., VIDAL G. – « GPS network monitor the western Alps deformation over a five year period : 93-98 ». In *Journal of Geodesy*, **76**, pp 63-76, 2002.

VIGNY C., RUDLOFF A. et SOQUET A. – « GPS et tectonique globale », *Géochronique,* juin 2005.

WAKITA H. – « Short term and intermediate term geochemical precursors ». In *Pageoph.*, 126, 267-278, 1988.

WALLACE R.E. – « The San Andreas fault in the Carrizo plain-Tremblor Range region, California ». In *San Andreas faultin Southern California : a Guide to San Andreas fault from Mexico to Carrizo plain,* Crowell J. C. edit., California Div. Of Mines and Geol., spécial report 118, 241-250, 1975.

WALLACE R. E. – « Profiles and ages of young fault scarps north central Nevada ». In *Geol. Soc. Am. Bull.* , 88, 1267-1281, 1977.

WALLACE R. E. – « Geomorphic expression ». In *The San Andreas Fault System*, California, Wallace R. E. Edit., U. S. Geol. Survey, Prof. Paper 1515, chapter 2, 15-60 1990.

WEBER M – *et al.*, « The crustal structure of the Dead Sea Transform. In *Geophys. Journ. Int.*, 156, 655-681, 2004.

WELLS D.L., COPPERSMITH, K.H. – « Empirical relationships among magnitude, rupture length, rupture area, and surface displacement ». In *Bull. Seismol. Soc. Am.*, 84, 974-1002, 1994.

WHITTEN, C. A. – « Crustal movement in California and Nevada ». In *Transactions American Geophysical union*, 37, 393 p., 1956.

Working Group on California Earthquake Probabilities, « Major quake likely to strike between 2000 and 2030 ». In *U.S. Geological Survey Fact Sheet,* 152-99, 1999.

YEATS R. S., SIEH K. et ALLEN C. R. – « Limitations of Seismicity data ». In *The Geology of Earthquakes,* 73-83, 1997.

OUVRAGES GÉNÉRAUX

AKI K et RICHARD P.G. – *Quantitative Seismology,* Freeman, San Francisco, 1981.

AMADEI B. and STEPHANSSON O. – *Rock stress and its measurement.* Chapman and Hall, 1997.

ANDERSON E. M., *The Dynamics of faulting*, Olivier & Boyd, Edinburgh, 206 p., 1951.

ARCHAMBAULT M., LHENAFF R., VANNEY J.-R. – *Documents et méthodes pour le commentaire des cartes (Géographie et géologie),* Masson, Paris, 2e édition, 1974.

Association française de génie parasismique (AFPS) – *Guide de la conception parasismique des bâtiments.* Eyrolles édit., 2004.

BARDINTZEFF J.M. – *Volcanologie.* Dunod éditeur, collection Sciences-Sup. 312 pages. 2006.

BERNARD P. – *Qu'est-ce qui fait trembler la terre ? À l'origine des catastrophes sismiques*, EDP Sciences, 287 p., 2003.

BETBEDER-MATIBET J. – *Génie parasismique. Risques et aléas sismiques.* Lavoisier-Hermès-Science publications, 2003.

BURBANK D. W., ANDERSON R. S. – *Tectonic geomorphology.* Blackwell Science Ltd., 273 p., 2006.

Collectif – *Active Tectonics*, Wallace edit., Studies in Geophysics National Academic Press, 266 pages, 1986.

Collectif – *Génie parasismique*, sous la dir. De V. Davidovici, Presses de l'École nat. des Ponts et Chaussées, 1985.

Collectif – *Géologie de la préhistoire*, sous la direction de J.C. Miskovsky, Géopré, Presses universitaires de Perpignan, 1519 p., 2002.

Collectif – *Investigating the records of past earthquakes. Annals of Geophysics*, 47, n° 2/3, 911 p., 2004.

Collectif – *Paleosismology,* McCalpin J.P. edit., Academic Presss, 553 p., 1996.

Conseil régional Provence-Alpes-Côte d'Azur – *Le risque sismique dans le Sud-Est de la France, mythe ou réalité ?*, 1981.

COQUE R. – *Géomorphologie*, Armand Colin-Collection U, Paris, 430 p., 1977.

COTTON C. A. – *Geomorphology,* Whitcombe & Tombs limited, 7th edition revised 1960.

DAVIDOVICI V. – *La construction en zone sismique.* Le Moniteur, 1999.

DELCAILLAU B. – *Relief et Tectonique récente,* Vuibert, Paris, 262 p., 2004.

DE MONTESSUS DE BALLORE – *La Science séismologique. Les tremblements de terre.* Librairie Armand Colin, 579 p., 1907.

DUBOIS Jacques et DIAMENT Michel – *Géophysique*, Dunod, 2005.

ÉVIN J., LAMBERT G.-N., LANGOUËT L., LANOS P., OBERLIN C. – *La datation en laboratoire*, Paris, Édit. Errance, 198 p., 1998.

FABRIOL H., G. GARRY G. – *Guide méthodologique : Plans de prévention des risques naturels (PPR) sismiques*, La Documentation française, Paris, 112 p., 2002.

GUIDOBONI E. et POIRIER J.-P. – *Quand la Terre tremblait*, Édit. O. Jacob, 231 p., 2004.

JOLIVET L. et NATAF H.-C. – *Géodynamique*, Dunod, série « Géosciences », 1998.

KELLER E. A., PINTER N. – *Active tectonics. Earthquakes, Uplift, and landscape.* Second Édition, Prentice Hall Earth Science Series, 362 pages, 2002.

LALLEMAND S. – *La Subduction océanique*, Gordon and Breach Science Publ., 194 p., 1999.

LALLEMAND S., HUCHON P., JOLIVET L., PROUTEAU G. – *Convergence lithosphérique*, Société géologique de France-Vuibert, 2005.

LAMBERT J. (dir.), BERNARD P., CZITROM G., DUBIÉ J.Y., GODEFROY P. et LEVRET-ALBARET A. – *Les tremblements de terre en France : hier, aujourd'hui, demain.* Éditions BRGM, 196 p., 1997.

LARROQUE Christophe et VIRIEUX J. – *Physique de la Terre solide et des planètes – observations et théories.* GIB 2001.

LEFEVRE C., SCHNEIDER J.-L. – *Les risques naturels majeurs.* GB collection Géosciences, 2002.

LEVRET A. – *L'échelle Macrosismique Européenne (édition française d'European Macroseismic Scale, EMS 1998).* European Seismological Commission, G. Grünthal coord. ; Conseil de l'Europe, Cahiers du Centre Européen de Géodynamique et de Séismologie, vol. 19, 103 p., Luxembourg, 2001.

MADARIAGA R. et PERRIER G. – *Les Tremblements de Terre*, Presses du CNRS, 1991.

MALLET R. – *The Great napolitan earthquake of 1857.* London 1862.

MERCIER J. et VERGELY P. – *Tectonique*, collection Géosciences, Dunod 1992.

MOGI K., *Earthquake prediction*, Academic Press, 1985.

MUSSET A. et KHAN E. – *Looking into the Earth*, Cambridge University Press, 2000.

PAPAZACHOS B., PAPAZACHOU C. – *The earthquakes of Greece*, Éditions Ziti, Thessalonique, 1997.

PIRAZOLLI P. A. – *Sea-Level Changes, The Last 20 000 years*, John Wiley & Sons edit., 211 p., 1996.

POMEROL C., LAGABRIELLE Y. et RENARD M. – *Éléments de Géologie.* Dunod, série « UniverSciences », 762 p., 2002.

REITER L. – *Earthquake Hazard Analysis.* Columbia Univ. Press, 1990.

SHEARER P.M. – *Introduction to seismology*, Cambridge University Press, 1999.

SHOLTZ C. H. – *The mecanics of Earthquakes and Faulting,* Cambridge Univ. Press, 1990, (2e édition 2002).

SOURIAU A. et SYLVANDER M. – *Les séismes dans les Pyrénées*, Édit. Loubatières, Portet-sur-Garonne, 165 p., 2004.

STEIN R. S. et WYSESSION M. – *An introduction to seismology, earthquakes, and earth structure*, Blackwell Publishing, 498 pages, 2003.

VEYRET-MEKDJIAN Y. – *Géographie des risques naturels.* La documentation géographique n° 8023, 2001.

VITA-FINZI C. – *Recent Earth Movements, an introduction to neotectonics.* Academic Press, 226 p., 1986.

YEATS R. S., SIEH K., ALLEN C. R. – *The Geology of Earthquakes*, Oxford University Press, 1997.

ZACEK M. – *Construire parasismique*. Édit. Parenthèses, 1996.

SITES INTERNET

Quelques sites de bases de données, de surveillance, de recherche et d'enseignement sur les séismes

Association française du génie parasismique (AFPS) – France.
http:/www.afps-seisme.org

Base de données USA, séismicité mondiale
http://www.ngdc.noaa.gov/seg/hazard/earthqk.shtml/

Bureau central sismologique français (BCSF) – France
htttp ://www.seisme.fr

Catalogue de la sismicité mondiale depuis 1976
www.seismology.harvard.edu

Centre sismologique Euro-Méditerranéen (CSEM) : séismes méditerranéens, grands séismes mondiaux
http://www.emsc-cesm.org

Construction parasismique : Earthquake Engineering Research Institute (EERI) – États-Unis
http://www.eeri.org

Éducation : tsunami
http://www.ess.washington.edu/tsunami

Éducation : séismes, avec animations
http://quake.wr.usgs.gov/

Géoscope
http://geoscope.ipgp.jussieu.fr/

Législation française
www.legifrance.gouv.fr

www.ladocumentationfrançaise.fr

National Earthquake Information Center (Neic) – USA
http://www.neic.usgs.gov

Paléosismologie et Néotectonique en France (B.R.G.M.)
www.neopal.net

Prévention des risques majeurs en France (gouvernement)
http://www.prim.net

Recherche, formation et prévention du risque de tsunami
http://www.tsunarisque.cnrs.fr

Réseau Accélérométrique Permanent (RAP) – France
http://www-rap.obs.ujf-grenoble.fr

Réseau national GPS (RENAG) – France
http://webrenag.unic.fr/

Réseau national GPS (IGN) – France
http://rgp.ign.fr/

Réseau national de surveillance sismique (RÉNASS) – France
http://renass.u-strasbg.fr

Réseau de surveillance sismique des Alpes (SISMALP) – France
http://www.sismalp.obs.ujf-grenoble.fr

Réseau de surveillance sismique des Pyrénées. Observatoire Midi-Pyrénées – France
http//www.omp.obs-mip.fr/rssp

Risque sismique (recherche)
www.-lgit.obs-ujf-grenoble.fr

Sisfrance, base de données de sismicité historique de la France ; catalogue par commune ou département
www.sisfrance.net

www.sisfrance.net/antilles

Sismologie à l'école
http://www.edusismo.org

Crédit photos

4-1 : H. Philip ; 4-2 : J.-C. Bousquet ; 4-3 : H. Philip ; 4-4 : J.-C. Bousquet ; 4-5 : H. Philip ; 4-6 : H. Philip ; 4-7: H. Philip ; 4-8: J.-C. Bousquet ; 4-9 : H. Philip ; 4-10 : H. Philip ; 4-11: H. Philip ; 5-1 : J.-C. Bousquet ; 5-2 : J.-C. Bousquet ; 5-3 : J.-C. Bousquet ; 5-4 : J.-C. Bousquet ; 5-5 : J.-C. Bousquet ; 5-6 : J.-C. Bousquet ; 5-7 : J.-C. Bousquet ; 5-8 : H. Philip ; 6-1 : A. Karakhanian ; 6-2 : J.-C. Bousquet ; 6-3 : J.-C. Bousquet ; 6-4 : J.-C. Bousquet ; 6-5 : J.-C. Bousquet ; 11-1 : H. Philip ; 11-2 S. Lallemand

Index

T

V

Z

www.ingramcontent.com/pod-product-compliance
Lightning Source LLC
Chambersburg PA
CBHW080915121126
54723CB00051B/1316
* 9 7 8 2 1 0 0 4 9 5 8 1 8 *